JN193976

Apple Vision Pro アプリ開発入門

Apple Vision Pro
Application
Development
Primer

株式会社ホロラボ　中村薫・加藤広務・上山晃弘［著］
鷲尾友人［著］

秀和システム

ご利用の前に必ずお読みください

執筆環境

本書の内容は以下の環境で執筆・検証されましたが、すべての環境での安定動作を保証することはできません。また、環境が異なるとツールの見た目やメニューの配置、あるいはツールにより生成されるコードなどが異なる場合があることに注意してください。特に2024年秋に正式リリースとアナウンスされているvisionOS 2やXcode 16では数々の仕様変更が予定されており、本書の説明やスクリーンショットと見た目上の違いが生じる可能性があります。その場合は適宜読み替えを行ってください。

検証環境	Macの機種とスペック	開発環境のバージョン
1	MacBook Pro 13-inch、M1、2020 チップ：Apple M1 メモリ：16GB macOS：Sonoma 14.5	Xcode：Version 15.4（15F31d） Reality Composer Pro：Version 1.0（409.100.15） visionOS：1.2
2	MacBook Air 13-inch、M3、2024 チップ：Apple M3 メモリ：24GB macOS：Sonoma 14.5	Xcode：Version 15.4（15F31d） Reality Composer Pro：Version 1.0（409.100.15） visionOS：1.2

Chapter 9ではSharePlayの動作確認として以下2台のiPhoneによる検証も行いました。Apple Vision Proのアプリ開発においては必ずしも必要となる機材ではありません。

iPhoneの機種1	iPhoneの機種2
iPhone 12 Pro Max	iPhone 11
iOS：17.5.1	iOS：17.5.1

開発推奨環境

Apple社はmacOS Ventura 13.4以降とだけ発表していますが、著者陣は快適な開発を行うには、以下のような環境を整えることをお勧めします。

- Apple Sillicon Mac
- メモリ：16GB以上
- macOS Venturra 13.4以降
- Xcode 15.4以上
- visionOS 1.2以上

サンプルアプリ実行時の注意

サンプルアプリの一部、または一部の機能を試すには、シミュレータではなく、Apple Vision Proへの転送が必要です。本書では、該当部分の解説に先立ち、次のように表示しています。

> ⚠ CAUTION
> 本機能はシミュレータでは動作しません。動作確認にはVision Proの実機が必要です。

Apple Vision Pro使用上の注意

> ❗ 重要
> Apple Vision Proのアプリを開発する際は、このデバイスや空間コンピューティング環境の特徴や特性を必ず考慮し、ユーザの安全性に特に注意してください。詳しくは、Apple Vision Proユーザガイド（https://support.apple.com/ja-jp/guide/apple-vision-pro/welcome/visionos）を参照してください。例えば、自動車の運転中や重機の操作中にApple Vision Proを使用するべきではありません。また、ベランダ、道路、階段の付近など、身の危険が潜む可能性があり、安全を確保できない場所での移動中に使用することも想定していません。13歳未満のユーザがApple Vision Proを装着して使用することは想定していません。

注　意

1. 本書は著者が独自に調査した結果を出版したものです。
2. 本書の内容につきまして万全を期して制作しましたが、万一不備な点や誤り、記入漏れなどがございましたら、出版元まで書面にてご連絡ください。
3. 本書の内容に関して運用した結果の影響につきましては、上記2項にかかわらず責任を負いかねます。ご了承ください。
4. 本書の全部または一部について、出版元から文書による許諾を得ずに複製することは禁じられています。

商標などについて

- Apple、Mac、macOS、Xcode、SwiftUI、Swift Logo、Swift、RealityKit、Metalは、米国およびその他の国で登録されたApple Inc.の商標です。
- Apple Vision Pro、visionOS、SharePlay、Reality Composer、Reality Composer Proは、Apple Inc.の商標です。
- 本書では、プログラム名、システム名、CPU名などについて一般的な呼称を用いて表記することがあります。
- 本書に記載されているプログラム名、システム名、CPU名などは一般に各社の商標または登録商標です。

Vision Proアプリ開発者を志すみなさんへ

2023年6月6日のApple Vision Pro発表を聞いたとき、興奮と落ち着きとが同居する不思議な感覚だったことを覚えています。Oculus RiftからのMeta Quest、Microsoft HoloLensと、VRやAR、いわゆるXRに興味を持つ人にとって、Appleがこの領域に入ってくることは特別な意味を持ちます。停滞も感じられるXRやメタバースの領域にAppleが入ってくることは、そこに市場性があることを意味し、Appleならではの戦略で大きくこの領域を変化させる——そんな期待を持たせてくれます。AppleはApple Vision Proを「空間コンピュータ」と定義しており、Macの「パーソナルコンピュータ」やiPhoneの「モバイルコンピュータ」に並ぶ位置づけとしています。これは新しいコンピュータを定義するとともに、パーソナルコンピュータ（Mac）とモバイルコンピュータ（iPhone）の関係のように、それぞれが連携して、ユーザにより大きな恩恵をもたらすだろうことを意味すると解釈しています。

私は2017年1月、Microsoft HoloLensの日本上陸の日（日本での販売が開始された日）に、ホロラボという会社を創業しました。そこから7年間XR領域に注力し、AppleやMeta、Microsoftが事例として出すことが多い製造業や建設業のお客様に加え、通信系のお客様、コンシューマーのお客様に向けた取り組みを数多く行ってきました。自分自身を少し振り返ってみますと、数年に一度、自分の人生を大きく左右するハードウェアに出会っています。主にWindowsのアプリ開発を仕事にしていたところに、2011年Microsoft Kinectが登場し、自分の身体がコンピュータの入力の一部になる楽しさを覚え、2013年にOculus Rift DK1でVRの世界を知り、Microsoft HoloLensでMRの世界に魅力を感じて会社を作るに至りました。

Apple Vision ProはMicrosoft HoloLensやMeta Questに続く大きな可能性のあるハードウェアだと感じています。本書の執筆を担当した加藤さん、上山さんはHoloLensがきっかけでホロラボに入社し、数多くのプロジェクトを担当してきました。今回、自分と同じようにApple Vision Proに可能性を感じ、アプリ開発も開発環境のリリース当初から行っています。もう一人の著者である鷲尾さんはKinect時代からのお付き合いで、OpenNIというDepthセンサーの解説書を一緒に執筆したこともあり、やはり新しい空間コンピュータの可能性を感じ、執筆に加わってくれました。

Apple Vision ProのOSであるvisionOSの特長は、iPadOSを思わせる使い勝手で、従来のApple製品の利用経験があればすぐに慣れることができ、画面の制約から解放されたことによって、同時に閲覧できるアプリの数が増加します。App StoreではvisionOS専用アプリの他にiOS/iPadOS用でvisionOSへの配信が有効にされたアプリも数多く存在します。ZoomやMicrosoft Teams、Power PointなどのアプリはvisionOS専用に、XやAmazon Prime Video、KindleなどのアプリはiOS/iPadOS版が配信されており、日常使いから業務利用まで多くのシチュエーションで利用可能です。

ハードウェア単体で見ても高精細なディスプレイとカメラによる空間コンピューティング体験が素晴らしく、2010年にiPhoneがRetinaディスプレイ（レティナディスプレイ）として人間の網膜を超える解像度で表示品質の定義を変えたときと同じ印象を持っています。これによって従来VRやARでの利用が難しかったデザインの分野での利用が現実的なものとなり、実際それらの業務に従事する方には非常に好評です。

Apple Vision Proの真価は他のApple製品との連携によって発揮されると感じています。例えば、iPhoneとのAirDropでのファイル送受信や、AirPlayでのApple Vision Proで見ている景色の配信です。これらは従来のハードウェア環境では手順が多く煩雑なものでした。これがAppleエコシステムの中では従来からの方法で簡単に利用可能となっています。またApple Vision ProとMacの連携として、Mac仮想ディスプレイという新しい機能があります。これはMacのディスプレイをApple Vision Proに投影することで、Apple Vision Pro上でMacの操作を行えるようになるものです。実際、この原稿もMac仮想ディスプレイ上でApple Vision Proに投影した環境で書いていますし、XcodeのサンプルもMac仮想ディスプレイでApple Vision Proに投影した状態でコーディング、ビルド、テスト実行などをこなしています。

こうしたさまざまな機能によって、Apple Vision Proは日常的に装着して利用するコンピュータとして使うことが可能で、そこに大きな可能性を感じています。

Vision ProはiPhoneやiPad発売当時のような新しいコンピューティング環境となるため、多くの開発者にとって新しいチャンスが訪れるでしょう。特に今までAppleハードウェアのアプリ開発はしていたものの、XRに触れていなかった開発者の皆さんにApple Vision Proのアプリ開発に参加してもらえるよう、本書はSwiftなどAppleのネイティブ環境での開発に絞っており、Apple Vision Proアプリ開発の王道を学ぶことができる本になっています。

さあ、Vision Proアプリの開発を始めましょう。

株式会社ホロラボ
代表取締役
中村　薫

謝　辞

せきぐちあいみ様には、Spatial Paintの開発および事例としてのご協力をいただきました。また、藤 治仁（ふじ はるひと）様、立原 慎也（たちはら しんや）様、堀 文弥（ほり ふみや）様には、本文をレビューしていただきました。感謝申し上げます。

はじめに

本書は次のような方々を対象とした、Apple Vision Proで動く空間コンピューティングアプリ開発の入門書です。

- **Apple Vision Proで動く空間コンピューティングアプリ開発に興味がある方**
- **Xcode、または類似のツールを利用したアプリ開発に触れたことのある方**
- **Swift言語、または類似の言語やフレームワークを利用したアプリ開発に触れたことのある方**

本書は空間コンピューティングの要となる基本機能に一通り触れ、実際に手を動かし、楽しく体験することを通して、読者のみなさんが将来自分なりの空間コンピューティング体験をアプリで実現するための基礎力をつけていただくための本です。新しいものを理解し、応用できるレベルまで消化するには、エキサイティングな体験に勝るものはありません。そのため、空間コンピューティングの醍醐味を味わえるサンプルアプリをバランスよく、バラエティ豊かに揃え、実際に動作させながらその構成要素と役割を段階的に理解できるよう努めています。

本書では開発ツールXcodeとプログラミング言語Swiftを使用します。従来のいわゆるXRのアプリ開発ではUnityやUnreal Engineなどゲームエンジンと呼ばれるツールが開発の主流になっていましたが、本書ではAppleから提供されている空間コンピューティングアプリ開発環境を活用し、学んでいきます。

本書は、読者のみなさんがXcodeやSwift言語を利用してiPhoneやiPadなどのアプリ開発に触れたことがある、あるいは他の類似のプラットフォームや言語の知識をある程度持っていることを想定していますが、これらの言語やツールに関する深い知識は必ずしも必要ありません。Swift言語の基本的な文法やビルド、デバッグ方法については本書では解説しませんが、各サンプルアプリの作成方法とツールの操作方法とを順を追って説明しているので、手順を追うことで開発を体験することができます。また、Xcodeのインストール方法や初歩的なSwiftUIアプリの作成方法もカバーしており、XcodeやSwift言語でのアプリ開発が初めての方でも、他言語でのプログラミング経験やオブジェクト指向プログラミング、宣言的UIに関する基礎知識があれば容易に体験を進めることが可能です。もし本書の内容が難しいと感じられる場合には、以下の書籍をお読みいただくことをお薦めします。

『たった2日でマスターできるiPhoneアプリ開発集中講座』[†1]

---

†1 https://www.socym.co.jp/book/1434

本書を読み進めながら実際にアプリを実装し、体験していただくことで、空間コンピューティングの概念を実感できるでしょう。新しく、また複雑なハードウェアを使いこなすことは難しく思えるかもしれませんが、実際はiPhoneアプリ開発と大きく異なるわけではありません。本書を通じて、従来のアプリ開発の知識や考え方に空間コンピューティングの概念やフレームワークを加えていくことで、Apple Vision Proアプリ開発の世界に自然に踏み込んでいくことができます。

なお、Apple Vision Proの実機を持っていなくても本書で空間コンピューティングアプリ開発を学ぶことは可能です。センサーや通信機能を使った一部のアプリには制限が生じますが、本書のサンプルアプリのかなりの部分はシミュレータでも動作させることができます。実機を持っていない方、あるいは現在購入を検討中の方にも本書を手に取ってもらい、空間コンピューティング技術に触れる楽しさを体験していただければ幸いです。将来的に実機を手に入れた際には、すぐに開発を始められるようにもなります。

本書を通じて、多くの方がApple Vision Proアプリの開発を経験し、多くのアプリが生まれて、多くのユーザへと届けられることを願います。

各Chapterの概略と構成

Chapter 1では、Apple Vision Proと空間コンピューティングについて紹介します。

Chapter 2では、アプリ開発に必要な開発環境を紹介し、開発ツールを使いこなす準備をします。

Chapter 3からChapter5にかけて、実際にアプリ開発を進めていきます。簡単なウインドウアプリに始まり、ボリューム、イマーシブといった空間コンピューティング独自の世界観を導入していきます。

Chapter 6では、空間アプリ向けコンテンツ制作ツールであるReality Composer Proの使い方を基礎から学ぶことができるアプリを開発します。3Dモデルや空間オーディオを含んだコンテンツをグラフィカルに構築し、アプリで読み込んで使う方法を学びます。

Chapter 7とChapter 8では、現実空間と仮想空間とのインタラクションを用いて本格的な空間コンピューティングゲームアプリを開発します。

最後の**Chapter 9**では、SharePlayを利用した複数人でのコラボレーションを行い、ユーザ個人だけでなく複数人で利用できるアプリの開発方法を学びます。

Chapter 3からChapter 8の各Chapterは、いずれも以下の構成を採用しています。**Chapter 9**については、SharePlayの実装を先に行うためUIとロジックの実装順序が逆になっています。

- **開発するアプリの概要**
- **プロジェクトの作成**
- **UIの実装**
- **ロジックの実装**
- **まとめ**

開発するアプリの概要ではアプリの完成図を示します。各アプリの使い方や開発のポイント（各Chapterで新たに学ぶこと）をビジュアルを通してつかんでください。

プロジェクトの作成では、新規プロジェクトを作成してアプリ実装の準備をします。

UIの実装では、SwiftUIやRealityKitなどのフレームワークを使ってアプリの見た目を作ります。

ロジックの実装では、アプリの動作を決めるロジックを実装してアプリを完成させます。

まとめでは、開発したアプリから学んだことを振り返ります。アプリを動かしながら成果を確認しましょう。

開発したアプリにさらに追加する要素があるChapterには「ステップアップ」の項目があります。

Appendixでは、本書のサンプルアプリおよびApple公式サンプルアプリの構造を示す「**ガイドマップ**」を掲載しています。ガイドマップとは、アプリの動作上主要な役割を果たすオブジェクトとその関連の概略図です。コードの全体像を俯瞰しながらコードを読み進める、あるいは書き進めるための案内図として活用してください。

本書のサンプルアプリと素材ファイルのダウンロード

本書で紹介しているサンプルアプリは以下のサイトからダウンロードできます。サンプルアプリ作成手順の中で必要となる素材ファイルも含まれています。本書での開発体験を最大限楽しんでいただくためにご活用ください。また、本書執筆時点でベータ版であるvisionOS 2.0について、正式リリースの際にサンプルアプリのコードや作成手順に変更が生じた場合には本サイトで情報提供を行う予定としています。

https://github.com/HoloLabInc/VisionProSwiftSamples

本書の読み方

コード編集作業の視覚化

本書は、読み進めながら実際に開発環境を用いてコードを編集し、アプリ開発を進めること（**いわゆる写経**）で最も効果的に学習できるように作られています。この作業を以下のように視覚化し、**手を動かし体験しながら理解する**プロセスをスムーズに進められるよう配慮しています。

コードの編集対象箇所は、まずスクリーンショットで明示します。

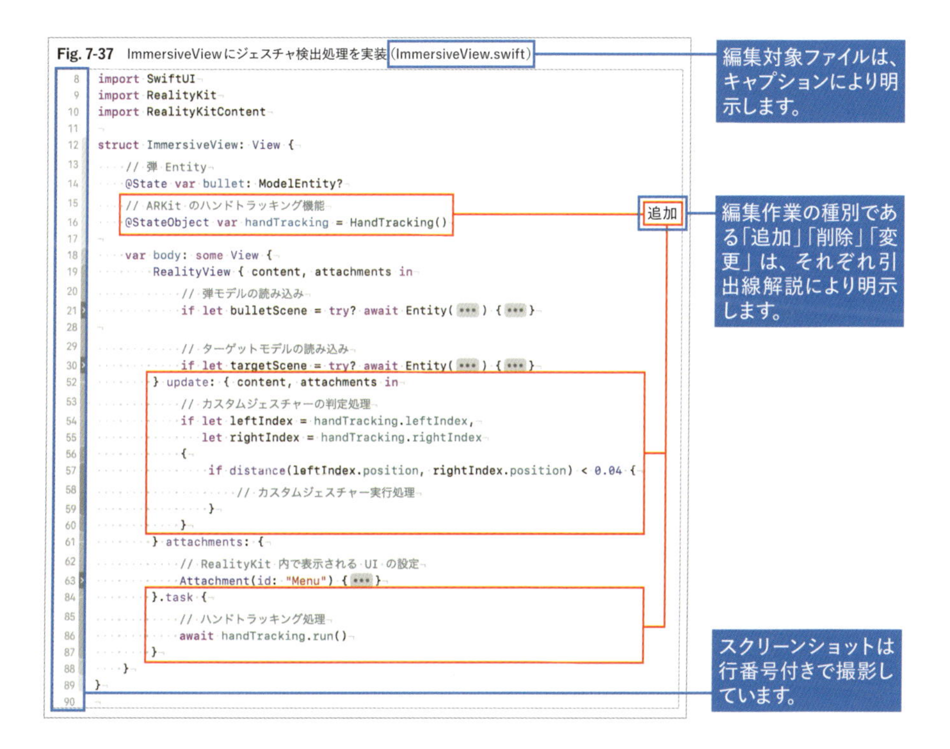

続いて編集箇所を意味単位ごとに切り出し、再掲示しながら踏み込んだ解説を試みます。

RealityViewのコンテンツ更新処理を追加し、関節情報が更新されるたびにジェスチャ判定のためのif文を実行します。この中でhandTrackingのプロパティleftIndexおよびrightIndexから関節情報を取得し、距離が一定値（0.04m）以下だったらカスタムジェスチャ実行処理を呼び出します。

ImmersiveView.swift

```
} update: { content, attachments in
    // カスタムジェスチャーの判定処理
    if let leftIndex = handTracking.leftIndex,
       let rightIndex = handTracking.rightIndex
    {
        if distance(leftIndex.position, rightIndex.position) < 0.04 {
            // カスタムジェスチャー実行処理
        }
    }
```

ハンドトラッキングの初期化と更新処理を開始するため、非同期タスクで「await handTracking.run()」を実行します。

ImmersiveView.swift

```
}.task {
    // ハンドトラッキング処理
    await handTracking.run()
}
```

Swift言語の仕様については解説を省略します。不明点があれば『The Swift Programming Language』[†1]や「はじめに」で紹介した書籍を参照してください。

SwiftUI、RealityKit、ARKitなど利用しているフレームワークのAPIについては、その使い方を示すことに重点を置き、API仕様の詳細な解説は公式ドキュメントに譲ります。詳細を知りたい場合には、公式ドキュメントサイト[†2]の検索機能を利用し、型名や関数名を検索するなどして調べてください。

†1 https://www.swiftlangjp.com/（日本語版）

†2 https://developer.apple.com/documentation

NOTEと引用

補足情報は「**NOTE**」としてまとめます。本書以外の文献からの**引用**は、**オレンジの罫**で囲みます。

> **NOTE**
> VR、AR、MRまたそれらの総称としてXRといった言葉が利用されていますが、Vision Pro向けのアプリをApp Storeへ申請するためのガイドラインでは、VR、AR、MR、XRという言葉を使わず空間コンピューティングアプリと呼ぶよう示されています。
>
> **Apple Vision Pro用のApp Storeへのアプリの提出**†2
> 空間コンピューティング：アプリは空間コンピューティングアプリとして言及してください。アプリ体験を、拡張現実（AR）、仮想現実（VR）、クロスリアリティ（XR）、複合現実（MR）などと表現しないでください。

CAUTION

注意を要する情報は「**CAUTION**」としてまとめます。読み落とさないようご注意ください。

> **CAUTION**
> ここで設定している文字列は、Reality Composer Proで設定した名前やパスと注意して合わせるようにしてください。特にパスは間違いやすいので、Reality Composer Proのナビゲータで該当するオーディオファイルを右クリックし、「Copy Object Path」でパスをコピーしてそのままペーストすることをお勧めします。

書き込みによる開発環境の操作支援

はじめてAppleの開発環境に触れる人でも迷わないよう、次図のようなスクリーンショットへの**書き込みによる必要最小限の操作支援**を行います。

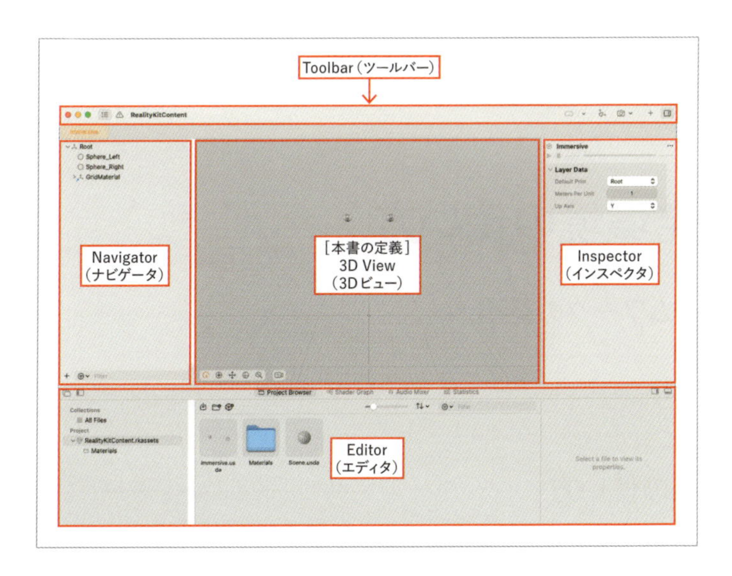

目 次

Chapter 5 RealityKitを利用したイマーシブなアプリの開発

Chapter 6 Reality Composer Proを利用したアプリの開発

Chapter 7 ARKitを利用したシューティングゲームの開発 その1

Chapter 8 ARKitを利用した シューティングゲームの開発 その2

Chapter 9 SharePlayを利用した コラボレーションアプリの開発

Chapter

1

Apple Vision Proの概要

Apple Vision ProとはAppleが提唱する
空間コンピューティングを実現するデバイスです。
さまざまなセンサーやvisionOSと呼ばれる
空間オペレーティングシステムを搭載しており、
デジタルコンテンツと現実世界をシームレスに融合し、
高度なインタラクションを可能とします。

1.1　空間コンピューティングとは

これまでApple製品におけるMacではパーソナルコンピューティング、iPhoneではモバイルコンピューティングを実現してきました。Apple Vision Pro（以降、Vision Proと略記します）で切り拓こうとしているものが空間コンピューティングです。

プラットフォーム	コンピューティング
Mac	パーソナルコンピューティング
iPhone	モバイルコンピューティング
Apple Vision Pro	空間コンピューティング

空間コンピューティングでは、現実の世界とデジタルの世界をシームレスに融合しながら、実世界や周囲の人とのつながりを保つことができます。実際の空間に存在するかのように感じられるデジタルコンテンツとのインタラクションにおいては、コントローラや追加のハードウェアを必要とせず、手、視線、音声を利用した直感的な操作を可能とします。

目の前に表示されている空間すべてを利用できるため、これまでのサイズが固定されたディスプレイに縛られることがなく、周囲の環境すべてが無限のキャンバスとなります。場所にとらわれずどこでもさまざまなアプリを利用でき、サイズも好みの大きさに調整できます。

写真やビデオを立体的に撮影したり表示でき、また、巨大なスクリーンと空間オーディオに包まれながら映画やテレビ番組、スポーツ観戦をしたりゲームの世界に浸ることができます。同じ空間を共有しているかのように他の人たちとつながることもできます。

NOTE

VR、AR、MRまたそれらの総称としてXRといった言葉が利用されていますが、Vision Pro向けのアプリをApp Storeへ申請するためのガイドラインでは、VR、AR、MR、XRという言葉を使わず空間コンピューティングアプリと呼ぶよう示されています。

Apple Vision Pro用のApp Storeへのアプリの提出[†1]
空間コンピューティング：アプリは空間コンピューティングアプリとして言及してください。アプリ体験を、拡張現実（AR）、仮想現実（VR）、クロスリアリティ（XR）、複合現実（MR）などと表現しないでください。

†1　出典 https://developer.apple.com/jp/visionos/submit/

Fig. 1-1　空間コンピューティングのイメージ図[†2]

---

†2　出典 https://www.youtube.com/live/GYkq9Rgoj8E（上1:31:37／中央1:33:45／下1:35:12）

1.2 Vision Proのハードウェア

空間コンピューティングを実現するためには、さまざまなデバイスが必要です。本節ではVision Proがどのようなハードウェア構成となっているのかについて確認します。

1.2.1 ハードウェア仕様

主なスペック[†3]は以下の通りです。

カテゴリ	スペック
ストレージ	SSD（256GB、512GB、1TB）
ディスプレイ	2,300万ピクセル（2枚のパネル合計） 3Dディスプレイシステム マイクロOLED 対応するリフレッシュレート：90Hz、96Hz、100Hz
チップ	M2（8コアCPU、10コアGPU、16コアNeural Engine、16GBユニファイドメモリ） R1（12ミリ秒の光子間レイテンシー、256GB/sのメモリ帯域幅）
カメラ	ステレオスコピック3Dメインカメラシステム 空間写真と空間ビデオの撮影 18mm、ƒ/2.00絞り値 6.5ステレオメガピクセル
センサー	高解像度メインカメラ（パススルーカメラ）×2 ワールドフェイシングトラッキングカメラ×6 アイトラッキングカメラ×4 TrueDepthカメラ、LiDARスキャナ 慣性計測装置（IMU）×4 フリッカーセンサー 環境光センサー
Optic ID	虹彩による生体認証
オーディオ	空間オーディオとダイナミックヘッドトラッキング パーソナライズされた空間オーディオとオーディオレイトレーシング 指向性ビームフォーミング[†4]を備えた6つのマイクアレイ
バッテリー	最大2時間の一般的な使用 最大2.5時間のビデオ鑑賞 バッテリー充電中にApple Vision Proを使用可能
ワイヤレス	Wi-Fi 6（802.11ax）、Bluetooth 5.3
オペレーティングシステム	visionOS
入力	手、視線、音声 サポートされている入力アクセサリ（キーボード、トラックパッド、ゲームコントローラ）
瞳孔間距離（IPD）	51～75mm
重量	600～650g（ライトシーリングとヘッドバンドの構成によって異なる） バッテリーのみの重量：353g

†3 出典 https://www.apple.com/jp/apple-vision-pro/specs/

†4 複数のマイクを組み合わせて指向性（音を拾う方向）を制御する技術。

R1チップはVision Proのために新たに開発されたチップです。リアルタイムセンサー処理のために設計され、12個のカメラと5個のセンサー、6つのマイクからの入力を処理し、12ミリ秒以内に画像をディスプレイへと送ります。

1.2.2 センサー類

センサーは以下のように配置されています。

Fig. 1-2 Vision Proのセンサー[†5]

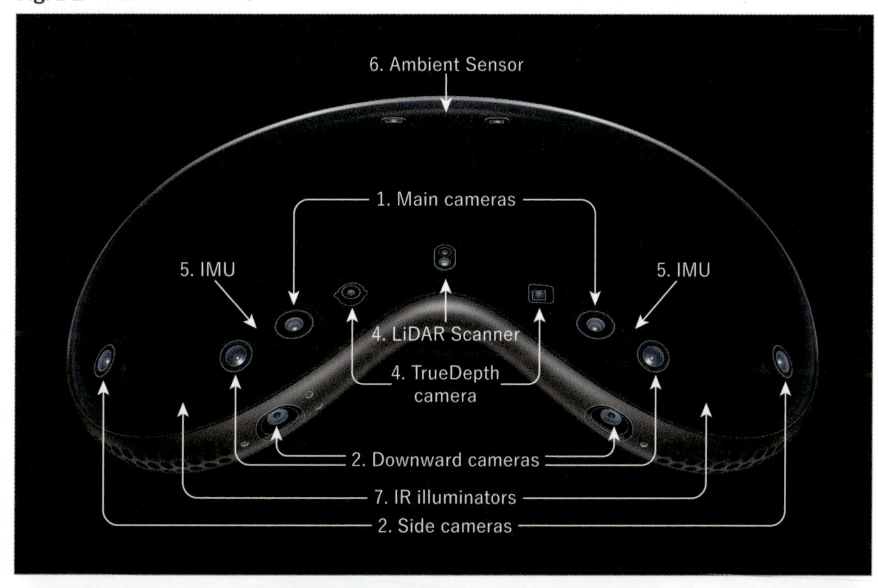

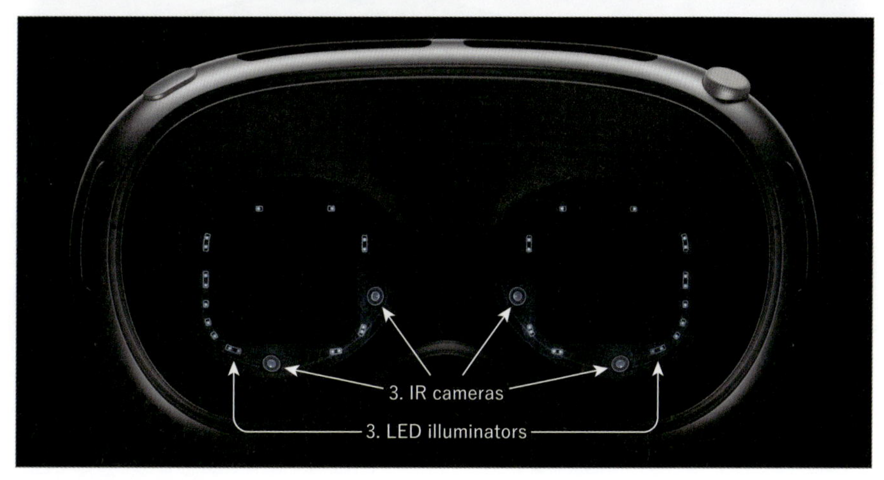

†5 出典 https://www.apple.com/jp/apple-vision-pro/

各センサーの役割は以下の通りです。

1. **メインカメラ（Main cameras）**：取得したデータがカメラパススルー映像としてディスプレイに表示される
2. **ワールドフェイシングトラッキングカメラ（Downward cameras、Side cameras）**：頭と手の正確な追跡を可能とする
3. **アイトラッキングカメラ（IR cameras）**：環状のLED（LED illuminators）から見えない光のパターンを目に投射し、カメラにより視線の動きを追跡する
4. **TrueDepthカメラ（TrueDepth camera）、LiDARスキャナ（LiDAR Scanner）**：リアルタイムに周囲の3Dマップを作成し、空間内でデジタルコンテンツを正確にレンダリングできるようにする
5. **慣性計測装置（IMU）**：ユーザの動きを検出する
6. **環境光センサー（Ambient Sensor）**：周囲の明るさを検出する
7. **赤外線イルミネータ（IR illuminators）**：外部センサーと連携して、暗い場所での手追跡パフォーマンスを強化する

1.2.3　ボタン類

本体に取り付けられたハードウェアコントローラとして、デバイスの右上にDigital Crown、左上にトップボタンがあります。Digital CrownはApple Watchに搭載されているものと同じように、回すことや押し込むことができるようになっています。

Fig. 1-3　Digital Crownとトップボタン[†6]

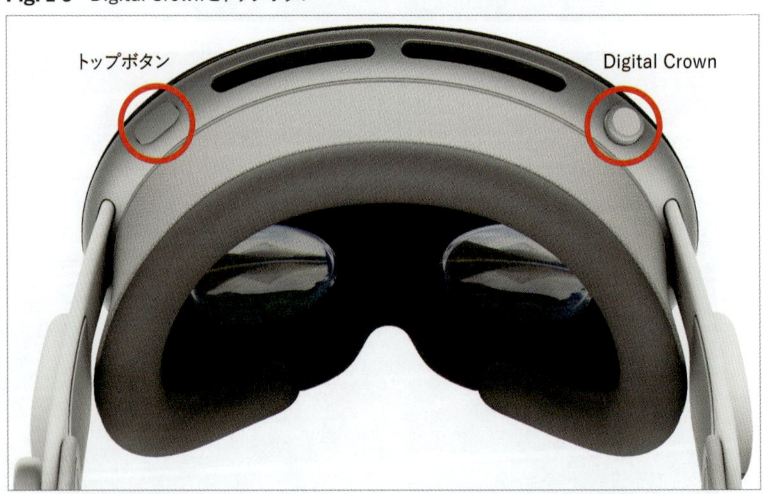

†6　出典 https://www.apple.com/jp/apple-vision-pro/ から「＋デザインをチェック」を選択し、「ディスプレイ」タブを選択

それぞれ以下のような機能が割り当てられています。

- Digital Crown
  - 1回押すことでホームビュー（アプリの一覧が表示される画面）を開く
  - 押したままにするとビューでコンテンツを中央に戻す
  - ダブルクリックすることでコンテンツと周囲の景色を切り替える
  - トリプルクリックすることでアクセシビリティショートカットを使用する
  - 回すことで環境[†7]という機能の没入感や、音量を調整できる[†8]
- トップボタン
  - 1回押すとキャプチャアプリが開く
  - App Storeでの購入時にダブルクリックすると購入代金の支払いができる
  - 4回連続して押すとキャリブレーションモードになり、ハンドトラッキングやアイトラッキングを調整する設定画面が表示される
- Digital Crownとトップボタン
  - 同時に押してから放すとビューの静止画像を取り込む
  - 同時に長押しするとアプリの強制終了やVision Proの電源をオフにできる

> **⚠CAUTION**
> デバイスを持つときは写真のように前面のアルミ部分を持つようにしてください。ライトシーリングやソロニットバンドはマグネットで固定されているため外れやすくなっており、落下する恐れがあります。

Fig. 1-4 Apple Vision Proの持ち方

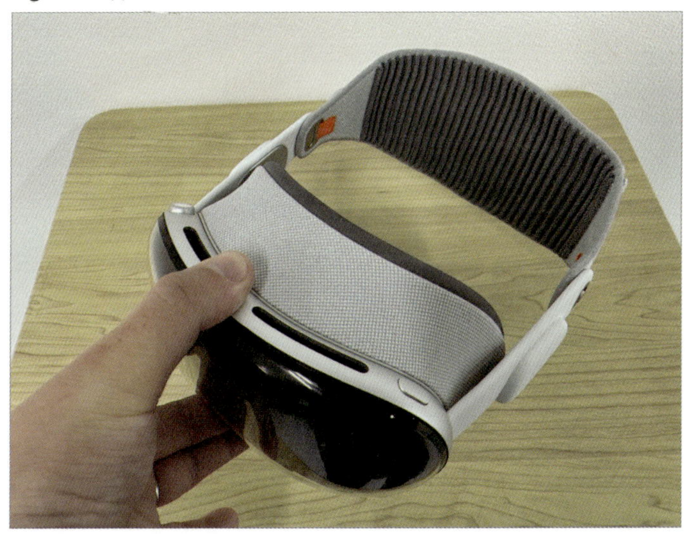

---

†7 https://support.apple.com/ja-jp/guide/apple-vision-pro/tanb58c3cfaf/visionos

†8 visionOS 2.0では環境の調整のみ可能です

1.3 visionOSの特徴

空間コンピューティングを実現するためにはハードウェアと緊密に統合されたソフトウェアも必要です。本節では空間オペレーティングシステムと定義されたvisionOSの特徴を確認します。

1.3.1 visionOSとは

visionOSはこれまでAppleがmacOS、iOS、iPadOSと蓄積してきた技術をベースとしながら、空間コンピューティングへ対応するため新たに作られた空間オペレーティングシステムです。空間コンピューティングの実現には、現実空間の把握やデジタルコンテンツとのインタラクションなど高速な処理が必要となりますが、visionOSによりそれらが実現されます。

visionOSの構成は次図のようになっています。

Fig. 1-5　visionOSの構成（WWDC23 Apple Keynote[†9]をもとに作成）

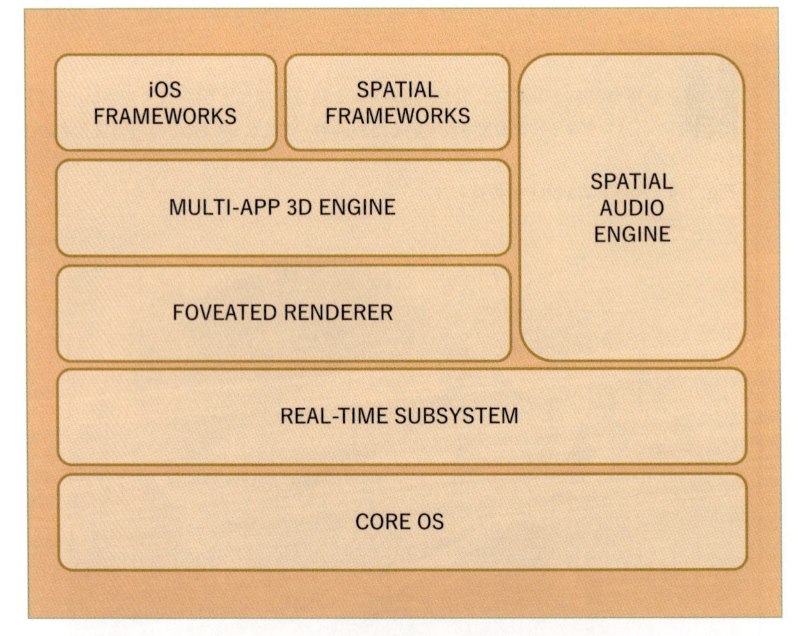

低遅延の条件に対応するためのREAL-TIME SUBSYSTEMや、見ている正確な位置に最高品質のイメージをフレーム単位で投影する動的なFOVEATED RENDERER（中心窩レンダリングパイプライン）、空間体験にネイティブ対応するため既存のフレームワークを拡張

†9　https://www.youtube.com/watch?v=GYkq9Rgoj8E（1:53:47-）

したSPATIAL FRAMEWORKS、異なるアプリを同時に実行できるようにするMULTI-APP 3D ENGINEなどがあります。

1.3.2 visionOSが提供する体験

visionOSを搭載したVision Proが提供する空間コンピューティングでは、ユーザは周囲とのつながりを保ちながらアプリを操作したり、作り出された世界に完全に没入したりできるようになっています。空間コンピューティングの体験を構成する要素として、ウインドウ、ボリューム、イマーシブスペースがあります。ウインドウ、ボリューム、イマーシブスペースの詳細については2.1.1項で説明します。

1.3.3 開発フレームワークとツール

visionOS向けアプリの開発にはXcode、SwiftUI、RealityKit、ARKitといったツールやフレームワークが利用できます。また空間アプリ向けの3Dコンテンツ制作を効率化するためのツールとしてReality Composer Proがあります。

Fig. 1-6 開発フレームワークとツール

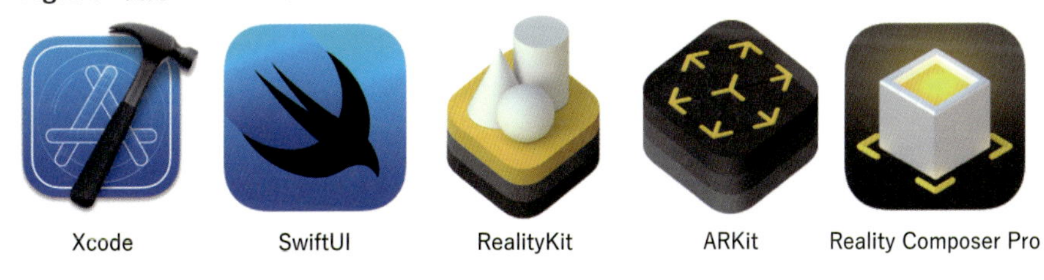

開発フレームワークとツールの詳細についてはChapter 2で説明します。

1.4 空間デザイン

Vision Proのアプリ開発においては、空間コンピューティングで実現される新しい体験にあわせたデザインが必要となります。

Appleはアプリの体験をより良いものとするためにヒューマンインターフェイスガイドライン(HIG)[†10]を公開しています。HIGでは、どのAppleプラットフォームでも優れた体験を設計できるようにするためのガイドとベストプラクティスが示されていますが、その中のvisionOS向けのデザインのベストプラクティス[†11]として次のことが示されています。今の段階ですべて理解する必要はありませんが、本書を読み進め、実機でのアプリ開発を体験していくことで、説明されている内容を実感できるようになるでしょう。

†10 https://developer.apple.com/jp/design/human-interface-guidelines/

†11 https://developer.apple.com/jp/design/human-interface-guidelines/designing-for-visionos/

- Apple Vision Proの独自機能を活かす
  - 空間、空間オーディオ、イマーシブ感を活かして体験に命を吹き込むと共に、パススルーや視線と手による空間入力を取り入れてリラックスした状態でデバイスを使えるようにしましょう。
- アプリの最も特徴的な機能の提示方法をデザインするときはさまざまなタイプのイマーシブ度を検討する
  - アプリの体験は、UIを中心としたウインドウ形式で提示することも、完全なイマーシブ体験として提示することも、その中間の形で提示することもできます。アプリの重要な機能のそれぞれについて、最低限これだけのイマーシブ度があれば最適に使えるというところを見つけてください。あらゆる側面を完全イマーシブ型にしなければならないと考える必要はありません。
- 限られた領域で完結するUI中心の体験にはウインドウを使う
  - 標準的なタスクを実行しやすくするには、空間内に平面として表示され、なじみのあるコントロールを含めることができるウインドウを使いましょう。visionOSでは、ユーザがウインドウをどこにでも移動することができ、どの距離にあるウインドウのコンテンツもダイナミックスケーリングによって読みやすさが保たれます。
- 快適性を優先する
  - 身体に負担をかけずにリラックスした姿勢でアプリやゲームを操作できるようにするには、以下の基本を念頭に置きましょう。
    - ユーザの頭を基準にして、ユーザの視野の中にコンテンツを表示する。頭の向きを変えたり移動したりしないと操作できないような場所にコンテンツを配置するのは避けてください。
    - 過度なモーション、不快なモーション、速すぎるモーション、座標系が静止していないモーションを表示することは避ける。
    - 手を膝の上や身体の横に置いたままアプリを操作することができる間接的ジェスチャに対応する。
    - ダイレクトジェスチャに対応する場合は、インタラクティブなコンテンツを遠すぎる場所に配置したり、ユーザに長時間操作させたりしないようにする。
    - ユーザが完全なイマーシブ体験にいるときにはあまり移動を促さない。
- アクティビティをほかのユーザと共有できるようにする
  - SharePlayを使ってアクティビティの共有を可能にした場合は、ほかの参加者の空間ペルソナを見ることができるので、ユーザは全員で同じ空間にいる感覚を味わうことができます。

AppleのHIGは1977年に初版が発行され、実に約半世紀の歴史があります。そして2023年のWWDCのタイミングで初めて日本語化されました。Vision Pro向けアプリに限らずAppleプラットフォーム製品の開発にかかわる場合は、一度は目を通されることをお勧めします。

1.5　Vision Proが実現した新しい体験

実際にVision Proが実現した空間コンピューティングの新しい体験について紹介します。

1.5.1　リアルな恐竜との新しいインタラクティブ体験

Vision Proが実現する空間コンピューティングは、現実に近い仮想体験を提供することができます。Appleが提供している「恐竜たちとの遭遇」は、絶滅したはずの恐竜の世界を探検できるアプリです。現実空間に作られた窓から、まるでその場で恐竜たちと触れ合っているかのような体験をすることができます。

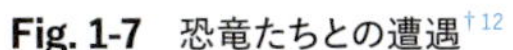

Fig. 1-7　恐竜たちとの遭遇[†12]

1.5.2　空間をキャンバスとした新しいアートの体験

空間コンピューティングを活用することで、イマーシブな空間に自由にアートを創り出すことができます。Spatial Artistのせきぐちあいみさんは、空間コンピューティングの世界で3Dアートを創り出すアーティストです。彼女のライブペインティングから創り出される新しいアート体験は、世界から高い評価を得ています。

Vision Proを利用したライブペインティングには、株式会社ホロラボが公開している空間アートアプリ「Spatial Paint」が使われています。

写真はせきぐちあいみさんによるSpatial Paintのライブペインティングの実演風景です。

†12　https://support.apple.com/ja-jp/guide/apple-vision-pro/tane01bb99a2/visionos

Fig. 1-8　Spatial Paint[†13]

1.5.3　3Dデータを可視化することによる新しい業務体験

　近年、業務に空間コンピューティングを取り入れる動きが活発に行われています。株式会社ホロラボが公開しているmixpaceは、建築、製造分野で利用されている3DCAD、BIMデータを簡単に変換して立体のまま可視化できるサービスです。Vision Proと連携することで、より高品質で現実感のある体験が可能となりました。

　3Dデータの段階で現実とのシームレスな可視化を行うことで、業務の効率化や新たな価値の創造が期待されています。

Fig. 1-9　mixpace[†14]

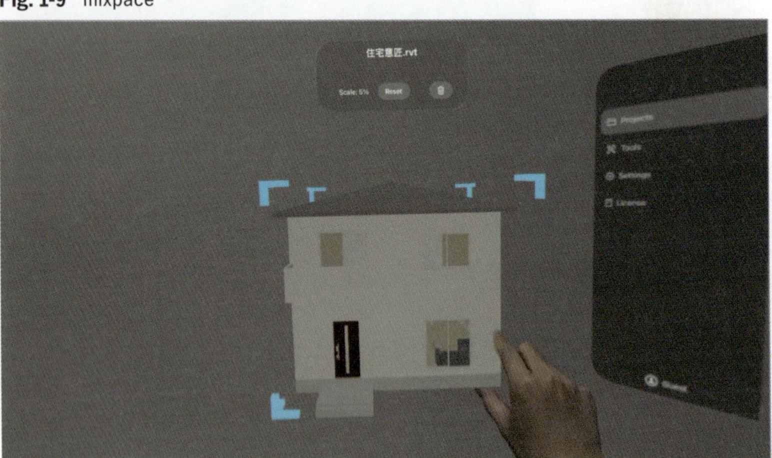

†13　https://apps.apple.com/jp/app/spatial-paint/id6476133753?platform=vision

†14　https://apps.apple.com/jp/app/mixpace/id6475564743?platform=vision

Chapter 2

開発環境の使い方

ここではVision Proアプリの開発に必要な
フレームワークやツールの紹介と、利用方法を解説していきます。
RealityKitやXcodeといったフレームワークとツールを使いこなし、
Vision Proの機能を活用したアプリを開発できるようになりましょう。

2.1 開発フレームワークの紹介

Vision Proアプリで利用する開発フレームワークを紹介します。

開発フレームワークとは、Vision Proアプリを開発するために必要な機能の集合（ライブラリ）です。フレームワークを利用、組み合わせることで、Vision Proの機能を活用したアプリを開発できます。ここではプログラミング言語Swiftで利用できる代表的なフレームワークであるSwiftUI、RealityKit、ARKitを紹介します。

2.1.1 SwiftUI

SwiftUIはVision Proを含めたAppleデバイスでユーザインターフェイス（UI）を構築するためのフレームワークです。

ボタンやテキスト、配置をSwiftUIで実装することにより、統一感のあるUIデザインとアプリの操作体験を提供できます。SwiftUIはプログラミング言語Swiftで利用できます。例えば以下のようなコードでボタンと画像、テキストを縦並びに配置できます。

```
VStack {
    Button("ボタンだよ") {
        // ボタンを押したときの動作を記述
    }
    Image("犬の画像")
    Text("テキストだよ")
}
```

Fig. 2-1　SwiftUIの配置例

SwiftUIのUIの配置、動作はすべてコード上で記述されています。テキストの色を変えたり、ボタンの形を変えたりすることも、コード上で追記することによって行うことができます。UI同士の間隔や大きさは自動的に調整されます。コード上でのUIの変更は開発ツールXcode上ですぐに確認できます。

SwiftUIではUIを操作するほかに、画面上のジェスチャを受け取ることもできます。例えば画像編集アプリであれば、ジェスチャを組み合わせて画像を移動、回転、拡大するようなことが可能です。ジェスチャにはタップ、ドラッグ、ピンチイン操作などが用意されています。Vision Proには3D空間専用のジェスチャも用意されています。

Fig. 2-2 Vision Proでのジェスチャの例†1

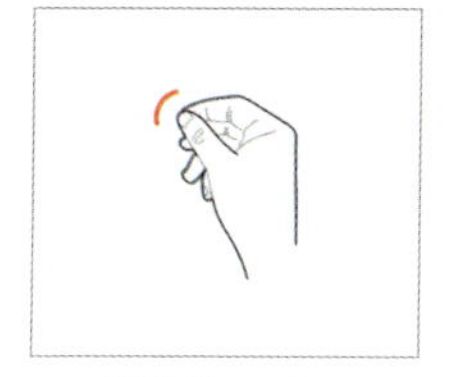

選択ジェスチャ

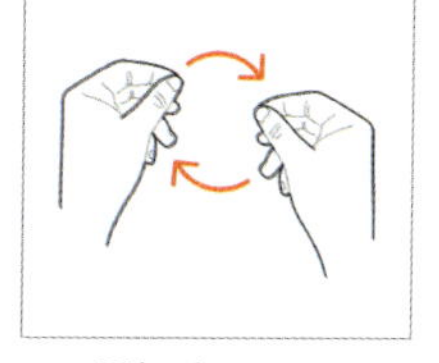

回転ジェスチャ

移動ジェスチャ

カスタムジェスチャ

Vision Proにはさらに、3D空間にコンテンツを配置するための機能が用意されています。コンテンツの代表的な配置方法には次のようなものがあります。

- **ウインドウ**
- **ボリューム**
- **イマーシブスペース**

Fig. 2-3 ウインドウ、ボリューム、イマーシブスペース†2

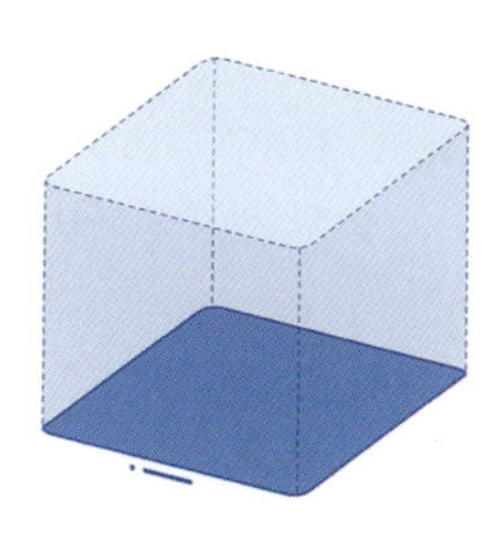

†1 出典 https://developer.apple.com/documentation/visionos

†2 https://developer.apple.com/jp/visionos/

ウインドウは他のAppleデバイスと同様、決められたウインドウ内にUIを配置する方法です。UIはウインドウ内に平面的に配置されていますが、ウインドウ自体は3D空間に自由に配置、移動できます。ウインドウは空間に複数配置できるため、同時に複数のアプリを利用できます。立体的な表示が必要ない場合におすすめの方法です。

Fig. 2-4　ウインドウの空間配置例

ボリュームは奥行のある空間にコンテンツを配置する方法です。設定した範囲内にUIや3Dモデルを立体的に表示できますが、範囲外には表示されません。ウインドウと同様に複数のボリュームを空間に配置、移動できます。ボリュームは3Dモデルの表示や奥行きのあるUIを提供したい場合、あるいは他のアプリと同時に利用したい場合におすすめの方法です。

ウインドウとボリュームは、コンテンツの表示位置をアプリ側で制御できません。visionOSの制御、またはユーザの操作で決定されます。

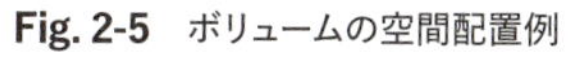

Fig. 2-5 ボリュームの空間配置例

イマーシブスペースは、1つのアプリに集中して空間全体を利用したコンテンツ体験を与える方法です。あるアプリがイマーシブスペースを起動すると、他のアプリのウインドウやイマーシブスペースは非表示になります。空間全体を自由に利用できるため、好きな位置に3Dモデルや UIを配置したり、現実空間の環境に合わせて表示したりできます。加えてイマーシブスペースでは現実空間の合成率を変更可能です。現実空間と3Dコンテンツを合成するmixedスタイルの他に、3Dコンテンツのみを表示するfullスタイルと、その中間のprogressiveスタイルが設定できます。空間全体を利用した体験や、現実空間の環境に影響を受けるアプリを開発したい場合におすすめの方法です。

Fig. 2-6 イマーシブスペースの空間配置例

ここで紹介したウインドウ、ボリューム、イマーシブスペースは、1つのアプリ内で切り替えたり、複数の方法を同時に利用したりできます。開発するアプリの体験内容によって最適な方法を選択、組み合わせることで、空間コンピューティングを最大限活用できるようになりましょう。

2.1.2 RealityKit

RealityKitはアプリ内で3Dコンテンツを扱うためのフレームワークです。

Vision Proでは空間に3Dコンテンツを配置、制御するためにRealityKitを利用します。例えば目の前にキューブを表示させる場合、RealityViewクラスを用いて以下のように3D空間を構築します。

```
RealityView { context in
    // 3Dモデルの形状を定義
    let mesh = MeshResource.generateBox(size: 0.2)
    // 3Dモデルの色と質感(マテリアル)を定義
    let material = SimpleMaterial(color: .red, isMetallic: false)
    // 3Dモデルを作成
    let model = ModelEntity(mesh: mesh, materials: [material])
    // 3Dモデルの位置を設定
```

```
    model.position = SIMD3(0, 0.25, -1.0)
    // 3Dモデルを空間に配置
    context.add(model)
}
```


Fig. 2-7 RealityKitで3Dモデルを表示している様子

RealityKitでは、Universal Scene Desctiption (USD) 形式の3Dコンテンツも利用できます。USD形式に格納できる3Dコンテンツとしては主に以下の種類があります。

- 3Dモデル (アニメーション付き)
- 空間オーディオ

USD形式の3Dモデルを読み込み、自由に空間に配置する、サイズを変更する、アニメーションを再生するといったことが可能です。

配置された3Dコンテンツには、コンポーネントと呼ばれる仕組みにより機能や属性を追加できます。コンポーネントの追加により、現実空間になじむ影をつけたり、環境光の状態を反映したりできます。他にも物理演算を追加して重力や衝突などの挙動を再現する、ARKitと組み合わせることで現実空間の形状を反映する、といったことが可能となります。

Fig. 2-8 配置された3Dモデルから落ち影が表示されている様子

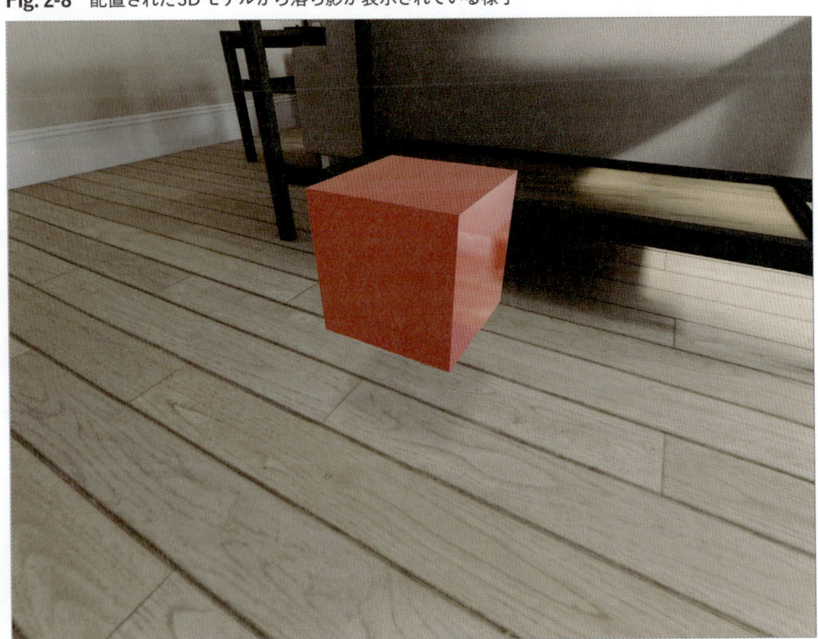

空間オーディオは、RealityKitで配置した位置関係を反映した立体的な音響を実現する仕組みです。特定の3Dモデルから音が出ているように表現したり、環境音として空間全体から音が聞こえるような表現が可能となります。

Fig. 2-9 空間オーディオのイメージ図

NOTE

USD形式の解説とUSDC、USDA、USDZの関係性

さまざまなデータを含めることができるUSD形式ですが、元はPixarが3D映像制作のために作った形式です。そのため3D映像制作で必要な要素がすべて含まれています。USD形式で記述されたファイルの保存形式としては、USDC、USDA、USDZがあります。USDCはバイナリ形式、USDAはテキスト形式、USDZはUSDC、USDAを圧縮した形式のファイルとなっています。iPhoneとiPadには、USDZで保存された3DモデルをARで簡単に見ることができるAR Quick Look機能が標準で搭載されています。

RealityKitはSwiftUIと連携してジェスチャ操作をサポートします。SwiftUIのジェスチャで3Dモデルの選択や移動を行えるようになります。ジェスチャにはiPhone、iPadと同様にTap、Long Press、Drag、Magnify、Rotateが用意されています。Vision Proでは奥行き方向の動きに対応したRotate3Dジェスチャが追加されています。ジェスチャを複数組み合わせて同時に利用することも可能です。

Fig. 2-10 RealityKitでジェスチャー入力を行っている様子

RealityKitでは、従来のSwiftUIのボタンやテキストなどを空間に配置して利用することもできます。これにより、3DモデルにSwiftUIのボタンを追従させたり、空間の決まった場所にUIを固定したりできます。

Fig. 2-11　RealityKit内の3DモデルにSwiftUIが追従している様子

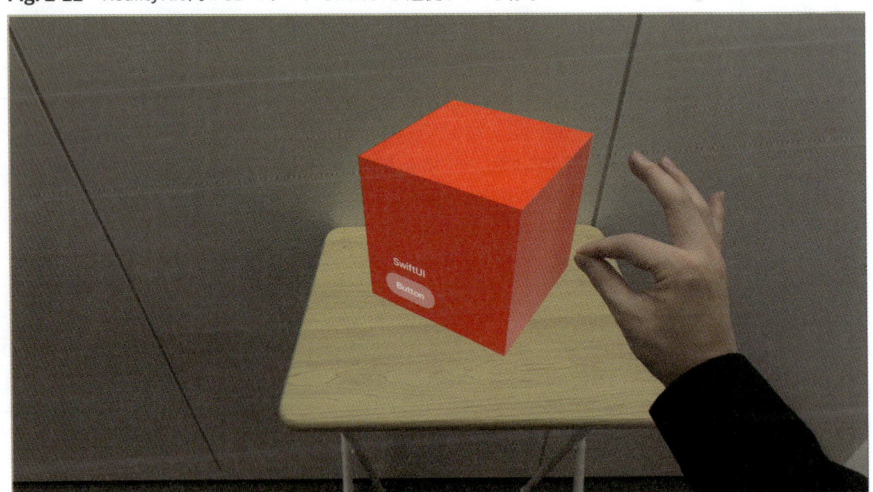

空間に3Dコンテンツを配置するには、Swiftコード上で行う方法と、開発ツールのReality Composer Proで組み立てる方法があります。前者の場合、Swiftで3Dコンテンツを配置するコードを書き、その結果をXcode上ですぐに確認することができます。後者の場合、Reality Composer Proを利用することで、より直感的に3D空間にデータを配置し、モデルの見た目や挙動を細かく設定することができます。

2.1.3　ARKit

ARKitは、iPhone、iPad、Vision Proで提供されている、現実空間の環境を認識して利用できるフレームワークです。

Vision Proには複数のカメラ、センサーが搭載されており、常に周囲の環境情報を取得しています。そこから得られる情報を元に視点やウインドウ、3Dモデルの位置を制御したり、目線やハンドジェスチャによる操作を可能にしています。ARKitを用いると、アプリでこれらのセンサー情報を利用して、現実空間の平面の検出、物体の形状認識、画像や手のトラッキング等を活用することができます。

ARKitの機能例として以下が挙げられます。

- **平面検出**
- **ハンドトラッキング**
- **ワールドアンカー**
- **画像トラッキング**

これらの機能を用いて、壁や床などの平面や、机や椅子などのオブジェクトの位置情報をアプリから利用できます。例えば平面情報を利用することで、3Dモデルを机の上に置いたり、壁にボールを当てたりできるようになります。

Fig. 2-12 ARKitの平面検出機能の実行例

ハンドトラッキングを利用すると、ジェスチャ操作に加えて手の位置情報を取得できます。Apple公式アプリが行っているように、人差し指に蝶々の3Dモデルを追従させたり、ハートのハンドポーズを認識してビームを出したりできるようになります。

Fig. 2-13 ARKitのハンドトラッキング機能の実行例

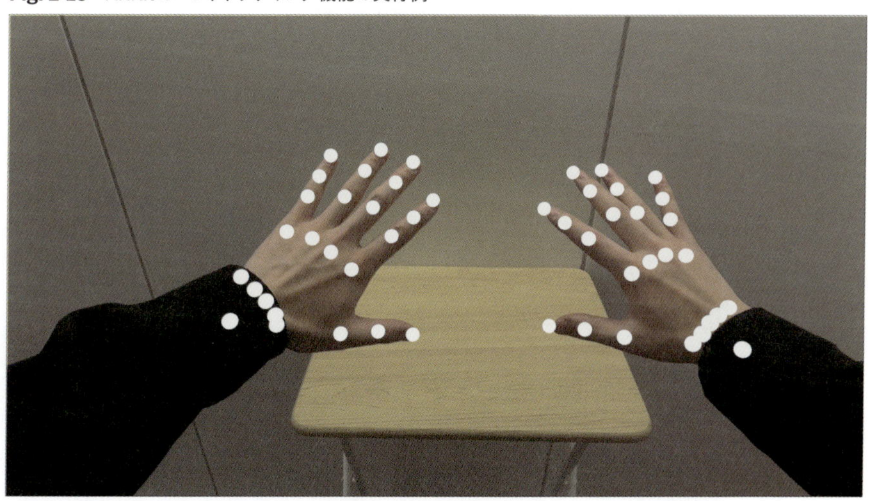

Vision Proでは、3Dコンテンツを配置してもアプリを再起動したり体験者が変わったりすると現実空間との位置関係が変わってしまう場合があります。これは3DコンテンツがVision Proのアプリ起動位置を基準に配置されるため、アプリの起動位置によって位置関係が変わってしまうためです。ワールドアンカーは、現実空間と3Dコンテンツの位置関係を保存して固定することで、アプリ起動位置に関わらず現実空間の特定位置に3Dコンテンツを配置できる機能です。

Fig. 2-14　ARKitのワールドアンカー機能の実行例

画像トラッキングは、本体に内蔵されているカメラで指定したマーカー画像を認識し、トラッキングする機能です。マーカー画像を複数登録して、表示するモデルを切り替えることもできます。ただし、カメラ映像をアプリから取得することはできません[†3]。

Fig. 2-15　ARKitの画像トラッキング機能の実行例

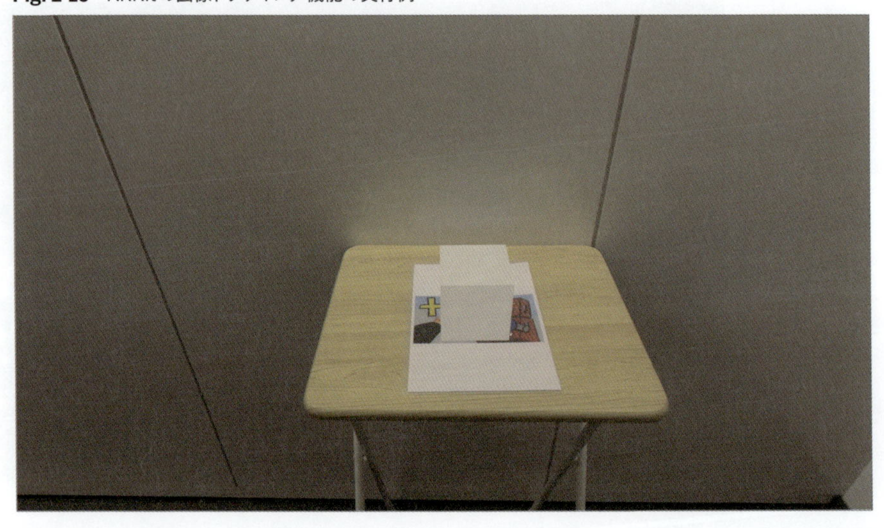

SwiftUI、RealityKit、ARKitを組み合わせることで、現実の環境を認識して3Dコンテンツが自在に振る舞う空間コンピューティングアプリを開発できるようになります。

---

†3　visionOS 2.0からEnterprise APIを利用することでカメラ映像を取得可能となりました。

2.2 開発ツールの使い方

続いて開発に必要な開発ツールの使い方を見ていきましょう。

まずSwift言語でアプリを開発するために必要なXcodeの導入と、プロジェクトの作成方法を説明します。Vision Proの実機がなくてもアプリの動作確認ができるシミュレータの操作方法についても説明します。空間に3Dコンテンツを配置するための付属ツール、Reality Composer Proの使い方も紹介します。最後に、よりリッチな3D表現、ゲーム開発をする場合にゲームエンジンUnityを利用する方法について紹介します。

2.2.1 Xcodeの使い方

XcodeはVision Pro含むAppleデバイスのアプリ開発をするためのツールです。Swift言語やObjective-C言語を用いたプログラミングに加え、画面の作成、プロジェクトのビルドとデバッグ実行まで行うことができます。また付属のツールと連携し、シミュレータでのデバッグ実行、3D空間でのデータ配置、App Storeへの公開のためのアプリアップロードを行うこともできます。ここではVision Proのアプリ開発を始めるために、Xcodeの導入からシミュレータまたは実機でのデバッグ実行までの手順を紹介します。

Fig. 2-16 Xcodeに関連した機能をデスクトップ上に表示している様子

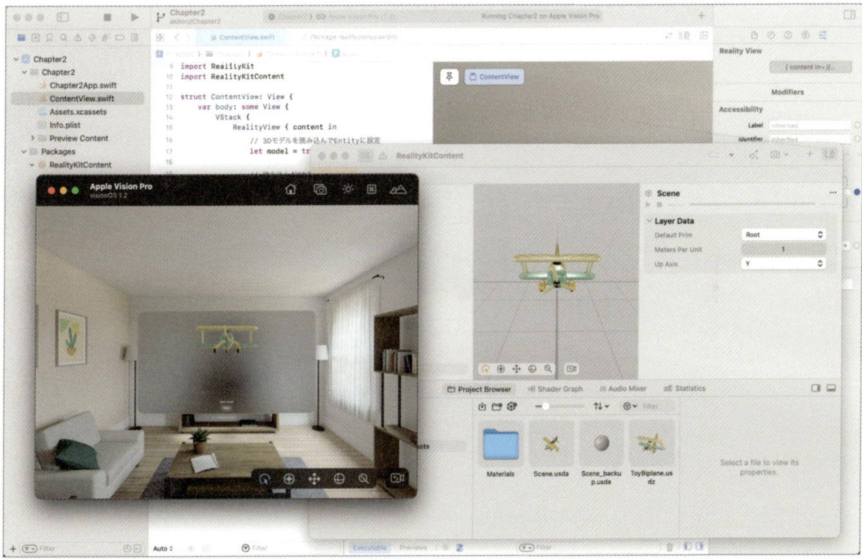

◉ Xcodeのインストール

XcodeはAppleのStoreアプリからインストールできます。Storeの検索ボックスに「Xcode」と入力して検索するとXcodeアプリが結果に表示されます。

Fig. 2-17　Storeの検索ボックスに「Xcode」を入力

Xcodeアプリを選択してダウンロードとインストールを行ってください。インストールが完了したらXcodeアプリを起動し、追加インストールが必要なモジュールを選択します。visionOSのモジュールを選択し、インストールしてください。

Fig. 2-18　Xcodeインストール時にvisionOSのモジュールを選択

Xcode
Version 15.4 (15F31d)
Select the platforms you would like to develop for:
macOS 14.5　Built-in
iOS 17.5　7.34 GB
watchOS 10.5　3.95 GB
tvOS 17.5　3.7 GB
visionOS 1.2　6.93 GB
Required additional components will also be installed.
Download & Install

Xcodeでの新規プロジェクト作成

モジュールのインストールが完了したら早速Vision Pro用のプロジェクトを作成して動かしてみましょう。

Xcodeの起動画面から「Create New Project...」を選択します。

Fig. 2-19　「Create New Project...」を選択して新規プロジェクトを作成

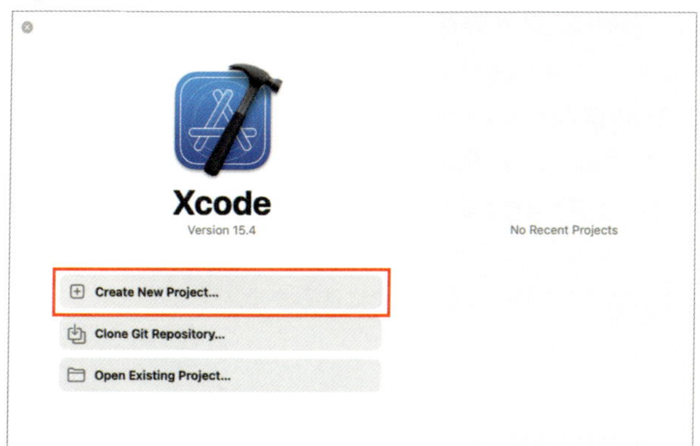

プロジェクトのテンプレートを選択する画面が表示されるので「visionOS」の「App」を選択します。

Fig. 2-20　テンプレート選択画面から「App」を選択

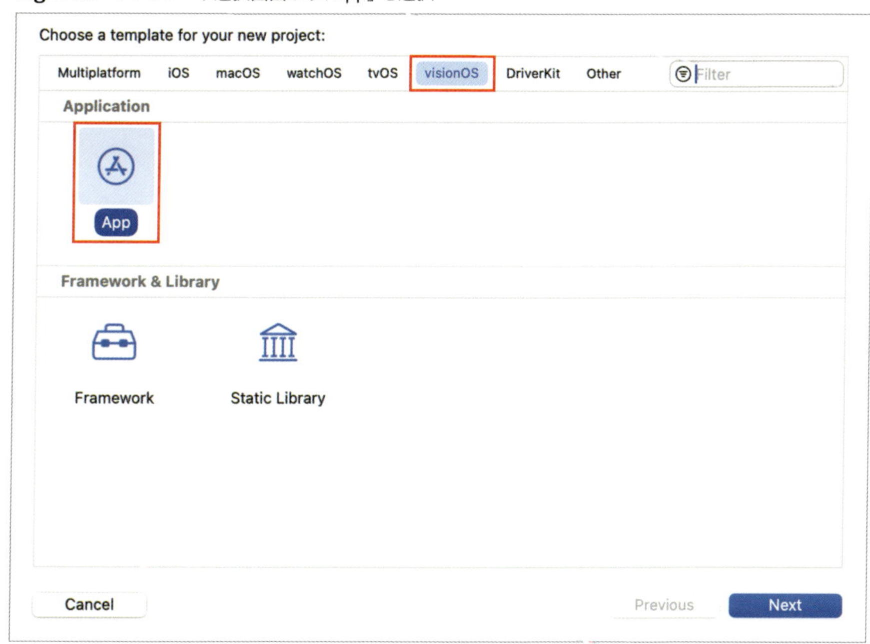

次にプロジェクトの名前と初期設定を決めます。以下の箇所を入力してください。

- **Product Name**：プロジェクトの名前（「Chapter2」と入力）
- **Team**：チーム
  - 実機に転送する場合は「None」以外のチームを選択してください。シミュレータで動かすだけなら「None」で構いません。
  - リストに「None」以外の選択肢がない場合、Xcodeのメニュー「Xcode」>「Settings...」>「Accounts」を選択し、あなたのApple IDを追加してください。あなたの名前の個人チームが選べるようになります。
- **Organization Idenrifier**：組織識別名[†4]（「visionOSdev」と入力）
- **Include Test**：テストコードを含めるかどうか（チェックを外す）

それ以外の項目はここではそのままで次に進みます。

Fig. 2-21　プロジェクト初期情報の入力画面

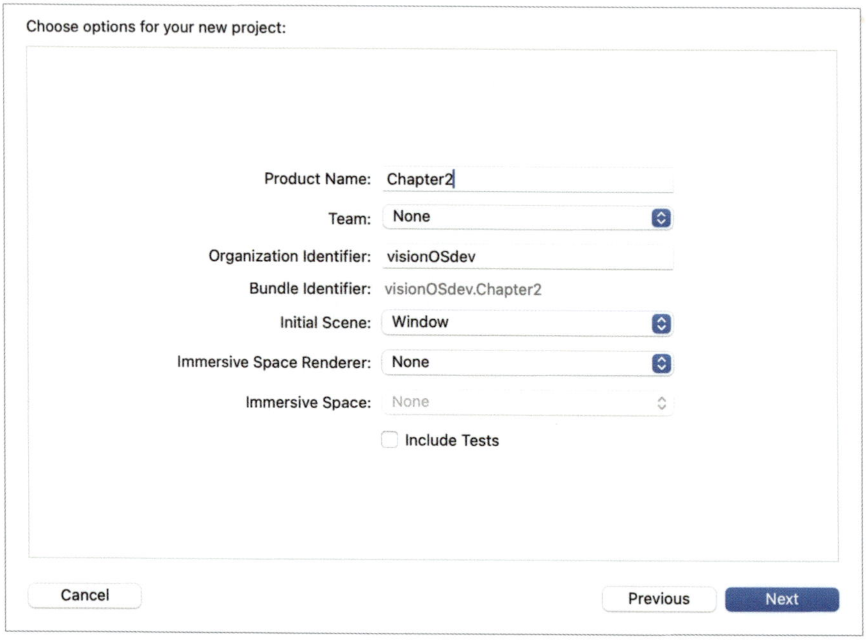

†4　開発組織の識別名です。アプリを公開する際には他の組織と衝突しない名前を指定する必要があり、通常は組織のドメイン名を逆にしたものを使います。アプリを公開しなければ仮の名前で構いません。

プロジェクトの保存場所（例えば「Desktop」フォルダ）を指定してプロジェクトを作成します。

Fig. 2-22 プロジェクト保存場所の設定画面

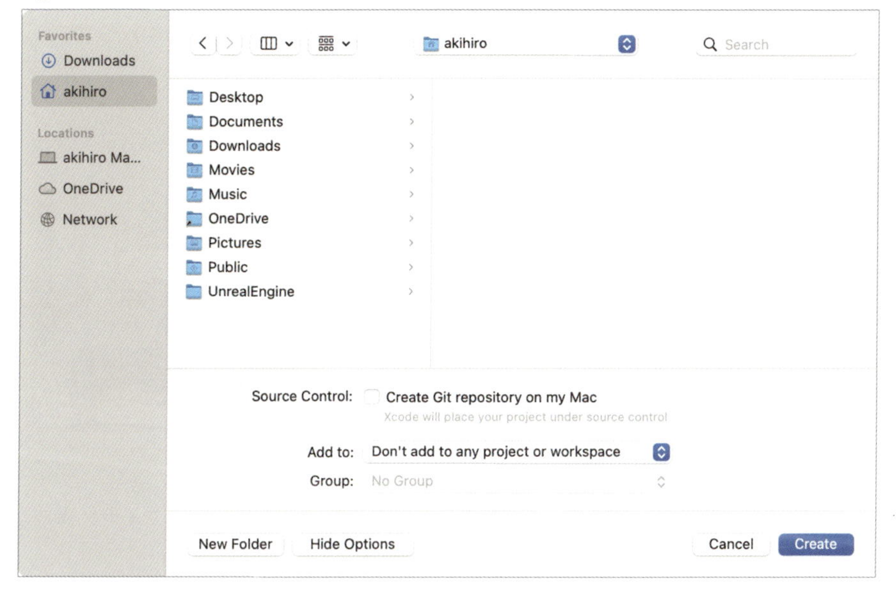

プロジェクトが作成されると以下のような画面が表示されます。

Fig. 2-23 Xcodeの全体の画面構成

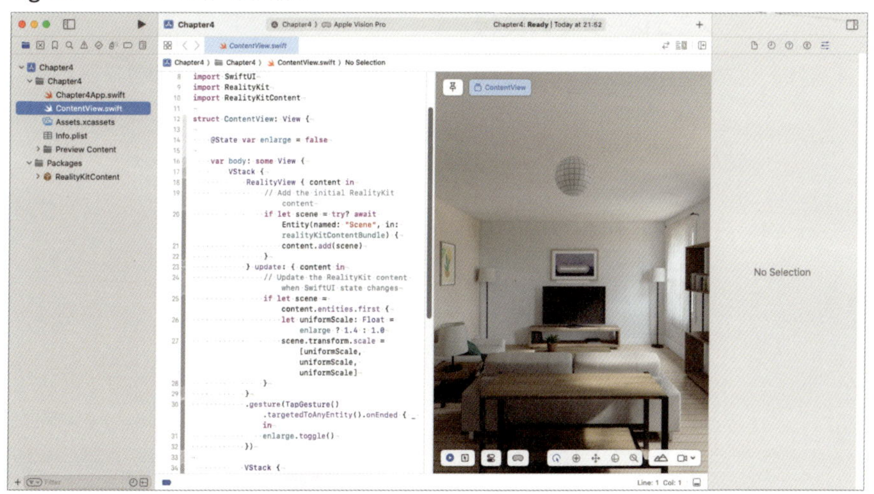

Xcodeの画面構成の名称と役割は以下の通りです。

Fig. 2-24 Xcodeの全体の画面構成の名称

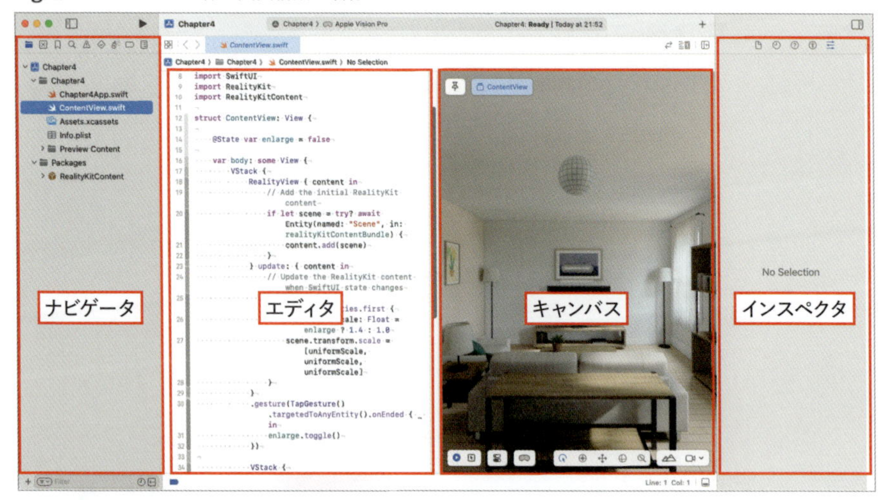

ナビゲータのファイルツリーにはプロジェクトのファイル、フォルダ構成が表示されます。上部のアイコンで表示内容を切り替えることができます。

画面中央左側にはSwiftコードのエディタ、右側にはUIのプレビューを表示するキャンバスがあります。

インスペクタには選択されたファイルのプロパティ、ドキュメントなどが表示されます。

シミュレータでの実行

プロジェクトの準備ができたので、まずはシミュレータで動作を確かめてみましょう。

Xcodeの上部の実行対象（スキーム）を「visionOS Simulator」>「Apple Vision Pro」に設定します。

Fig. 2-25 Xcodeの実行対象からシミュレータを選択

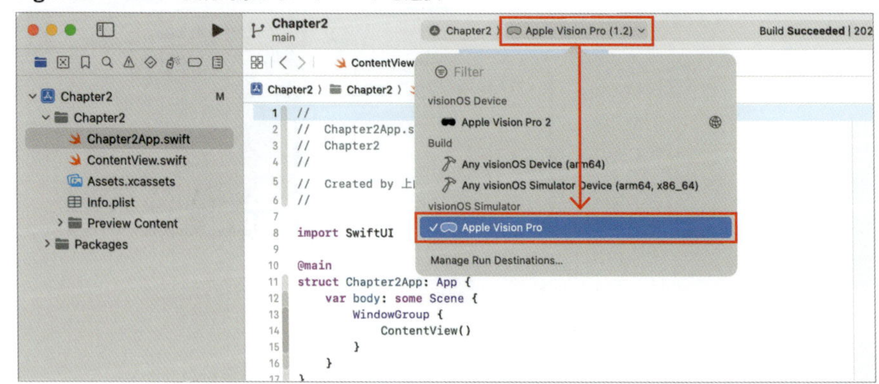

NOTE

シミュレータの選択肢にApple Vision Proが表示されないときは、XcodeにvisionOSモジュールがインストールされていない可能性があります。Xcodeのメニューから「Xcode」>「Settings...」>「Platforms」を選択し、「visionOS」の行の右側にある「Get」ボタンを押してインストールしてください。

設定後左側の「Run」ボタンを押して、ビルドと実行を行います。

Fig. 2-26 Xcodeで「Run」ボタンを押下してビルドと実行を行う

Chapter2 main　Chapter2 〉 Apple Vision Pro (1.2)　Build Succeeded | 202

ContentView.swift　Chapter2App.swift

Chapter2 〉 Chapter2 〉 Chapter2App.swift 〉 No Selection

- Chapter2 M
  - Chapter2
    - Chapter2App.swift
    - ContentView.swift
    - Assets.xcassets
    - Info.plist
    - Preview Content
  - Packages

```
1  //
2  //  Chapter2App.swift
3  //  Chapter2
4  //
5  //  Created by 上山晃弘 on 2024/05/01.
6  //
7
8  import SwiftUI
9
10 @main
11 struct Chapter2App: App {
12     var body: some Scene {
13         WindowGroup {
```

ビルド完了後Vision Proのシミュレータが起動し、アプリがデバッグ実行されます。シミュレータ画面にアプリのウインドウ画面が表示されたら成功です。

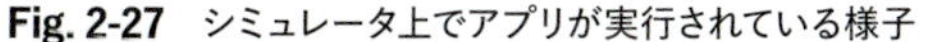

Fig. 2-27 シミュレータ上でアプリが実行されている様子

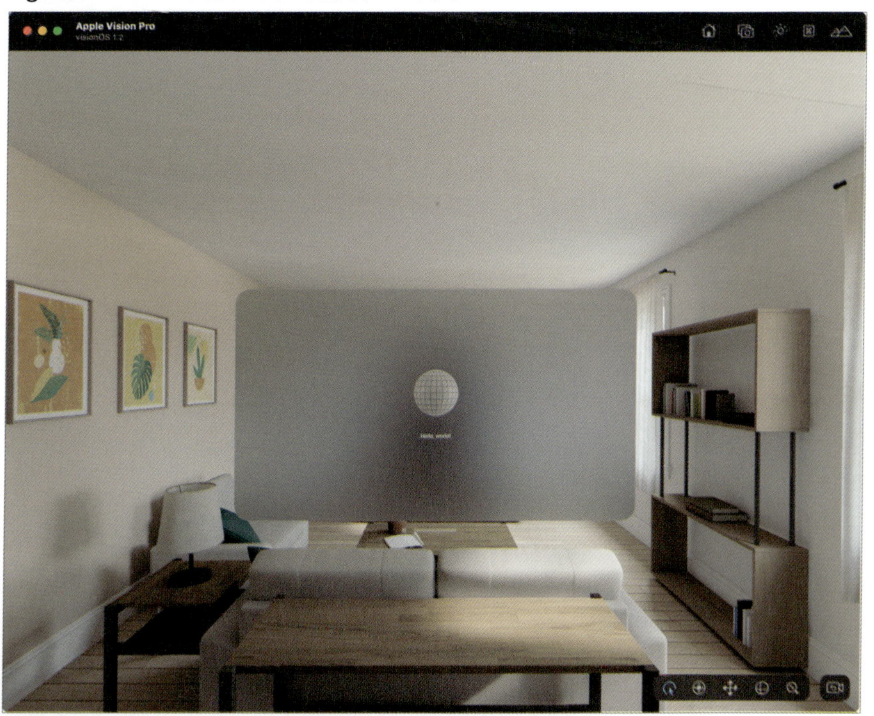

◉ Vision Proでの実行

Vision Proの実機でもデバッグ実行を試しましょう。最初にXcodeからVision Proにアプリを転送できるように、ペアリングと開発者モードの設定をする必要があります。ペアリングにはXcodeを利用しているMacとVision Proが同じWifiネットワークに接続されている必要があります。AppleIDはそれぞれ別でも構いません。

Xcodeの上部のメニューから「Window」>「Devices and Simulators」を選択してデバイス管理画面を表示しておきます。

Fig. 2-28　「Devices and Simulators」からデバイス管理画面を表示

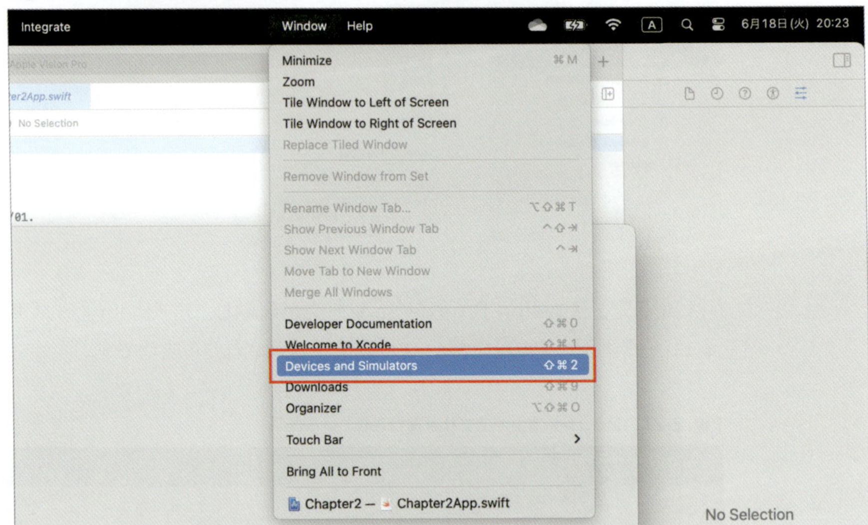

次にVision Proを操作してペアリングの準備をします。Vision Proの「設定」アプリを起動して「一般」>「リモートデバイス」を選択します。

Fig. 2-29　Vision Pro内で「リモートデバイス」を表示

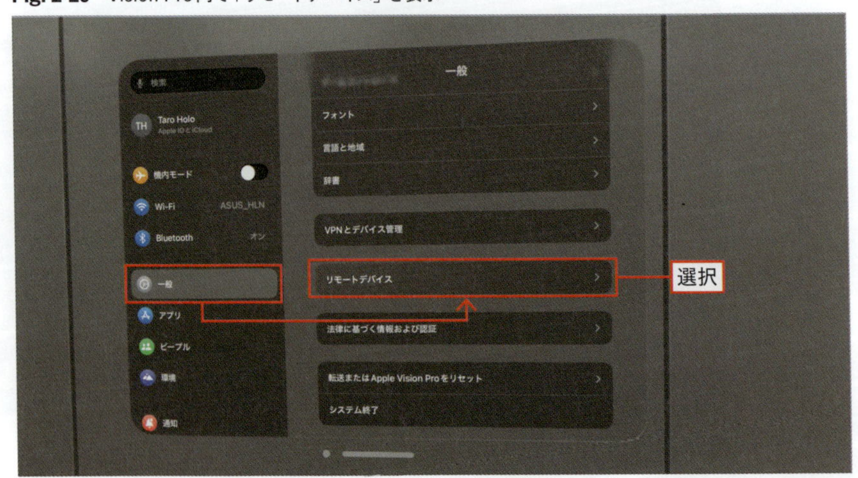

「リモートデバイス」画面を表示したままでXcodeのデバイス管理画面を確認してください。しばらく待つとVision Proのアイコンが表示されてペアリングが行えるようになります。

Fig. 2-30 デバイス管理画面に表示されたVision ProのPairボタンからペアリングを実行

デバイス管理画面に表示されているペアリングボタンを押して、Vision Proに表示された6桁のコードを入力します。その後、Vision Proの情報をXcodeが受信することでペアリングが完了します。

Fig. 2-31 デバイス管理画面にコード入力画面が表示

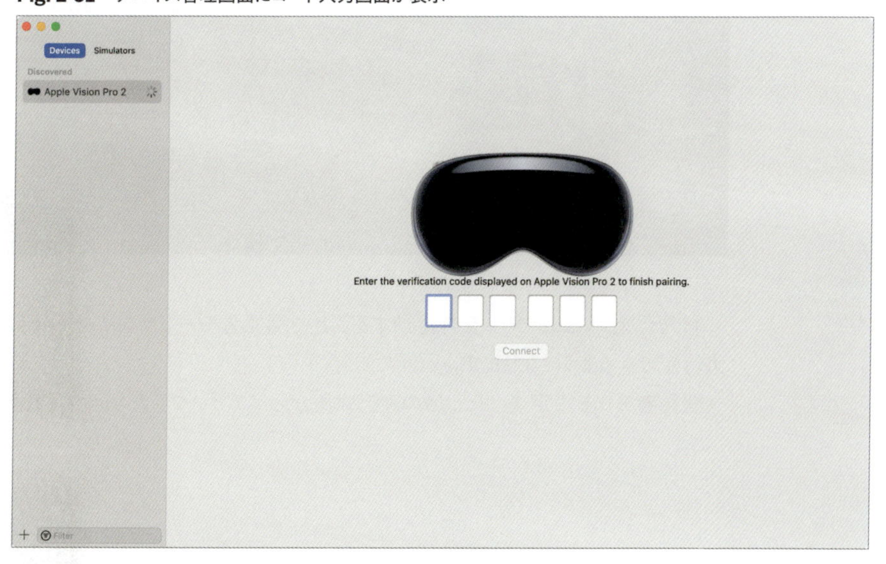

　ペアリング完了後にVision Proで開発者モードの設定をします。「設定」アプリの「プライバシーーとセキュリティ」から「デベロッパモード」を選択し、有効化します。

Fig. 2-32　Vision Pro内で「デベロッパモード」を選択

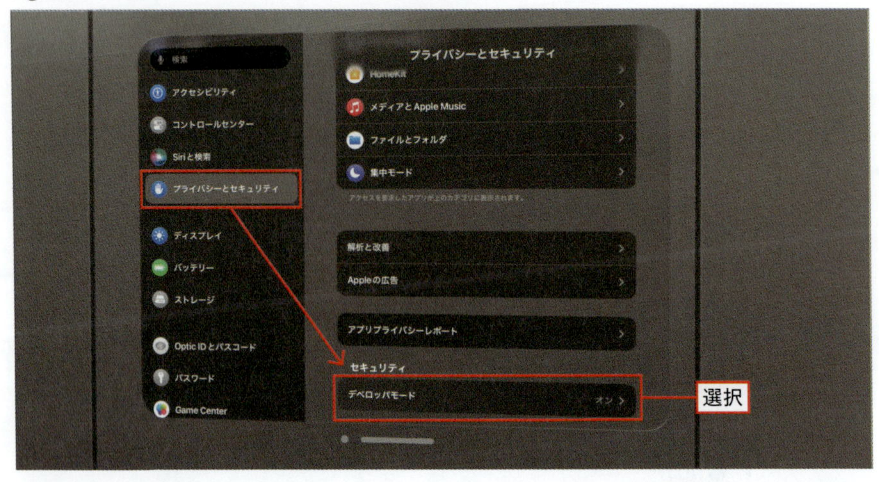

Fig. 2-33　「デベロッパモード」を有効化

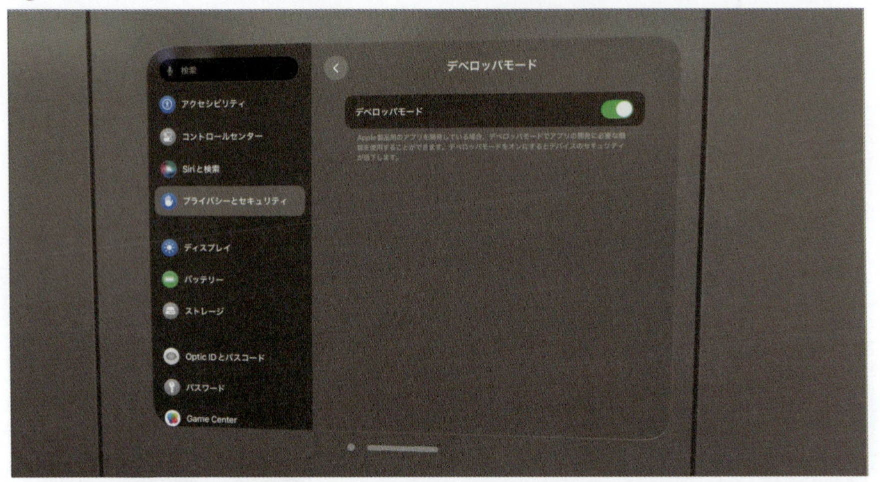

　有効化後、Vision Proを再起動することで開発者モードとなり、Xcodeからのデバッグ実行ができるようになります。

　開発者モード設定後、Xcodeの実行対象からペアリングしたVision Proを選択します。

Fig. 2-34　Xcodeで実行対象からVision Proを選択

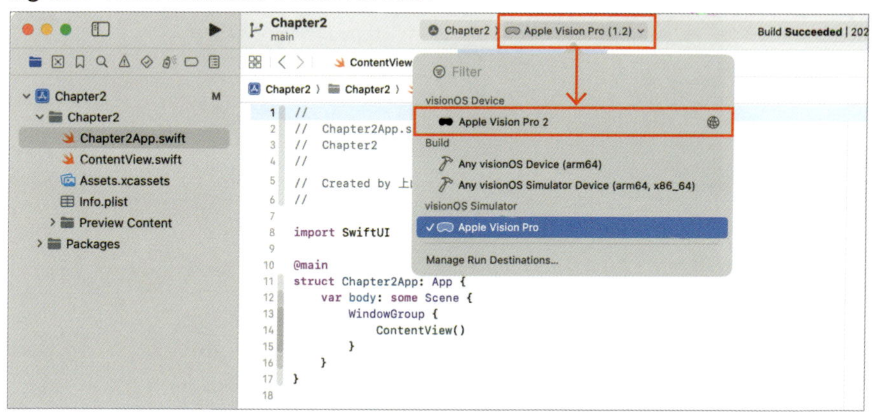

シミュレータと同様に「Run」ボタンを押してデバッグ実行を行います。Vision Proにウインドウが表示されたら成功です。

NOTE

実機でのデバッグ実行時は次のような問題に遭遇することがあります。表示されるダイアログやエラーメッセージを確認し、対処してください。初回のみ必要な設定や操作もあるため、初めて試す際には特に注意しましょう。

- プロジェクト作成時に「Team」として「None」を選択していた場合、ビルドに失敗します。この場合はエラーメッセージをクリックし、プロジェクト設定の「Signing & Capabilities」の項目にある「Team」からチームを選び直してください。チームが存在しない場合、「Add Account...」をクリックしてXcodeにApple IDを追加してください。
- 「The request to open [アプリのID] failed.」というエラーダイアログが出た場合、Vision Pro側でアプリ開発者を信頼する設定が必要です。ダイアログの指示に従って設定操作を行ってください。
- 初めての実行時は、Vision Pro側の準備が行われるため時間がかかることがあります。慌てず見守りましょう。

Fig. 2-35 Vision Proでアプリが実行されている様子

以上で、Xcodeでのプロジェクトの作成から、シミュレータと実機でのアプリ実行までができるようになりました。

NOTE

Apple Developer Programへの開発者登録について

Appleデバイスの本格的なアプリ開発、Storeでの公開、販売を行うためには開発者登録を行う必要があります。開発者登録を行わなくてもXcodeでのアプリ開発を行うことは可能ですが、同時開発アプリ数やアプリ動作期間、デバッグ対象デバイス数などに制限が生じます。さまざまなデバイス向けのアプリを複数開発する、あるいはStoreでの公開を目指す方は開発者登録を行うことをお勧めします。
https://developer.apple.com/jp/programs/

2.2.2 シミュレータの使い方

先ほど出てきたVision Proのシミュレータの使い方を詳しく見ていきましょう。これを使いこなせばVision Proを持っていなくてもアプリの動作確認ができるようになります。

Xcodeで実行対象をシミュレータにしてアプリを実行すると、自動的にシミュレータが起動します。画面上部にはホームボタン、スクリーンショットボタン、部屋の切り替えボタンがあります。画面右下にはマウスやトラックパッドの操作モード切り替えと、カメラのリセットボタンがあります。

Fig. 2-36　シミュレータ画面

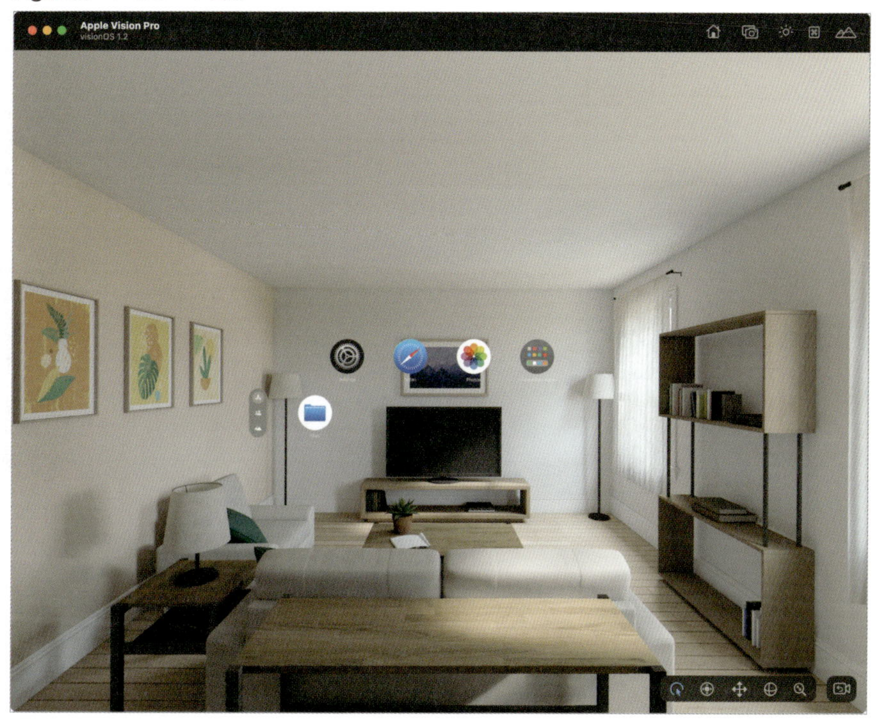

ホームボタンはVision ProのDigital Crownを押したときと同じ動作になります。部屋の切り替えボタンでは部屋（リビングや美術館など）や明るさ（昼または夜）を選ぶことができます。

以下のキーボード、マウス、トラックパッドの操作により、ジェスチャの入力や視点の移動ができます。

ジェスチャ	操作
タップ	クリック
ダブルタップ	ダブルクリック
ホールド	クリック長押し
ドラッグ	ドラッグ
両手ジェスチャ	option キー+ドラッグ

参考ページ[†5]

移動	キーボード操作	トラックパッド操作	マウス操作
前	Wまたは↑	ピンチアウト	ホイールスクロール
後	Sまたは↓	ピンチイン	ホイールスクロール
左	Aまたは←	左スクロール	中ボタン+ドラッグ
右	Dまたは→	右スクロール	中ボタン+ドラッグ
上	E	上スクロール	中ボタン+ドラッグ
下	Q	下スクロール	中ボタン+ドラッグ
カメラの向き	controlキー+ドラッグ		

これでVision Proと同様にシミュレータ内でアプリの操作を行えるようになります。しかしシミュレータでは一部の機能が実機での動作と異なる箇所があり、注意が必要です。

相違点	詳細
ポインタの移動方法が異なる	実機では目線によるポインタの操作が行えるが、シミュレータではマウスやトラックパッドでポインタを操作する
ジェスチャ実行時の挙動が異なる	実機で奥行方向に行う両手ジェスチャがシミュレータでは再現できない
ARKitの機能が利用できない	実機のセンサーを利用するARKitの機能（例：ハンドトラッキング）はシミュレータでは利用できない
FaceTimeなどの一部アプリが利用できない	実機に標準でインストールされている一部アプリがシミュレータでは利用できないため、外部アプリとの連携を確認できない場合がある

上記のように実機でしか確認できない項目があるため、アプリの最終動作確認は必ず実機で行うことをお勧めします。

2.2.3 Reality Composer Proの使い方

XcodeでSwiftコードを書くことにより3Dモデルの配置や設定をすることは可能ですが、多数の3Dモデルを組み合わせたり、ライティングやマテリアルを細かく調整したりするのは簡単ではありません。Reality Composer Proはこのような3Dコンテンツの詳細な設定をビジュアルに行える開発ツールです。

Reality Composer ProはXcodeの付属ツールの1つとして提供されています。Xcodeの上部メニューから「Xcode」>「Open Developer Tool」>「Reality Composer Pro」を選択して起動しましょう。

†5 https://developer.apple.com/documentation/xcode/interacting-with-your-app-in-the-visionos-simulator

Fig. 2-37 Reality Composer Proのメニュー画面

「Create New Project...」を選択してプロジェクトを新規作成します。プロジェクトの保存先を指定するとReality Composer Proの画面が起動します。

Fig. 2-38 Reality Composer Proの画面

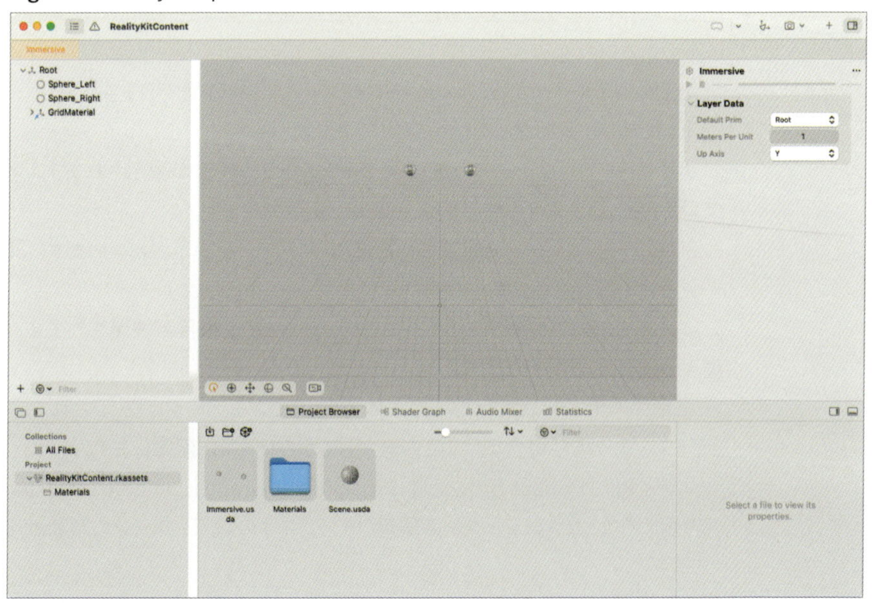

Reality Composer Proでは3Dモデルを「シーン」というものに保存します。シーンについての詳細はChapter 6で解説します。

Reality Composer Proの画面の名称を確認します。各名称はメニューの「View」の中の項目に準拠した名称としていますが「3Dビュー」については本書で定義した名称です。

Fig. 2-39 Reality Composer Proの画面の名称

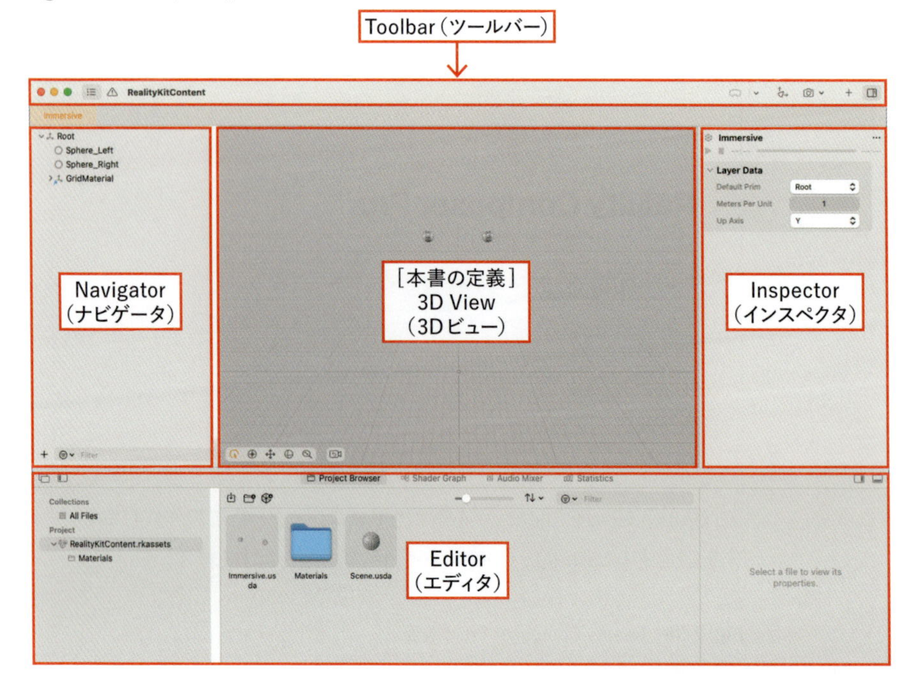

上部のツールバーから開いているプロジェクト名を確認できます。3Dビューのカメラ配置や3Dモデルの追加などを行うこともできます。

ナビゲータにはシーン内の3Dコンテンツのツリー構造が表示されます。シーンに配置されている3Dコンテンツの親子関係を確認、変更できます。

3Dビューにはシーンに配置された3Dコンテンツが表示されています。3Dモデルの位置や見た目を調整できます。

インスペクタには選択された3Dコンテンツの設定項目が表示されます。マテリアルの調整や機能の追加を行えます。

下部のエディタにはプロジェクト内で利用できるデータが表示されています。外部からデータを読み込む場合にはここに追加してからシーンに配置します。

エディタは「Project Browser」から「Shader Graph」、「Audio Mixer」、「Statistics」に切り替えることで、シェーダーの編集、オーディオの編集、シーンの解析ができます。

Fig. 2-40 Shader Graph

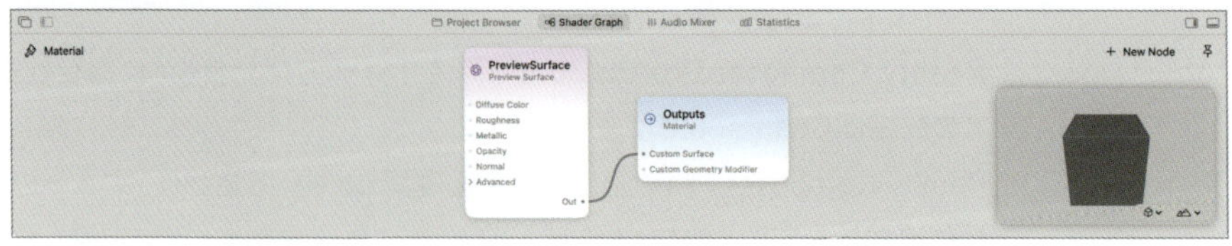

Fig. 2-41 Audio Mixer

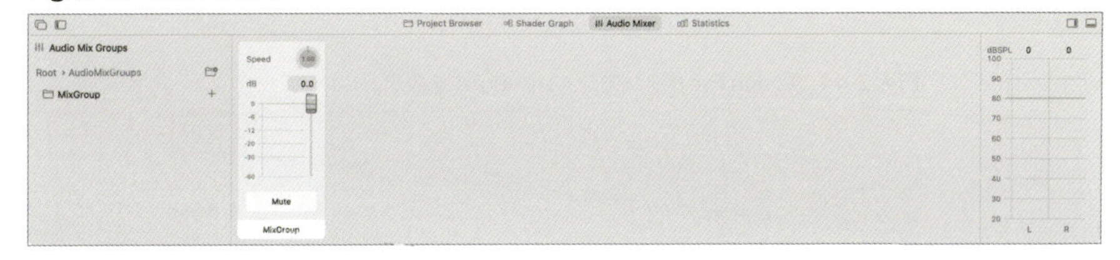

Fig. 2-42 Statistics

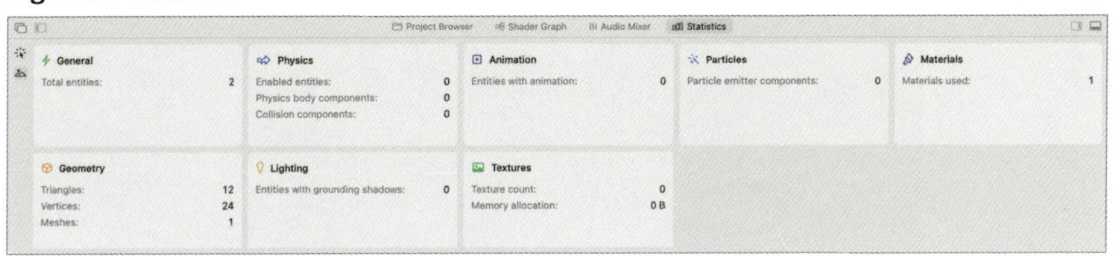

Reality Composer Proにはさまざまな3Dコンテンツがコンテンツライブラリとして提供されています。画面右上の「+」ボタンを押すことで、コンテンツライブラリから3Dモデル、マテリアル、オーディオを取り込めます。気に入った3Dモデルをダブルクリックしてシーンに配置してみましょう。

Fig. 2-43 コンテンツライブラリから飛行機を選択してシーンに配置

シーンに配置された3Dコンテンツが Vision Proでどのように表示されるか、実機ですぐに確認する方法があります。あらかじめXcodeでVision Proとペアリングを行っておくと(2.2.1参照)、画面右上のVision Proのボタンが押せるようになります。ボタンを押すと現

在開いているシーンの3Dモデルが Vision Pro上に表示されます。

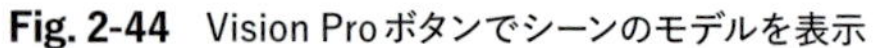

Fig. 2-44　Vision Proボタンでシーンのモデルを表示

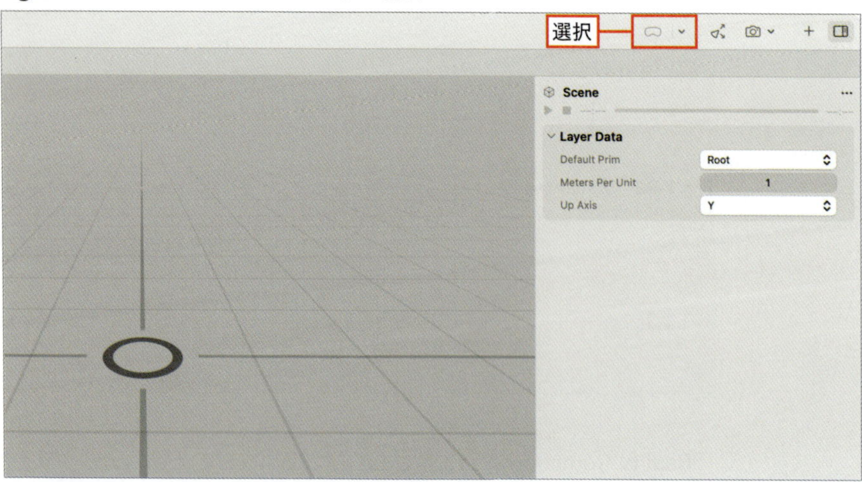

　Reality Composer Proを使いこなすことで、簡単に3Dモデルの見た目を調整したり、空間音響を設定してアプリで利用できるようになります。利用可能な3Dコンテンツの種類やコンポーネントの紹介、アプリに組み込む手順についての詳細は、以降のサンプルアプリ開発の各Chapterで説明していきます。

NOTE

Reality Composer Pro による高解像度キャプチャ

アプリを開発していくとVision Pro上に表示された画面をキャプチャ（撮影または録画）したい場合が出てきます。Vision Pro本体にも画面キャプチャ機能はありますが、解像度が1280×720と低くなってしまいます。Reality Composer ProのDeveloper Capture機能を利用すれば高解像度のキャプチャを行うことができます。
メニューから「File」>「Developer Capture...」を選択するとこの機能が起動され、ペアリング済みのVision Proの一覧がリストに表示されます。

Fig. 2-45　Developer Capture

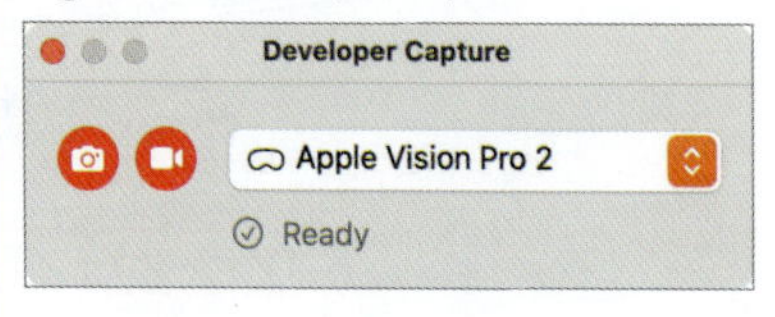

キャプチャ対象のVision Proを選択して接続すると、キャプチャを開始できます。開始ボタンを押した後、一定カウント後に動作します。キャプチャされたデータはMac上に保存されます。ただし、高画質の代わりに最大1分までしか録画できないという点に注意が必要です。

NOTE

Reality Composer Proの「Statistics」利用方法

Vision Proには強力なグラフィック機能が搭載されていますが、表示できる3Dコンテンツのサイズには限界があります。Reality Composer Proの「Statistics」ではシーン内で表示されている3Dコンテンツの要素を解析して確認することができます。配置されている3Dモデルの頂点数やテクスチャのサイズ、物理演算の対象オブジェクト数などが表示されます。これらのデータを元にシーンの処理負荷を最適化して、処理落ちの無い体験を作りましょう。

Fig. 2-46 Statistics

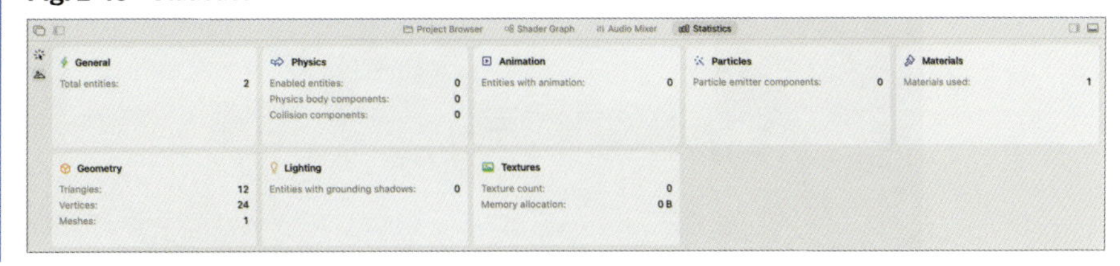

2.2.4 Unityの紹介

Vision Proでもっと3Dモデルを活用してゲームを開発したい、マルチプラットフォームアプリを開発したい場合などにはゲームエンジンのUnityを利用できます。今までUnityを利用していた開発者がVision Proアプリを開発したり、別デバイスからアプリをコンバートしたりしやすくなります。

Vision Proアプリ開発でUnityを利用するには、Unity Pro、Unity EnterpriseまたはUnity Industryといったライセンスが必要になります。ライセンスが適応されているとUnity Editorインストール時にVision Proのプラットフォームを追加できるようになります。

Fig. 2-47 UnityのインストールにVision Proのプラットフォームが追加可能

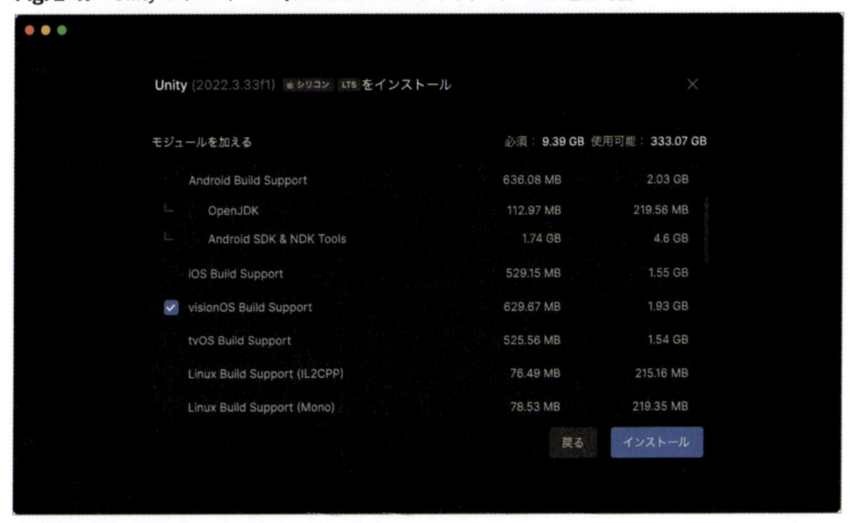

Unityプロジェクト作成後、Vision Pro用のパッケージを追加することで開発環境を構築できます。Unity からはVision Pro用にPolySpatialのパッケージが提供されています。

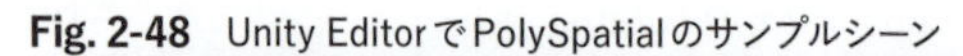

Fig. 2-48 Unity Editor で PolySpatial のサンプルシーン

Unity ではプロジェクトのビルドを行うとXcodeのプロジェクトが生成されます。生成されたXcodeプロジェクトを開いてビルドを行うことで、Vision Proまたはシミュレータでアプリの実行が行われます。

2.3 アプリ開発のウォーミングアップ

次のChapterから実際にアプリを開発していきます。その前にXcodeのテンプレートプロジェクトを利用して、プロジェクト全体の構造とコードの内容を把握しながら開発のウォーミングアップをしましょう。2.2.1「Xcodeの使い方」で作成したXcodeプロジェクトを利用して進めていきます。

2.3.1 Xcodeで新規プロジェクトのUIを変えてみる

まずはプロジェクトの全体構成を確認してUIを変更してみましょう。

Xcodeのナビゲータにはプロジェクト内のファイル、フォルダ構成が表示されています。ここでは主要なものだけ紹介します。

- **Chapter2**：プロジェクト全体。アプリの表示名などを設定する。
- **Chapter2App.swift**：アプリの最初に実行されるクラス。メインウインドウを構築する処理が書かれている。
- **ContentView.swift**：メインウインドウを表示するビュー。
- **Assets.xcassets**：アプリのアイコンや、アプリ内で表示する画像などのアセット。
- **info.plist**：情報プロパティリスト。アプリの初期状態や機能の利用許諾などを設定する。

Fig. 2-49 Xcodeのプロジェクト作成時のファイル一覧

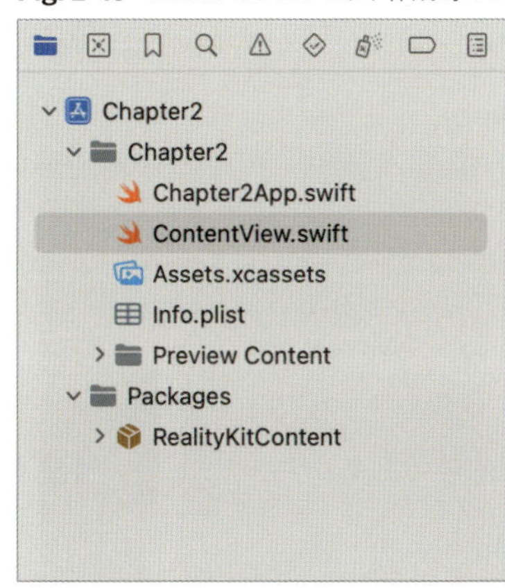

実際に「ContentView.swift」を編集してUIを追加してみましょう。Textの下にボタンを追加します。

Fig. 2-50　ボタン追加のコード

```
 7
 8  import SwiftUI
 9  import RealityKit
10  import RealityKitContent
11
12  struct ContentView: View {
13      var body: some View {
14          VStack {
15              Model3D(named: "Scene", bundle: realityKitContentBundle)
16                  .padding(.bottom, 50)
17
18              Text("Hello, world!")
19              Button("Click!") { print("click") }      ── 追加
20          }
21          .padding()
22      }
23  }
24
25  #Preview(windowStyle: .automatic) {
26      ContentView()
27  }
```

Buttonに渡す「(…)」内にはボタンに表示されるテキストを、「{　…　}」内にはボタンが押された時の動作を記述します。今回は「Click!」ボタンを押したらログ画面に「click」が表示されるようにします。

ContentView.swift

```
Button("Click!") { print("click") }
```

この状態で画面右側のキャンバスでボタンが追加されていることを確認してください。

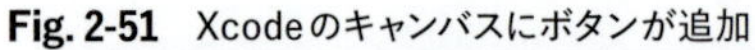

Fig. 2-51　Xcodeのキャンバスにボタンが追加

「Run」ボタンを押してシミュレータまたはVision Proでアプリを実行すると、キャンバス同様にボタンが追加されたことを確認できます。また「Click!」ボタンを押すことで、次のようにXcode上のログ画面に設定した文字が出力されます。

Fig. 2-52　Xcodeのログ画面表示場所

皆さん自身でテキストの内容やボタンの記述位置を変えてみて、UI表示がどのように変化するかも確認してみてください。

2.3.2　Reality Composer Proで3Dモデルを編集してみる

続いてアプリのウインドウ中央に表示されている3Dの球を変更してみましょう。ここではReality Composer Proを利用して3Dモデルを編集します。

Xcodeのプロジェクト内の「Packages」フォルダ内に「RealityContent」というフォルダがあります。その中の「Package.realitycomposerpro」ファイルを選択すると画面中央に3Dモデルが表示されます。この球がアプリ画面で表示されていた3Dモデルになります。画面右上の「Open in Reality Composer Pro」ボタンを押してReality Composer Proを起動します。

Fig. 2-53　XcodeプロジェクトからReality Composer Proを起動

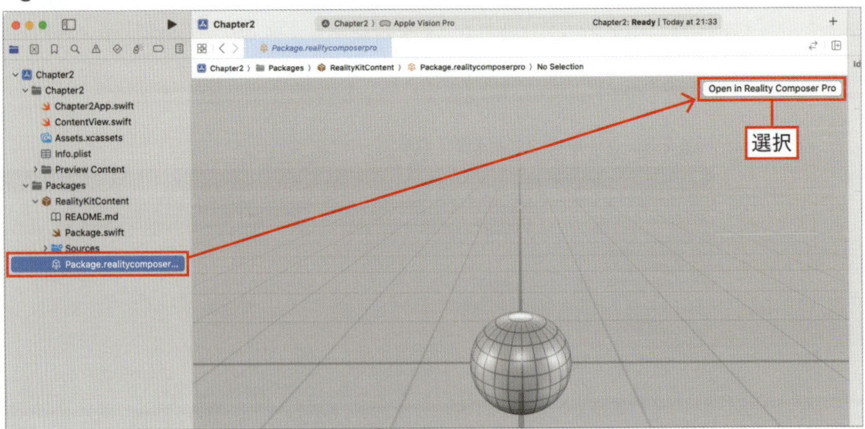

Reality Composer Proが起動したら画面左側のナビゲータを確認してください。この中の「Sphere」が球の3Dモデルです。「Sphere」を右クリックし、「Delete」を選択して削除しておきます。

Fig. 2-54　Sphereを削除

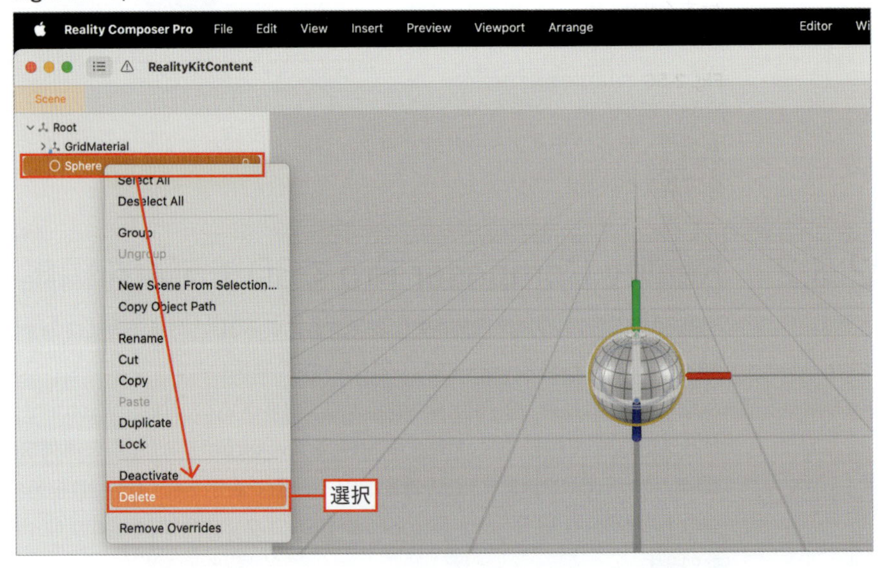

削除後別の3Dモデルを追加します。Reality Composer Proの右上の「+」ボタンを選択してコンテンツライブラリを表示してください。その中から「Toy Biplane」（おもちゃの飛行機）をダブルクリックしてシーン内に配置してください。

Fig. 2-55 コンテンツライブラリから「Toy Biplane」を配置

変更後に上部メニューから「File」＞「Save」を選択してシーンを保存しておきます。

Xcodeに戻ると「Package.realitycomposerpro」の表示と「ContentView.swift」のキャンバスの3Dモデルが変更されています。前回と同様にシミュレータまたはVision Proで実行すると変更の反映されたアプリが実行されます。

Fig. 2-56 更新後のXcodeのキャンバスの表示

これでReality Composer Proでの3Dモデルの編集が体験できました。

2.3.3 RealityViewで3Dモデルを表示してみる

上の例ではModel3Dという機能を利用して3Dモデルを表示しました。しかし、Model3Dは3Dモデルを簡単に表示できる便利機能である一方、アニメーションや複数モデルの組み合わせなどの操作ができません。代わりにRealityViewを利用することで、より細かな3Dモデルの操作や動作を実現できます。本書のサンプルアプリでもRealityViewを多用します。Model3DからRealityViewを利用した実装に変更してみましょう。

まずModel3Dを使った処理を削除します。

Fig. 2-57 Model3Dの処理を削除

```
 7
 8  import SwiftUI
 9  import RealityKit
10  import RealityKitContent
11
12  struct ContentView: View {
13      var body: some View {
14          VStack {
15              Model3D(named: "Scene", bundle: realityKitContentBundle)   ← 削除
16                  .padding(.bottom, 50)
17
18              Text("Hello, world!")
19              Button("Click!") { print("click") }
20          }
21          .padding()
22      }
23  }
24
25  #Preview(windowStyle: .automatic) {
26      ContentView()
27  }
```

代わりにRealityViewで3Dモデルを表示するコードを追加します。

Fig. 2-58 RealityViewで3Dモデルを表示する処理を追加

```
 8  import SwiftUI
 9  import RealityKit
10  import RealityKitContent
11
12  struct ContentView: View {
13      var body: some View {
14          VStack {
15              RealityView { content in
16                  // 3Dモデルを読み込んでEntityに設定
17                  let model = try! await Entity(named: "Scene",
18                                                in: realityKitContentBundle)
19                  // 読み込んだ3Dモデルを登録
20                  content.add(model)
21              }
22              .padding(.bottom, 50)
23
24              Text("Hello, world!")
```

追加

```
25 ············Button("Click!")·{·print("click")·}¬
26 ·········}¬
27 ·········.padding()¬
28 ····}¬
29 }¬
30 ¬
31 #Preview(windowStyle:·.automatic)·{¬
32 ····ContentView()¬
33 }¬
34
```

変更した処理内容を解説します。まずはRealityViewを追加します。

```
RealityView { content in
}
```

Reality Composer Proで作成した3Dモデルを読み込みます。Model3Dの代わりにEntityを利用し、エンティティとして読み込みます。エンティティとは3Dコンテンツやコンポーネントを含めた箱のようなもので、詳しくはChapter 5で解説します。読み込みは非同期（await）かつ例外処理（try）が必要であることに注意してください。

```
// 3Dモデルを読み込んでEntityに設定
let model = try! await Entity(named: "Scene",
                              in: realityKitContentBundle)
```

読み込んだモデルをRealityViewのコンテンツに登録します。これで画面に3Dモデルが表示されるようになります。

```
// 読み込んだ3Dモデルを登録
content.add(model)
```

Fig. 2-59　変更後のXcodeのキャンバス

以上がRealityViewによる3Dモデル表示の基本です。3Dコンテンツを用いたさまざまな表現、機能を実装するための足掛かりとなります。

次のChapterからは実際にVision Proアプリを開発し、完成まで持っていきます。各ChapterでVision Proのさまざまな機能に触れ、それらを活用していきます。これらをこなしたあかつきには、Vision Proの体験を十分に活かしたアプリを自力で開発できるようになっていることでしょう。

Chapter 3

SwiftUIを利用したおみくじアプリの開発

Chapter 3からはVision Proのアプリ開発を順を追って学んでいきましょう。
最初はウインドウスタイルでおみくじを引くアプリを開発します。
ウインドウ上に画像とボタンをレイアウトしながらSwiftUIの基礎と
アプリ完成までの手順を確認しましょう。

3.1　おみくじアプリの概要

Vision Proのウインドウアプリとして「おみくじアプリ」を開発します。「おみくじを引く」ボタンでおみくじを引いて結果を見ることができ、「もう一回」ボタンでおみくじを引き直すことができるようにします。

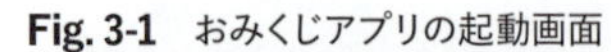

Fig. 3-1　おみくじアプリの起動画面

Fig. 3-2　おみくじアプリの結果表示画面

その他に以下の項目も実装します。

- おみくじ箱と結果は画像で表示します。
- おみくじを引く前には「もう一回」ボタンは押せないようにします。
- おみくじの結果が表示されているときは「おみくじを引く」ボタンは押せないようにします。
- おみくじを引く時はおみくじ箱から結果が出るアニメーションをつけます。

最後にアプリの見分けがつくようにアイコンを設定します。

Fig. 3-3 アプリアイコン

3.2　プロジェクトの作成

Xcodeで新規プロジェクトを作成して開発環境を整えます。Xcodeの起動画面から「Create New Project...」を選択して新規プロジェクトを作成します。

Fig. 3-4　新規プロジェクトの作成画面

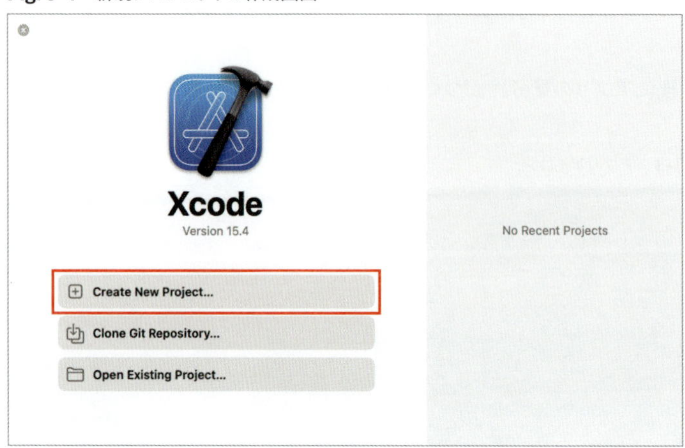

プロジェクトのテンプレートを選択する画面が表示されるので「visionOS」の「App」を選択します。

Fig. 3-5　テンプレート選択

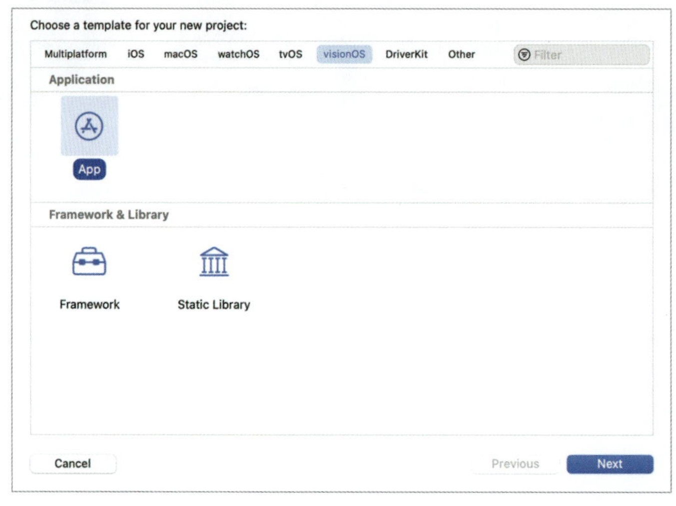

今回のアプリはウインドウスタイルなのでプロジェクトの新規作成時の設定は次のようにしておきます。

- Product Name：プロジェクトとアプリの名前（「Chapter3」と入力）
- Team：チーム
- Organization Idenrifier：組織識別名（「visionOSdev」と入力）
- Initial Scene：アプリ起動時のウインドウのスタイル（「Window」を選択）
- Immersive Space Renderer：イマーシブスペースの描画方式（「None」を選択）

Fig. 3-6　プロジェクト初期設定

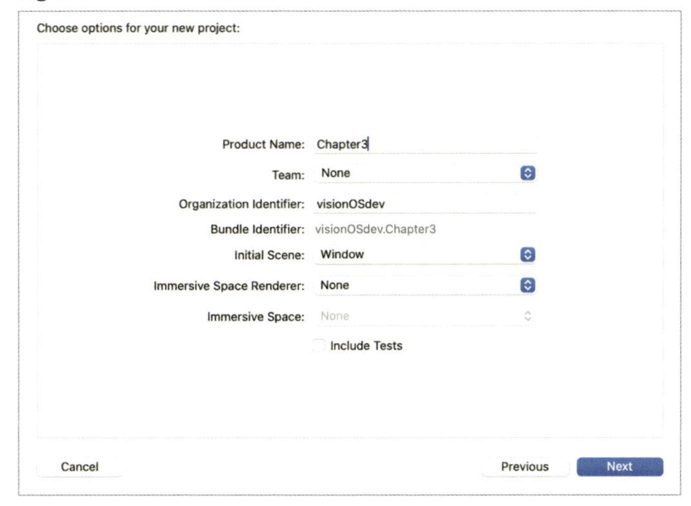

プロジェクトの保存場所を指定してプロジェクトを作成します。

Fig. 3-7　プロジェクト保存場所の選択

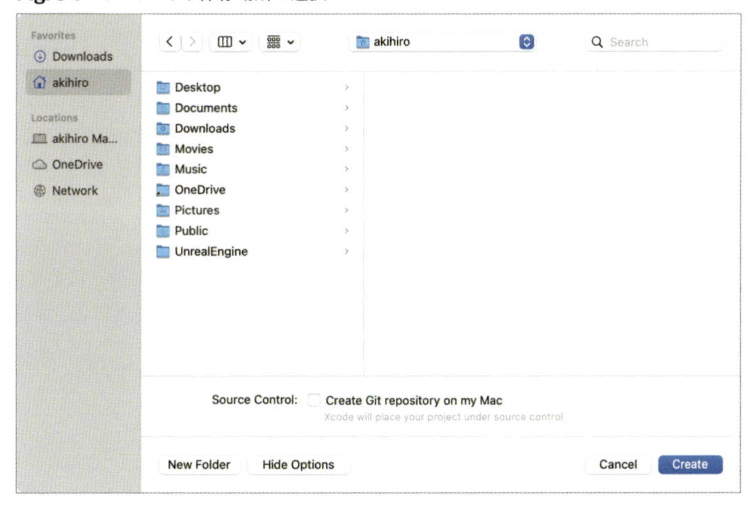

プロジェクトが作成できたら早速UIの実装から行っていきます。

3.3 UIの実装

おみくじアプリの見た目を組み立てていきます。
おみくじアプリは以下のUI要素から成り立っています。

- タイトルテキスト
- おみくじ箱の画像
- おみくじ結果（「大吉」「中吉」「小吉」「吉」）の画像
- 「おみくじを引く」ボタン
- 「もう一回」ボタン

UIの内容は「ContentView.swift」に記述していきます。プロジェクトを作成した段階で既に3Dモデルとテキストを表示する処理が書かれています。今回のアプリで利用しないModel3DとTextはいったん削除し、新たにUIを追加していきます。

Fig. 3-8　アプリで利用しない処理を削除（ContentView.swift）

```
 8  import SwiftUI
 9  import RealityKit
10  import RealityKitContent
11
12  struct ContentView: View {
13      var body: some View {
14          VStack {
15              Model3D(named: "Scene", bundle: realityKitContentBundle)
16                  .padding(.bottom, 50)
17
18              Text("Hello, world!")
19          }
20          .padding()
21      }
22  }
23
24  #Preview(windowStyle: .automatic) {
25      ContentView()
26  }
27
```

削除

3.3.1 テキストの表示

始めにタイトルのテキストを表示します。

Fig. 3-9 Text UIを追加(ContentView.swift)

```
7
8  import SwiftUI
9  import RealityKit
10 import RealityKitContent
11
12 struct ContentView: View {
13     var body: some View {
14         VStack {
15             // タイトルテキストを追加
16             Text("おみくじアプリ").padding().font(.largeTitle)
17         }
18         .padding()
19     }
20 }
21
22 #Preview(windowStyle: .automatic) {
23     ContentView()
24 }
25
```

追加

テキストの表示にはTextを利用します。表示する文字を指定し、その後ろに表示されるテキストに対する設定を追加します。今回は「padding()」で適度な余白を、「font(.largeTitle)」でテキストのサイズを大きくしています。

ContentView.swift

```
// タイトルテキストを追加
Text("おみくじアプリ").padding().font(.largeTitle)
```

Fig. 3-10 テキストが表示されたキャンバス画面

3.3.2　画像の表示

次におみくじの箱と結果の画像を表示します。画像をプロジェクトに登録してSwiftコードから呼び出せるようにします。

NOTE

画像ファイルは本書のサンプルアプリ素材として提供されています。次の場所からダウンロードしてください。
https://github.com/HoloLabInc/VisionProSwiftSamples

Finderで素材フォルダ「Chapter3_assets」を開きます。ナビゲータから「Assets.xcassets」を選択し、上記フォルダ内の画像すべてをドラッグ&ドロップして登録します。

Fig. 3-11　ナビゲータの「Assets.xcassets」に画像をインポート

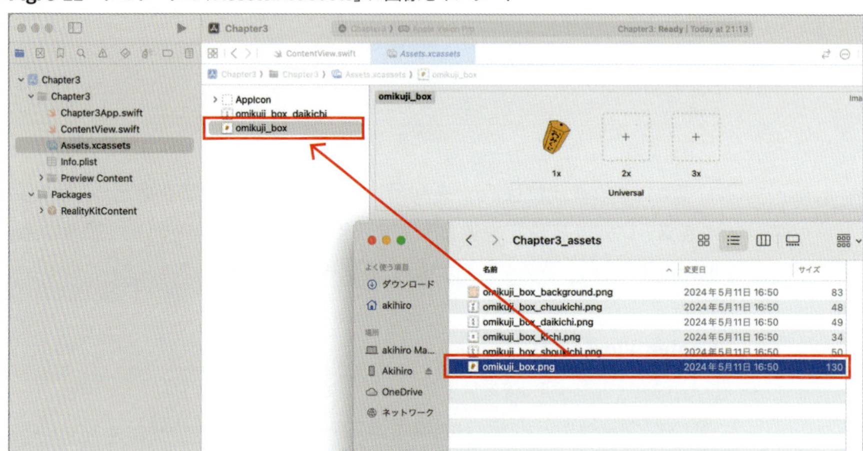

登録後の画像を選択し、右端のインスペクタを確認してください。「Name」に表示された画像のファイル名（この例では「omikuji_box」）がSwiftコードから呼び出せる画像名になります。

画像の表示をSwiftコードで実装しましょう。

Fig. 3-12　画像の表示処理を追加（ContentView.swift）

```
 8  import SwiftUI
 9  import RealityKit
10  import RealityKitContent
11  
12  struct ContentView: View {
13      var body: some View {
14          VStack {
15              // タイトルテキストを追加
16              Text("おみくじアプリ").padding().font(.largeTitle)
17              Image("omikuji_box") // 画像を追加
18                  .resizable() // 画像サイズを変更できる設定
19                  .aspectRatio(contentMode: .fit) // 縦横比は変えない設定
20                  .frame(height: 200) // 画像の縦のサイズを設定
21              Image("omikuji_box_daikichi") // おみくじの結果画像を表示
22                  .resizable() // 画像サイズを変更できる設定
23                  .aspectRatio(contentMode: .fit) // 縦横比は変えない設定
24                  .frame(height: 200) // 画像の縦のサイズを設定
25                  .background(Color.red) // 結果の背景色を設定
26                  .clipShape(Circle()) // 画像を丸く切り抜き
27          }
28          .padding()
29      }
30  }
31  
32  #Preview(windowStyle: .automatic) {
33      ContentView()
34  }
```

追加

画像を2つ表示するため、Imageを2つ追加します。おみくじ箱の画像と大吉の画像の名前を指定します。

ContentView.swift

```
Image("omikuji_box") // 画像を追加
    .resizable() // 画像サイズを変更できる設定
    .aspectRatio(contentMode: .fit) // 縦横比は変えない設定
    .frame(height: 200) // 画像の縦のサイズを設定
Image("omikuji_box_daikichi") // おみくじの結果画像を表示
    .resizable() // 画像サイズを変更できる設定
    .aspectRatio(contentMode: .fit) // 縦横比は変えない設定
    .frame(height: 200) // 画像の縦のサイズを設定
    .background(Color.red) // 結果の背景色を設定
    .clipShape(Circle()) // 画像を丸く切り抜き
```

そのまま表示すると大きすぎるため、サイズ変更のため以下を追加します。

- `.resizable()`：画像サイズを変更可能にする
- `.aspectRatio(contentMode: .fit)`：縦横比は変化させない
- `.frame(height: 200)`：画像の縦のサイズを指定する

2つ目の画像には上記の設定に加えて以下を追加します。

- `.background(Color.red)`：画像の背景色（今回は赤色）を設定
- `.clipShape(Circle())`：画像を丸く切り抜き

実装が完了すると、以下のように画像がキャンバスに表示されます。

Fig. 3-13　画像が表示されたキャンバス画面

3.3.3 ボタンの表示

「おみくじを引く」ボタンと「もう一回」ボタンを追加し、それぞれの表示内容を設定します。加えて、「おみくじを引く」を押す前に「もう一回」は押せないように、また「もう一回」を押す前に「おみくじを引く」は押せないようにします。

Fig. 3-14 ボタンUIを追加する処理（ContentView.swift）

```
8   import SwiftUI
9   import RealityKit
10  import RealityKitContent
11
12  struct ContentView: View {
13      @State var isRunning = false                      追加
14
15      var body: some View {
16          VStack {
17              // タイトルテキストを追加
18              Text("おみくじアプリ").padding().font(.largeTitle)
19              Image("omikuji_box") // 画像を追加
20                  .resizable() // 画像サイズを変更できる設定
21                  .aspectRatio(contentMode: .fit) // 縦横比は変えない設定
22                  .frame(height: 200) // 画像の縦のサイズを設定
23              Image("omikuji_box_daikichi") // おみくじの結果画像を表示
24                  .resizable() // 画像サイズを変更できる設定
25                  .aspectRatio(contentMode: .fit) // 縦横比は変えない設定
26                  .frame(height: 200) // 画像の縦のサイズを設定
27                  .background(Color.red) // 結果の背景色を設定
28                  .clipShape(Circle()) // 画像を丸く切り抜き
29              Button("おみくじを引く") { // ボタンを追加
30                  isRunning = true
31              }.disabled(isRunning) // ボタンの状態を設定
32              Button("もう一回") { // ボタンを追加              追加
33                  isRunning = false
34              }.disabled(!isRunning) // ボタンの状態を設定
35          }
36          .padding()
37      }
38  }
39
40  #Preview(windowStyle: .automatic) {
41      ContentView()
42  }
```

ボタンの状態を管理するためにisRunningプロパティを追加します。@Stateを付けることで、値が変化した時にSwiftUIの表示が更新されるようになります。

ContentView.swift

```
@State var isRunning = false
```

「おみくじを引く」と「もう一回」の2つのButtonを追加して、クロージャ（無名関数、「{　…　}」で囲まれた部分）でisRunningの状態を変化させます。それぞれのボタンに無効化設定「.disabled()」を追加して、ボタンを連続で押せないようにします。

ContentView.swift

```
Button("おみくじを引く") { // ボタンを追加
    isRunning = true
}.disabled(isRunning) // ボタンの状態を設定
Button("もう一回") { // ボタンを追加
    isRunning = false
}.disabled(!isRunning) // ボタンの状態を設定
```

キャンバスで確認すると、「おみくじを引く」ボタンと「もう一回」ボタンが交互に有効になることが確認できます。

Fig. 3-15　ボタンを押すごとに有効化状態が変化

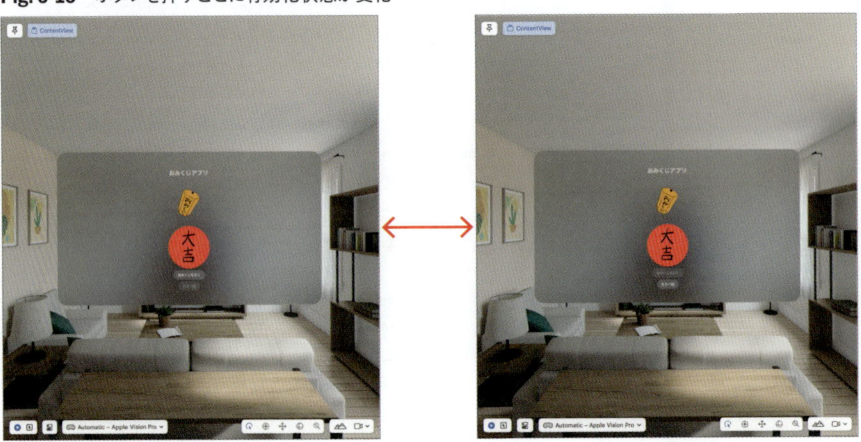

3.3.4 レイアウトの調整

必要なUI要素は揃ったので、きれいに整列させてみましょう。VStack、HStack、ZStackを組み合わせて画面のレイアウトを整えていきます。

Fig. 3-16 画面レイアウトを調整する処理（ContentView.swift）

```
 8  import SwiftUI
 9  import RealityKit
10  import RealityKitContent
11  
12  struct ContentView: View {
13      @State var isRunning = false
14  
15      var body: some View {
16          VStack {
17              // タイトルテキストを追加
18              Text("おみくじアプリ").padding().font(.largeTitle)
19              ZStack { // 奥行き方向に並べる
20                  Image("omikuji_box") // 画像を追加
21                      .resizable() // 画像サイズを変更できる設定
22                      .aspectRatio(contentMode: .fit) // 縦横比は変えない設定
23                      .frame(height: 200) // 画像の縦のサイズを設定
24                  Image("omikuji_box_daikichi") // おみくじの結果画像を表示
25                      .resizable() // 画像サイズを変更できる設定
26                      .aspectRatio(contentMode: .fit) // 縦横比は変えない設定
27                      .frame(height: 200) // 画像の縦のサイズを設定
28                      .background(Color.red) // 結果の背景色を設定
29                      .clipShape(Circle()) // 画像を丸く切り抜き
30              }
31              HStack { // 水平に並べる
32                  Button("おみくじを引く") { // ボタンを追加
33                      isRunning = true
34                  }.disabled(isRunning) // ボタンの状態を設定
35                  Button("もう一回") { // ボタンを追加
36                      isRunning = false
37                  }.disabled(!isRunning) // ボタンの状態を設定
38              }.padding()
39          }
40          .padding()
41      }
42  }
43  
44  #Preview(windowStyle: .automatic) {
45      ContentView()
46  }
```

変更（19〜30行目）

変更（31〜38行目）

VStackは縦方向、HStackは横方向、ZStackは奥行き方向にUI要素を整列します。おみくじの箱から結果が出てくるように見せたいので、ZStackを使って箱の画像が奥に、結果の画像が手前になるように配置します。

ContentView.swift

```
ZStack { // 奥行き方向に並べる
    Image("omikuji_box") // 画像を追加
        .resizable() // 画像サイズを変更できる設定
        .aspectRatio(contentMode: .fit) // 縦横比は変えない設定
        .frame(height: 200) // 画像の縦のサイズを設定
    Image("omikuji_box_daikichi") // おみくじの結果画像を表示
        .resizable() // 画像サイズを変更できる設定
        .aspectRatio(contentMode: .fit) // 縦横比は変えない設定
        .frame(height: 200) // 画像の縦のサイズを設定
        .background(Color.red) // 結果の背景色を設定
        .clipShape(Circle()) // 画像を丸く切り抜き
}
```

ボタンはHStackで左右に並べます。

ContentView.swift

```
HStack { // 水平に並べる
    Button("おみくじを引く") { // ボタンを追加
        isRunning = true
    }.disabled(isRunning) // ボタンの状態を設定
    Button("もう一回") { // ボタンを追加
        isRunning = false
    }.disabled(!isRunning) // ボタンの状態を設定
}.padding()
```

UI全体はVStackを用いて縦方向に整列し、ばらつかないようにします。各UI要素の間隔が狭くなりすぎないよう「.padding()」を追加して適度なスペースを作ります。

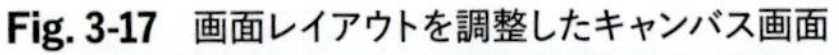

Fig. 3-17　画面レイアウトを調整したキャンバス画面

3.3.5 アニメーションの追加

レイアウトの調整でおみくじの箱と結果が重なってしまいました。画像にアニメーションを追加し、おみくじを引いている表現にしてみましょう。

Fig. 3-18 角度と透過率を変化させるエフェクトを追加(ContentView.swift)

```
8   import SwiftUI
9   import RealityKit
10  import RealityKitContent
11
12  struct ContentView: View {
13      @State var isRunning = false
14      @State var angle = 0.0
15      @State var opacity = 1.0            追加
16
17      var body: some View {
18          VStack {
19              // タイトルテキストを追加
20              Text("おみくじアプリ").padding().font(.largeTitle)
21              ZStack { // 奥行き方向に並べる
22                  Image("omikuji_box") // 画像を追加
23                      .resizable() // 画像サイズを変更できる設定
24                      .aspectRatio(contentMode: .fit) // 縦横比は変えない設定
25                      .frame(height: 200) // 画像の縦のサイズを設定
26                      .rotationEffect(.degrees(angle))
27                      .opacity(opacity) // 画像の透過率を設定      追加
28                  Image("omikuji_box_daikichi") // おみくじの結果画像を表示
29                      .resizable() // 画像サイズを変更できる設定
30                      .aspectRatio(contentMode: .fit) // 縦横比は変えない設定
31                      .frame(height: 200) // 画像の縦のサイズを設定
32                      .background(Color.red) // 結果の背景色を設定
33                      .clipShape(Circle()) // 画像を丸く切り抜き
34                      .opacity(1.0 - opacity) // 画像の透過率を設定      追加
35              }
```

おみくじの箱画像には、回転するアニメーションと透明になるアニメーションを追加します。結果の画像は、箱とは逆に透明から表示状態になるようにします。

回転と透過率を変化させるため、プロパティ angle と opacity を定義します。

ContentView.swift

```
@State var angle = 0.0
@State var opacity = 1.0
```

おみくじの箱の画像には「.rotationEffect(.degrees(angle))」と「.opacity(opacity)」を追加し、プロパティの値が回転角度と透過率にそれぞれ反映されるようにします。

ContentView.swift

```
.rotationEffect(.degrees(angle))
.opacity(opacity) // 画像の透過率を設定
```

結果の画像には箱とは逆の透過率「.opacity(1.0 - opacity)」を設定します。

ContentView.swift

```
.opacity(1.0 - opacity) // 画像の透過率を設定
```

これでプロパティを画像の回転と透過率に反映することができたので、次はボタンを押した時にプロパティを変化させ、画像がアニメーションするようにします。

Fig. 3-19　角度と透過率をアニメーションさせる処理（ContentView.swift）

```
36                 HStack { // 水平に並べる
37                     Button("おみくじを引く") { // ボタンを追加
38                         isRunning = true
39                         withAnimation { // 画像の回転アニメーション
40                             angle = 180
41                         } completion: { // 回転アニメーションが終了
42                             withAnimation { // 画像の透過アニメーション
43                                 opacity = 0
44                             }
45                         }
46                     }.disabled(isRunning) // ボタンの状態を設定
47                     Button("もう一回") { // ボタンを追加
48                         isRunning = false
49                         angle = 0 // 画像の回転と透過率をリセット
50                         opacity = 1.0
51                     }.disabled(!isRunning) // ボタンの状態を設定
52                 }.padding()
53             }
54             .padding()
55         }
56     }
57 
58 #Preview(windowStyle: .automatic) {
59     ContentView()
60 }
61 
```

追加（39〜45行目）

追加（49〜50行目）

「おみくじを引く」が押されたらwithAnimationを実行します。withAnimationに渡すクロージャで回転や透過率の値を徐々に変化させます。

ContentView.swift

```
withAnimation { // 画像の回転アニメーション
    angle = 180
} completion: { // 回転アニメーションが終了
    withAnimation { // 画像の透過アニメーション
        opacity = 0
    }
}
```

初めのwithAnimationで、angleを180度まで徐々に変化させます。「completion:」に渡すクロージャはwithAnimation完了後に呼ばれ、ここで再度withAnimationを実行し、透過率opacityを0まで徐々に変化させます。

「もう一回」が押されたら、angleとopacityの値を初期値に戻し、画像の状態をリセットします。

ContentView.swift

```
angle = 0 // 画像の回転と透過率をリセット
opacity = 1.0
```

ここまで完了したらキャンバスのボタンを押してみましょう。おみくじの箱がくるりと回転し、「大吉」という結果が浮き出てくるのが確認できます。

Fig. 3-20 UIのアニメーションを実装した画面変化

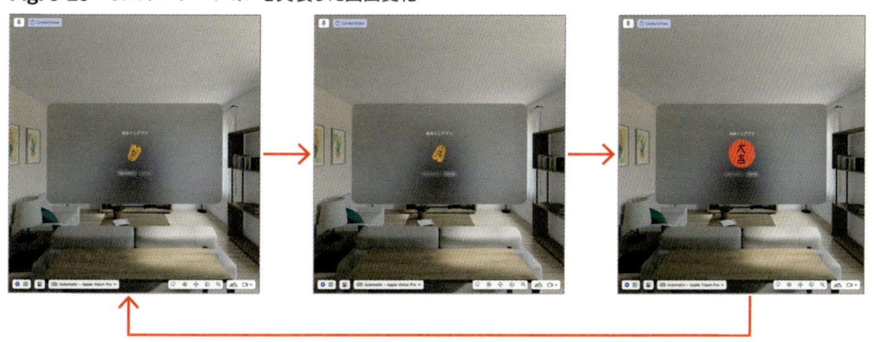

3.4　おみくじロジックの実装

見た目が完成したので、次はおみくじのロジック（内部処理）を実装します。あらかじめ定められた選択肢からランダムに結果を返す処理を行います。

ロジック実装用に新しく「Omikuji.swift」を追加します。Xcode画面左下の「+」ボタンから「File...」を選択します。

Fig. 3-21　Xcodeから新規ファイルを追加

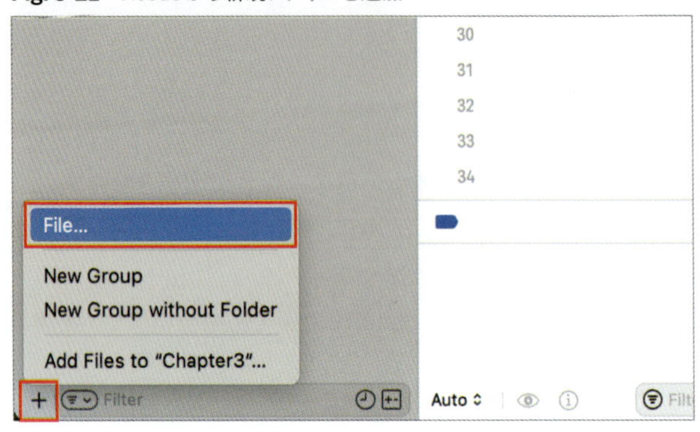

追加するファイルの種類一覧から「Swift File」を選択し、ファイル名「Omikuji.swift」を指定して作成します。

Fig. 3-22　新規ファイルの種類を選択

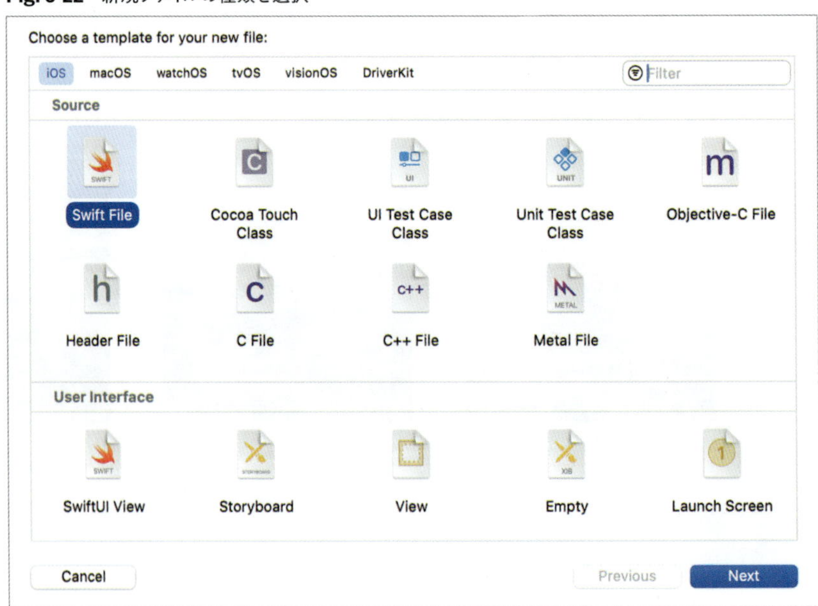

Fig. 3-23　新規ファイルの名前を指定

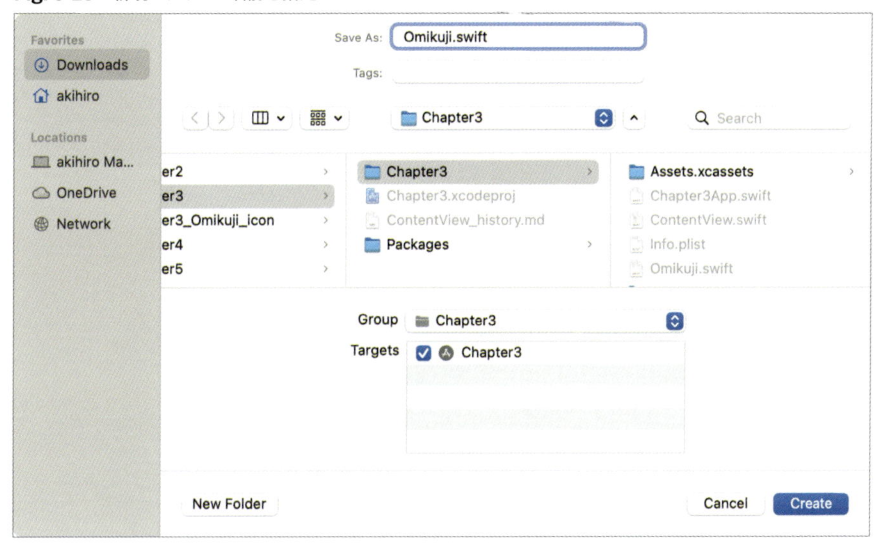

これから「Omikuji.swift」に新しくOmikujiクラスを作成し、おみくじを引く処理と結果を表示する処理を実装していきます。

まず以下のコードを追加します。

Fig. 3-24　Omikujiクラスを実装（Omikuji.swift）

```
7
8   import Foundation
9   import SwiftUI
10
11  class Omikuji {
12      private enum KujiType: String, CaseIterable {
13          case 大吉 = "omikuji_box_daikichi"
14          case 中吉 = "omikuji_box_chuukichi"
15          case 小吉 = "omikuji_box_shoukichi"
16          case 吉 = "omikuji_box_kichi"
17      }
18
19      private var result_: KujiType = .大吉
20  }
21
```

追加

おみくじの結果画像の名前をenum KujiTypeとして定義します。ケースのリストからランダムに選択できるようにCaseIterableプロトコルに準拠させます。また、現在のおみくじの結果を保存するプロパティ result_を定義します。

⚠CAUTION

result_プロパティには名前の末尾にアンダースコア「_」があります。後に追加するresultメソッドとの名前の重複を避けるためです。見落とさないように注意してください。

Omikuji.swift

```
import SwiftUI

class Omikuji {
    private enum KujiType: String, CaseIterable {
        case 大吉 = "omikuji_box_daikichi"
        case 中吉 = "omikuji_box_chuukichi"
        case 小吉 = "omikuji_box_shoukichi"
        case 吉 = "omikuji_box_kichi"
    }

    private var result_: KujiType = .大吉
}
```

次にUIへの公開メソッドを追加します。

Fig. 3-25　Omikujiクラス内の関数を実装（Omikuji.swift）

```
 8  import Foundation
 9  import SwiftUI
10
11  class Omikuji {
12      private enum KujiType: String, CaseIterable {
13          case 大吉 = "omikuji_box_daikichi"
14          case 中吉 = "omikuji_box_chuukichi"
15          case 小吉 = "omikuji_box_shoukichi"
16          case 吉 = "omikuji_box_kichi"
17      }
18
19      private var result_: KujiType = .大吉
20
21      func select() {
22          result_ = KujiType.allCases.randomElement()!
23      }
24
25      func result() -> String {
26          return result_.rawValue
27      }
28
29      func resultColor() -> Color {
30          switch result_ {
31          case .大吉:
32              return Color.red
33          case .中吉:
34              return Color.orange
35          case .小吉:
36              return Color.green
37          case .吉:
38              return Color.blue
39          }
40      }
41  }
42
```

追加（21〜40行目）

selectメソッドでは、「KujiType.allCases.randomElement()」を使っておみくじをランダムに選び、result_プロパティに保存します。末尾の「!」に注意してください。

Omikuji.swift

```
func select() {
    result_ = KujiType.allCases.randomElement()!
}
```

resultメソッドはおみくじ結果の画像名をresult_から取得し、返却します。

Omikuji.swift

```
func result() -> String {
    return result_.rawValue
}
```

resultColorメソッドはresult_をもとに画像の背景色を返却します。

Omikuji.swift

```
func resultColor() -> Color {
    switch result_ {
    case .大吉:
        return Color.red
    case .中吉:
        return Color.orange
    case .小吉:
        return Color.green
    case .吉:
        return Color.blue
    }
}
```

最後に再びUI側のコードを変更し、ロジックとつなげます。「ContentView.swift」を次のように修正します。

Fig. 3-26　ContentViewをOmikujiクラスにつなげる（ContentView.swift）

```
12  struct ContentView: View {
13      let omikuji = Omikuji() // Omikuji クラスを生成      追加
14      @State var isRunning = false
15      @State var angle = 0.0
16      @State var opacity = 1.0
17  
18      var body: some View {
19          VStack {
20              // タイトルテキストを追加
21              Text("おみくじアプリ").padding().font(.largeTitle)
22              ZStack { // 奥行き方向に並べる
23                  Image("omikuji_box") // 画像を追加
24                      .resizable() // 画像サイズを変更できる設定
25                      .aspectRatio(contentMode: .fit) // 縦横比は変えない設定
26                      .frame(height: 200) // 画像の縦のサイズを設定
27                      .rotationEffect(.degrees(angle))
28                      .opacity(opacity) // 画像の透過率を設定
29                  Image(omikuji.result()) // おみくじの結果画像を表示      変更
30                      .resizable() // 画像サイズを変更できる設定
31                      .aspectRatio(contentMode: .fit) // 縦横比は変えない設定
32                      .frame(height: 200) // 画像の縦のサイズを設定
33                      .background(omikuji.resultColor()) // 結果の背景色を設定      変更
34                      .clipShape(Circle()) // 画像を丸く切り抜き
35                      .opacity(1.0 - opacity) // 画像の透過率を設定
36              }
37              HStack { // 水平に並べる
38                  Button("おみくじを引く") { // ボタンを追加
39                      isRunning = true
40                      omikuji.select() // おみくじを引く処理を実行      追加
41                      withAnimation { // 画像の回転アニメーション
42                          angle = 180
43                      } completion: { // 回転アニメーションが終了
44                          withAnimation { // 画像の透過アニメーション
45                              opacity = 0
46                          }
47                      }
48                  }.disabled(isRunning) // ボタンの状態を設定
```

Omikujiクラスのインスタンスを生成し、omikujiプロパティに保持します。

ContentView.swift

```
let omikuji = Omikuji() // Omikuji クラスを生成
```

Omikujiクラスに保持された実行結果に従い、画像を設定します。

ContentView.swift

```
Image(omikuji.result()) // おみくじの結果画像を表示
```

同様に背景色も設定します。

ContentView.swift

```
.background(omikuji.resultColor()) // 結果の背景色を設定
```

「おみくじを引く」ボタンが押されたら、おみくじを引く処理を実行します。

ContentView.swift

```
omikuji.select() // おみくじを引く処理を実行
```

キャンバスを確認すると、「おみくじを引く」ボタンを押すことでランダムに結果が変わることが分かります。

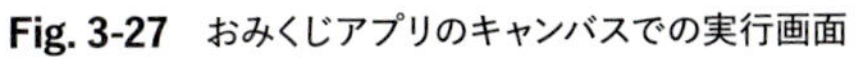

Fig. 3-27　おみくじアプリのキャンバスでの実行画面

3.5　アイコンとアプリ名の設定

最後におみくじアプリが見つけやすくなるようにアプリアイコンを設定しましょう。アプリアイコンは「Assets.xcassets」の「AppIcon」に画像を設定することで設定できます。

Vision Proのアプリアイコンは3層構造で構成されています。「Front」、「Middle」、「Back」の全部または一部を使って立体的な表示が行えるようになっています。今回はアプリで利用したおみくじ箱の画像と背景画像を利用します。先に用いた素材フォルダ「Chapter3_assets」をFinderで開き、おみくじ箱の画像「omikuji_box.png」を「Front」に、背景画像「omikuji_box_background.png」を「Back」に、それぞれドラッグ&ドロップします。

Fig. 3-28　AppIconにおみくじ箱と背景画像を配置

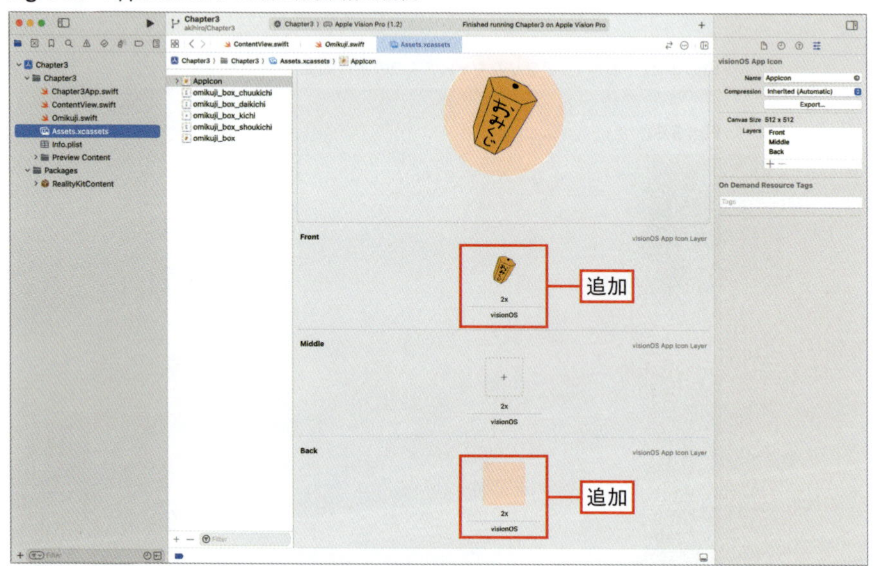

アプリ名はプロジェクトの設定項目の「General」>「Identity」>「Display Name」で設定できます。

Fig. 3-29　プロジェクト設定からアプリ名を変更

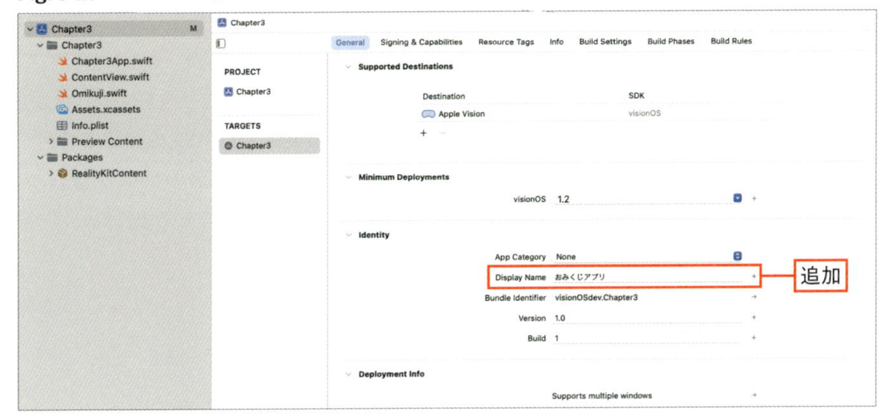

　これでアプリの実装と設定が完了しました。シミュレータやVision Proで動作確認をしておみくじを引いてみましょう。

Fig. 3-30　Vision Proでおみくじアプリを動作

3.6 まとめ

このChapterではVision Pro用ウインドウアプリの作り方を確認しながら、おみくじアプリを作成しました。UIの実装からロジックの実装、アイコンの設定まで行うことで、開発の流れが確認できました。これでSwiftUIアプリの開発の手順が身についたので、次のChapterから本格的なVision Proアプリの開発を始めていきましょう。

Chapter 4

ボリュームによる3Dモデルビューアアプリの開発

Chapter 4では、visionOSのウインドウスタイルの1つであるボリュームスタイルのアプリを作ります。
現実空間に表示されるボリュームの中に3Dモデルを配置し、周りから3Dモデルを眺めることができます。
また、配置した3Dモデルをジェスチャ操作で回転できるようにします。

4.1　3Dモデルビューアの概要

Chapter 4ではvisionOSのボリュームスタイルを利用した3Dモデルビューアを実装します。

表示する3Dモデルはインターネット上に公開されているusdzというファイルフォーマットのデータを利用します。アプリを起動すると空間にボリュームが表示されます。ボリュームの中に指定した3Dモデルが表示され、ドラッグ操作によりモデルを回転できます。

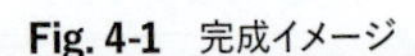

Fig. 4-1　完成イメージ

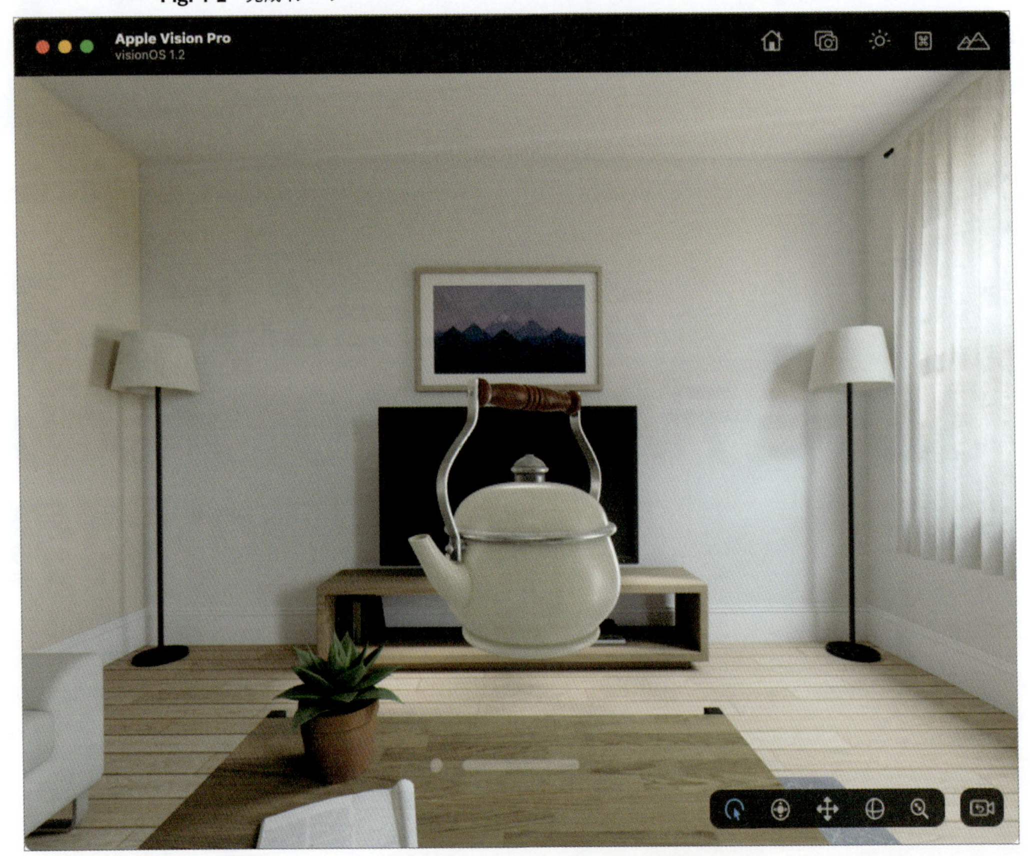

4.2　プロジェクトの作成

Xcodeでプロジェクトを新規作成します。プロジェクト情報を入力する画面が表示されたら、以下の情報を入力します。

- **Product Name**：「Chapter4」
- **Team**：チーム
- **Organization Idenrifier**：「visionOSdev」
- **Initial Scene**：「Volume」
- **Immersive Space Renderer**：「None」

Fig. 4-2　プロジェクト情報入力画面

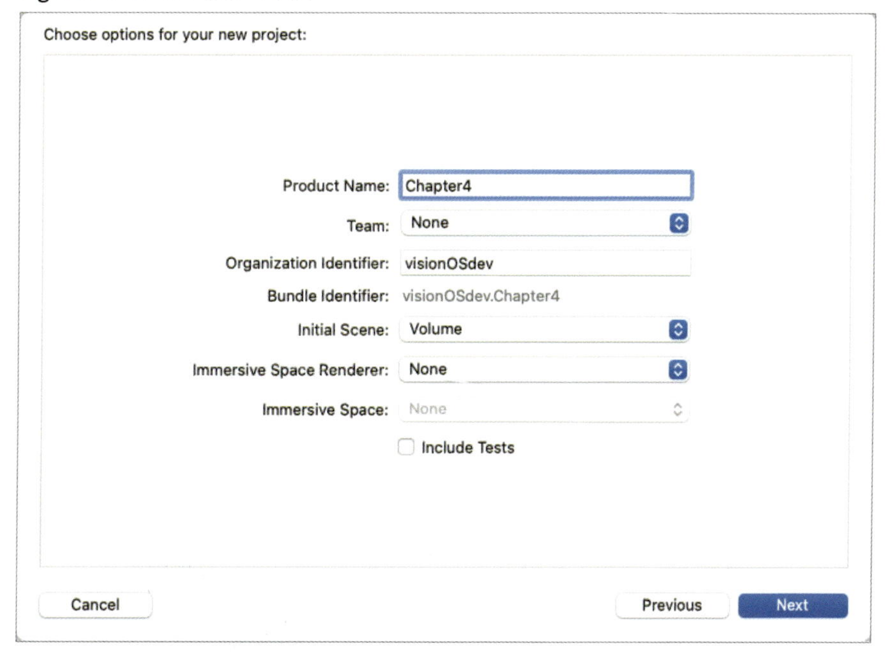

「Initial Scene」で「Window」を選択した場合でも後からボリュームスタイルに変更可能ですが、「Volume」を選択することで必要な設定があらかじめ行われた状態になるため間違えないように注意しましょう。

プロジェクトを作成すると次のような画面が表示されます。

Fig. 4-3　作成したプロジェクト

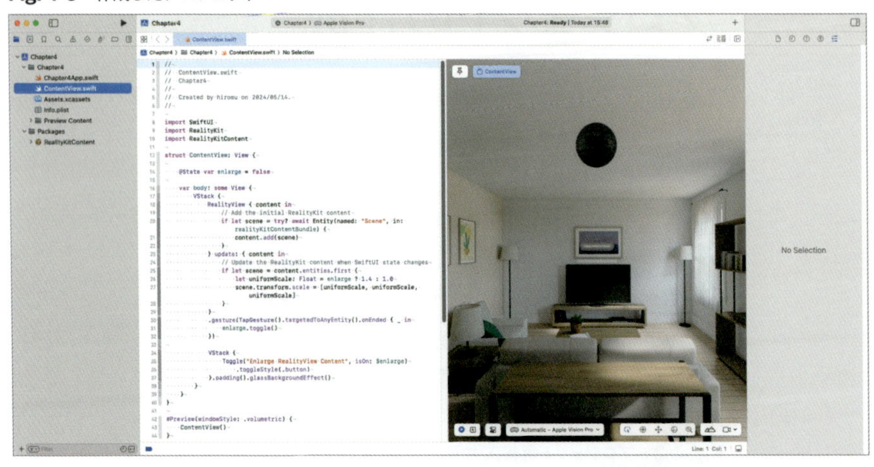

4.2.1　ボリュームテンプレートアプリの動作確認

まずはテンプレートのボリュームスタイルのアプリがどのようなものかを確認します。Xcode右側にキャンバスが表示されているか確認します。

Fig. 4-4　キャンバス

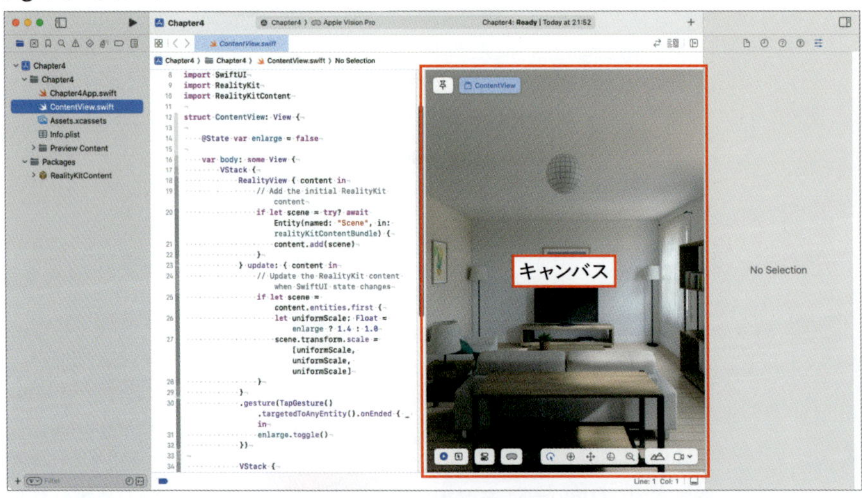

キャンバスが表示されていない場合はXcode右上にある「Adjust Editor Options」のアイコンを選択し、「Canvas」にチェックを入れることでキャンバスが表示されます。

NOTE

command + option + return のショートカットキーでもキャンバスの表示、非表示を切り替えることができます。

Fig. 4-5 キャンバスの表示設定

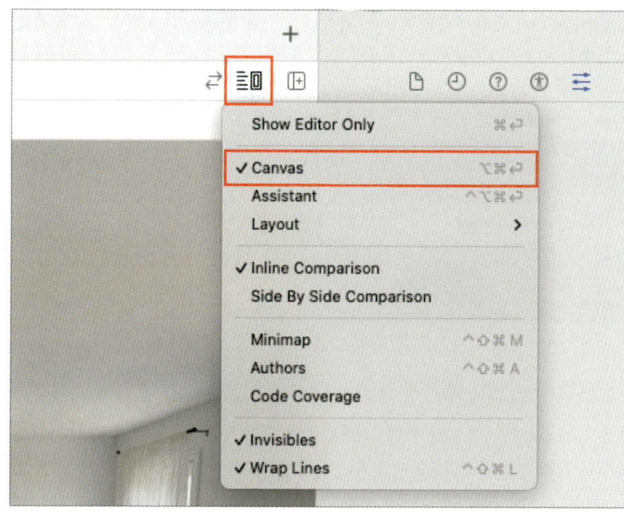

キャンバスの表示内容を確認します。

上部に球、その下に「Enlarge RealityView Content」と書かれたトグルボタン、その下に白いバーが薄く表示されています。

Fig. 4-6 キャンバスの表示内容

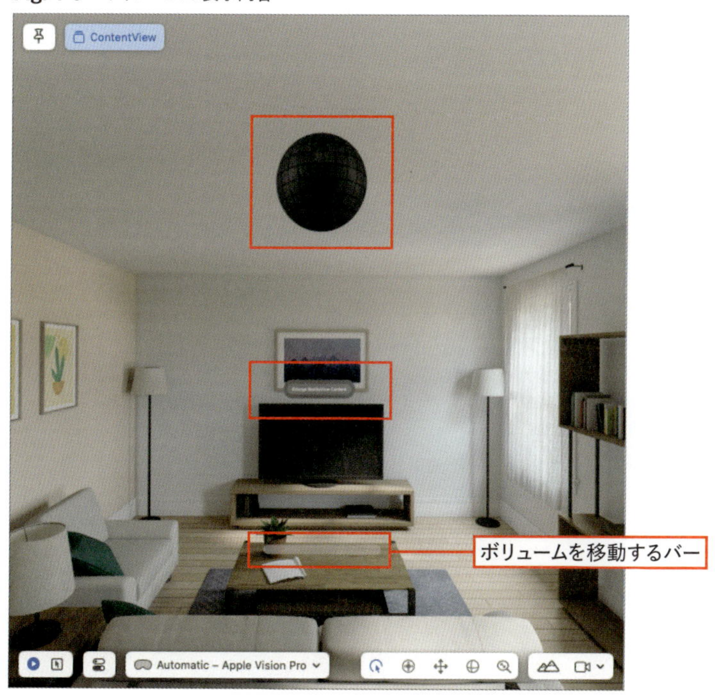

> **NOTE**
> もし「Preview paused」と表示されている場合は、Live Previewが停止しているため、更新ボタンを選択することでキャンバスにプレビューが表示されます。
>
> **Fig. 4-7**　プレビューの表示
>
> 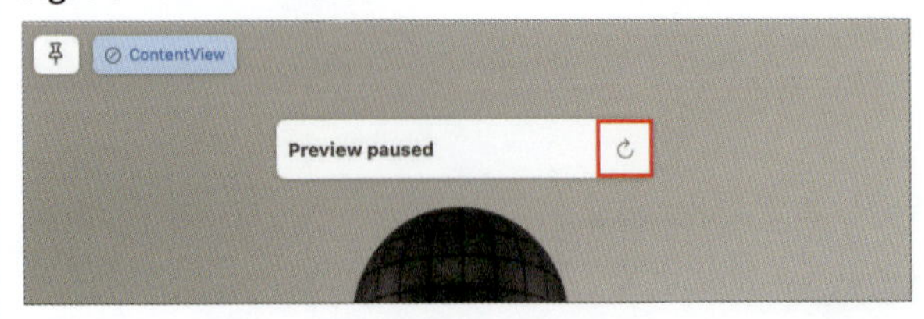
>

まずキャンバスの任意の場所をクリックします。クリックしてキャンバスがフォーカスされた状態になると2.2.2「シミュレータの使い方」に説明のあるキーボード、トラックパッド、マウス操作をキャンバス内でも行えるようになります。

それでは球またはトグルボタンをクリックしてみましょう。球が拡大表示されました。また、トグルボタンも反転されて押された状態になっています。

Fig. 4-8　球の拡大表示

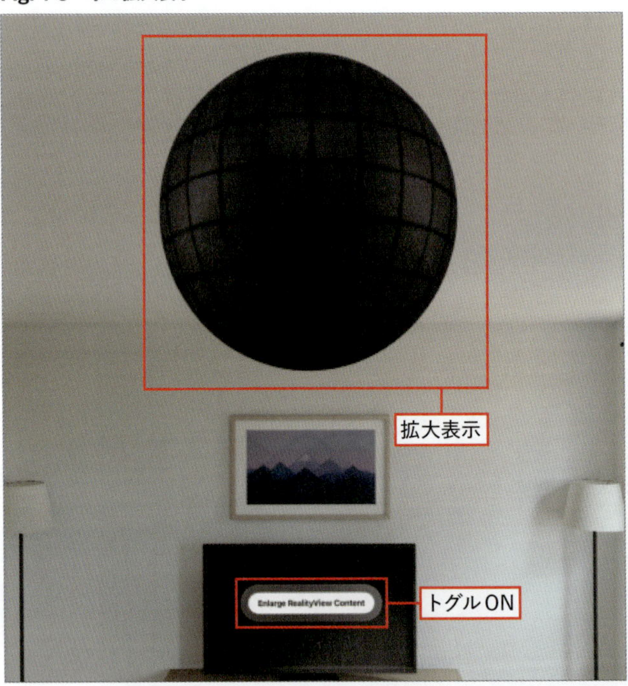

次にもう一度球またはトグルボタンをクリックしてみましょう。球が元のサイズに戻りました。また、トグルボタンも元の状態に戻っています。

Fig. 4-9 球の縮小表示

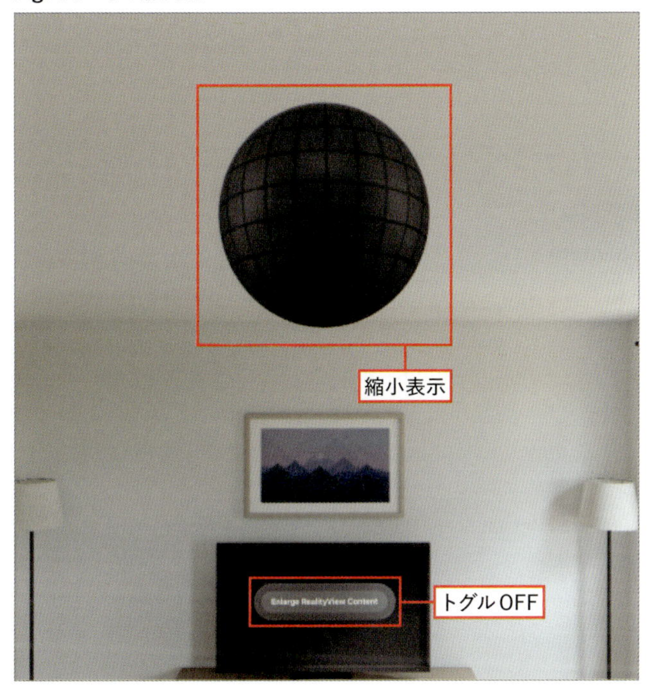

次に白いバーをドラッグしてマウスを動かします。するとボリュームの位置が移動するため好みの位置にボリュームを配置できます。

続いてシミュレータでアプリを見てみましょう。Xcodeでアプリを実行します。

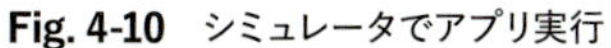
Fig. 4-10 シミュレータでアプリ実行

球の色が異なることがわかります。キャンバスはコードを編集するたびにプレビュー表示されるため便利ですが、このように実際の見え方とは異なることがあるため、最終的な動作確認についてはシミュレータもしくは実機で行うようにしましょう。

4.2.2　ボリュームテンプレートアプリのコード確認

続いてテンプレートアプリのコードを確認します。

まず「Chapter4」プロジェクトを選択し「Info」タブを選択します。そして、「Application Scene Manifest」の左にある「>」を選択します。この中に「Preferred Default Scene Role」という項目があります。

プロジェクト作成時に「Volume」を選択したため「Volumetric Window Application Session Role」という値が設定されています。「Window」が初期シーンとして設定されている場合は、「Window Application Session Role」という値が設定されています。

Fig. 4-11　Preferred Default Scene Role

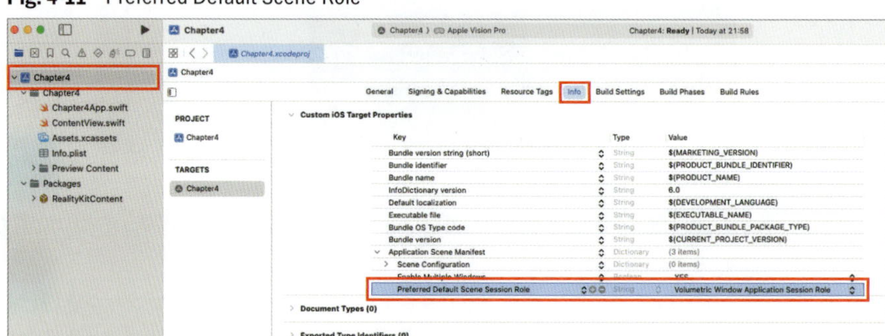

次に「Chapter4App.swift」を確認します。

Fig. 4-12　windowStyle（Chapter4App.swift）

```
8   import SwiftUI
9   
10  @main
11  struct Chapter4App: App {
12      var body: some Scene {
13          WindowGroup {
14              ContentView()
15          }.windowStyle(.volumetric)
16      }
17  }
```

15行目にウインドウスタイルとして.volumetricが指定されています。この指定によりボリュームスタイルのウインドウ（つまりボリューム）になります。

最後に「ContentView.swift」を確認します。

Fig. 4-13 ContentView (ContentView.swift)

```
12 struct ContentView: View {
13
14     @State var enlarge = false
15
16     var body: some View {
17         VStack {
18             RealityView { content in
19                 // Add the initial RealityKit content
20                 if let scene = try? await Entity(named: "Scene", in:
                       realityKitContentBundle) {
21                     content.add(scene)
22                 }
23             } update: { content in
24                 // Update the RealityKit content when SwiftUI state changes
25                 if let scene = content.entities.first {
26                     let uniformScale: Float = enlarge ? 1.4 : 1.0
27                     scene.transform.scale = [uniformScale, uniformScale,
                           uniformScale]
28                 }
29             }
30             .gesture(TapGesture().targetedToAnyEntity().onEnded { _ in
31                 enlarge.toggle()
32             })
33
34             VStack {
35                 Toggle("Enlarge RealityView Content", isOn: $enlarge)
36                     .toggleStyle(.button)
37             }.padding().glassBackgroundEffect()
38         }
39     }
40 }
```

全体の構成として、まずbodyの中にVStack（17行目）があります。VStackはChapter 3でも出てきましたが、UI要素を縦方向に整列します。

ContentView.swift

```
VStack {
    // 球を表示している部分
    RealityView { content in
        // 省略
    }
    // 省略

    // トグルボタンを表示している部分
    VStack {
        Toggle("Enlarge RealityView Content", isOn: $enlarge)
            .toggleStyle(.button)
    }.padding().glassBackgroundEffect()
}
```

VStackの中にRealityViewとVStackがあるため、RealityView、VStackが縦方向に整列されて表示されます。34行目のVStackの中にはToggleの1つの要素しかないため、実質RealityViewとToggleが整列されて表示されているものと言えます。これはキャンバスおよびシミュレータで確認した通りの順序であることがわかります。

NOTE

34-37行目の以下のコードを

ContentView.swift

```
VStack {
    Toggle("Enlarge RealityView Content", isOn: $enlarge)
        .toggleStyle(.button)
}.padding().glassBackgroundEffect()
```

以下のように変更してVStackを削除したとしても見た目は変わりません。

ContentView.swift

```
Toggle("Enlarge RealityView Content", isOn: $enlarge)
    .toggleStyle(.button)
    .padding()
    .glassBackgroundEffect()
```

仮に以下のようにRealityViewとVStackの順番を入れ替えると、上からトグルボタン、球の順番に表示されます。

ContentView.swift

```
VStack {
    VStack {
        Toggle("Enlarge RealityView Content", isOn: $enlarge)
    }

    RealityView { content in
        // 省略
    }
}
```

Fig. 4-14 VStackとRealityViewの順序を入れ替えた場合

次にRealityViewの部分について見ていきます。

ContentView.swift

```
RealityView { content in
    /// Add the initial RealityKit content
    if let scene = try? await Entity(named: "Scene", in:
        realityKitContentBundle) {
        content.add(scene)
    }
} update: { content in
    // Update the RealityKit content when SwiftUI state changes
    if let scene = content.entities.first {
        let uniformScale: Float = enlarge ? 1.4 : 1.0
        scene.transform.scale = [uniformScale, uniformScale, uniformScale]
    }
}
.gesture(TapGesture().targetedToAnyEntity().onEnded { _ in
    enlarge.toggle()
})
```

この部分は、シンプルに構造だけ示すと以下のような形になります。

ContentView.swift

```
RealityView { content in
    // ①初期コンテンツを配置する
} update: { content in
    // ②SwiftUIのステートが変更された場合にコンテンツを更新する
}
```

①の初期コンテンツを配置する処理では、球を読み込んで配置しています。Volumeのテンプレートプロジェクトにおいては、あらかじめ球の3Dモデルデータが用意されておりそれを読み込んでいます。

ContentView.swift

```
// あらかじめ用意された Scene という名前の3Dモデルを読み込む
if let scene = try? await Entity(named: "Scene", in:
    realityKitContentBundle) {
    // コンテンツに追加する
    content.add(scene)
}
```

②のステートの変更によるコンテンツの更新は、エンティティ（詳細はChapter 5で説明）の存在を確認したあと、enlargeプロパティの値の変化に応じて球のスケールを変更する処理となっています。

ContentView.swift

```
// content配下にエンティティがある場合、最初のエンティティをscene変数に保持する
if let scene = content.entities.first {
    // enlargeがtrueの場合 1.4、falseの場合1.0をuniformScale変数に保持する
    let uniformScale: Float = enlarge ? 1.4 : 1.0
    // 最初のエンティティ（この場合は球）のスケールを変更する
    scene.transform.scale = [uniformScale, uniformScale, uniformScale]
}
```

このコンテンツ更新処理が呼ばれるタイミングですが、SwiftUIのビュー更新と同様、@Stateをつけたプロパティの更新時となっています。具体的にはenlargeプロパティの値が変わった時に呼ばれます。毎フレーム行われる処理ではない点に注意が必要です。

30-32行目はジェスチャ処理です。わかりやすくなるようにコメントと改行を追加したものを次に示します。

ContentView.swift

```
// タップジェスチャを有効にする
.gesture(TapGesture()
    // 任意のエンティティを操作の対象とする
    .targetedToAnyEntity()
    // タップジェスチャが終了した時（つまり親指と人差し指を離した時）の処理
    .onEnded { _ in
        // enlargeの値をトグル（Boolの値を反転）する
        enlarge.toggle()
    }
)
```

処理内容はコメントに記載の通りですが、タップジェスチャを行うことでenlargeの値が反転されるため、タップするたびにコンテンツ更新処理が実行され、球が拡大、縮小します。

最後にトグルボタンの処理ですが、コメントと改行を入れたものが以下です。

ContentView.swift

```
VStack {
    // トグルを配置する
    Toggle("Enlarge RealityView Content", isOn: $enlarge)
        // 見た目をボタンのスタイルにする
        .toggleStyle(.button)
}
// パディングを入れる
.padding()
// 背景にグラスエフェクトを表示する
.glassBackgroundEffect()
```

トグルを作成するには、Toggleの引数にラベルとBool型のプロパティを指定します。

ContentView.swift

```
Toggle("Enlarge RealityView Content", isOn: $enlarge)
```

Bool型プロパティのenlargeは値を変更できるようにするため@Stateをつけて宣言しておきます。

ContentView.swift

```
@State var enlarge = false
```

「`isOn: $enlarge`」についている「`$`」記号は、@Stateプロパティのバインディングを提供するために使われます。バインディングとは、ある変数とビューの要素（例えば、トグルボタン）を双方向にリンクすることです。これにより、変数の値が変わるとビューの要素も変わり、逆にビューの要素が変わると変数の値も変わるようになります。

.toggleStyleは.automatic、.button、.switchの3種類用意されています。visionOSにおいてはそれぞれ以下のような見た目になります。

Fig. 4-15　.toggleStyle

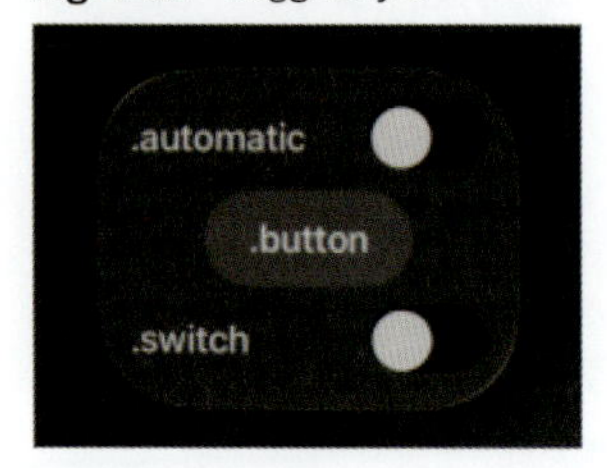


```
// .toggleStyleのサンプルコード
VStack {
    Toggle(".automatic", isOn: $enlarge)
        .toggleStyle(.automatic)

    Toggle(".button", isOn: $enlarge)
        .toggleStyle(.button)

    Toggle(".switch", isOn: $enlarge)
        .toggleStyle(.switch)
}
.padding()
.frame(width: 200)
.glassBackgroundEffect()
```

> **NOTE**
> .toggleStyleは必要に応じてカスタムスタイルを定義できます。詳細については以下を参照ください。
> https://developer.apple.com/documentation/swiftui/togglestyle#Custom-styles

「.padding()」はトグルボタンの周囲に余白を追加するモディファイアです。

> **NOTE**
> モディファイアとは、ビューの外観や動作を変更するためのメソッドです。これを使うことで、ビューのレイアウト、スタイル、インタラクションなどを簡単にカスタマイズできます。

「.glassBackgroundEffect()」はトグルボタンの背景にグラスエフェクトを表示するモディファイアです。

4.3 3Dモデルの空間への配置

それでは3Dモデルビューアの実装に取り掛かりましょう。

「ContentView.swift」のテンプレートのコードは必要ないので以下の枠で囲んだ部分のコードを選択して、delete キーで削除します。

Fig. 4-16 コードの削除（ContentView.swift）

```
12  struct ContentView: View {
13
14      @State var enlarge = false          ← 削除
15
16      var body: some View {
17          VStack {
18              RealityView { content in
19                  // Add the initial RealityKit content
20                  if let scene = try? await Entity(named: "Scene", in:
                        realityKitContentBundle) {
21                      content.add(scene)
22                  }
23              } update: { content in
24                  // Update the RealityKit content when SwiftUI state changes
25                  if let scene = content.entities.first {
26                      let uniformScale: Float = enlarge ? 1.4 : 1.0
27                      scene.transform.scale = [uniformScale, uniformScale,
                            uniformScale]
28                  }
29              }
30              .gesture(TapGesture().targetedToAnyEntity().onEnded { _ in
31                  enlarge.toggle()
32              })
33
34              VStack {
35                  Toggle("Enlarge RealityView Content", isOn: $enlarge)
36                      .toggleStyle(.button)
37              }.padding().glassBackgroundEffect()
38          }
39      }
40  }
```

次に、以下の枠のコードを追加して3Dモデルを表示します。

Fig. 4-17 コードの追加（ContentView.swift）

```
12  struct ContentView: View {
13      let url =
            "https://developer.apple
            .com/augmented-reality/quick-look/models/teapot/teapot.usdz"   ← 追加
14
15      var body: some View {
16          Model3D(url: URL(string: url)!)   ← 追加
17      }
18  }
```

urlプロパティにはAppleのサイトで公開されているティーポットのモデルのURLを設定しています。

ContentView.swift

```
let url =
    "https://developer.apple
    .com/augmented-reality/quick-look/models/teapot/teapot.usdz"
```

⚠CAUTION

上記のURLは途中で改行せず、1行で入力してください。

❶NOTE

AppleのクイックルックというサイトにS多くの3Dモデルが公開されています。各3DモデルをiPhone、iPad、Vision Proのブラウザから参照することで現実空間に配置して確認することができます。本Chapterのサンプルではこのサイトの中にあるティーポットの3Dモデルを参照しています。

クイックルック：https://developer.apple.com/jp/augmented-reality/quick-look/

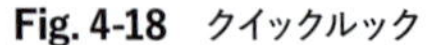
Fig. 4-18　クイックルック

bodyの中のModel3Dは3Dモデルを非同期でロードして表示するビューです。Model3DによりUSDファイルまたはRealityファイルをSwiftUIの中に埋め込むことができます。ローカルにある3Dモデルを読み込むこともできますが、このようにURLを渡すことでインターネット上の3Dモデルを表示できます。

```
Model3D(url: URL(string: url)!)
```

キャンバスを見るとティーポットの3Dモデルが表示されました。

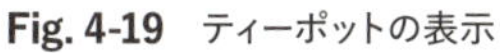

Fig. 4-19　ティーポットの表示

3Dモデルの配置はできましたが、3Dモデルをダウンロードする必要があるため、すぐに表示されないことがあります。したがって読み込み中であることがわかるようにコードを変更します。

Fig. 4-20　コードの変更（ContentView.swift）

```
15    var body: some View {
16        Model3D(url: URL(string: url)!) { model in
17            model
18        } placeholder: {
19            ProgressView()
20        }
21    }
```

更新

この部分はクロージャ（無名関数）を使用しています。「{ model in model }」は、モデルがロードされたときに実行される処理を定義しています。この例では、ロードされたモデルをそのまま表示しています。

ContentView.swift

```
Model3D(url: URL(string: url)!) { model in
    model
}
```

placeholderの部分は、モデルがロード中、またはロードが失敗した場合に表示されるビューを指定しています。この例では、ProgressiveViewという進行状況を示すビューを表示しています。

ContentView.swift

```
} placeholder: {
    ProgressiveView()
}
```

少し表示が小さいですが、モデルの読み込み中にプログレスビューが表示されるようになりました。読み込みが完了するとティーポットが表示されます。

Fig. 4-21　プログレスビュー

さてここでキャンバスを見てみると、ティーポットとボリュームを移動するための下部の白いバーの距離が離れていることがわかります。

Fig. 4-22　ティーポットと白いバーの位置関係

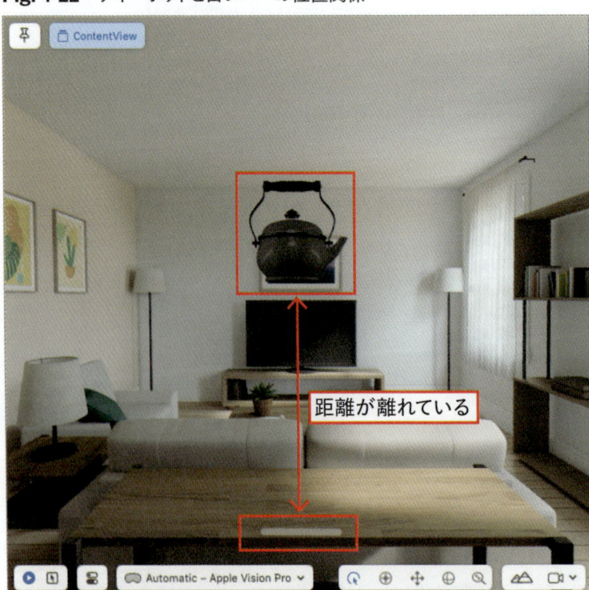

これはボリュームのサイズに対してティーポットのサイズが小さいことが原因です。したがって以下のコードを追加し、ティーポットのスケールを調整します。

Fig. 4-23 コードの変更(ContentView.swift)

```
16         Model3D(url: URL(string: url)!) { model in
17             model
18                 .resizable()
19                 .aspectRatio(contentMode: .fit)
20         } placeholder: {
21             ProgressView()
22         }
```

追加

modelに対して「resizable()」モディファイアを追加します。これによりモデルのサイズを変更可能にします。

ContentView.swift

```
.resizable()
```

また「aspectRatio(_:contentMode:)」モディファイアを追加します。

ContentView.swift

```
.aspectRatio(contentMode: .fit)
```

これによりビューに対してアスペクト比を維持しながら表示します。contentModeには「.fill」または「.fit」を指定できます。

- .fill
  - コンテンツが親ビューのサイズを完全に埋めるようスケーリングされる。
  - 親ビューのサイズに合わせるため、コンテンツの一部がトリミングされることがある。
- .fit
  - コンテンツが親ビューのサイズにフィットするようにスケーリングされる。
  - コンテンツは親ビューのいずれかの辺に合わせて縮小または拡大されるため、余白を生じる場合がある。

2次元で示したイメージは次のようになります。正方形の枠がボリュームの範囲を想定したもので、左が元画像、真ん中は「.fill」、右が「.fit」の場合の見え方になります。

Fig. 4-24　左から「元画像」「.fill」「.fit」

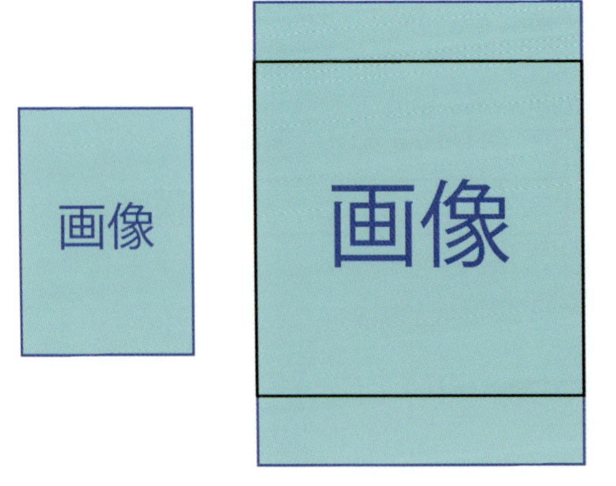

「.fit」の指定によりボリューム内に収まる範囲でティーポットが拡大されて表示されるようになりました。

Fig. 4-25　リサイズ後

　しかし、このままだとボリュームのサイズ自体が大きく感じられるためボリュームのサイズを変更します。
　「Chapter4App.swift」を選択します。

Fig. 4-26 「Chapter4App.swift」の選択

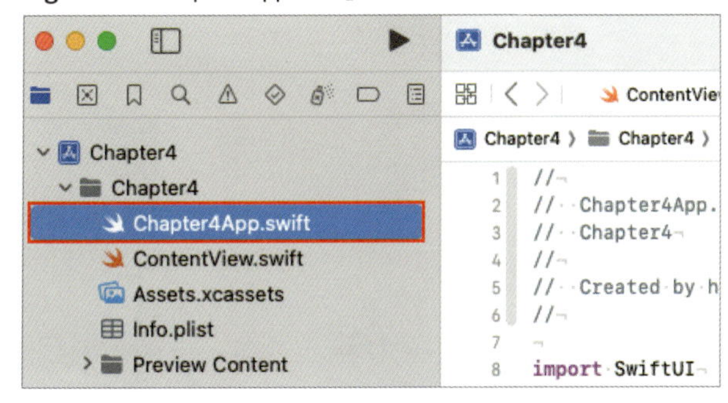

　見た目を整えるための改行とボリュームのサイズを指定するモディファイアを追加します。

Fig. 4-27 コードの追加（Chapter4App.swift）

```
10  @main
11  struct Chapter4App: App {
12      var body: some Scene {
13          WindowGroup {
14              ContentView()
15          }                        ← 改行の追加
16          .windowStyle(.volumetric)
17          .defaultSize(width: 0.5, height: 0.5, depth: 0.5, in: .meters)   ← 追加
18      }
19  }
```

　「defaultSize(width:height:depth:in:)」モディファイアによりボリュームのサイズを指定します。ここでは幅、高さ、奥行きをそれぞれ0.5mに設定しています。

Chapter4App.swift

```
.defaultSize(width: 0.5, height: 0.5, depth: 0.5, in: .meters)
```

　それではアプリを実行してシミュレータで動作確認してみましょう。

Fig. 4-28　defaultSize設定前

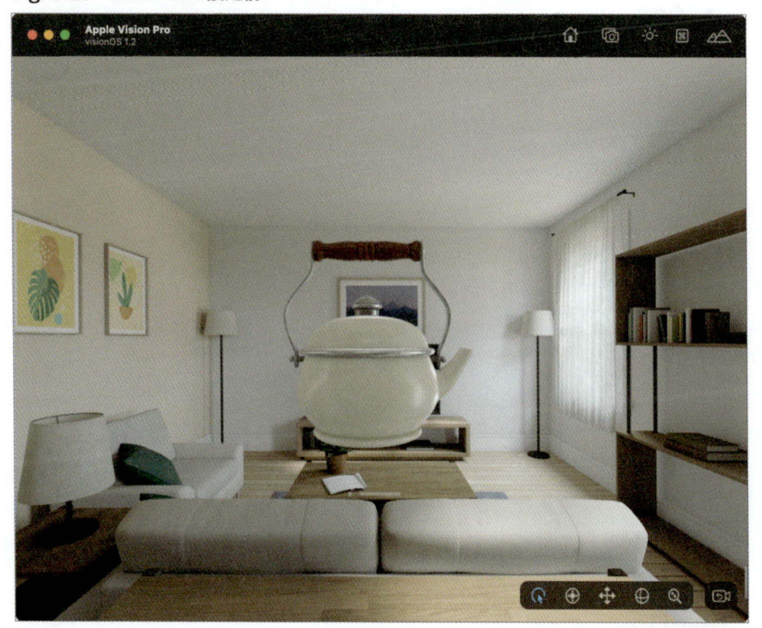

Fig. 4-29　defaultSize設定後

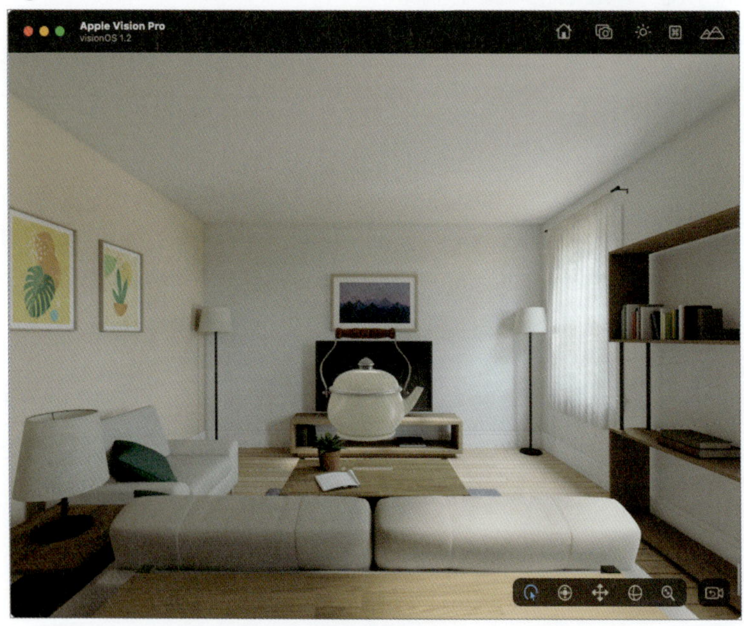

ボリュームのサイズが変更されていることが確認できました。

4.4 ジェスチャによる3Dモデルの回転

モデルの配置とサイズの調整ができたので次はジェスチャ操作でモデルを回転できるようにしていきます。

4.4.1 3Dモデルの回転

「ContentView.swift」を選択します。

まずは3Dモデルを回転するコードを追加します。

Fig. 4-30 コードの追加（ContentView.swift）

```
15      var body: some View {
16          Model3D(url: URL(string: url)!) { model in
17              model
18                  .resizable()
19                  .aspectRatio(contentMode: .fit)
20                  // y軸に沿ってπラジアン (180°) 回転する
21                  .rotation3DEffect(.radians(.pi), axis: .y)
22          } placeholder: {
23              ProgressView()
24          }
25      }
26  }
```

追加

「rotation3DEffect(_:axis:anchor:)」モディファイアに回転する角度と軸を設定することで3Dモデルを回転させることができます。ここではy軸を中心にπラジアン（180°）回転しています。

ContentView.swift

```
.rotation3DEffect(.radians(.pi), axis: .y)
```

回転する角度については「.radians(.pi)」の代わりに「.degrees(180)」のように書くこともできます。また、回転させる軸については「axis: (x: 0.0, y: 1.0, z: 0.0)」といった書き方もできます。

Fig. 4-31　3Dモデルの回転

ティーポットがy軸を中心にπラジアン（180°）回転していることが確認できました。

4.4.2　ジェスチャ操作の処理

続いてジェスチャ操作の処理を実装します。以下のようにコードの追加と更新をします。

Fig. 4-32　コードの追加と更新（ContentView.swift）

```
12  struct ContentView: View {
13      let url =
            "https://developer.apple
            .com/augmented-reality/quick-look/models/teapot/teapot.usdz"
14  
15      // 回転量の感度
16      let sensitivity: Double = 10
17      // 現在の回転角度
18      @State private var yaw: Double = 0
19  
20      var body: some View {
21          Model3D(url: URL(string: url)!) { model in
22              model
23                  .resizable()
24                  .aspectRatio(contentMode: .fit)
25                  // y軸に沿ってyawラジアン回転する
26                  .rotation3DEffect(.radians(yaw), axis: .y)
27                  // ドラッグジェスチャを有効にする
28                  .gesture(DragGesture(minimumDistance: 0.0)
29                      // ドラッグ中の動作を定義
```

追加（15〜18行目）

更新（25〜26行目、27行目以降）

```
30                         .onChanged { value in
31                             print("ドラッグ中です")
32                         }
33                         // ドラッグが終了した時の動作を定義
34                         .onEnded { _ in
35                             print("ドラッグが終了しました")
36                         })
37             } placeholder: {
38                 ProgressView()
39             }
40     }
41 }
```

追加

上から順に処理内容を見ていきます。

sensitivityは3Dモデルの回転量の感度を調整するためのプロパティです。値を小さくするとドラッグの移動量に対して回転量が少なくなり、値を大きくするとドラッグの移動量に対して回転量が大きくなります。ここでは値を10としていますが好みの値に設定して問題ありません。実際に動作を確認して値を調整してみましょう。

ContentView.swift

```
// 回転量の感度
let sensitivity: Double = 10
```

yawは3Dモデルの回転角度を保持するためのプロパティです。値をドラッグに応じて変更する必要があるため@Stateを付けています。値を変更する処理は後ほど行います。

ContentView.swift

```
// 現在の回転角度
@State private var yaw: Double = 0
```

yawの値をrotation3DEffectに与えることで3Dモデルを回転させます。モデルをy軸を中心にyawラジアンだけ回転させます。

ContentView.swift

```
// y軸に沿ってyawラジアン回転する
.rotation3DEffect(.radians(yaw), axis: .y)
```

gestureモディファイアに「DragGesture(minimumDistance: 0.0)」を与え、ドラッグジェスチャを有効にします。minimumDistanceはジェスチャが成功するまでの最小ドラッグ距離です。onChangedおよびonEndedでドラッグの動作を定義しています。ここではデバッグ表示を行っています。

ContentView.swift

```
// ドラッグジェスチャを有効にする
.gesture(DragGesture(minimumDistance: 0.0)
    // ドラッグ中の動作を定義
    .onChanged { value in
        print("ドラッグ中です")
    }
    // ドラッグが終了した時の動作を定義
    .onEnded { value in
        print("ドラッグが終了しました")
    }
)
```

ドラッグ操作が動作するか確認してみましょう。

Xcodeの下部にデバッグエリアが表示されているか確認します。表示されていない場合は、①の「Show the Debug area」ボタンを押してデバッグエリアを表示します。次に②の「Previews」を選択します。

Fig. 4-33　デバッグエリア

この状態で、キャンバスに表示されているティーポットをドラッグします。デバッグエリアにドラッグ中、ドラッグ終了を示すログが表示されました。

Fig. 4-34 Previews

ドラッグジェスチャが動作していることを確認できたので、ドラッグにより3Dモデルが回転する処理を追加していきます。printによるログ表示部分は削除した上で以下のコードを追加します。

Fig. 4-35 コードの追加（ContentView.swift）

```
struct ContentView: View {
    let url =
        "https://developer.apple
        .com/augmented-reality/quick-look/models/teapot/teapot.usdz"

    // 回転量の感度
    let sensitivity: Double = 10
    // 現在の回転角度
    @State private var yaw: Double = 0
    // 回転の基本角度
    @State private var baseYaw: Double = 0

    var body: some View {
        Model3D(url: URL(string: url)!) { model in
            model
                .resizable()
                .aspectRatio(contentMode: .fit)
                // y軸に沿ってyawラジアン回転する
                .rotation3DEffect(.radians(yaw), axis: .y)
                // ドラッグジェスチャを有効にする
                .gesture(DragGesture(minimumDistance: 0.0)
                    // 任意のエンティティを操作の対象とする
                    .targetedToAnyEntity()
                    // ドラッグ中の動作を定義
                    .onChanged { value in
                        // 現在の直線変位を求める
                        let location3D = value.convert(value.location3D, from:
                            .local, to: .scene)
                        let startLocation3D =
                            value.convert(value.startLocation3D, from: .local,
                            to: .scene)
                        let delta = location3D - startLocation3D
                        // ここで更新されたyawがrotation3DEffectに反映されて回転する
                        yaw = baseYaw + Double(delta.x) * sensitivity
                    }
                    // ドラッグが終了した時の動作を定義
                    .onEnded { _ in
                        // 次のジェスチャで使用するために最後の値を保存する
                        baseYaw = yaw
                    })
        } placeholder: {
            ProgressView()
        }
    }
}
```

追加

ドラッグが終了した時の角度をbaseYawで保持しておくことで、次のドラッグ時に現在の角度を元に回転します。分かりにくい場合は45行目をコメントして実行するとドラッグするたびに最初の回転が元に戻ってしまうことが確認できるので理解しやすいでしょう。

ContentView.swift

```
// 回転の基本角度
@State private var baseYaw: Double = 0
```

「.targetedToAnyEntity()」により任意のエンティティを操作の対象とします。戻り値として元のジェスチャ値とターゲットとなったエンティティを含む値が返ります。

ContentView.swift

```
// 任意のエンティティを操作の対象とする
.targetedToAnyEntity()
```

「.onChanged { value in」のvalueにはティーポットに対するドラッグの値が渡されるので、「value.location3D」でドラッグジェスチャの3D現在位置を、「value.startLocation3D」でドラッグジェスチャの3D開始位置を取得します。これらはローカル座標系における値なので、ワールド座標系に変換し、x軸の移動量「delta.x」を計算し、yawを更新します。

ContentView.swift

```
// 現在の直線変位を求める
let location3D = value.convert(value.location3D, from:
    .local, to: .scene)
let startLocation3D =
    value.convert(value.startLocation3D, from: .local,
    to: .scene)
let delta = location3D - startLocation3D
// ここで更新されたyawがrotation3DEffectに反映されて回転する
yaw = baseYaw + Double(delta.x) * sensitivity
```

そして「.onEnded」では次回のドラッグジェスチャに備え、ドラッグ終了時の値をbaseYawに保持しておきます。

ContentView.swift

```
// 次のジェスチャで使用するために最後の値を保存する
baseYaw = yaw
```

さて、ジェスチャ操作の実装は以上で終わりました。シミュレータで動作確認をしましょう。

Fig. 4-36　ジェスチャー操作

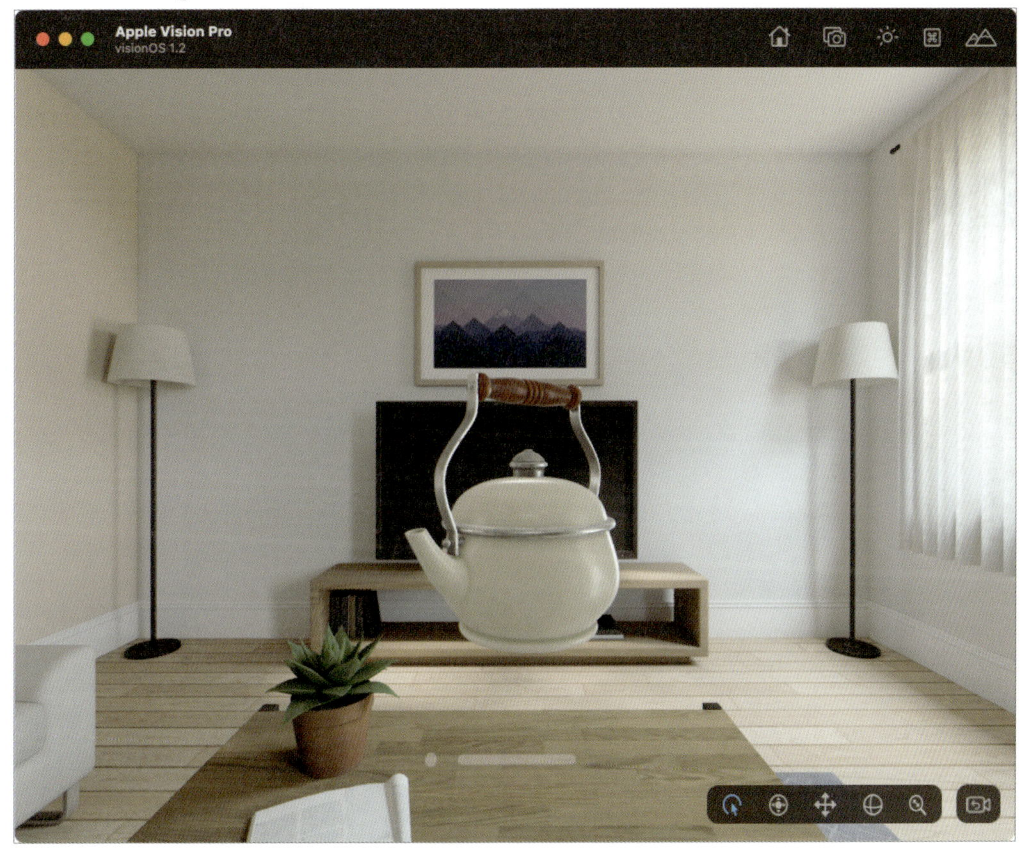

ドラッグジェスチャにより3Dモデルを回転できることが確認できました。
シミュレータで動作確認できたら実機でも動作確認してみましょう。

4.5 ステップアップ カスタムモディファイアの実装

ボリュームに3Dモデルを配置して、ジェスチャ操作で回転できるようになりました。ここでボリューム内にもう1つ3Dモデルを追加したとして、その3Dモデルにもジェスチャ操作を行えるようにしたいと考えた場合にどうすれば良いでしょうか?追加したModel3Dに再度同じ処理を実装しなければいけないのでしょうか?

これを解決する方法としてカスタムモディファイアがあります。

これまでに、標準のモディファイアをいくつか利用してきましたが、自分でオリジナルのモディファイアを作成することも可能です。カスタムモディファイアとは、既存のモディファイアに加えて、自分のニーズに合わせた独自の機能を追加できるモディファイアのことです。

それでは、カスタムモディファイアを実装していきましょう。

まず最初に新たにファイルを追加します。Xcode画面左下の「+」ボタンから「File...」を選択します。

「Swift File」を選択し、「Next」ボタンを選択します。

Fig. 4-37　新規ファイルの作成

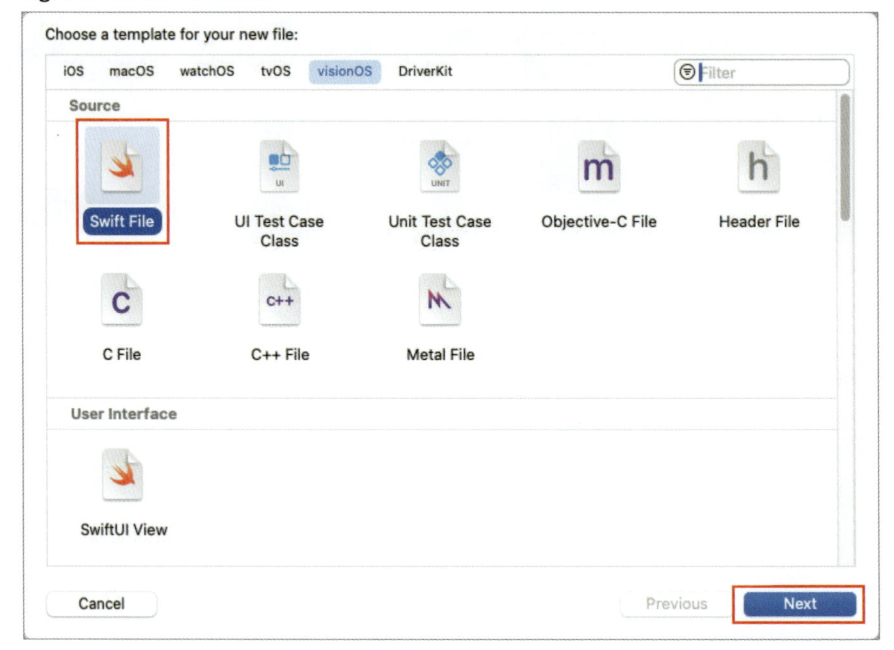

ファイル名を「DragRotationModifier.swift」として「Create」ボタンを選択します。

ファイルが作成されたらXcodeで選択し、「`import Foundation`」を削除してから、次のコードを追加します。

DragRotationModifier.swift

```
import SwiftUI

// ドラッグジェスチャをエンティティの回転に変換するモディファイア
struct DragRotationModifier: ViewModifier {
    func body(content: Content) -> some View {
        content
    }
}
```

残りは、以下の四角の枠で囲んだ部分を「ContentView.swift」に実装済みのものからコピーするだけです。

Fig. 4-38 コードの追加（DragRotationModifier.swift）

```
8   import SwiftUI
9
10  // ドラッグジェスチャをエンティティの回転に変換するモディファイア
11  struct DragRotationModifier: ViewModifier {
12      // 回転量の感度
13      let sensitivity: Double = 10
14      // 現在の回転角度
15      @State private var yaw: Double = 0
16      // 回転の基本角度
17      @State private var baseYaw: Double = 0
18
19      func body(content: Content) -> some View {
20          content
21              // y軸に沿ってyawラジアン回転する
22              .rotation3DEffect(.radians(yaw), axis: .y)
23              // ドラッグジェスチャを有効にする
24              .gesture(DragGesture(minimumDistance: 0.0)
25                  // 任意のエンティティを操作の対象とする
26                  .targetedToAnyEntity()
27                  // ドラッグ中の動作を定義
28                  .onChanged { value in
29                      // 現在の直線変位を求める
30                      let location3D = value.convert(value.location3D, from:
                            .local, to: .scene)
31                      let startLocation3D =
                            value.convert(value.startLocation3D, from: .local,
                            to: .scene)
32                      let delta = location3D - startLocation3D
33                      // ここで更新されたyawがrotation3DEffectに反映されて回転する
34                      yaw = baseYaw + Double(delta.x) * sensitivity
35                  }
36                  // ドラッグが終了した時の動作を定義
37                  .onEnded { _ in
38                      // 次のジェスチャで使用するために最後の値を保存する
39                      baseYaw = yaw
40                  })
41      }
42  }
```

追加

次に、「ContentView.swift」に移り、以下のコードを削除します。

Fig. 4-39　コードの削除（ContentView.swift）

```
12  struct ContentView: View {
13      let url =
            "https://developer.apple
            .com/augmented-reality/quick-look/models/teapot/teapot.usdz"
14
15      // 回転量の感度
16      let sensitivity: Double = 10
17      // 現在の回転角度
18      @State private var yaw: Double = 0
19      // 回転の基本角度
20      @State private var baseYaw: Double = 0
21
22      var body: some View {
23          Model3D(url: URL(string: url)!) { model in
24              model
25                  .resizable()
26                  .aspectRatio(contentMode: .fit)
27                  // y軸に沿ってyawラジアン回転する
28                  .rotation3DEffect(.radians(yaw), axis: .y)
29                  // ドラッグジェスチャを有効にする
30                  .gesture(DragGesture(minimumDistance: 0.0)
31                      // 任意のエンティティを操作の対象とする
32                      .targetedToAnyEntity()
33                      // ドラッグ中の動作を定義
34                      .onChanged { value in
35                          // 現在の直線変位を求める
36                          let location3D = value.convert(value.location3D, from:
                                .local, to: .scene)
37                          let startLocation3D =
                                value.convert(value.startLocation3D, from: .local,
                                to: .scene)
38                          let delta = location3D - startLocation3D
39                          // ここで更新されたyawがrotation3DEffectに反映されて回転する
40                          yaw = baseYaw + Double(delta.x) * sensitivity
41                      }
42                      // ドラッグが終了した時の動作を定義
43                      .onEnded { _ in
44                          // 次のジェスチャで使用するために最後の値を保存する
45                          baseYaw = yaw
46                      })
47          } placeholder: {
48              ProgressView()
49          }
50      }
51  }
```

削除（15〜20行目、27〜46行目）

そして次のコードを追加します。

Fig. 4-40　コードの追加（ContentView.swift）

```
12  struct ContentView: View {
13      let url =
        "https://developer.apple
        .com/augmented-reality/quick-look/models/teapot/teapot.usdz"
14  
15      var body: some View {
16          Model3D(url: URL(string: url)!) { model in
17              model
18                  .resizable()
19                  .aspectRatio(contentMode: .fit)
20                  .modifier(DragRotationModifier())    追加
21          } placeholder: {
22              ProgressView()
23          }
24      }
25  }
```

modifierは呼び出したビューに対して指定されたモディファイアを適用して新しいビューとして返すメソッドです。引数に「DragRotationModifier()」を指定することでドラッグジェスチャをエンティティの回転に変換するモディファイアを適用します。

ContentView.swift

```
.modifier(DragRotationModifier())
```

ここで、キャンバスもしくはシミュレータでティーポットをドラッグしてみると、以前と同様に回転することが確認できます。

これでカスタムモディファイア自体は完成ですが、せっかくなので、これをより簡潔に適用できるようにしてみましょう。

「DragRotationModifier.swift」を選択し、以下のようにコードを追加、修正します。

Fig. 4-41　コードの追加と修正（DragRotationModifier.swift）

```
8   import SwiftUI
9   
10  extension View {                                                          追加
11      /// エンティティをドラッグして回転させることができる
12      func dragRotation(sensitivity: Double = 10) -> some View {
13          modifier(DragRotationModifier(sensitivity: sensitivity))
14      }
15  }
16  
17  // ドラッグジェスチャをエンティティの回転に変換するモディファイア          更新
18  private struct DragRotationModifier: ViewModifier {
19      // 回転量の感度
20      let sensitivity: Double
21      // 現在の回転角度
22      @State private var yaw: Double = 0
23      // 回転の基本角度
24      @State private var baseYaw: Double = 0
```

Viewのエクステンションを定義し、dragRotationメソッドを追加しました。

> **NOTE**
> エクステンションは、既存のクラス、構造体、列挙型、またはプロトコルに新しい機能を追加するための方法です。これにより、元のソースコードを変更せずに、その型にメソッド、プロパティ、初期化子、またはネストされた型を追加できます。コードの再利用性を高め、型の機能を簡単に拡張することができます。

DragRotationModifier.swift

```
extension View {
    func dragRotation(sensitivity: Double = 10) -> some View {
        modifier(DragRotationModifier(sensitivity: sensitivity))
    }
}
```

DragRotationModifier構造体は同じファイル内のdragRotationメソッドからしか参照されないためprivateを追加しました。

DragRotationModifier.swift

```
private struct DragRotationModifier: ViewModifier {
```

sensitivityの値はDragRotationModifier構造体の初期化時に設定するように変更したため、初期値を削除しました。

DragRotationModifier.swift

```
// 回転量の感度
let sensitivity: Double
```

「ContentView.swift」に移り、以下のようにコードを修正します。

Fig. 4-42　コードの修正（ContentView.swift）

```
15    var body: some View {
16        Model3D(url: URL(string: url)!) { model in
17            model
18                .resizable()
19                .aspectRatio(contentMode: .fit)
20                // ドラッグ操作によるy軸回転処理を行うモディファイア
21                .dragRotation()
22        } placeholder: {
23            ProgressView()
24        }
25    }
```

追加

dragRotationモディファイアを呼び出すように変更しました。

ContentView.swift

```
// ドラッグ操作によるy軸回転処理を行うモディファイア
.dragRotation()
```

以上でコードの整理は終了です。カスタムモディファイアを定義することで、「ContentView.swift」のコードの見通しが良くなりました。また新たに3Dモデルを追加した場合にも、dragRotationモディファイアを使い回すことができます。

最後に動作確認をして3Dモデルがジェスチャ操作により回転することを確認しましょう。

Fig. 4-43 実機での実行

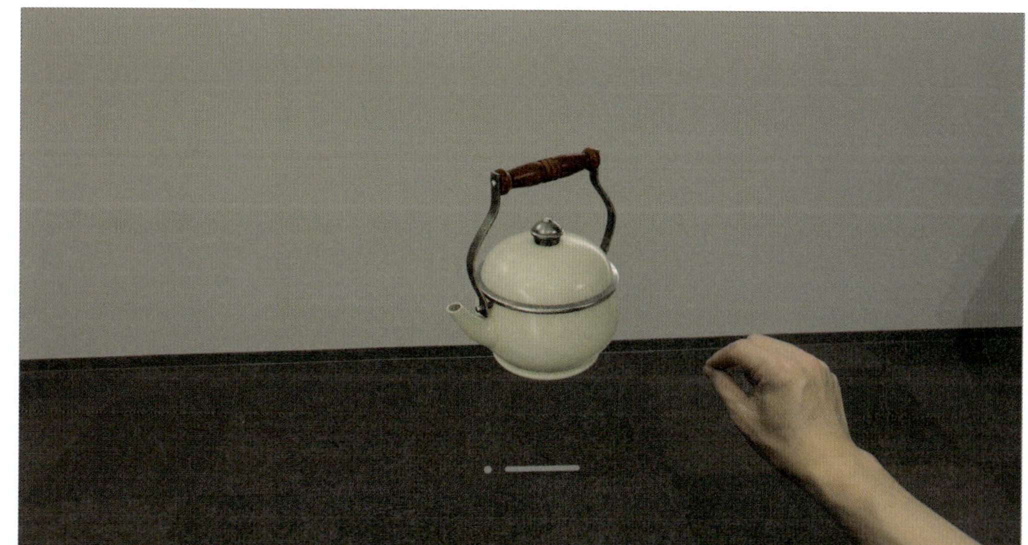

4.6　まとめ

　このChapterでは、まずVolumeのテンプレートがどのようなことを行っているのかを確認しました。そして、3Dモデルを表示する方法とジェスチャで操作する方法を学びました。また、カスタムモディファイアによりジェスチャ操作を汎用的に利用できるようにしました。

NOTE

Appendix A「本書のサンプルアプリのガイドマップ」には、アプリの構造を概観できる図（ガイドマップ）を用意しています。文章による説明では理解しづらいデータの流れや、オブジェクト間の関連を把握する助けとなります。

Chapter 5

RealityKitを利用したイマーシブなアプリの開発

本Chapterでは、空間に配置した3Dモデルのロケットが
地球と月の間を行き来するイマーシブ体験を行えるアプリの開発をします。
エンティティやコンポーネントをはじめとした
さまざまな要素を組み合わせてコンテンツを作成することで
RealityKitの基礎を学びます。

5.1　月探査アプリの概要

　このChapterでは、イマーシブスペースを用いてより空間コンピューティングらしいアプリを実装します。

　空間に地球、月、ロケットの3Dモデルを配置し、地球、月をタップすることでロケットがタップした位置へ向かって移動します。

　Chapter 4のボリュームアプリでは指定した範囲内にのみコンテンツが表示されていましたが、イマーシブなアプリでは空間全体を利用でき、コンテンツを好きな位置に配置できます。

Fig. 5-1　完成イメージ

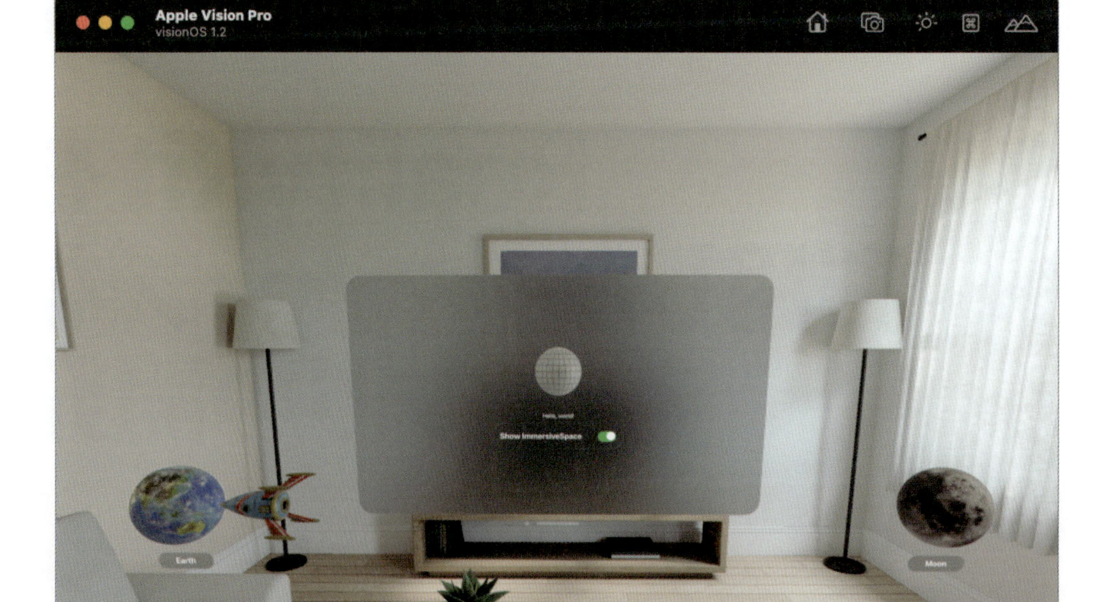

5.2 プロジェクトの作成

Xcodeでプロジェクトを新規作成します。プロジェクト情報を入力する画面が表示されたら、以下の情報を入力します。

- **Product Name**:「Chapter5」
- **Team**:チーム
- **Organization Idenrifier**:「visionOSdev」
- **Initial Scene**:「Window」
- **Immersive Space Renderer**:「RealityKit」
- **Immersive Space**:「Mixed」

Fig. 5-2 プロジェクト情報入力画面

さて、ここで「Immersive Space Renderer」として「RealityKit」を選択しました。つまりRealityKitを利用してシーンをレンダリングするということを指定しています。他の選択肢として「Metal」があり、Metalを用いてシーンのレンダリングを行うこともできますが、本書ではMetalの詳細については触れません。興味のある方は、Appleのサイト[†1]などを参考に、ご自身にて動作確認をしてみてください。

†1 出典 https://developer.apple.com/documentation/compositorservices/drawing_fully_immersive_content_using_metal

また「Immersive Space」には「Mixed」を選択しました。Mixedでは、現実空間と3Dデータを合成して表示します。Fullを選択すると、完全にCGのみの世界（いわゆるVR）の表示になります。ProgressiveはMixedとFullの中間的な表示方法で、Digital Crownのダイヤルを回すことで、CGの透過度合を調整できます。

NOTE

Appleのサイト「Apple Vision Pro用のApp Storeへのアプリの提出」（https://developer.apple.com/jp/visionos/submit/）では、アプリの説明への注意事項として以下のようなことが書かれておりVR等の表現はしてはいけないことになっています。

> 空間コンピューティング：アプリは空間コンピューティングアプリとして言及してください。アプリ体験を、拡張現実（AR）、仮想現実（VR）、クロスリアリティ（XR）、複合現実（MR）などと表現しないでください。

5.2.1 イマーシブテンプレートアプリの動作確認

まずはイマーシブスペースを用いたテンプレートのアプリがどのようなものかを確認します。

キャンバスのプレビューでは完全に動作しないためアプリを実行してシミュレータで動作確認しましょう。

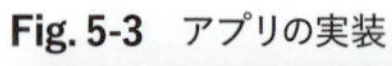

Fig. 5-3　アプリの実装

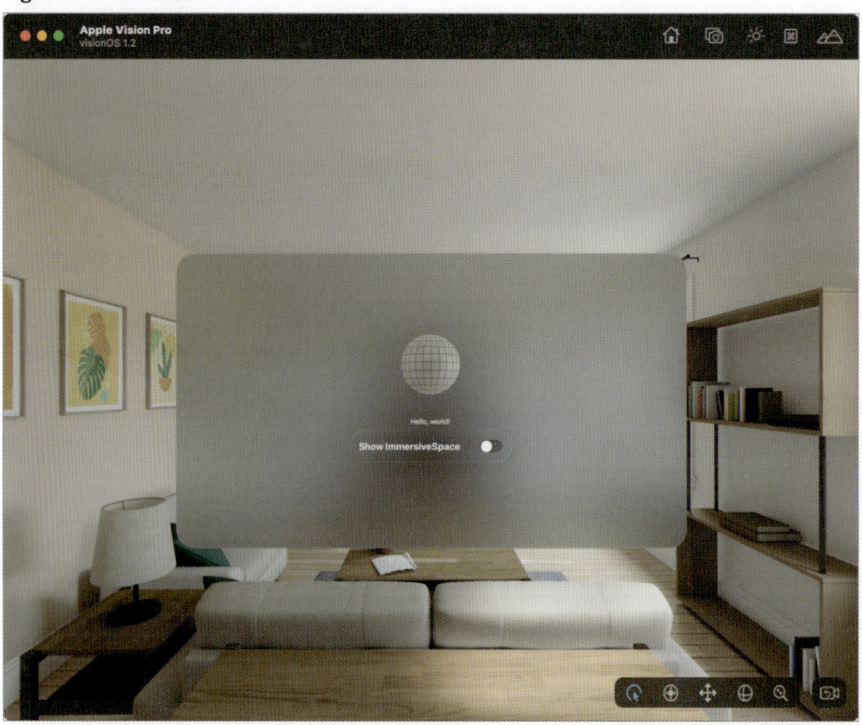

アプリ起動後にはウインドウが表示されています。

ウインドウの中には球の3Dモデルと「Hello, world!」と書かれたテキスト、「Show ImmersiveSpace」というトグルボタンが表示されています。

「Show ImmersiveSpace」トグルボタンを選択（シミュレータにおいてはマウスの左クリック）します。

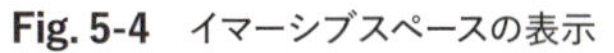

Fig. 5-4　イマーシブスペースの表示

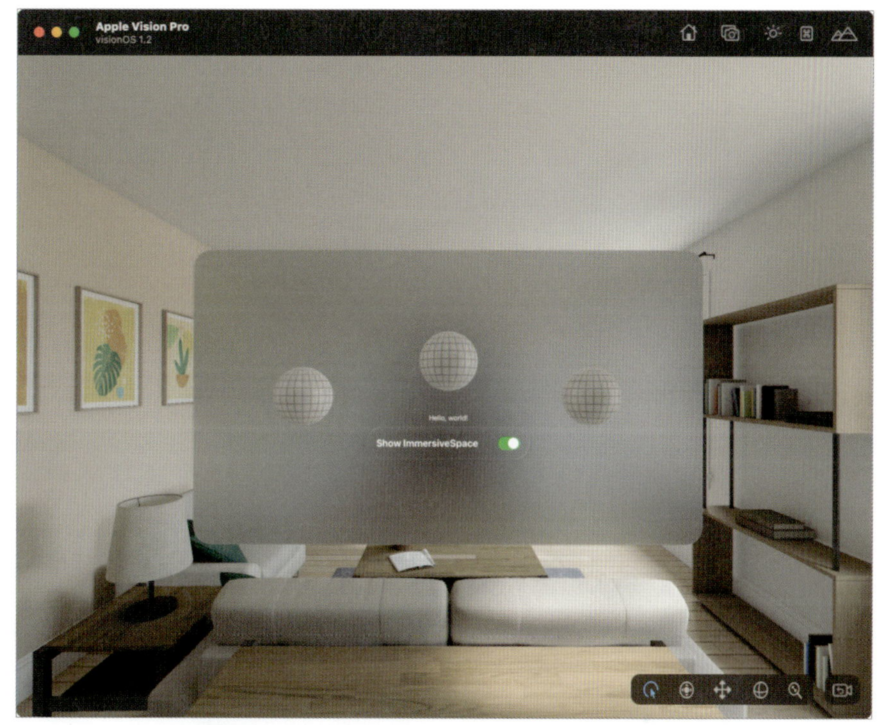

すると左右に2つの球が現れました。この球はウインドウとは独立したもので、現実空間の中に配置されています。確認するために、ウインドウの位置を動かしてみましょう（ウインドウ下部の薄い白いバーをドラッグで移動します）。

Fig. 5-5　ウインドウの移動

2つの球はウインドウの位置とは独立していることがわかります。
次に、カメラの位置を動かしてみましょう。

Fig. 5-6　カメラの移動

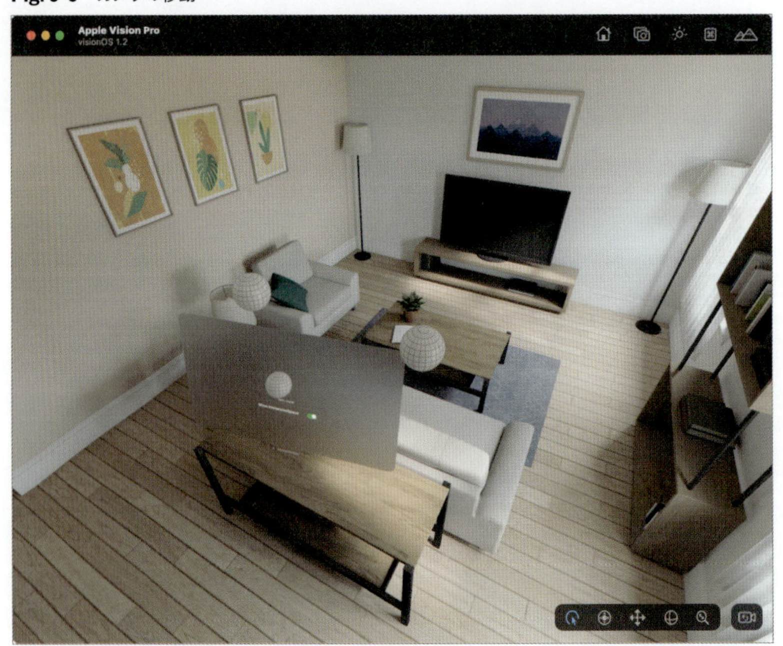

カメラの位置を動かしても2つの球は空間の同じ位置に固定されています。

これは実機で見ると、現実空間の特定の位置に3Dモデルが固定されることを意味します。このように現実空間全てを利用して好きな位置に3Dモデルを配置できるのがイマーシブスペースの特徴です。

なお、テンプレートアプリでは最初にウインドウが表示され、この状態では他のウインドウやボリュームアプリも同時に表示可能です。イマーシブスペースを表示すると空間をこのアプリが占有し、他のウインドウやボリュームアプリは非表示になります。

5.2.2 イマーシブテンプレートアプリのコード確認

続いてテンプレートアプリのコードを確認します[†2]。

まず「Chapter5App.swift」を選択します。

Fig. 5-7 Chapter5App.swift

```
 8  import SwiftUI
 9
10  @main
11  struct Chapter5App: App {
12      var body: some Scene {
13          WindowGroup {
14              ContentView()
15          }
16
17          ImmersiveSpace(id: "ImmersiveSpace") {
18              ImmersiveView()
19          }
20      }
21  }
```

ウインドウやボリュームアプリとの差分としてImmersiveSpaceが記述されています。これはコンテナとしての役割を持ち、具体的に表示されるビューをImmersiveViewとして生成しています。idとして「ImmersiveSpace」が与えられており、このidを指定してプログラムからイマーシブスペースを開くことができます。

Chapter5App.swift

```
ImmersiveSpace(id: "ImmersiveSpace") {
    ImmersiveView()
}
```

続いて、イマーシブスペースの呼び出し部である「ContentView.swift」を開きます。イマーシブスペースの呼び出しに関わる部分は枠で囲った部分です。

†2 Xcode 15時点のコードを前提とします。これは将来変わる可能性があります。

Fig. 5-8　ContentView.swift

```
8   import SwiftUI
9   import RealityKit
10  import RealityKitContent
11  
12  struct ContentView: View {
13  
14      @State private var showImmersiveSpace = false
15      @State private var immersiveSpaceIsShown = false
16  
17      @Environment(\.openImmersiveSpace) var openImmersiveSpace
18      @Environment(\.dismissImmersiveSpace) var dismissImmersiveSpace
19  
20      var body: some View {
21          VStack {
22              Model3D(named: "Scene", bundle: realityKitContentBundle)
23                  .padding(.bottom, 50)
24  
25              Text("Hello, world!")
26  
27              Toggle("Show ImmersiveSpace", isOn: $showImmersiveSpace)
28                  .font(.title)
29                  .frame(width: 360)
30                  .padding(24)
31                  .glassBackgroundEffect()
32          }
33          .padding()
34          .onChange(of: showImmersiveSpace) { _, newValue in
35              Task {
36                  if newValue {
37                      switch await openImmersiveSpace(id: "ImmersiveSpace") {
38                      case .opened:
39                          immersiveSpaceIsShown = true
40                      case .error, .userCancelled:
41                          fallthrough
42                      @unknown default:
43                          immersiveSpaceIsShown = false
44                          showImmersiveSpace = false
45                      }
46                  } else if immersiveSpaceIsShown {
47                      await dismissImmersiveSpace()
48                      immersiveSpaceIsShown = false
49                  }
50              }
51          }
52      }
53  }
```

最初に2つのBool型プロパティを定義しています。showImmersiveSpaceはトグルボタンの状態を保持します。immersiveSpaceIsShownはイマーシブスペースが表示されているか、表示されていないかの状態を保持します。

ContentView.swift

```
@State private var showImmersiveSpace = false
@State private var immersiveSpaceIsShown = false
```

次にイマーシブスペースを開く関数（実際には関数のように呼び出せるオブジェクト）と閉じる関数をシステムから取得しています。@Environmentはプロパティラッパーと呼ばれるもので、ビューの環境値を取得するためのものです。環境値とは親ビューやシステムから提供される情報や機能のことで、さまざまなものが用意されています†3。

ContentView.swift

```
@Environment(\.openImmersiveSpace) var openImmersiveSpace
@Environment(\.dismissImmersiveSpace) var dismissImmersiveSpace
```

トグルを作成し、showImmersiveSpaceプロパティにバインディングします。

ContentView.swift

```
Toggle("Show ImmersiveSpace", isOn: $showImmersiveSpace)
```

「.onChange(of: showImmersiveSpace)」はshowImmersiveSpaceの値が変更された時、つまりトグルの状態が変化した時に実行されるクロージャを定義しています。

ContentView.swift

```
.onChange(of: showImmersiveSpace) { _, newValue in
    // トグルの状態が変化した時に呼ばれる処理
}
```

イマーシブスペースを開く処理、閉じる処理は非同期で実行する必要があるためTaskを使用しています。

ContentView.swift

```
Task {
    // 非同期で実行する処理
}
```

以下のコードがイマーシブスペース開閉処理の本体です。

ContentView.swift

```
if newValue {
    switch await openImmersiveSpace(id: "ImmersiveSpace") {
    case .opened:
```

†3 環境値（EnvironmentValue）：https://developer.apple.com/documentation/swiftui/environmentvalues

```
            immersiveSpaceIsShown = true
        case .error, .userCancelled:
            fallthrough
        @unknown default:
            immersiveSpaceIsShown = false
            showImmersiveSpace = false
        }
    } else if immersiveSpaceIsShown {
        await dismissImmersiveSpace()
        immersiveSpaceIsShown = false
    }
```

showImmersiveSpaceの値が変更されると、その変更された値がnewValueとして参照できます。

newValueがtrueになった時（トグルONの時）にopenImmersiveSpaceを呼び出してイマーシブスペースを開きます。その際idに「Chapter5App.swift」で指定した「ImmersiveSpace」を設定しています。

newValueがfalse、かつimmersiveSpaceIsShownがtrueの時はdismissImmersiveSpaceを呼び出してイマーシブスペースを閉じます。

また他にフラグの設定やエラー処理を行っています。

最後に、イマーシブスペースが開かれた時に表示される「ImmersiveView.swift」を開きます。

Fig. 5-9　ImmersiveView.swift

```
8   import SwiftUI
9   import RealityKit
10  import RealityKitContent
11  
12  struct ImmersiveView: View {
13      var body: some View {
14          RealityView { content in
15              // Add the initial RealityKit content
16              if let scene = try? await Entity(named: "Immersive", in: 
                    realityKitContentBundle) {
17                  content.add(scene)
18              }
19          }
20      }
21  }
```

Reality Composer Proのプロジェクトであらかじめ準備された、球を2つ表示するシーンを読み込み、表示しています。

ImmersiveView.swift

```
RealityView { content in
    // Add the initial RealityKit content
    if let scene = try? await Entity(named: "Immersive", in:
        realityKitContentBundle) {
        content.add(scene)
    }
}
```

ここで指定されているシーン「Immersive」は、ナビゲータの「Packages」>「RealityKit Content」>「Sources」>「RealityKitContent」>「RealityKitContent.rkassets」配下に格納されています。

Fig. 5-10 Immersive

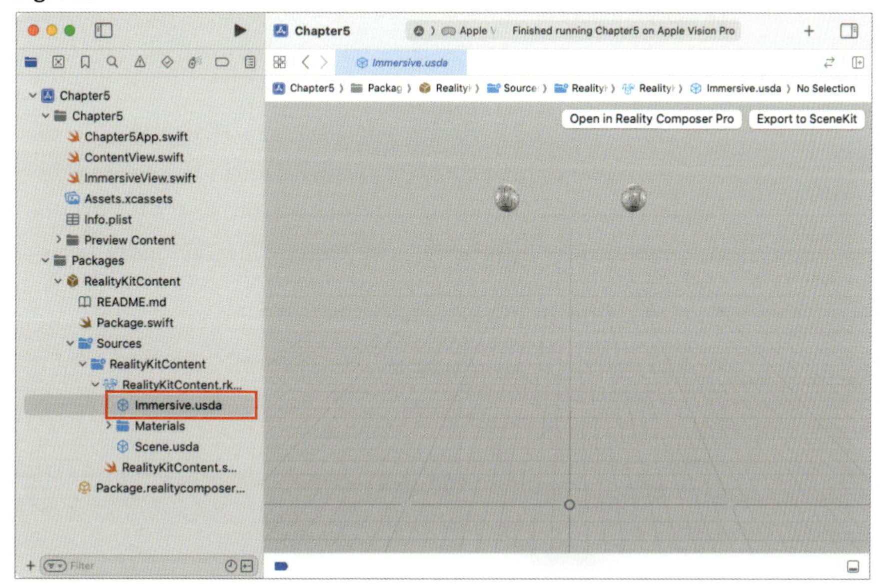

テンプレートの確認は以上です。

5.3 3Dモデルの準備

テンプレートの確認が終わったため、ここからアプリの開発に取り掛かります。

本Chapterでは地球、月、ロケットの3Dモデルを利用します。3Dモデルデータを用意する必要がありますが、Reality Composer Proを利用するとあらかじめ3Dモデルや音声などのデータがいくつか用意されているため、それらのデータを利用します。

本Chapterでは3Dモデルデータを準備する用途のみにReality Composer Proを利用します。より高度なReality Composer Proの使用方法についてはChapter 6で説明します。

5.3.1 Reality Composer Proの起動

Reality Composer ProはXcodeのメニューの「Xcode」>「Open Developer Tool」>「Reality Composer Pro」から起動できますが、先ほど作成したXcodeのプロジェクトの中にReality Composer Proのプロジェクトも含まれているため、そのプロジェクトを利用することにします。

作成したプロジェクトのナビゲータの「Package」>「RealityKitContent」>「Sources」>「RealityKitContent」>「RealityKitContent.rkassets」配下を見てみると、「Immersive.usda」「Scene.usda」ファイルがあります。どちらかのusdaファイル(画像では「Scene.usda」)を選択すると、画面右上に「Open in Reality Composer Pro」のボタンが表示されるので選択します。

Fig. 5-11 Reality Composer Proの起動

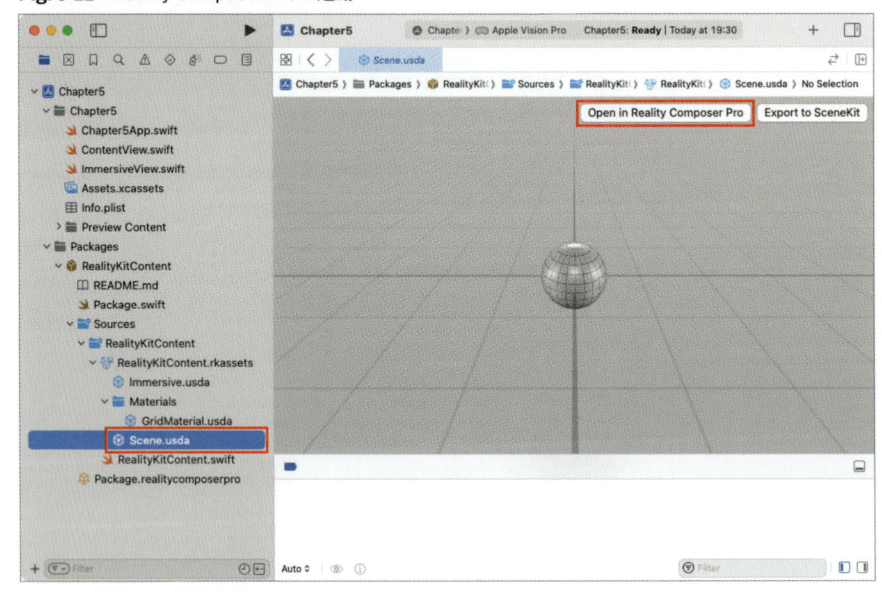

するとReality Composer Proが起動します。

Fig. 5-12　Reality Composer Pro

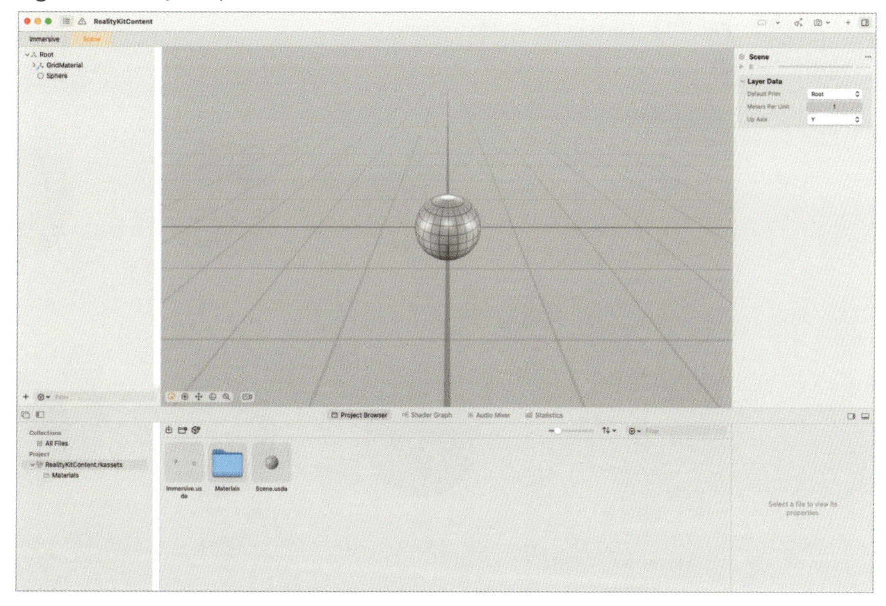

5.3.2　3Dモデルのダウンロード

Reality Composer Proの右上に「+」ボタン（「Show Content Library」）があるため選択すると、3Dモデル、オーディオ、マテリアルを含んだコンテンツライブラリが表示されます。もしコンテンツライブラリの左上に「Update Available」と表示されている場合は、オレンジ色のアイコンをクリックしてアップデートしておきましょう。

Fig. 5-13　Content Library

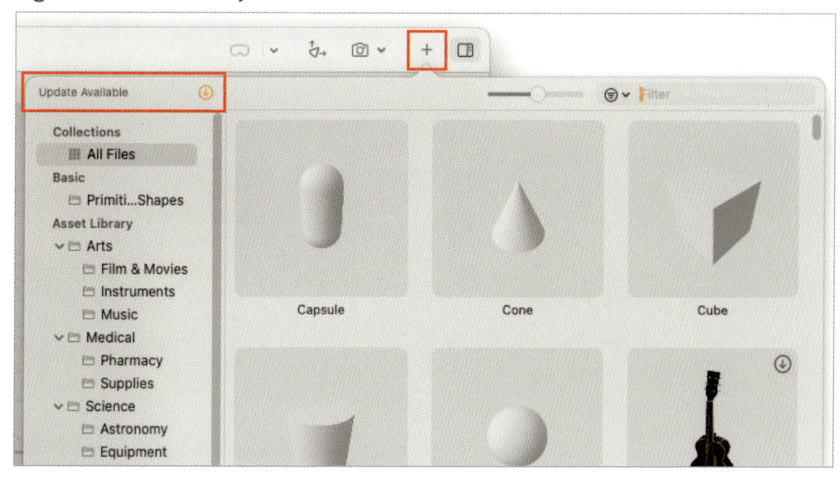

左側の「Collections」の中から、「Asset Library」>「Science」>「Astronomy」を選択します。

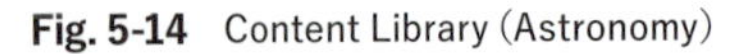

Fig. 5-14　Content Library (Astronomy)

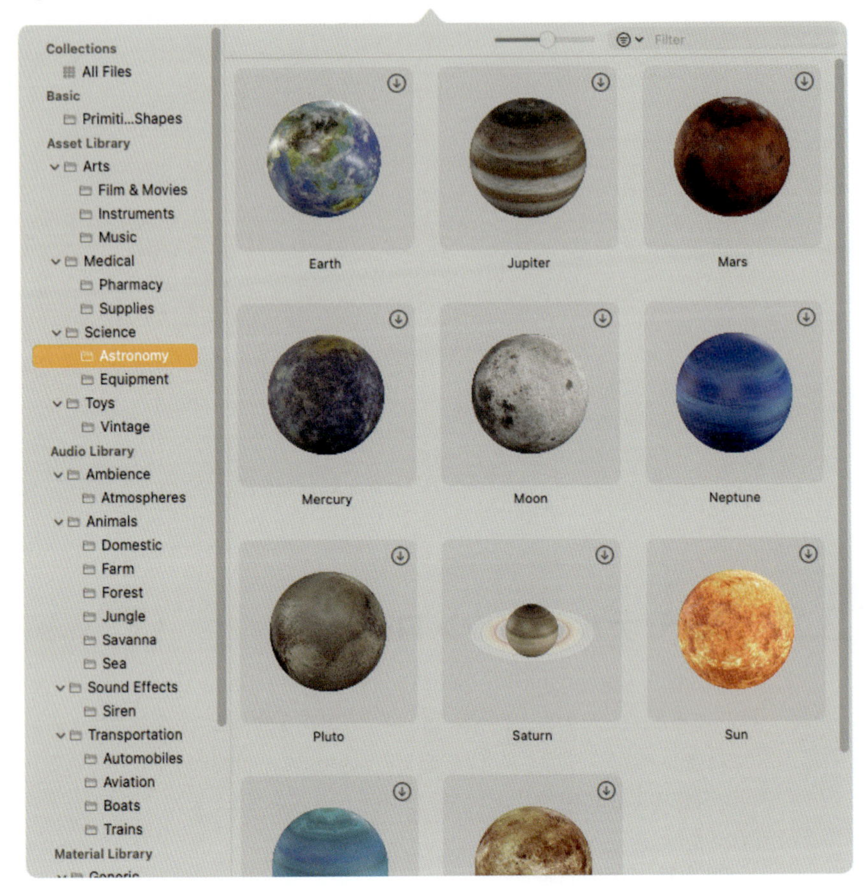

天体の3Dモデルが表示されるため、この中から「Earth」の右上にあるダウンロードボタンを選択します。

Fig. 5-15 地球の3Dモデル

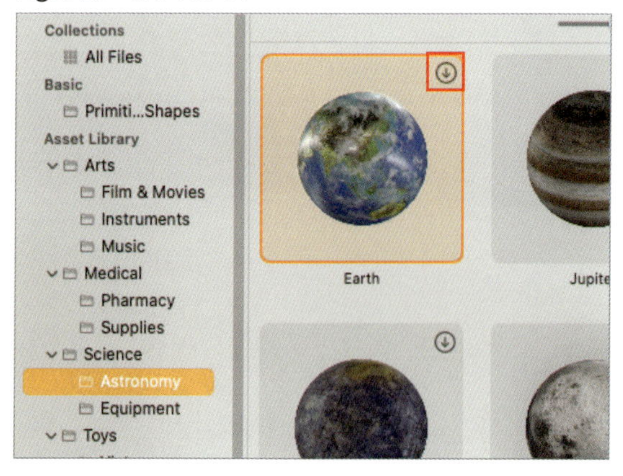

NOTE

ダウンロードしたファイルは「~/Library/Application Support/com.apple.RealityComposer」に保存されています。

ダウンロードが終了したら、「Earth」をダブルクリック（もしくは「右クリック」>「Add to Scene」）すると、プロジェクトの「RealityKitContent.rkassets」の中に「Earth.usdz」が追加され、またシーンの中に「Earth」が追加されます。

Fig. 5-16 Earthのダブルクリック後

Xcodeのプロジェクトからも「Earth.usdz」が追加されていることが確認できます。

Fig. 5-17　Xcodeに追加されたEarth

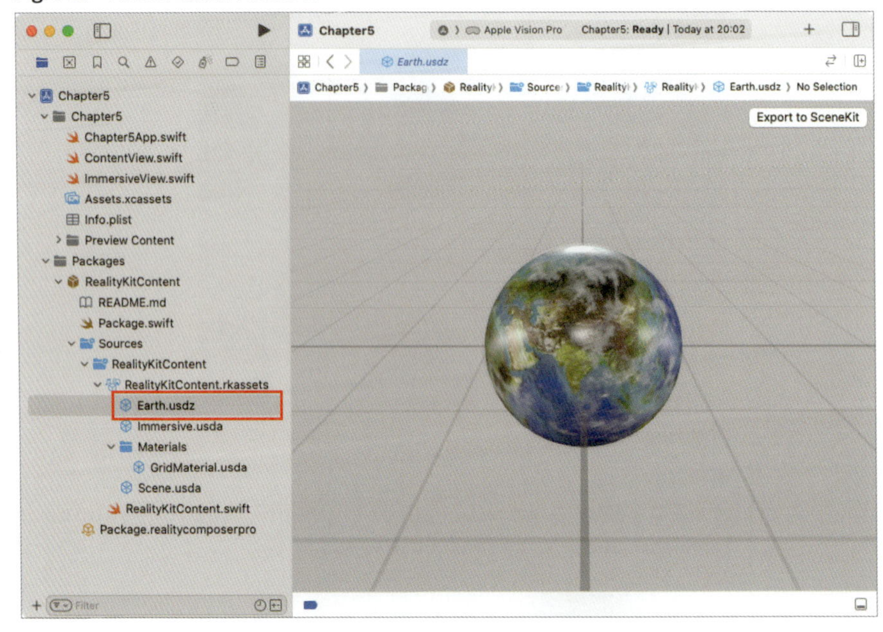

同様にReality Composer Proのコンテンツライブラリから「Moon」をダウンロードし、ダブルクリックしてプロジェクトに「Moon.usdz」を追加します。

Fig. 5-18　Moonの追加

次に、コンテンツライブラリのCollectionsの中から、「Asset Library」>「Toys」を選択します。この中の「Toy Rocket 3」をダウンロードしてダブルクリックし、「ToyRocket.usdz」をプロジェクトに追加します。

Fig. 5-19 Toy Rocket 3

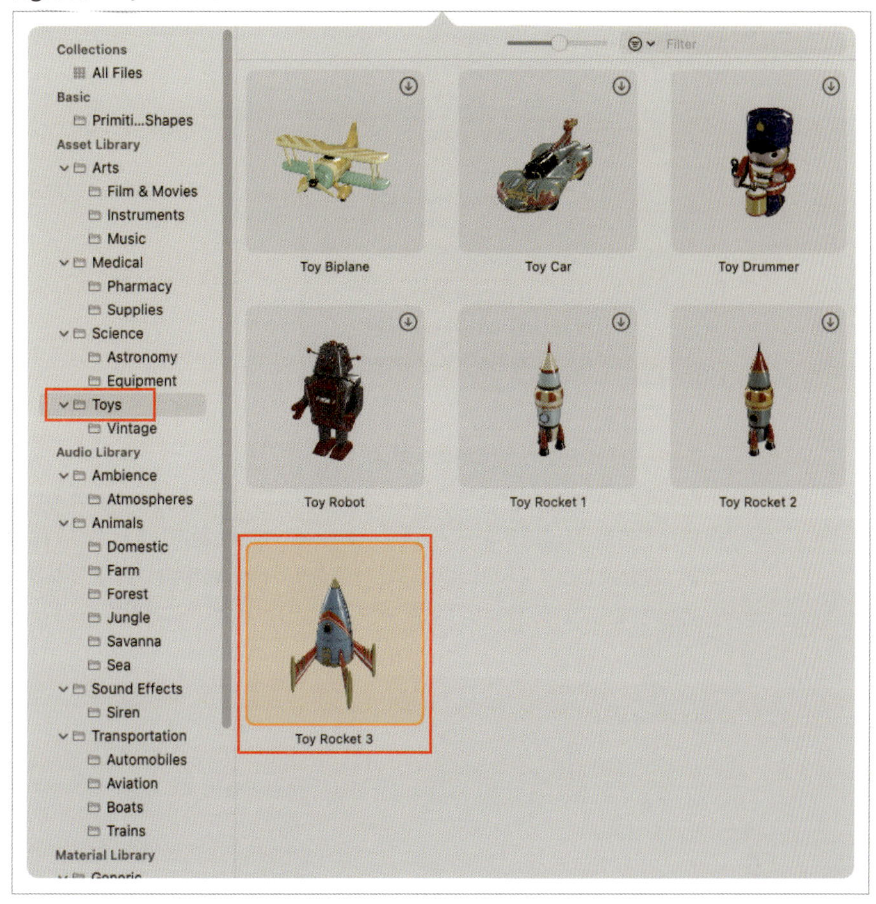

Xcodeのナビゲータに「Earth.usdz」「Moon.usdz」「ToyRocket.usdz」が追加されていることを確認します。

Fig. 5-20　Xcode

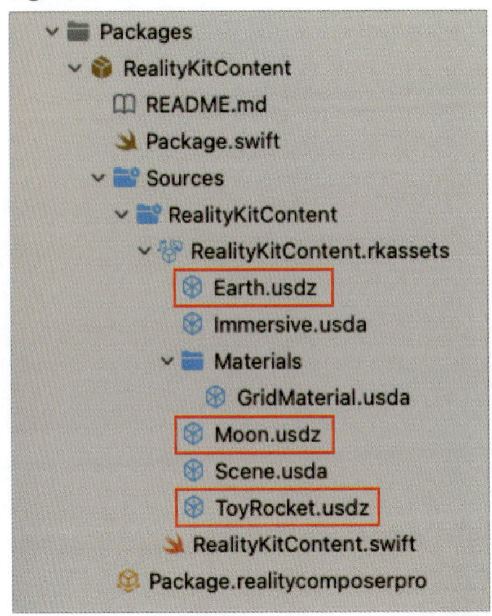

これで3Dモデルの準備ができました。

Reality Conposer ProはこのChapterではこれ以上利用しないためこのままファイルを保存せずに終了します。シーンファイルを保存しても問題ありませんが、保存した場合には、アプリ起動時のウインドウの中に、地球やロケットが表示されることになります。

5.4 3D モデルの空間への配置

それでは3D モデルを配置していきます。Chapter 4ではModel3D を利用しましたが、本Chapter ではRealityView を利用して3D モデルを配置します。

Model3D は単にモデルを表示する用途においては便利ですが、3D 空間で複雑な処理(RealityKitイベントのサブスクライブ、座標変換の実行、AR機能による操作など)を行いたい場合にはRealityView が適しています。

5.4.1 地球の3D モデル配置

まず、ナビゲータの「ImmersiveView.swift」を選択します。

以下に示す不要なコードを削除します。

Fig. 5-21 コードの削除(ImmersiveView.swift)

```
12 struct ImmersiveView: View {
13     var body: some View {
14         RealityView { content in
15             // Add the initial RealityKit content
16             if let scene = try? await Entity(named: "Immersive", in:
                   realityKitContentBundle) {
17                 content.add(scene)
18             }
19         }
20     }
21 }
```

削除

次に以下のコードを追加します。

Fig. 5-22 コードの追加(ImmersiveView.swift)

```
12 struct ImmersiveView: View {
13     var body: some View {
14         RealityView { content in
15             if let earth = try? await Entity(named: "Earth", in:
                   realityKitContentBundle) {
16                 content.add(earth)
17             }
18         }
19     }
20 }
```

追加

これが3D モデル読み込み処理のコードです。少し詳細に見ていきましょう。

ImmersiveView.swift

```
if let earth = try? await Entity(named: "Earth", in:
    realityKitContentBundle) {
    content.add(earth)
}
```

「if let earth = try? await Entity(named: "Earth", in: realityKitContentBundle)」により、Reality Composer Proで準備した地球の3Dモデルを読み込んでいます。awaitが付いている事からも分かるようにこの3Dモデルの読み込み処理は非同期で行われます。

準備した3Dモデルは「Chapter5」プロジェクトの中に含まれているものではなく、importしているRealityKitContentという別のパッケージ（ライブラリ）内にある構成となっているため、「in: realityKitContentBundle」の部分でその指定をし「Earth」という名前のファイルを読み込むよう指定しています（realityKitContentBundleというワードは「RealityKitContent.swift」の中で定義されています）。

「content.add(earth)」でReaviltyViewのコンテンツに地球を追加します。これにより地球の3Dモデルがシーンの中に配置され、見ることができるようになります。

「Entity(…)」で読み込もうとしているリソースが見つからなかった場合は例外が発生しますが、tryに「?」をつけているため例外が発生しても無視されます。したがって「Earth」が見つからなかったとしても、そのままif letスコープ以降の処理に進み、アプリが止まるようなことにはなりません。仮に「Earth」のスペルミスをしていたとしても、特にエラーメッセージは表示されず、地球が表示されない結果となるため注意しましょう。

きちんと例外を捉える場合には以下のような実装になりますが、本誌では紙面の都合から上記の実装で進めることとします。

```
do {
    // 「Earth」を「Earthe」にスペルミスしたもの
    let earth = try await Entity(named: "Earthe", in: realityKitContentBundle)
    content.add(earth)
} catch {
    // Failed to find resource with name "Earthe" in bundle と表示される
    print(error.localizedDescription)
}
```

ここでアプリをシミュレータで実行します。

Fig. 5-23 アプリの実行

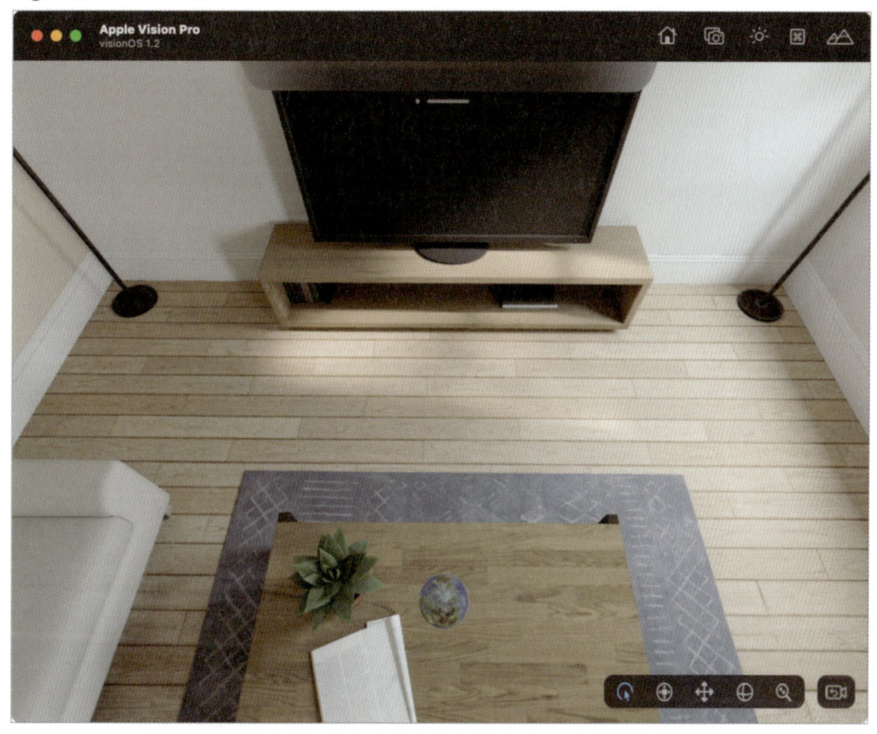

地球のモデルが配置されていることが確認できましたが、足元に表示されています。これは、イマーシブスペースを開いた時点のユーザの足元が原点となるためです（ただし、Digital Crownの長押しで後から原点の位置を変更することは可能です）。

このままでは見にくいため、位置を調整します。

Fig. 5-24 コードの追加（ImmersiveView.swift）

```
12  struct ImmersiveView: View {
13      var body: some View {
14          RealityView { content in
15              if let earth = try? await Entity(named: "Earth", in:
                    realityKitContentBundle) {
16                  earth.position = [-1, 1, -1]   ← 追加
17                  content.add(earth)
18              }
19          }
20      }
21  }
```

地球の表示位置が、イマーシブスペースを開いた時のユーザの位置を基準として正面左側に配置されるよう調整しています。正確には、原点（イマーシブスペースを開いた時のユーザの足元）を基準として左に1m、上に1m、奥に1mの位置になります。

ImmersiveView.swift

```
earth.position = [-1, 1, -1]
```

> **NOTE**
> 「earth.position = [-1, 1, -1]」は「earth.position = SIMD3(-1, 1, -1)」や「earth.transform.translation = [-1, 1, -1]」のような書き方もできますが、全て同じ意味となります。

　イマーシブスペースを開くと、正面左側に地球が表示されるようになりました。

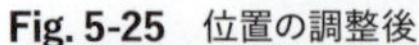
Fig. 5-25　位置の調整後

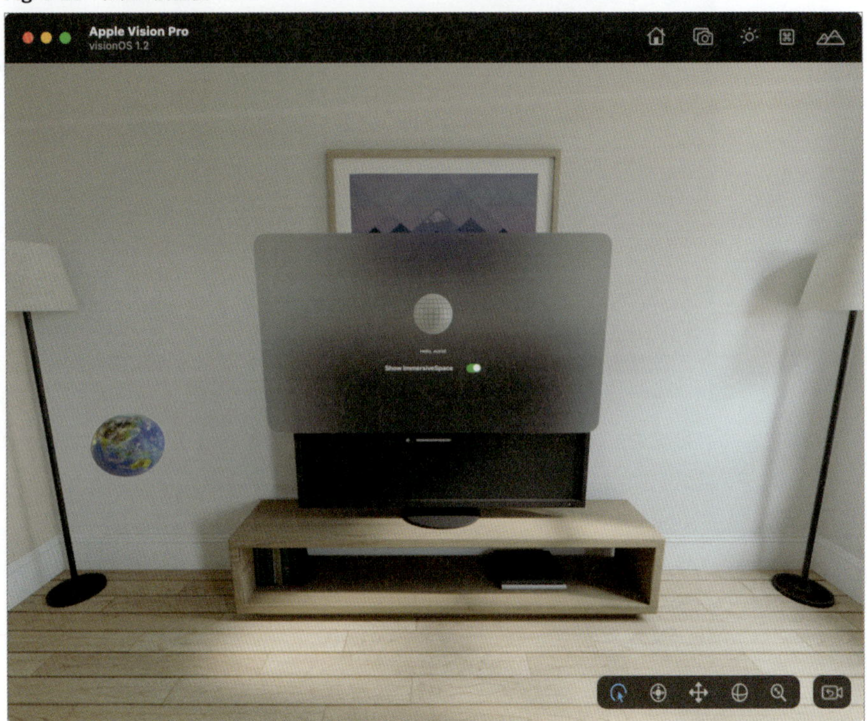

5.4.2　エンティティとは

　さて、先ほどから出ているEntity（エンティティ）についてここで簡単に触れておきます。詳細については5.6.2項で説明します。

　エンティティとは3D空間に配置できるオブジェクトで、それ自体は目に見えるものではなくコンテナとして機能します。モデルを描画する機能を割り当てることで画面に表示できたり、親や子を持つこともできます。

　Unityをご存知の方であればGameObject、Unreal Engineをご存知の方であればActorと同等のものと考えればわかりやすいでしょう。

5.4.3 月、ロケットの3Dモデル配置

地球に続いて、月、ロケットの3Dモデルを配置します。

Fig. 5-26 コードの追加（ImmersiveView.swift）

```
12  struct ImmersiveView: View {
13      var body: some View {
14          RealityView { content in
15              if let earth = try? await Entity(named: "Earth", in:
                    realityKitContentBundle) {
16                  earth.position = [-1, 1, -1]
17                  content.add(earth)
18              }
19
20              if let moon = try? await Entity(named: "Moon", in:
                    realityKitContentBundle) {
21                  moon.position = [1, 1, -1]
22                  content.add(moon)
23              }
24
25              if let rocket = try? await Entity(named: "ToyRocket", in:
                    realityKitContentBundle) {
26                  rocket.position = [0, 1, -1]
27                  content.add(rocket)
28              }
29          }
30      }
31  }
```

追加

コードは地球の3Dモデルの配置と同様の処理のため説明は省略します。以下に違いだけを示します。

モデル	変数名	namedの値	位置
地球	earth	Earth	[-1, 1, -1]
月	moon	Moon	[1, 1, -1]
ロケット	rocket	ToyRocket	[0, 1, -1]

アプリを実行してイマーシブスペースを開くと、次のように左に地球、真ん中にロケット、右に月が表示されます。

Fig. 5-27　アプリ実行

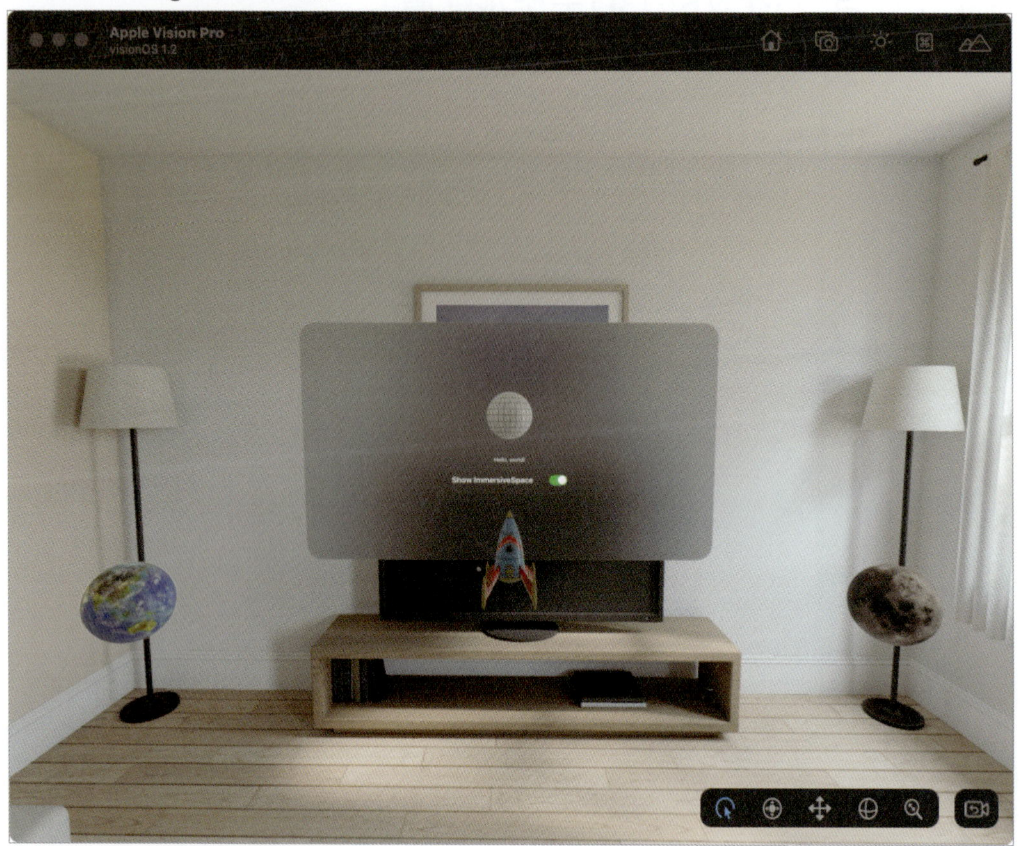

5.5　タップジェスチャへの対応

3Dモデルの配置ができたので、次は地球と月がタップジェスチャに反応するよう修正していきます。

5.5.1　ジェスチャ処理の追加

タップジェスチャへの対応として次のコードを追加します。

Fig. 5-28 コードの追加（ImmersiveView.swift）

```
12 struct ImmersiveView: View {
13     var body: some View {
14         RealityView { content in
15             if let earth = try? await Entity(named: "Earth", in:
                   realityKitContentBundle) {
16                 earth.position = [-1, 1, -1]
17                 content.add(earth)
18             }
19 
20             if let moon = try? await Entity(named: "Moon", in:
                   realityKitContentBundle) {
21                 moon.position = [1, 1, -1]
22                 content.add(moon)
23             }
24 
25             if let rocket = try? await Entity(named: "ToyRocket", in:
                   realityKitContentBundle) {
26                 rocket.position = [0, 1, -1]
27                 content.add(rocket)
28             }
29         }
30         // タップジェスチャに対応する
31         .gesture(SpatialTapGesture()
32             // 任意のエンティティを操作の対象とする
33             .targetedToAnyEntity()
34             // タップジェスチャが終了した時（つまり親指と人差し指を離した時）の動作を定義
35             .onEnded { value in
36                 print("\(value.entity.name)がタップされました")
37             })
38     }
39 }
```

追加

タップジェスチャはTapGestureとSpatialTapGestureがありますが、3次元空間のタップを認識するにはSpatialTapGestureを利用する必要があります。

ImmersiveView.swift

```
.gesture(SpatialTapGesture()
```

その他の処理はChapter 4で説明した内容と同じですが、タップが終了した時にログを表示しています。

ImmersiveView.swift

```
.targetedToAnyEntity()
.onEnded { value in
    print("\(value.entity.name) がタップされました")
})
```

NOTE

日本語キーボードでは［option］キー＋［¥］キーでバックスラッシュを入力できます。

さて、ここでアプリを実行して地球や月をタップしてみても、残念ながら何も反応がありません。

エンティティをタップに反応させるためには、タップジェスチャに対応するためのコンポーネントをエンティティに対して設定する必要があります。

5.5.2　コンポーネントとは

ここで、コンポーネントについて簡単に説明をしておきます。詳細については5.6.2項で説明します。

コンポーネントとは、エンティティの性質や挙動を決めるためエンティティに付与するデータです。エンティティは任意の数のコンポーネントを持つことができ、これによりさまざまな機能を実現できます。

5.5.3　タップ処理に必要なコンポーネント

それでは、地球と月のエンティティがタップジェスチャへ反応するようにするため、それぞれコンポーネントの設定をします。

Fig. 5-29　コードの追加（ImmersiveView.swift）

```
14        RealityView { content in
15            if let earth = try? await Entity(named: "Earth", in:
                  realityKitContentBundle) {
16                earth.components.set([InputTargetComponent()])
17                let shape = ShapeResource.generateSphere(radius: 0.1)
18                earth.components.set(CollisionComponent(shapes: [shape]))
19                earth.position = [-1, 1, -1]
20                content.add(earth)
21            }
22
23            if let moon = try? await Entity(named: "Moon", in:
                  realityKitContentBundle) {
24                moon.components.set([InputTargetComponent()])
25                let shape = ShapeResource.generateSphere(radius: 0.1)
26                moon.components.set(CollisionComponent(shapes: [shape]))
27                moon.position = [1, 1, -1]
28                content.add(moon)
29            }
30
31            if let rocket = try? await Entity(named: "ToyRocket", in:
                  realityKitContentBundle) {
32                rocket.position = [0, 1, -1]
33                content.add(rocket)
34            }
35        }
```

追加

地球のエンティティに対して、InputTargetComponentとCollisionComponentコンポーネントを追加しています。

- **InputTargetComponent**：エンティティにシステム入力を受信する機能を与えるコンポーネント
- **CollisionComponent**：コリジョンコンポーネントを持つ他のエンティティと衝突する機能を与えるコンポーネント

「CollisionComponent(shapes: [shape])」のshepesにコリジョンの形状を渡しており、この形状がタップへ反応する形状になります。地球、月の形状が球であるため、コリジョンの形状も球として設定しました。一般的に3Dモデルの形状に近いコリジョンの形状とすることで、当たり判定の形状も違和感のないものになります。

ImmersiveView.swift

```
// 地球のエンティティに対してInputTargetComponentコンポーネントを設定
earth.components.set([InputTargetComponent()])
// 設定するコリジョンのシェイプ（半径0.1とした球）
let shape = ShapeResource.generateSphere(radius: 0.1)
// 地球のエンティティに対してCollisionComponentコンポーネントを設定
earth.components.set(CollisionComponent(shapes: [shape]))
```

月のエンティティに対しても同様の設定をします。

コンポーネントを設定したらもう一度アプリを実行して、地球と月をタップすると、タップに反応していることを示すログが表示されます。

Fig. 5-30 ログの表示

このようにエンティティがジェスチャに反応するためには、InputTargetComponentとCollisionComponentの2つのコンポーネントを設定する必要があることを忘れないようにしましょう。

5.5.4 ロケットの移動

地球、月のエンティティがそれぞれタップジェスチャへ反応するようになったため、タップした星の位置へロケットを移動するようにしましょう。以下のコードを追加します。

Fig. 5-31　コードの追加（ImmersiveView.swift）

```
12  struct ImmersiveView: View {
13      @State private var earth: Entity?
14      @State private var moon: Entity?
15      @State private var rocket: Entity?
16
17      var body: some View {
18          RealityView { content in
19              if let earth = try? await Entity(named: "Earth", in:
                    realityKitContentBundle) {
20                  earth.components.set([InputTargetComponent()])
21                  let shape = ShapeResource.generateSphere(radius: 0.1)
22                  earth.components.set(CollisionComponent(shapes: [shape]))
23                  earth.position = [-1, 1, -1]
24                  content.add(earth)
25                  self.earth = earth
26              }
27
28              if let moon = try? await Entity(named: "Moon", in:
                    realityKitContentBundle) {
29                  moon.components.set([InputTargetComponent()])
30                  let shape = ShapeResource.generateSphere(radius: 0.1)
31                  moon.components.set(CollisionComponent(shapes: [shape]))
32                  moon.position = [1, 1, -1]
33                  content.add(moon)
34                  self.moon = moon
35              }
36
37              if let rocket = try? await Entity(named: "ToyRocket", in:
                    realityKitContentBundle) {
38                  rocket.position = [0, 1, -1]
39                  content.add(rocket)
40                  self.rocket = rocket
41              }
42          }
```

追加（13〜15行目、25行目、34行目、40行目）

まず、earth、moon、rocketを読み込んだエンティティを保持するためにプロパティを宣言します。プロパティにエンティティを保持するとジェスチャ処理の中から参照することができるようになります。

ImmersiveView.swift

```
@State private var earth: Entity?
@State private var moon: Entity?
@State private var rocket: Entity?
```

そして、それぞれ読み込んだエンティティをプロパティに設定します。

ImmersiveView.swift

```
self.earth = earth
(略)
self.moon = moon
(略)
self.rocket = rocket
```

次に以下のコードを追加します。

Fig. 5-32　コードの追加（ImmersiveView.swift）

```
43          // タップジェスチャに対応する
44          .gesture(SpatialTapGesture()
45              // 任意のエンティティを操作の対象とする
46              .targetedToAnyEntity()
47              // タップジェスチャが終了した時(つまり親指と人差し指を離した時)の動作を定義
48              .onEnded { value in
49                  // 各エンティティがnilでないことをチェックする
50                  guard let earth = self.earth, let moon = self.moon, let rocket
                        = self.rocket else { return }
51
52                  if value.entity == earth {
53                      // ロケットを地球の位置に移動する (xの位置は0.33のオフセットを追加)
54                      rocket.position = earth.position + [0.33, 0, 0]
55                      // Z軸周りにπ/2ラジアン (90度) 回転するためのクォータニオンを生成
56                      let rotation = simd_quatf(angle: .pi / 2, axis:
                            SIMD3<Float>(0, 0, 1))
57                      // ロケットの回転
58                      rocket.orientation = rotation
59                  } else if value.entity == moon {
60                      // ロケットを月の位置に移動する (xの位置は-0.33のオフセットを追加)
61                      rocket.position = moon.position - [0.33, 0, 0]
62                      // Z軸周りに-π/2ラジアン (-90度) 回転するためのクォータニオンを生成
63                      let rotation = simd_quatf(angle: -.pi / 2, axis:
                            SIMD3<Float>(0, 0, 1))
64                      // ロケットの回転
65                      rocket.orientation = rotation
66                  }
67              })
```

追加

タップジェスチャが終了した時の処理を実装しています。

まずguard let文で「self.earth」「self.moon」「self.rocket」の各エンティティがnilでないことをチェックしておきます。

続くif文でタップした対象に応じた処理を行います。地球をタップした場合にはロケットを地球の横に移動し、地球の方向を向くように回転しています。月をタップした場合にはロケットを月の隣に移動し、月の方向を向くように回転しています。

ImmersiveView.swift

```
// タップジェスチャが終了した時(つまり親指と人差し指を離した時)の動作を定義
.onEnded { value in
    // 各エンティティが nil でないことをチェックする
    guard let earth = self.earth, let moon = self.moon, let rocket
        = self.rocket else { return }

    // 地球エンティティをタップした時
    if value.entity == earth {
        // ロケットを地球の位置に移動する (xの位置は0.33のオフセットを追加)
        rocket.position = earth.position + [0.33, 0, 0]
        // Z軸周りにπ/2ラジアン (90度) 回転するためのクォータニオンを生成
        let rotation = simd_quatf(angle: .pi / 2, axis:
            SIMD3<Float>(0, 0, 1))
        // ロケットの回転
        rocket.orientation = rotation
    // 月エンティティをタップした時
    } else if value.entity == moon {
        // ロケットを月の位置に移動する (xの位置は-0.33のオフセットを追加)
        rocket.position = moon.position - [0.33, 0, 0]
        // Z軸周りに-π/2ラジアン (-90度) 回転するためのクォータニオンを生成
        let rotation = simd_quatf(angle: -.pi / 2, axis:
            SIMD3<Float>(0, 0, 1))
        // ロケットの回転
        rocket.orientation = rotation
    }
})
```

上のguard let文でのチェックを行わずに以下のように書くこともできます。

ImmersiveView.swift

```
if value.entity == earth {
    rocket?.position = earth!.position + [0.33, 0, 0]
    let rotation = simd_quatf(angle: .pi / 2, axis: SIMD3<Float>(0, 0, 1))
    rocket?.orientation = rotation
} else if value.entity == moon {
    rocket?.position = earth!.position - [0.33, 0, 0]
    let rotation = simd_quatf(angle: -.pi / 2, axis: SIMD3<Float>(0, 0, 1))
    rocket?.orientation = rotation
}
```

この場合、たとえば「earth!.position」にアクセスしようとした時にearthがnilだとランタイムエラーになりプログラムが終了してしまいます。この例に限ってはearthがnilの場合はそもそもif文の中に入ることがないため、実際にランタイムエラーになることはありませんが、堅牢なプログラムとするために「!」を利用している場合にはきちんとnilチェックする癖をつけておくと良いでしょう。

これで、タップした星にロケットが移動するようになりました。アプリを実行して確認してみましょう。

Fig. 5-33　ロケットの移動

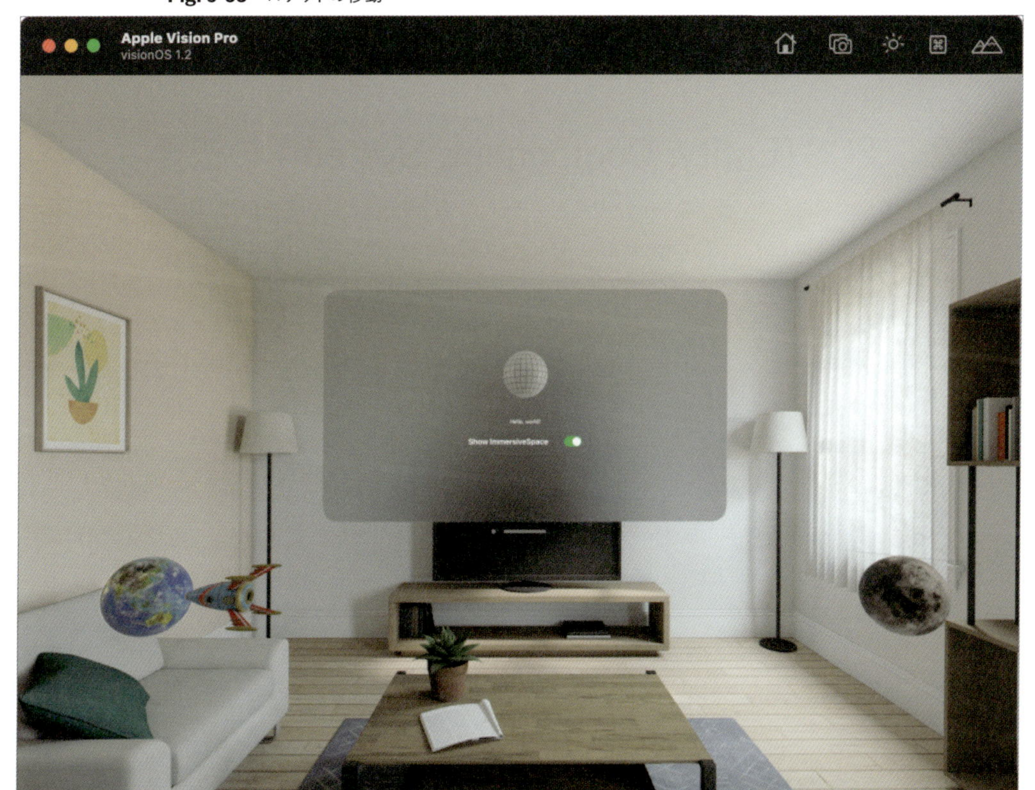

地球や月をタップするとロケットがそちらへ移動します。しかしワープのように瞬間移動してしまうのでおもしろくありません。次の節でカスタムコンポーネントを用いて、よりロケットらしくスムーズに移動するようにしてみましょう。

5.6 カスタムコンポーネントによる動きの実装

カスタムコンポーネントを用いて、スムーズにロケットを移動します。

5.6.1 カスタムコンポーネントとは

すでに登場したInputTargetComponent、CollisionComponentなどRealityKitが提供する事前に定義されたコンポーネントを利用するだけでなく、独自のコンポーネントも定義できます。この独自に定義したコンポーネントがカスタムコンポーネントです。

5.6.2 ECS（Entity、Component、System）の概要

カスタムコンポーネントの実装へ入る前に、RealityKitを支えるECSについて説明します。ECSとはEntity、Component、Systemの略で、データと動作を構造化する方法です。

オブジェクト指向プログラミングと比較してみるとイメージしやすいかもしれません。オブジェクト指向プログラミングではデータと動作を1つのクラスとして定義しますが、ECSではデータをコンポーネントに、動作をシステムに定義し、エンティティと紐付けます。

◉ エンティティ

エンティティはシーン内に配置される1つのものを表します。名前や親子関係といった基本情報を除き、描画に関わる属性やデータ、動作を保持しません。エンティティに属性やデータおよび動作を追加するには、エンティティへ次に説明するコンポーネントを追加します。

エンティティは親や子のエンティティを持つことができます。また、エンティティには任意の数のコンポーネントを追加できます。

◉ コンポーネント

エンティティがデータを保持しない代わりに、コンポーネントにデータを保持します。コンポーネントはアプリの実行中にいつでもエンティティに追加、削除できるため、エンティティの性質を動的に変更できます。ただしコンポーネントにはデータを処理するロジックは含まれず、ロジックは次に説明するシステムに持ちます。

◉ システム

システムは動作を定義する場所です。毎フレーム呼び出されるupdateメソッドがあり、そこに動作の進行を実現するロジックが配置されます。

システムでは特定のコンポーネントが含まれる全てのエンティティを探し、次に何らかのアクションを実行して、更新されたデータをコンポーネントに格納しなおします。

Fig. 5-34 ECS[†4]

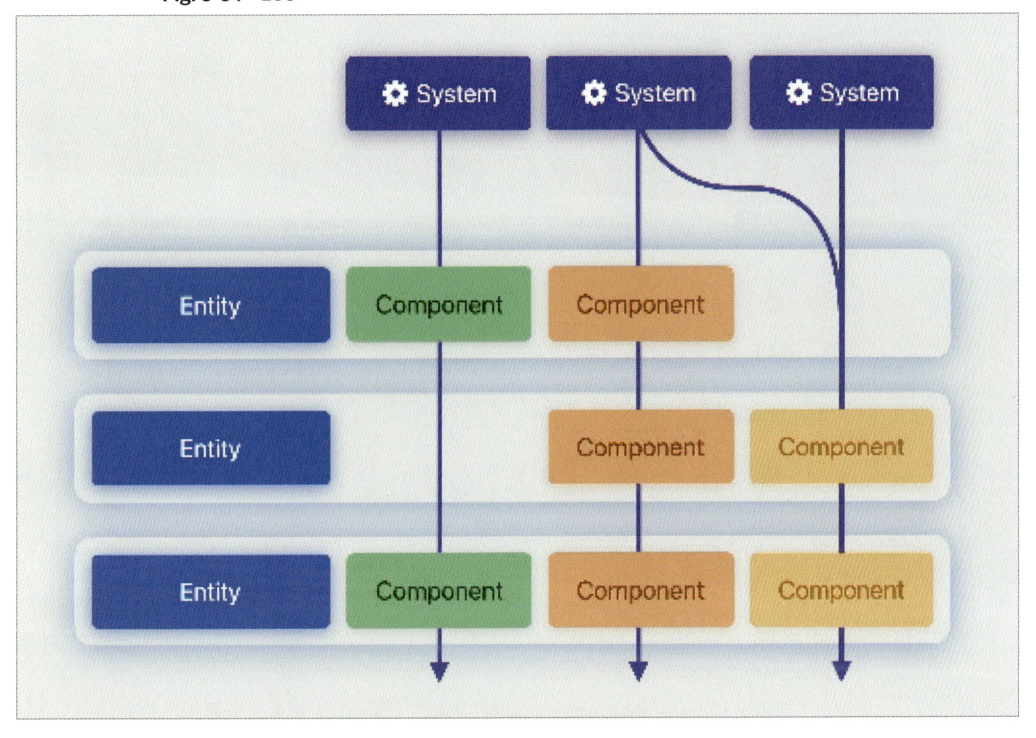

5.6.3 スムーズなロケットの移動

それでは、ロケットをスムーズに移動させるためのカスタムコンポーネントの実装を進めます。

まず新たにファイルを追加します。Xcode画面左下の「+」ボタンから「File...」を選択します。「Swift File」を選択し、「Next」ボタンを選択します。

> **NOTE**
> command + N のショートカットキーでも新たなファイルを作ることができます。

†4 出典 https://developer.apple.com/videos/play/wwdc2023/10080/

Fig. 5-35　新規ファイルの作成

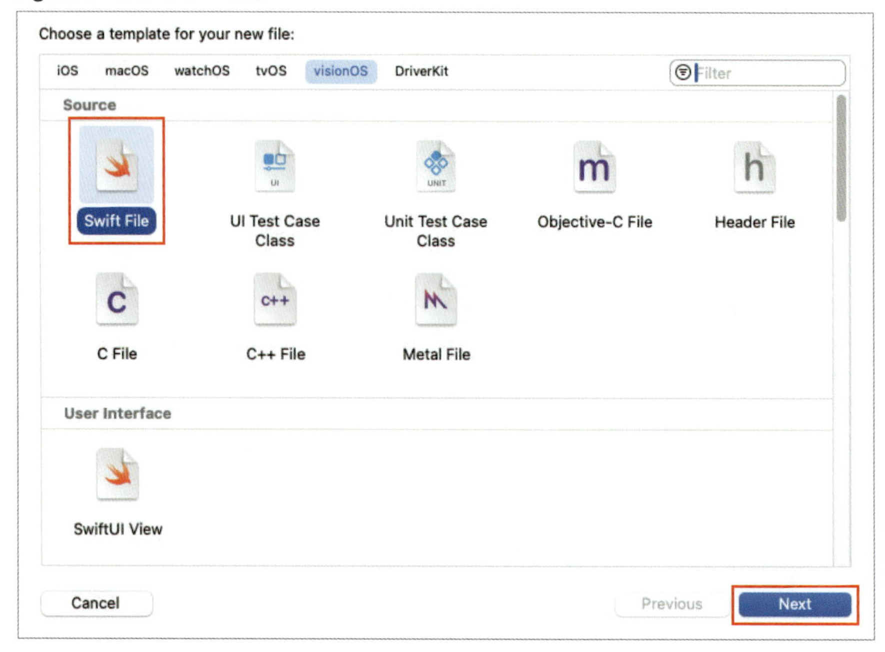

ファイル名を「MoveComponent.swift」として「Create」ボタンを選択します。

ファイルが作成されたらXcodeで選択し、「import Foundation」を削除してから、以下のコードを追加します。

Fig. 5-36　コードの追加（MoveComponent.swift）

追加

```
 8  import RealityKit
 9  import SwiftUI
10  
11  struct MoveComponent: Component {
12      var speed: Float
13      var start: SIMD3<Float>
14      var end: SIMD3<Float>
15      var isEnable: Bool
16  
17      init(speed: Float = 0.5, start: SIMD3<Float> = [-1, 1, -1], end:
            SIMD3<Float> = [1, 1, -1], isEnable: Bool = false) {
18          self.speed = speed
19          self.start = start
20          self.end = end
21          self.isEnable = isEnable
22      }
23  }
24  
25  struct MoveSystem: System {
26      static let query = EntityQuery(where: .has(MoveComponent.self))
27  
28      init(scene: RealityKit.Scene) {}
29  
30      func update(context: SceneUpdateContext) {
31          for entity in context.entities(matching: Self.query,
                updatingSystemWhen: .rendering) {
```

```
32            guard var component: MoveComponent =
                entity.components[MoveComponent.self] else { continue }
33            if component.isEnable {
34                if abs(entity.position.x - component.end.x) > 0.1 {
35                    entity.setPosition([entity.position.x + component.speed *
                        Float(context.deltaTime), 1, -1], relativeTo: nil)
36                } else {
37                    component.isEnable = false
38                }
39            }
40        }
41    }
42 }
```

コンポーネントはデータを保持するものでした。このコンポーネントをエンティティに追加することで特定の開始位置から終了位置まで指定のスピードで移動させられるよう、以下のデータを持つようにします。

- speed：移動するスピードを保持
- start：移動の開始点を保持
- end：移動の終了点を保持
- isEnabled：移動が終了したかどうかを保持

MoveComponent.swift

```
struct MoveComponent: Component {
    var speed: Float
    var start: SIMD3<Float>
    var end: SIMD3<Float>
    var isEnabled: Bool

    init(speed: Float = 0.5, start: SIMD3<Float> = [-1, 1, -1], end:
        SIMD3<Float> = [1, 1, -1], isEnabled: Bool = false) {
        self.speed = speed
        self.start = start
        self.end = end
        self.isEnabled = isEnabled
    }
}
```

システムは動作を定義する場所でした。MoveComponentを持つエンティティがどのような動作をするのかを定義します。

MoveComponent.swift

```
struct MoveSystem: System {
    static let query = EntityQuery(where: .has(MoveComponent.self))

    init(scene: RealityKit.Scene) {}

    func update(context: SceneUpdateContext) {
        for entity in context.entities(matching: Self.query,
            updatingSystemWhen: .rendering) {
            guard var component: MoveComponent =
                entity.components[MoveComponent.self] else { continue }
            if component.isEnabled {
                if abs(entity.position.x - component.end.x) > 0.1 {
                    entity.setPosition([entity.position.x + component.speed *
                        Float(context.deltaTime), 1, -1], relativeTo: nil)
                } else {
                    component.isEnabled = false
                }
            }
        }
    }
}
```

「func update(context: SceneUpdateContext)」は毎フレーム実行される処理です。contextはフレームのdeltaTimeとシーン自体への参照を含むコンテキストデータです。

シーンの情報をもつコンテキストからMoveComponentを持つエンティティを探し、見つかったエンティティ全てに対して指定の処理を行います。

ここでは、コンポーネントにもつ開始点と終了点のx座標の距離が0.1より大きい間は、エンティティのx座標を終了点に向けて指定のスピードで変更する処理を行っています。距離が0.1以下となったらisEnabledにfalseを設定し移動を終了します。

次に、「ImmersiveView.swift」に移り、以下のコードを追加します。

Fig. 5-37　コードの追加（ImmersiveView.swift）

```
37            if let rocket = try? await Entity(named: "ToyRocket", in:
                  realityKitContentBundle) {
38                // ロケットにカスタムコンポーネントを設定
39                rocket.components.set([MoveComponent()])
40                rocket.position = [0, 1, -1]
41                content.add(rocket)
42                self.rocket = rocket
43            }
44        }
```

追加

ロケットエンティティに、作成したカスタムコンポーネントのMoveComponentを設定しました。

ImmersiveView.swift

```
// ロケットにカスタムコンポーネントを設定
rocket.components.set([MoveComponent()])
```

次に、以下のコードを削除します。

Fig. 5-38 コードの削除（ImmersiveView.swift）

```
45         // タップジェスチャに対応する
46         .gesture(SpatialTapGesture()
47             // 任意のエンティティを操作の対象とする
48             .targetedToAnyEntity()
49             // タップジェスチャが終了した時(つまり親指と人差し指を離した時)の動作を定義
50             .onEnded { value in
51                 // 各エンティティがnilでないことをチェックする
52                 guard let earth = self.earth, let moon = self.moon, let rocket
                       = self.rocket else { return }
53
54                 if value.entity == earth {
55                     // ロケットを地球の位置に移動する（xの位置は0.33のオフセットを追加）
56                     rocket.position = earth.position + [0.33, 0, 0]
57                     // Z軸周りにπ/2ラジアン（90度）回転するためのクォータニオンを生成
58                     let rotation = simd_quatf(angle: .pi / 2, axis:
                           SIMD3<Float>(0, 0, 1))
59                     // ロケットの回転
60                     rocket.orientation = rotation
61                 } else if value.entity == moon {
62                     // ロケットを月の位置に移動する（xの位置は-0.33のオフセットを追加）
63                     rocket.position = moon.position - [0.33, 0, 0]
64                     // Z軸周りに-π/2ラジアン（-90度）回転するためのクォータニオンを生成
65                     let rotation = simd_quatf(angle: -.pi / 2, axis:
                           SIMD3<Float>(0, 0, 1))
66                     // ロケットの回転
67                     rocket.orientation = rotation
68                 }
69             })
```

（55〜56行目、62〜63行目：削除）

コードの削除した部分に以下のコードを追加します。

Fig. 5-39 コードの追加（ImmersiveView.swift）

```
45         // タップジェスチャに対応する
46         .gesture(SpatialTapGesture()
47             // 任意のエンティティを操作の対象とする
48             .targetedToAnyEntity()
49             // タップジェスチャが終了した時(つまり親指と人差し指を離した時)の動作を定義
50             .onEnded { value in
51                 // 各エンティティがnilでないことをチェックする
52                 guard let earth = self.earth, let moon = self.moon, let rocket
                       = self.rocket else { return }
53
54                 if value.entity == earth {
55                     // コンポーネントの値設定
56                     if var component: MoveComponent =
                           rocket.components[MoveComponent.self] {
```

```
57                     component.speed = -0.7
58                     component.start = moon.position
59                     component.end = earth.position + [0.25, 0, 0]
60                     component.isEnabled = true
61                     rocket.components[MoveComponent.self] = component
62                 }
63                 // Z軸周りにπ/2ラジアン（90度）回転するためのクォータニオンを生成
64                 let rotation = simd_quatf(angle: .pi / 2, axis:
                       SIMD3<Float>(0, 0, 1))
65                 // ロケットの回転
66                 rocket.orientation = rotation
67             } else if value.entity == moon {
68                 if var component: MoveComponent =
                       rocket.components[MoveComponent.self] {
69                     component.speed = 0.7
70                     component.start = earth.position
71                     component.end = moon.position - [0.25, 0, 0]
72                     component.isEnabled = true
73                     rocket.components[MoveComponent.self] = component
74                 }
75                 // Z軸周りに-π/2ラジアン（-90度）回転するためのクォータニオンを生成
76                 let rotation = simd_quatf(angle: -.pi / 2, axis:
                       SIMD3<Float>(0, 0, 1))
77                 // ロケットの回転
78                 rocket.orientation = rotation
79             }
80         })
```

追加

追加

地球エンティティをタップした時にロケットの位置を変更する処理を削除して、コンポーネントの値を設定する処理に変更しました。ここで設定したコンポーネントのパラメータにしたがってロケットが移動を開始します。

ImmversiveView.swift

```
if value.entity == earth {
    // コンポーネントの値設定
    if var component: MoveComponent =
        rocket.components[MoveComponent.self] {
        component.speed = -0.7
        component.start = moon.position
        component.end = earth.position + [0.25, 0, 0]
        component.isEnabled = true
        rocket.components[MoveComponent.self] = component
    }
    (略)
} else if value.entity == moon {
```

月をタップした時の処理も地球の場合と同様の処理になります。

ImmversiveView.swift

```
} else if value.entity == moon {
    if var component: MoveComponent =
        rocket.components[MoveComponent.self] {
        component.speed = 0.7
        component.start = earth.position
        component.end = moon.position - [0.25, 0, 0]
        component.isEnabled = true
        rocket.components[MoveComponent.self] = component
    }
    (略)
}
```

次に、「Chapter5App.swift」に移り、以下のコードを追加します。

Fig. 5-40 コードの追加（Chapter5App.swift）

```
10  @main
11  struct Chapter5App: App {
12      var body: some Scene {
13          WindowGroup {
14              ContentView()
15          }
16
17          ImmersiveSpace(id: "ImmersiveSpace") {
18              ImmersiveView()
19          }
20      }
21
22      init() {
23          MoveComponent.registerComponent()
24          MoveSystem.registerSystem()
25      }
26  }
```

追加

アプリ起動時にMoveComponentとMoveSystemを登録しています。エンティティにカスタムコンポーネントを設定したとしてもそのコンポーネントと対応するシステムが登録されていないと動作しないため注意しましょう。

Chapter5App.swift

```
init() {
    MoveComponent.registerComponent()
    MoveSystem.registerSystem()
}
```

カスタムコンポーネントに関する実装は以上になります。ここでアプリを実行してみましょう。

地球をタップしてみましょう。ロケットが地球に時間をかけて移動していくことがわかります。地球に近づいたら止まります。

次に月をタップしてみましょう。同様に月に向かってロケットが移動し、近づいたら止まります。

Fig. 5-41　アプリ実行

Fig. 5-42　地球への移動

Fig. 5-43　月への移動

5.7 ステップアップ attachmentsによるUI表示

RealityViewにはアタッチメントと呼ばれる、RealityViewの中にSwiftUIを表示できる機能があります。この機能を用いて、地球と月の下に「Earth」、「Moon」と書かれたラベルを配置してみましょう。「ImmersiveView.swift」のコードを以下のように更新、追加します。

Fig. 5-42 コードの更新と追加（ImmersiveView.swift）

```
17      var body: some View {
18          RealityView { content, attachments in        ← 更新
19              if let earth = try? await Entity(named: "Earth", in:
                    realityKitContentBundle) { ••• }
27
28              if let moon = try? await Entity(named: "Moon", in:
                    realityKitContentBundle) { ••• }
36
37              if let rocket = try? await Entity(named: "ToyRocket", in:
                    realityKitContentBundle) { ••• }
44
45              if let earthAttachment = attachments.entity(for: "earth_label") {
46                  earthAttachment.position = [0, -0.15, 0]
47                  earth?.addChild(earthAttachment)
48              }
49
50              if let moonAttachment = attachments.entity(for: "moon_label") {
51                  moonAttachment.position = [0, -0.15, 0]
52                  moon?.addChild(moonAttachment)
53              }
54          } update: { _, _ in
55          } attachments: {
56              // SwiftUI Views
57              Attachment(id: "earth_label") {
58                  Text("Earth")
59                      .font(.largeTitle)
60                      .frame(width: 200, height: 60)
61                      .glassBackgroundEffect()
62              }
63              Attachment(id: "moon_label") {
64                  Text("Moon")
65                      .font(.largeTitle)
66                      .frame(width: 200, height: 60)
67                      .glassBackgroundEffect()
68              }
69          }                                             ← 追加
70          // タップジェスチャーに対応する
71          .gesture(SpatialTapGesture()
```

まずRealityViewの構造を見てみましょう。RealityViewを生成する際に、コンテンツの初期化処理、更新処理、SwiftUIビューの実装をそれぞれ行う3つのクロージャを渡します。コンテンツ初期化処理と更新処理の第2引数にattachmentsが追加されていることに注意してください。

```
RealityView { content, attachments in
    // コンテンツの初期化処理
} update: { content, attachments in
    // コンテンツの更新処理
} attachments: {
    // SwiftUIビューの実装
}
```

「attachments:」にクロージャを渡す部分でSwiftUIビューの実装をします。その際「Attachment(id:)」で括り、idを付与します。こうする事でこのSwiftUIビューをRealityView内で使用できるようになります。

ImmersiveView.swift

```
} attachments: {
    Attachment(id: "earth_label") {
        Text("Earth")
            .font(.largeTitle)
            .frame(width: 200, height: 60)
            .glassBackgroundEffect()
    }
}
```

次に、コンテンツの初期化処理の部分に以下を追加しています。先ほど設定したAttachmentのidを元にSwiftUIビューをエンティティとして取得し、地球エンティティの子として追加しています。

ImmersiveView.swift

```
if let earthAttachment = attachments.entity(for: "earth_label") {
    earthAttachment.position = [0, -0.15, 0]
    earth?.addChild(earthAttachment)
}
```

月に対しても同様の処理を追加します。
アプリを実行すると地球と月の下にラベルが表示されていることが確認できます。

Fig. 5-43 アプリの実行

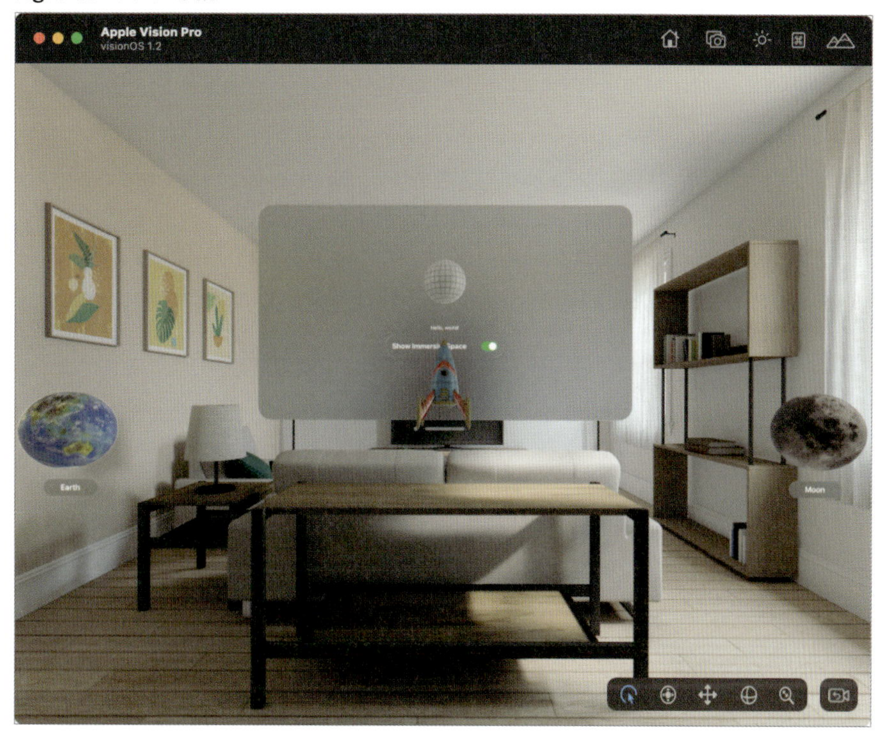

Fig. 5-44 実機での実行

アタッチメントではSwiftUIのパーツを配置できるため、ボタンを配置したりレイアウトを整えることで、3Dコンテンツを操作するための操作パネルのようなものも実装できます。色々と工夫してみましょう。

5.8 まとめ

このChapterでは、RealityKitを用いてイマーシブなアプリを実装し、空間全体をキャンバスとしたコンテンツを制作できることがわかりました。

タップジェスチャへの対応を通じて、RealityKitに用意されているコンポーネントの設定方法について学びました。次にロケットの移動処理を通じてECS（Entity、Component、System）とカスタムコンポーネントの実装方法について学びました。最後にアタッチメントの実装によりRealityView内にSwiftUIを表示する方法を学びました。

> **NOTE**
> Appendix A「本書のサンプルアプリのガイドマップ」には、アプリの構造を概観できる図（ガイドマップ）を用意しています。文章による説明では理解しづらいデータの流れや、オブジェクト間の関連を把握する助けとなります。

Chapter 6

Reality Composer Pro を利用したアプリの開発

本Chapterでは Reality Composer Proの機能に詳しく触れていきます。
エンティティの配置やさまざまな種類のマテリアルの作成、
また各タイプのオーディオの利用やパーティクルの表示など、
リッチなコンテンツ制作に必要となる機能と操作を学びます。

6.1 Realityショーケースアプリの概要

Reality Composer Proとは3Dコンテンツを簡単にプレビューして準備できる空間アプリ向けの制作ツールです。このChapterでは、Reality Composer Proで行えることを多く盛り込んだショーケースアプリを実装します。プリミティブな形状のエンティティを組み合わせ、座標軸を表す3Dモデルを作成します。またさまざまなマテリアルを作成し、エンティティに適用することでそれらの違いを比較し、さらに3種類あるオーディオをUIで切り替えながら聴き比べられるようにします。コンポーネントの設定やパーティクルの表示など、3Dコンテンツの高度な振る舞いにも触れていきます。

> **⚠CAUTION**
> このChapterで説明する内容はXcode 15とReality Composer Pro 1.0を前提としたものです。将来のバージョンでは見た目や操作手順が変わる可能性があります。詳細は https://github.com/HoloLabInc/VisionProSwiftSamples を参照してください。

Fig. 6-1　完成イメージ

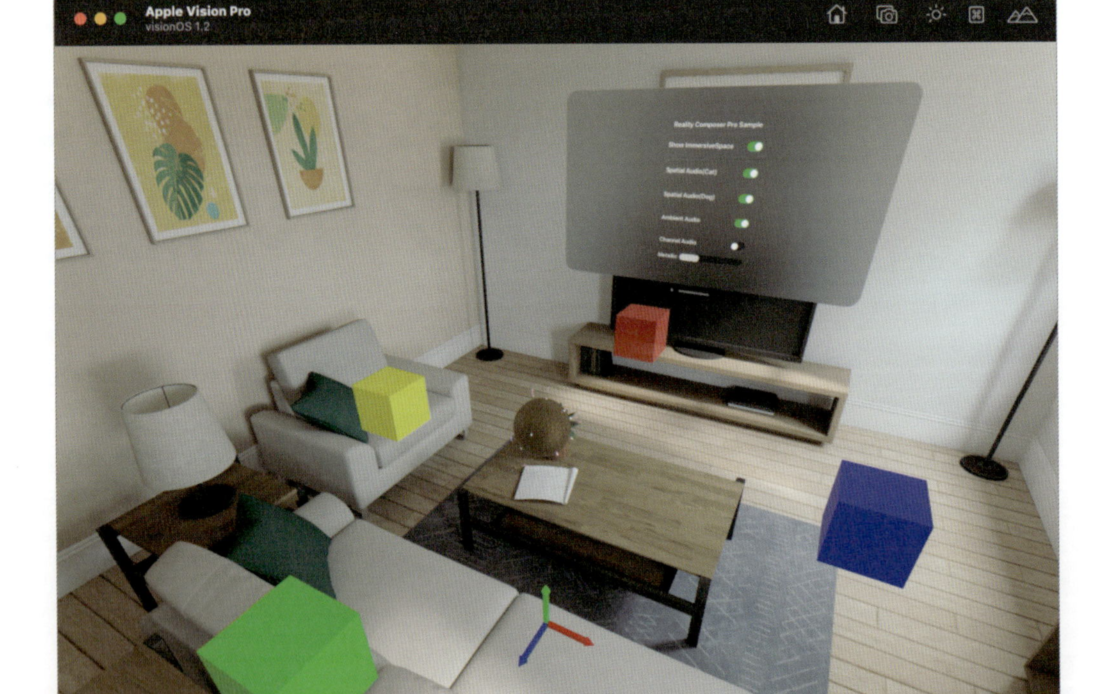

6.2　プロジェクトの作成

プロジェクトの新規作成で「visionOS」の「アプリ」を選択し、プロジェクト情報を入力する画面が表示されたら、以下の情報を入力します。

- **Product Name**:「Chapter6」
- **Team**:チーム
- **Organization Idenrifier**:「visionOSdev」
- **Initial Scene**:「Window」
- **Immersive Space Renderer**:「RealityKit」
- **Immersive Space**:「Mixed」

Fig. 6-2　プロジェクト情報入力画面

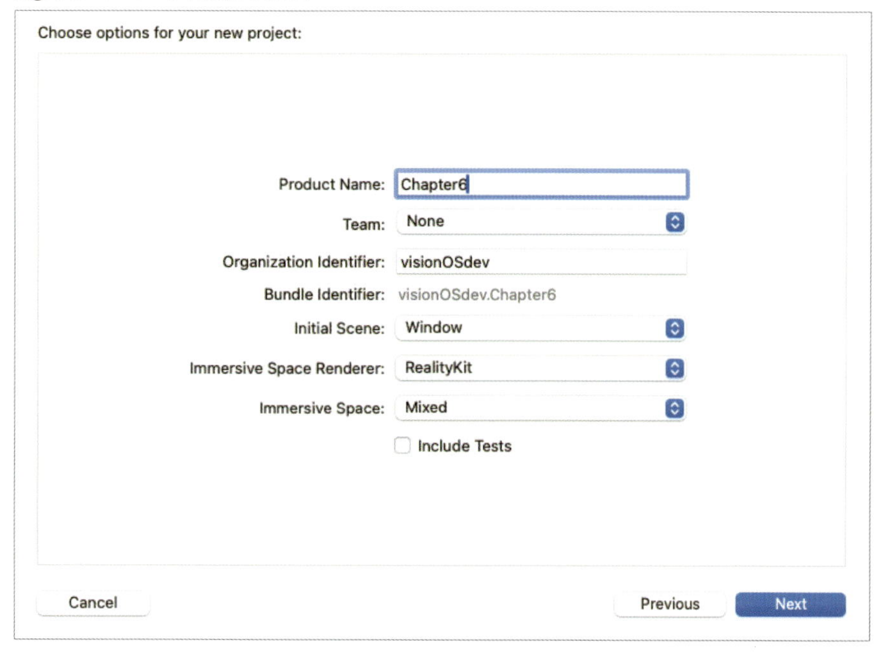

6.3 Reality Composer Proの概要

Chapter 5にて3Dモデルをアプリに取り込むためにReality Composer Proを使用しましたが、ここでは本格的にReality Composer Proでどのようなことができるのかを確認していきます。

6.3.1 Reality Composer Proの起動

作成したXcodeプロジェクトのナビゲータにある「Packages」>「RealityKitContent」>「Sources」>「RealityKitContent」>「RealityKitContent.rkassets」配下を見てみると、「Immersive.usda」、「Scene.usda」ファイルがあります。「Immersive.usda」ファイルを選択すると、画面右上に「Open in Reality Composer Pro」のボタンが表示されるので選択します。

Fig. 6-3　Reality Composer Proの起動

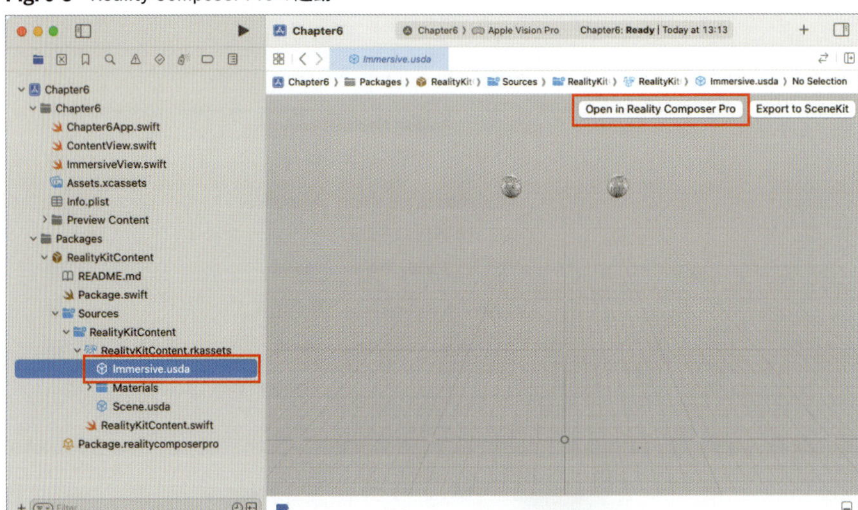

するとReality Composer Proが起動します。

Fig. 6-4 Reality Composer Pro

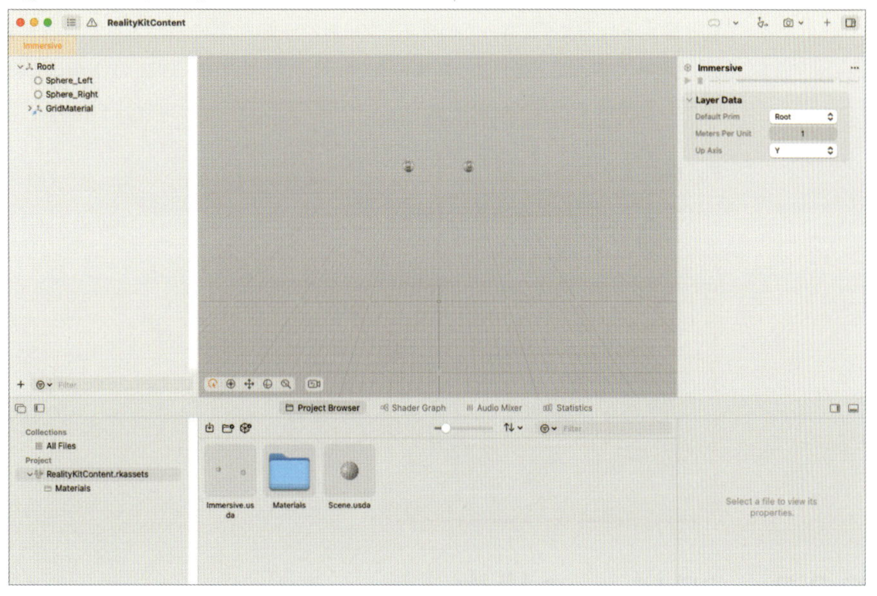

6.3.2 Reality Composer Proの構成

確認のために2.2.3項で説明したReality Composer Proの画面の名称について再掲します。

Fig. 6-5 画面の名称

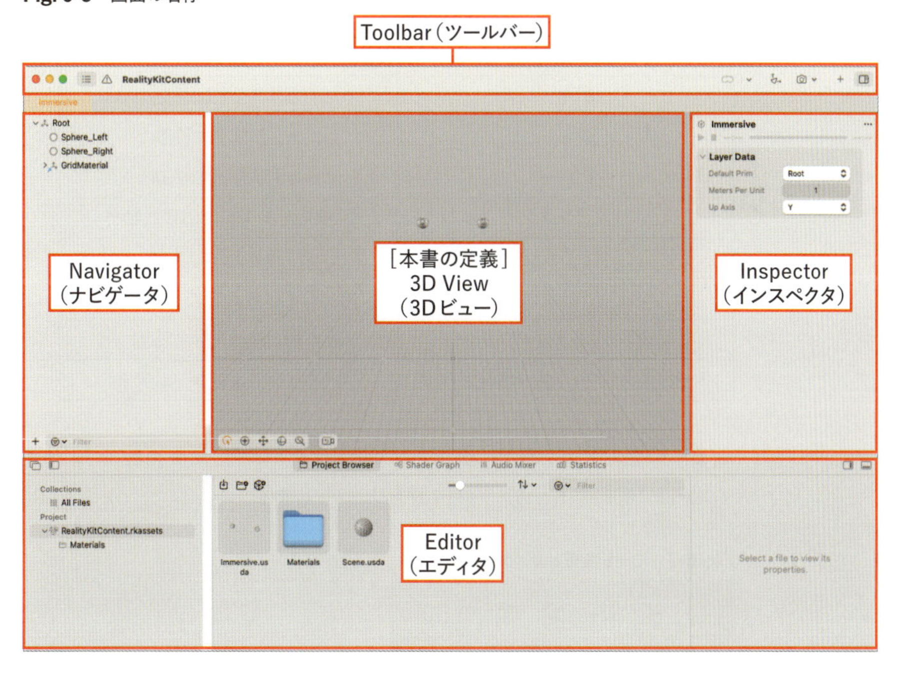

ナビゲータの中はヒエラルキー（3Dデータのツリー構造）とイシューナビゲータの表示を切り替えられるようになっています。ツールバーの左側に表示されているアイコンから切り替えが可能です。以下はヒエラルキーを表示した状態です。以後の作業はこのヒエラルキーを表示した状態で行っていきます。

Fig. 6-6　ヒエラルキー

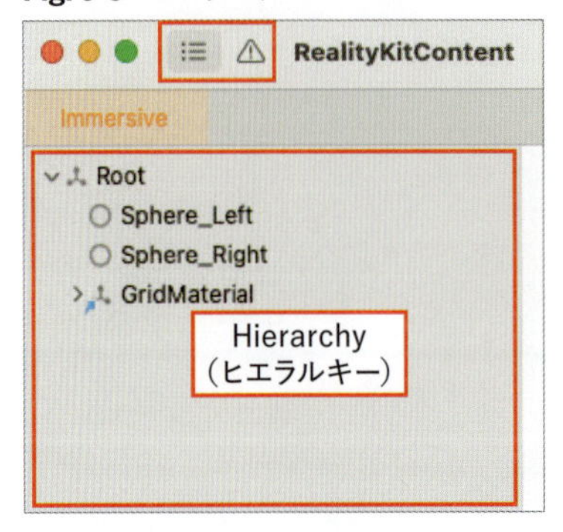

6.3.3　3Dビューの操作

次に3Dビューの操作方法を確認します。3Dビューではキーボードとマウスにより以下のような操作が可能です。

操作	機能
Wキー	カメラを前方に移動
Sキー	カメラを後方に移動
Aキー	カメラを左に移動
Dキー	カメラを右に移動
Qキー	カメラを下に移動
Eキー	カメラを上に移動
左ドラッグ	選択したモードに応じた動作
中ドラッグ	カメラの向き
ホイールスクロール	ズームインおよびズームアウト
controlキー+左ドラッグ	カメラの上下左右移動
optionキー+左ドラッグ	ズームインおよびズームアウト

モードは3Dビュー左下に表示されているアイコンから変更可能です。一番右のカメラのアイコンは、選択するとカメラの位置をリセットします。

Fig. 6-7　モード変更とカメラ位置リセット

6.4 シーンの作成

それではこれからReality Composer Proでシーンを作成します。

ここで「シーン」という言葉が出ましたが、Reality Composer Proでは3Dモデルやマテリアルなどのアセットを複数組み合わせたものをシーンと呼んでいます。予め用意されている「Immersive.usda」や「Scene.usda」それぞれがシーンになります。

ここで新たにシーンを作成してみましょう。

メニューの「File」>「New」>「Scene...」を選択します。ファイル名を「Chapter6.usda」として「Save」ボタンを選択します。

Fig. 6-8 シーン作成

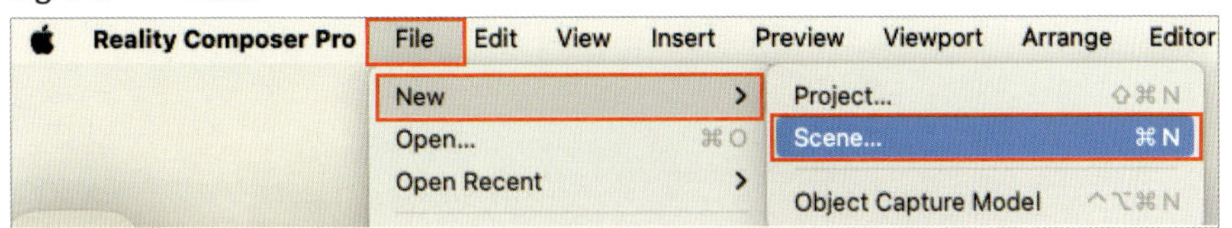

すると新規シーン「Chapter6.usda」が作成され、開いた状態となりました。

Fig. 6-9 新規シーン

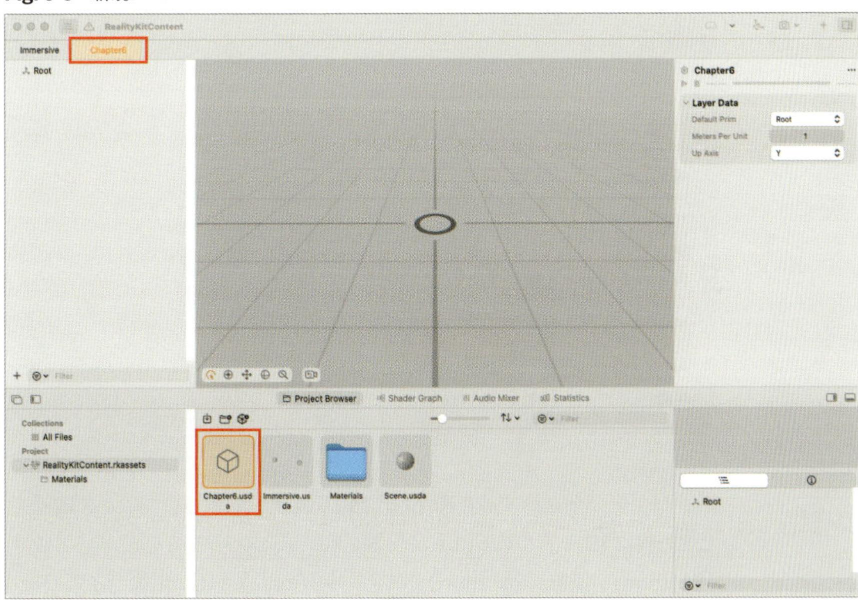

6.4.1　座標軸の作成

最初に座標軸を表す3Dモデルを作成して原点に配置してみましょう。
ナビゲータの左下にある「+」を選択し、「Primitive Shape」>「Cube」を選択します。

Fig. 6-10　Cubeの選択

ナビゲータを確認するとRoot配下にCubeが配置されたことを確認できます。また3Dビュー内に3DモデルのCubeが配置され、インスペクタを確認すると設定されている位置（Position）、回転（Rotation）、スケール（Scale）やCubeのサイズ（Size）などが確認できます。

Fig. 6-11　Cubeの配置

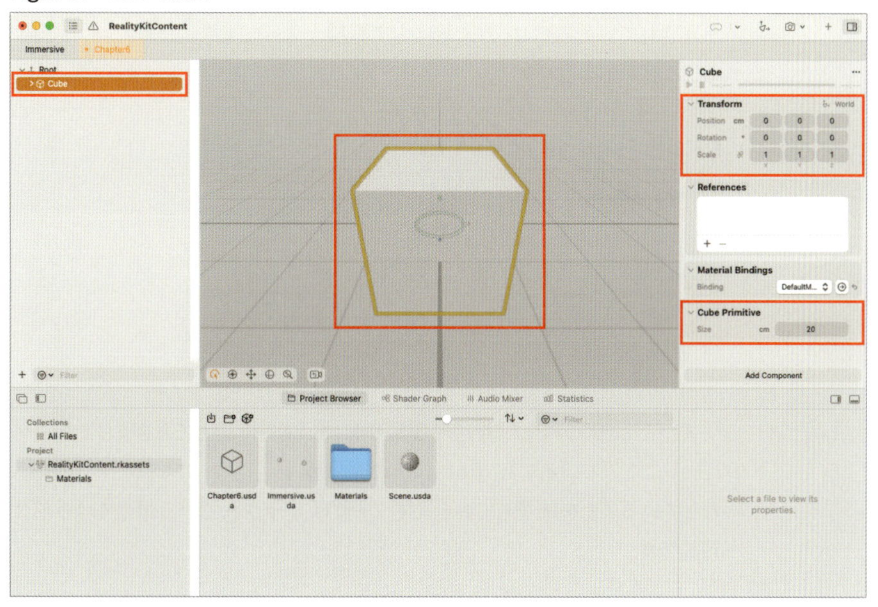

インスペクタのTransformの値を以下のように変更します。

- **Position**：10、0、0
- **Rotation**：0、0、0
- **Scale**：1、0.1、0.1（X、Y、Zの値を個別に設定する方法は次ページ参照）

Fig. 6-12　Transformの変更

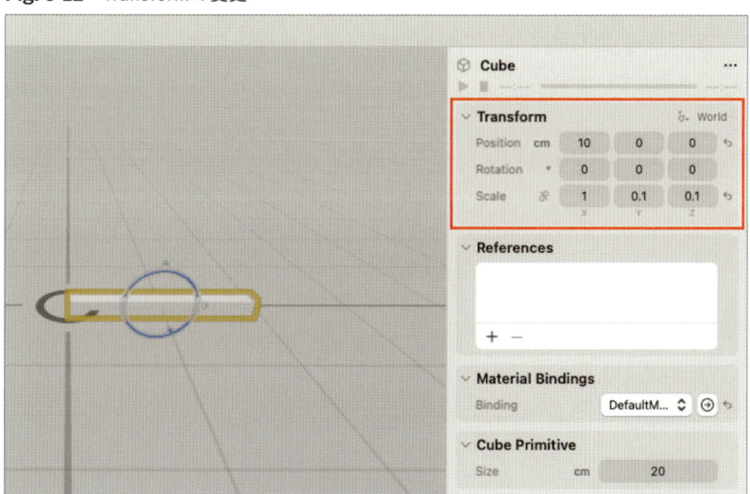

なお、ここでスケールのX、Y、Zの値が個別に設定できない場合は、「Scale」の右側に表示されているアイコンをクリックして斜線が入った状態にします。これで値を個別に変更することが可能になります。

Fig. 6-13　Scaleの変更に関する注意

Transform					World
Position	cm	10	0	0	
Rotation	°	0	0	0	
Scale		1	0.1	0.1	
		X	Y	Z	

またここでついでに、単位や座標系についても確認しておきましょう。Positionの単位が「cm」になっていること、Rotationの単位が「°」になっていること、座標系が「World」になっていることを確認しておきます。単位は表示されている単位をクリックすることで変更可能です。

Fig. 6-14　単位と座標系の確認

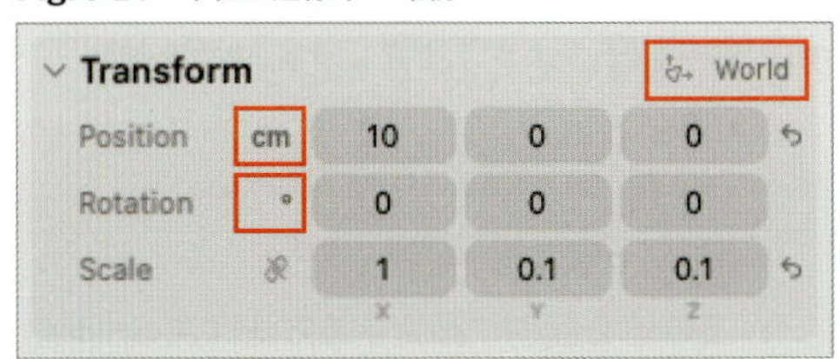

座標系はウインドウ右上にある「Set Manipulator to World Space」ボタンをクリックすることで変更可能です。「World」はワールド座標系を表しており、「Local」はローカル座標系を表しています。

Fig. 6-15　Set Manipulator

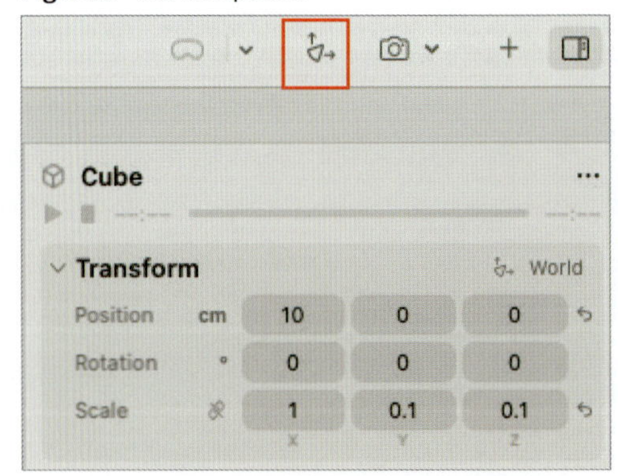

次に、ナビゲータのCube左の「>」をクリックして展開し、Cube配下のDefaultMaterialを選択します。するとインスペクタにMaterialの項目が表示されます。

Fig. 6-16　DefaultMaterial

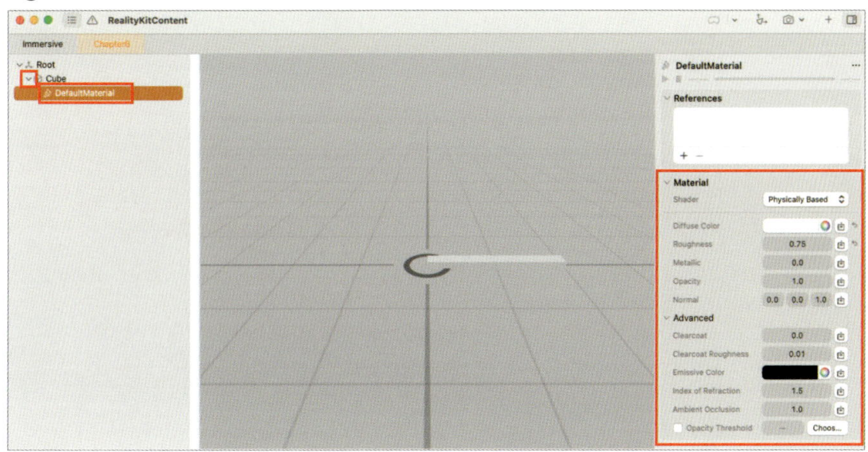

Diffuse Colorの右側の白色の部分を選択するとColorsウインドウが表示されるため、「Red」を選択します。

NOTE
Diffuse Colorとは物体の表面から散乱する光の色を表します。この色は、物体が光を受けたときにどのように見えるかに大きく影響します。

Fig. 6-17　Diffuse Colorの選択

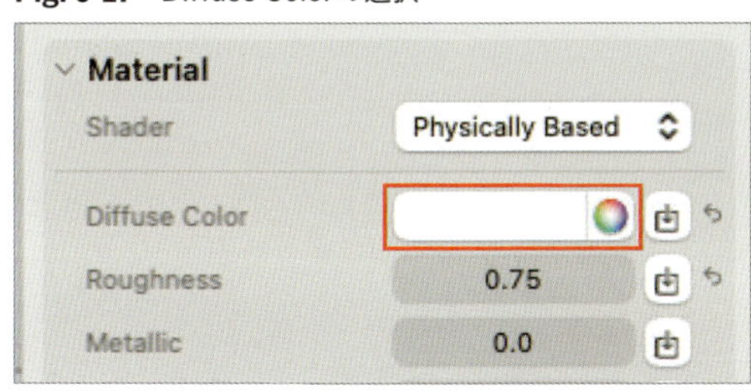

Fig. 6-18　赤色への変更

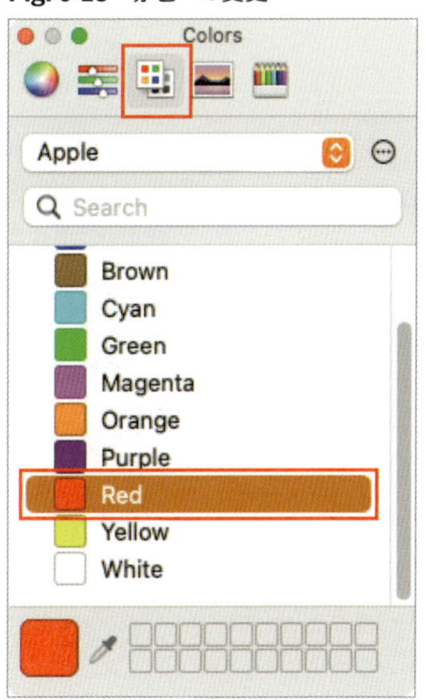

Cubeの色が赤色に変更されました。

Fig. 6-19　赤色のCube

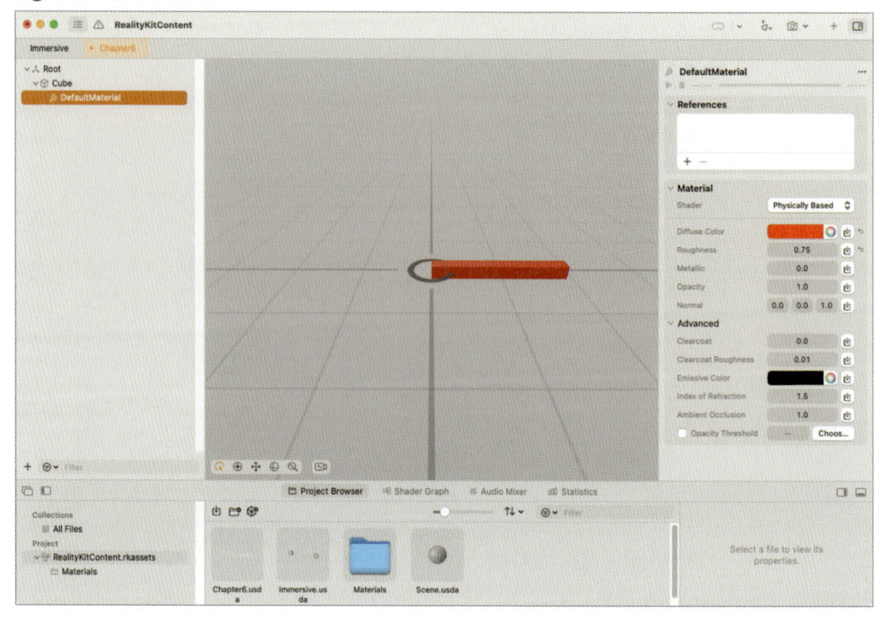

続いて、ナビゲータの左下にある「+」を選択し、「Primitive Shape」>「Cone」を選択します。

Fig. 6-20　Coneの追加

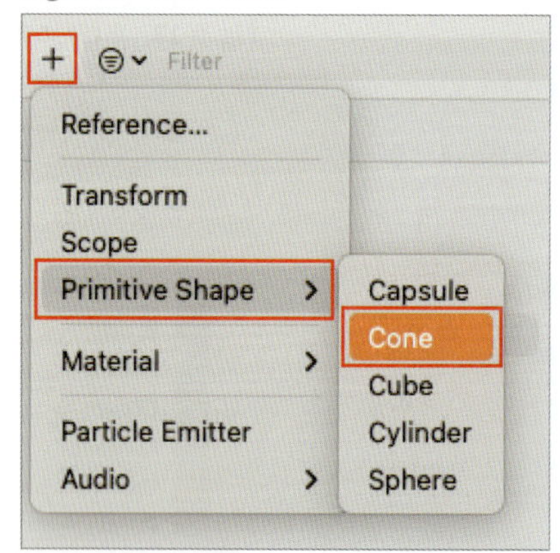

先ほどのCubeの手順と同様にConeのTransformの値を以下に変更します。

- Position：22、0、0
- Rotation：0、0、270
- Scale：0.2、0.2、0.2

Fig. 6-21 ConeのTransform

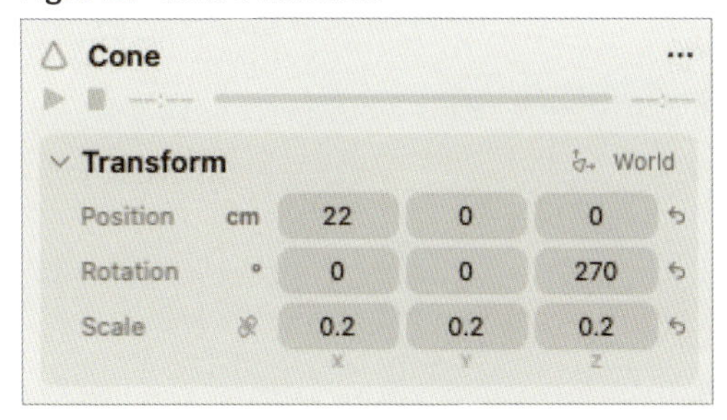

続いて同様にCone配下のDefaultMaterialを選択し、Diffuse ColorをRedに変更します。

これでX軸を表す3Dモデルが出来上がりました。

Fig. 6-22 X軸を表す3Dモデル

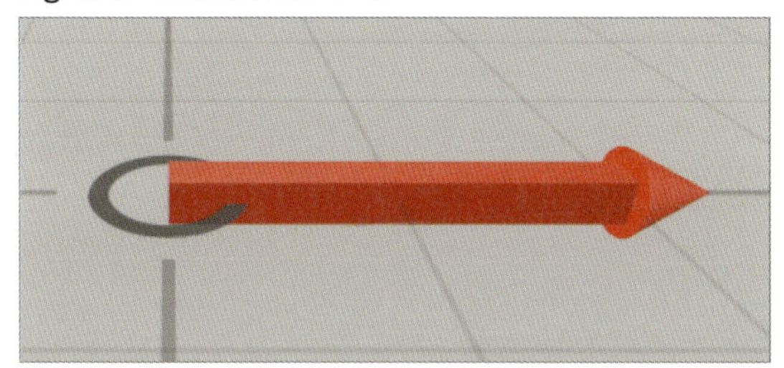

見た目としてはこれで良いのですが、これらを1つの部品として扱えるようにグループ化を行いましょう。

ナビゲータでCube、Coneの左にある「>」を選択しそれぞれ展開された状態を閉じます。そしてCubeを選択し、続いて shift キーを押しながらConeを選択します。これで2つが同時に選択された状態になります。この選択された状態のオレンジ色の部分を右クリックするとメニューが表示されるので、「Group」を選択します。

NOTE

command + G のショートカットキーでもグループ化を行えます。

Fig. 6-23　グループ化

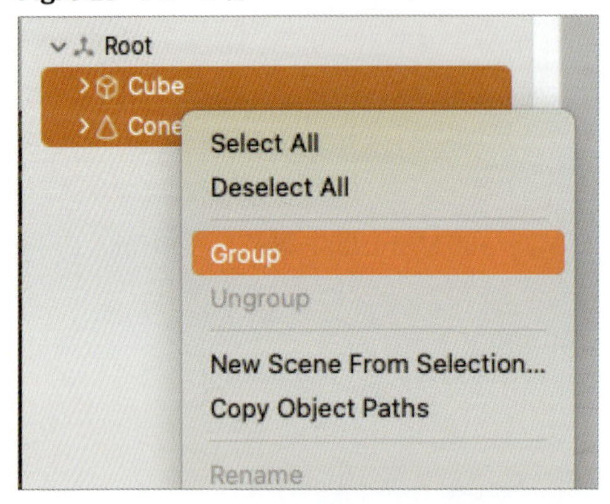

GroupというPlayer階層が追加され、その下にCubeとConeが配置されました。つまりグループ化は親子階層を作ることを意味します。

Fig. 6-24　Group

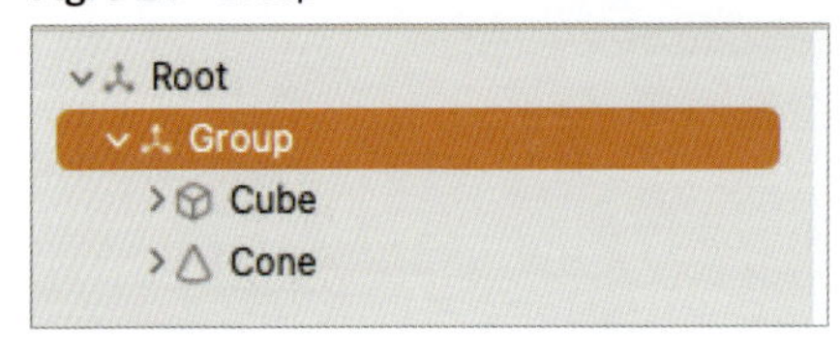

このGroupを右クリックし、「Rename」を選択して「X_Axis」に名前を変更します。

Fig. 6-25 Groupのリネーム

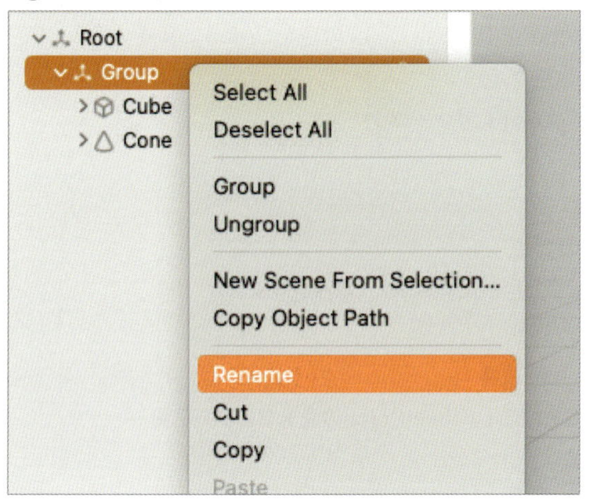

これまでの作業でナビゲータは以下のようになりました。

Fig. 6-26 ナビゲータ

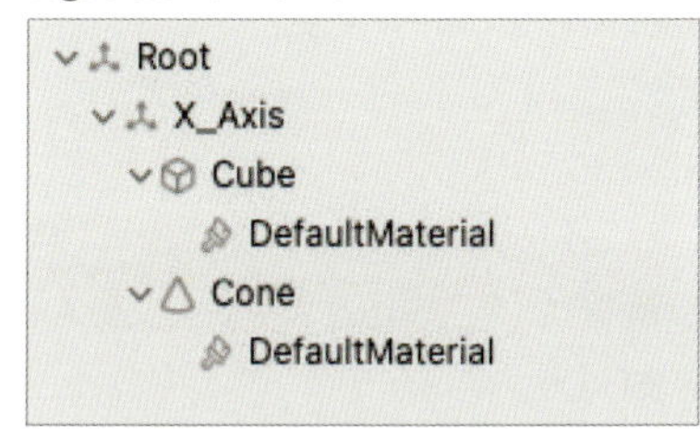

これであらためてX軸を表す3Dモデルが出来上がりました。

同様の手順でY軸、Z軸を表す3Dモデルを作成していきます。手順はこれまでの流れと同じなので作業項目のみを以下に示します。

- Y軸
  - Cubeの追加
  - Transformの変更
    - Position：0、10、0
    - Rotation：0、0、0
    - Scale：0.1、1、0.1
  - DefaultMaterialのDiffuse Colorの色をGreenに変更
  - Coneの追加
  - Transformの変更

- Position：0、22、0
- Rotation：0、0、0
- Scale：0.2、0.2、0.2

- DefaultMaterialのDiffuse Colorの色をGreenに変更
- CubeとConeをグループ化
- Groupを「Y_Axis」にリネーム

■ Z軸
- Cubeの追加
- Transformの変更
  - Position：0、0、10
  - Rotation：0、0、0
  - Scale：0.1、0.1、1
- DefaultMaterialのDiffuse Colorの色をBlueに変更
- Coneの追加
- Transformの変更
  - Position：0、0、22
  - Rotation：90、0、0
  - Scale：0.2、0.2、0.2
- DefaultMaterialのDiffuseColorの色をBlueに変更
- CubeとConeをグループ化
- Groupを「Z_Axis」にリネーム

これで座標軸の完成となりますが、最後に、X_AxisとY_AxisとZ_Axisを選択してグループ化し、名前を「Axes」としておきましょう。

以下のような階層構造と見た目になれば座標軸の完成です。

Fig. 6-27　座標軸

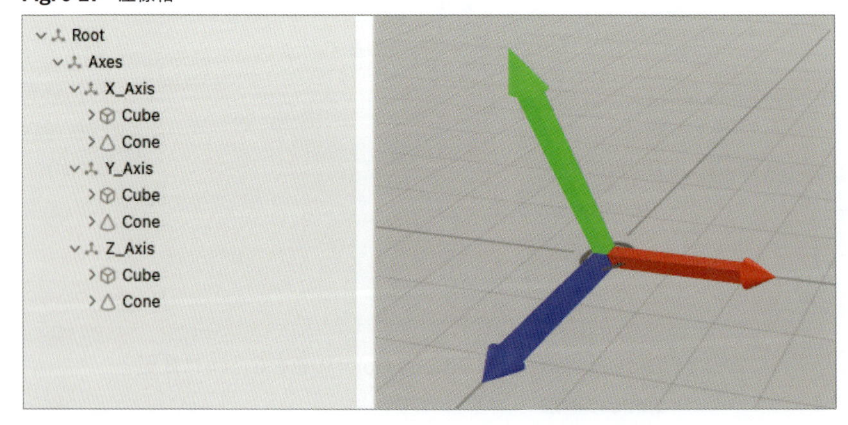

グループ化にはナビゲータの見た目を整理する役割もあり、折りたたむことで以下のようにすっきりとした見た目にもなります。

Fig. 6-28 折り畳んだ状態

座標軸の設定はこれで完了しているため、今後間違って値を変更したり3Dビューで選択したりすることのないようロックします。

ナビゲータのAxesの上にマウスオーバーすると右側に鍵マークが表示されるため、これを選択することでロックします。

Fig. 6-29 ロック前

Fig. 6-30 ロック後

3Dビューにて座標軸が選択できなくなり、またインスペクタも灰色表示になり値を変更できないようになっています。

Fig. 6-31 ロック状態

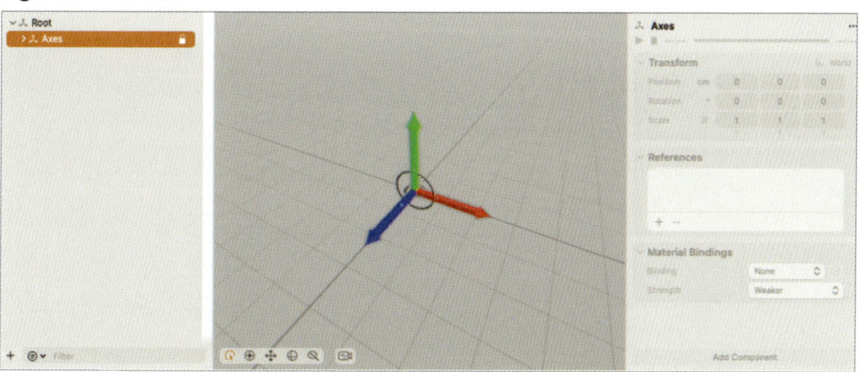

6.4.2　マテリアルの作成

座標軸のカラー変更でマテリアルの設定を一部行いましたが、ここではもう少し詳しくマテリアルについて見ていきましょう。

まず準備としてナビゲータの左下にある「+」を選択し、以下の5つの3Dモデルを追加します。

- Sphereを1つ
- Cubeを4つ

ナビゲータは以下のようになりました。

Fig. 6-32　ナビゲータ

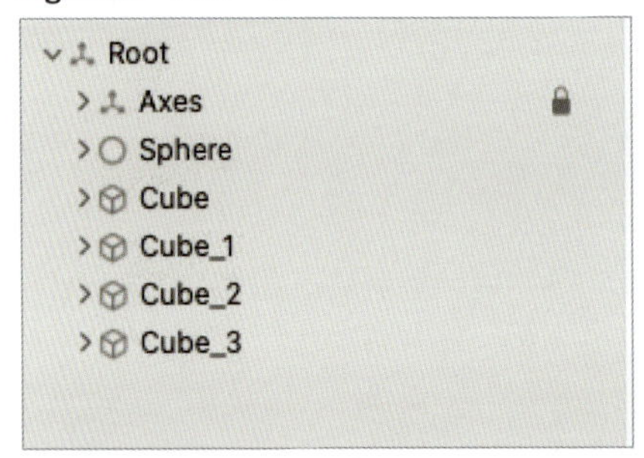

位置が全て原点に配置されているので、それぞれのPositionを以下のように設定します。

- Sphere
  - Position：0、100、0
- Cube
  - Position：0、100、-100
- Cube_1
  - Position：0、100、100
- Cube_2
  - Position：100、100、0
- Cube_3
  - Position：-100、100、0

以上の設定をすると、以下のような配置となります。

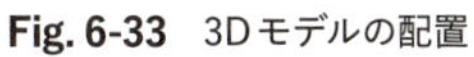

Fig. 6-33 3Dモデルの配置

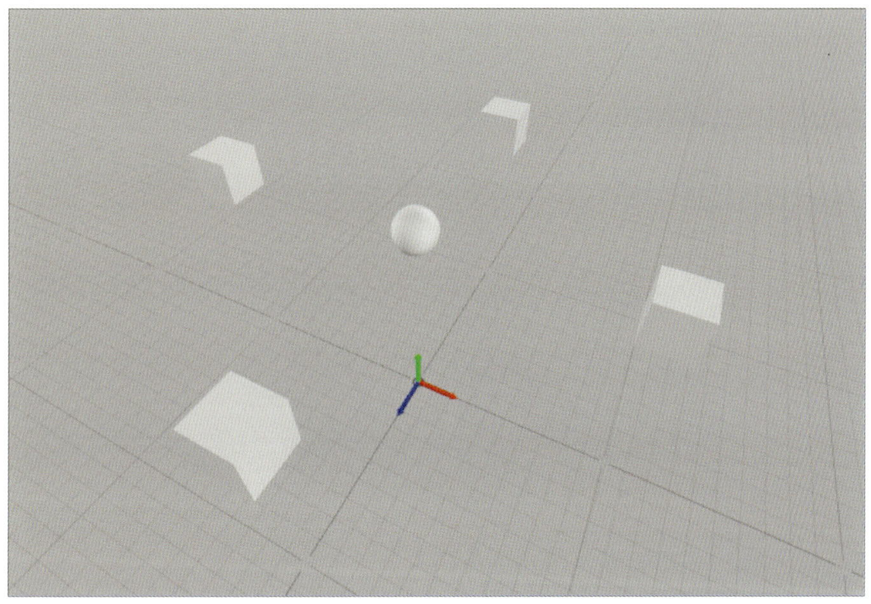

新たなマテリアルの作成方法を学ぶために、すでに各モデルに割り当てられているDefaultMaterialは削除します。DefaultMaterialを選択して delete キーを押すか、右クリックし「Delete」を選択します。

Fig. 6-34 DefaultMaterialの削除

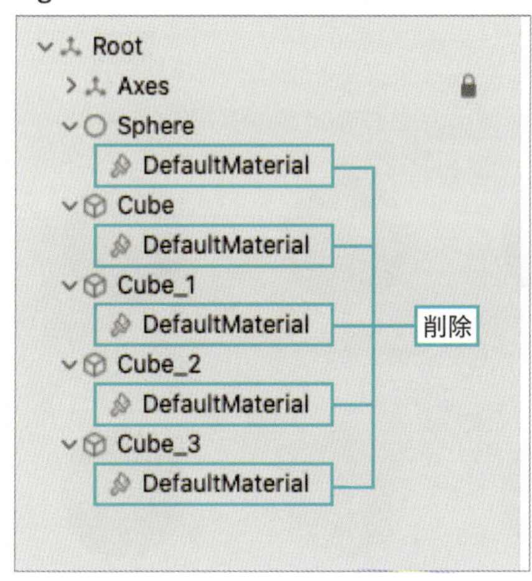

マテリアルが設定されていない3Dモデルはマゼンダと紫の縞模様になります（Reality Composer Pro Version 1.0の場合）。

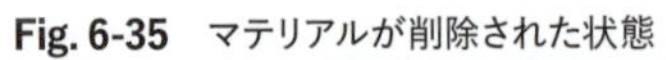
Fig. 6-35 マテリアルが削除された状態

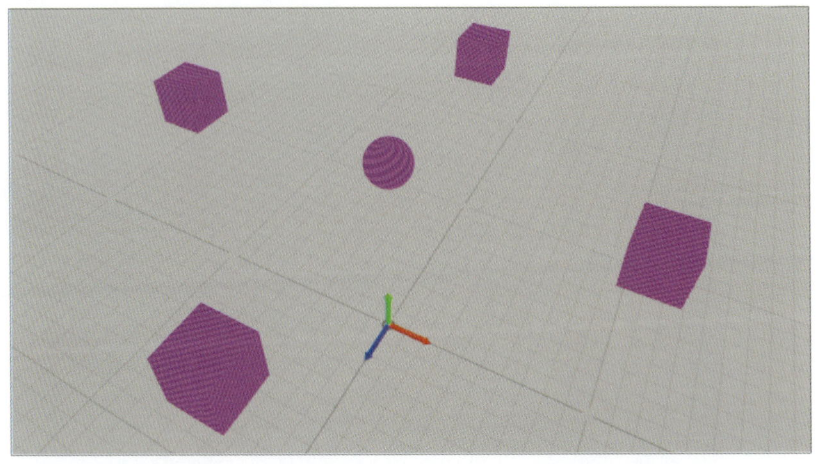

これからいくつかの方法でマテリアルを作成します。

Content Library

最初はコンテンツライブラリを活用する方法です。

ウインドウ右上の「+」を選択しコンテンツライブラリを開きます。この中に「Material Library」があります。

Fig. 6-36 Material Library

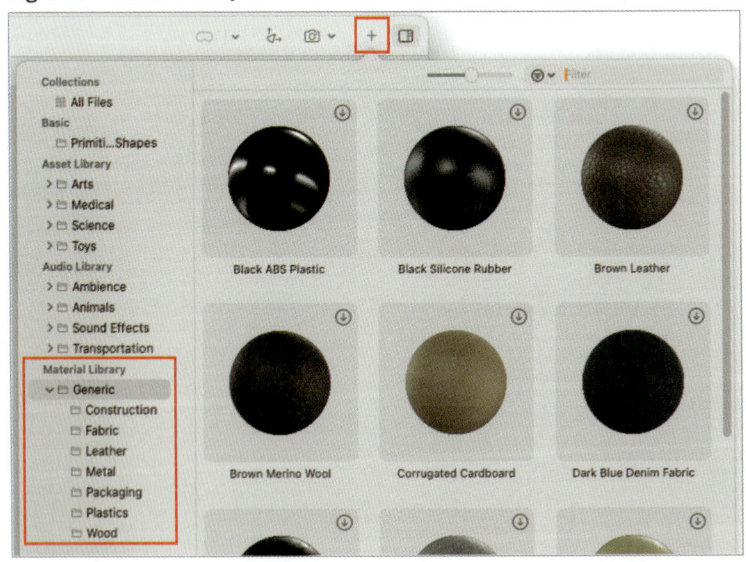

この中から好きなマテリアルをダウンロードし、ダブルクリックすることでシーンに配置されますが、ここでは「Generic」>「Leather」>「Metallic Gold PU Leather」を選択します。

Fig. 6-37 Metallic Gold PU Leather

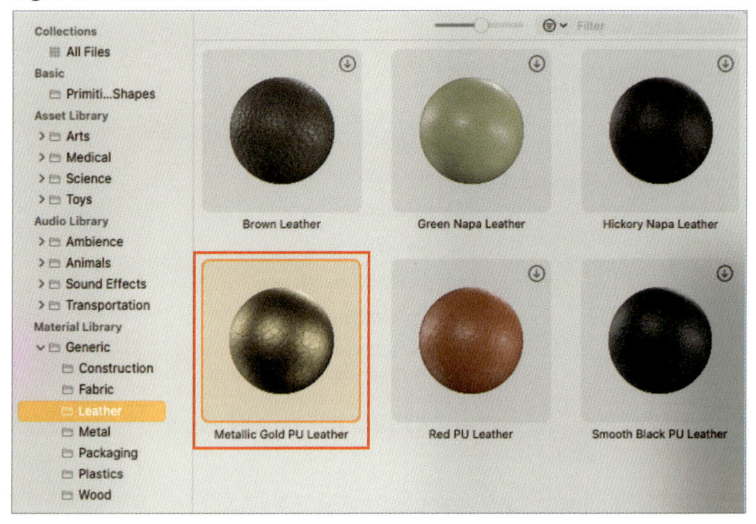

ナビゲータに追加されたMetallicGoldPULeatherをドラッグし、Sphere配下に移動します。

Fig. 6-38 MetallicGoldPULeatherの移動

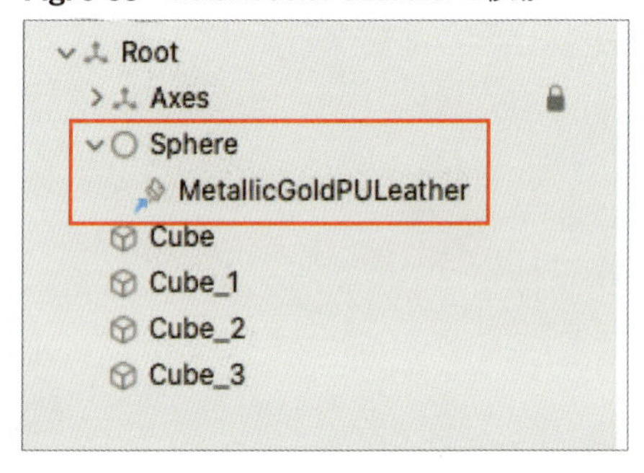

次にナビゲータでSphereを選択し、インスペクタのMaterial BindingsのBindingの右側の打ち消し線が表示されているマテリアルを選択し、「Sphere/MetallicGoldPU Leather」を選択します。

Fig. 6-39　マテリアルの割り当て

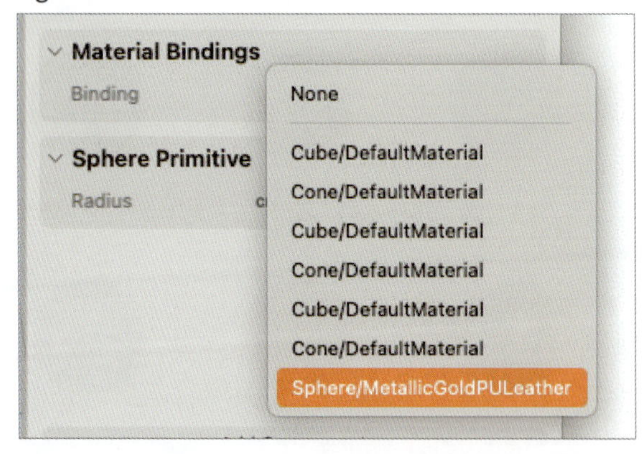

これでSphereにマテリアルが割り当てられました。

Fig. 6-40　マテリアルが割り当てられた球

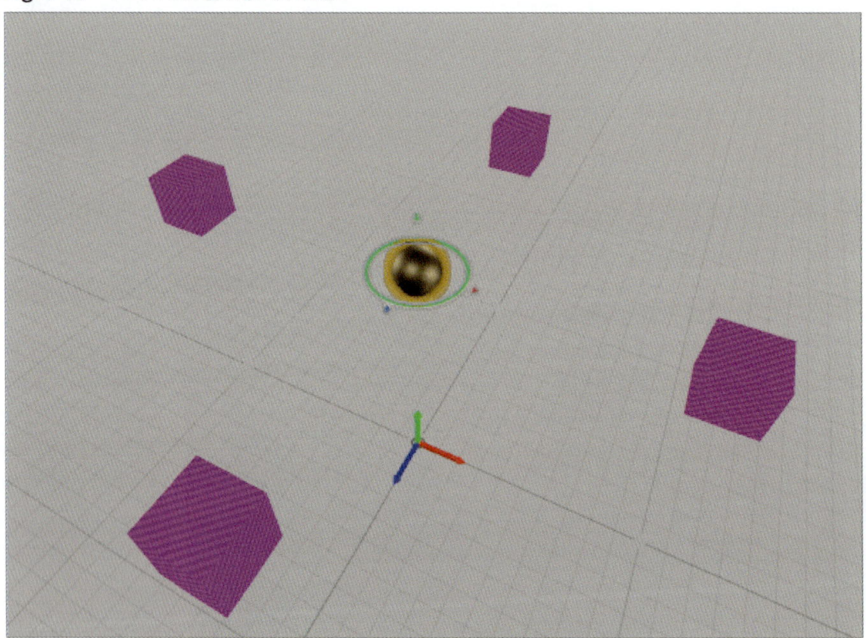

Physically Based

コンテンツライブラリの活用に続いて、次は物理的なパラメータを与えてマテリアルを作成する方法です。

ナビゲータの左下にある「+」を選択し、「Material」>「Physically Based」を選択します。

Fig. 6-41 Physically Based マテリアル

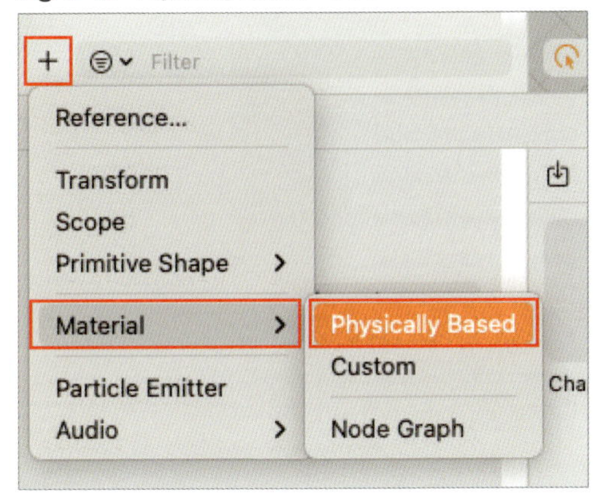

> **NOTE**
> Physically Based マテリアルは現実世界のオブジェクトの外観をシミュレートするマテリアルです。金属やプラスチックなどのさまざまな素材の質感をリアルに表現することが可能です。

作成されたMaterialをドラッグし、Cube配下に移動します。

Fig. 6-42 Materialの移動

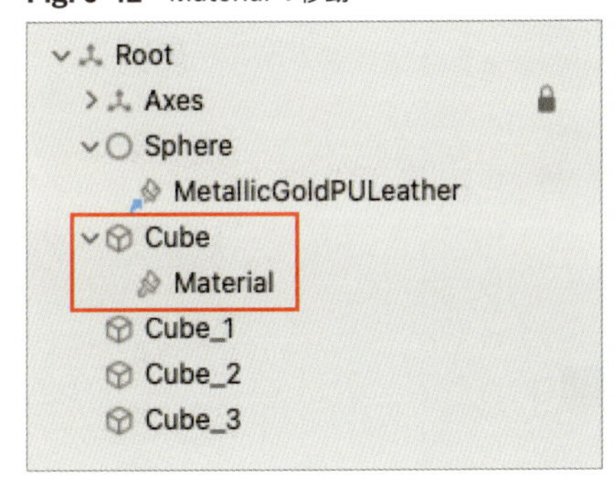

次にナビゲータでCubeを選択し、インスペクタのMaterial BindingsのBindingの右側の打ち消し線が表示されているマテリアルを選択し、「Cube/Material」を選択します。

Fig. 6-43　マテリアルの割り当て

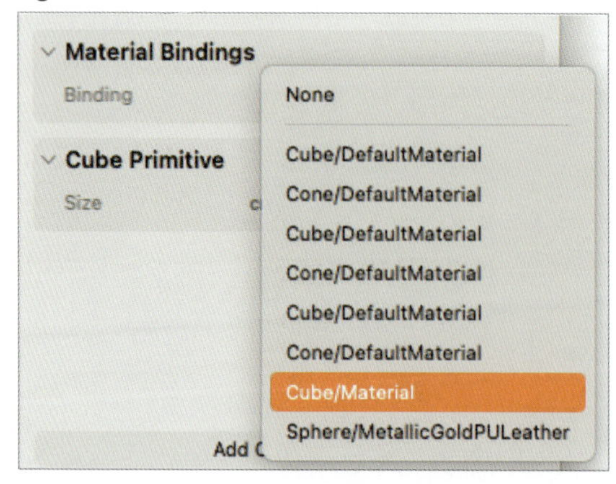

これでCubeにマテリアルが割り当てられました。

マテリアルの設定をするためにナビゲータのCube配下のMaterialを選択します。インスペクタにマテリアルに対して設定できる項目が表示されます。

Fig. 6-44　マテリアル設定

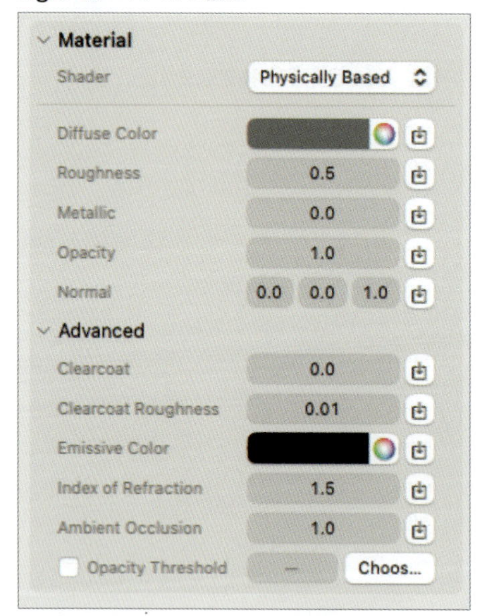

多くのパラメータがあり、これらの値を変更することでさまざまな見た目にできますが、ここでは以下のパラメータのみ変更します。

- **Diffuse Color**：Red
- **Opacity**：0.8

Cubeの見た目が、少し透過した赤色になりました。

Fig. 6-45　Cubeのマテリアル

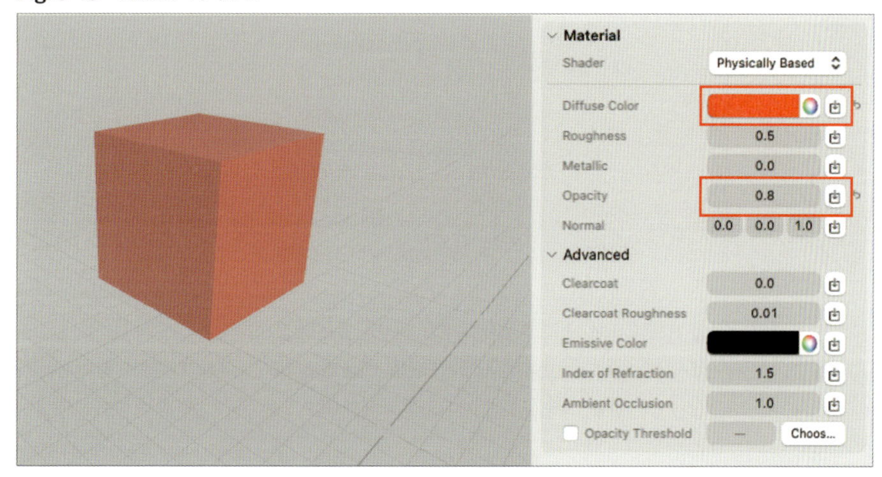

Custom

次は、カスタムマテリアルを作成する方法です。
ナビゲータの左下にある「+」を選択し、「Material」>「Custom」を選択します。
作成されたMaterialをドラッグし、Cube_1配下に移動します。

Fig. 6-46　Materialの移動

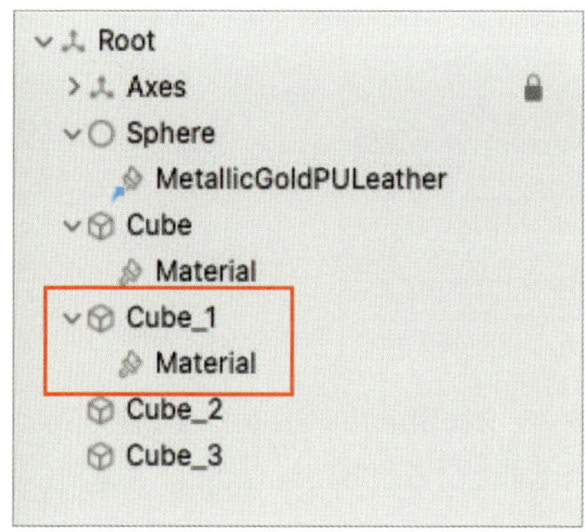

次にナビゲータでCube_1を選択し、インスペクタのMaterial BindingsのBindingの右側の打ち消し線が表示されているマテリアルを選択し、「Cube_1/Material」を選択します。

Fig. 6-47　マテリアルの割り当て

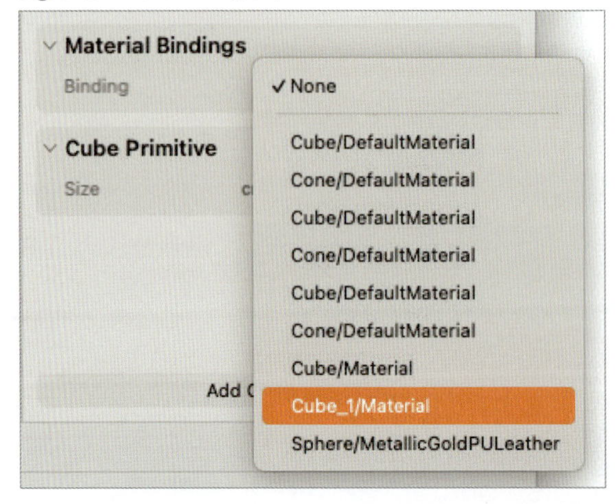

これでCube_1にマテリアルが割り当てられました。

ナビゲータでCube_1配下のMaterialを選択し、インスペクタを見ると以下のような表示となっています。Physically Basedマテリアルのような設定できるパラメータは見当たりません。

Fig. 6-48　Material

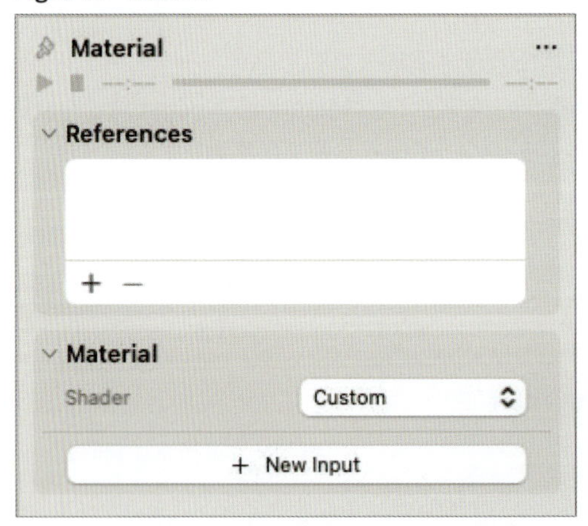

これはカスタムマテリアルのパラメータはShader Graphで設定するようになっているためです。そこで、エディタ上部に表示されている「Shader Graph」を選択します。

Fig. 6-49 Shader Graph

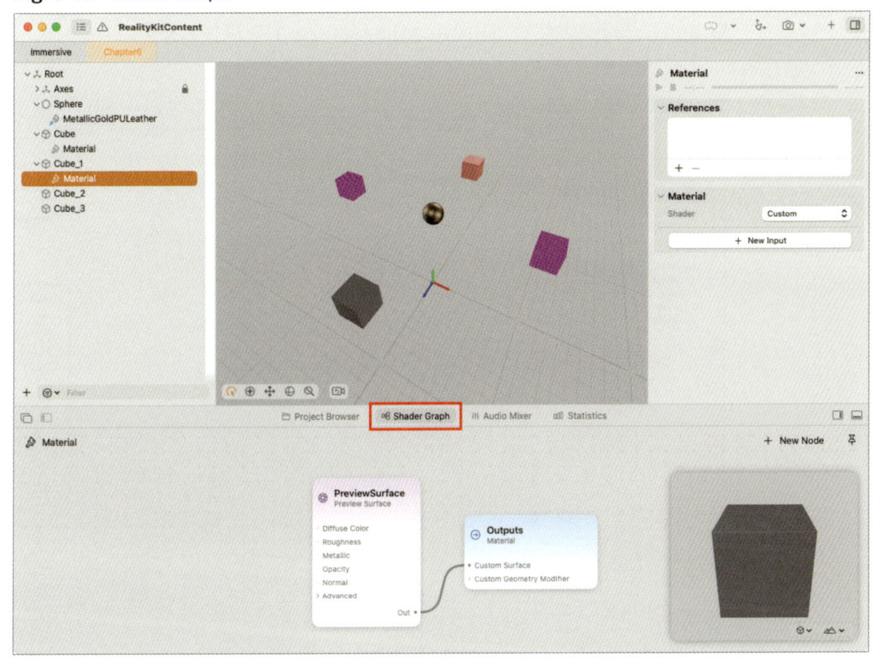

Shader Graphが表示されました。この上でノードと呼ばれる部品を接続していくことで、カスタムマテリアルのパラメータをビジュアルに設定していきます。多くの種類のノードが用意されているため、組み合わせにより複雑な表現が可能です。

Shader Graphでは以下のようなマウス操作を使用します。

操作	機能
ノードを左クリック	ノードの選択
中ドラッグ	全体の表示位置の移動
ホイールスクロール	拡大縮小
空いている場所をダブルクリック	ノード追加画面の表示

以降、次の3パターンを例題としてShader Graphの使い方を具体的に学んでいきます。

- **パターン1：基本操作を覚える**
  - Cube_1を用いて、パラメータのMetallicに1を設定して金属的な見た目にします。
- **パターン2：キューブの色を時間とともに変化させる**
  - Cube_2を用いて、色が黒と青の間で周期的に変化するようにします。
- **パターン3：キューブの位置を時間とともに変化させる**
  - Cube_3を用いて、基準位置を中心に円運動するようにします。

それでは実際に触りながらShader Graphの使い方を理解していきましょう。Shader Graphに表示されているPreviewSurfaceノードを選択します。

Fig. 6-50　PreviewSurface

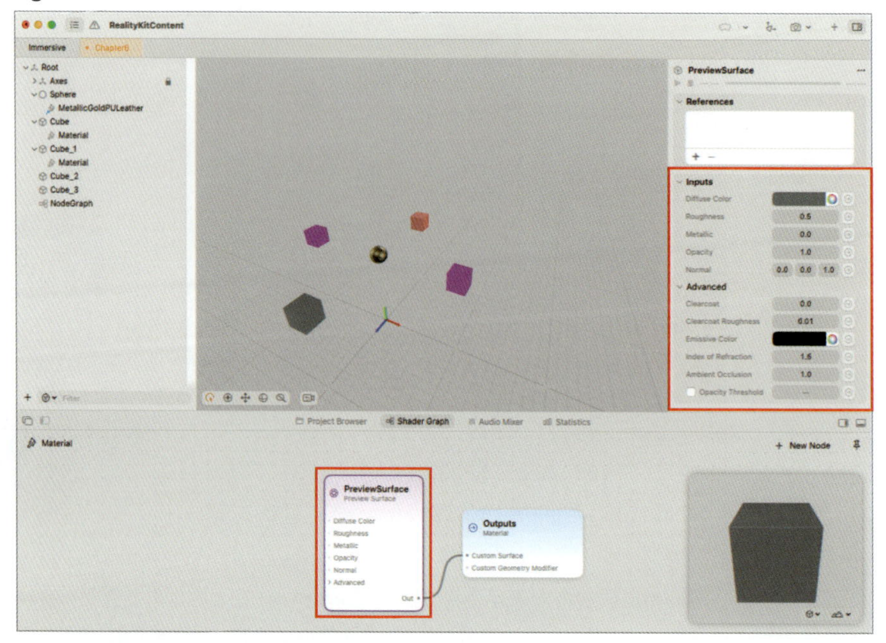

インスペクタを見ると、Physically Basedマテリアルを選択した時と同じパラメータが表示されています。この中のDiffuse Colorを「Green」に変更します。

Fig. 6-51　Diffuse Colorの設定

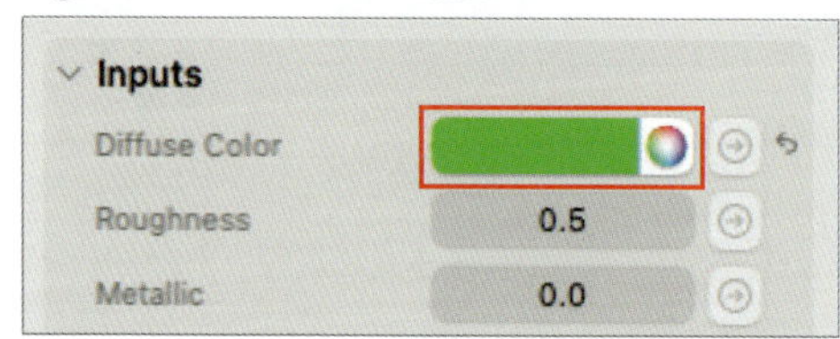

次にShader Graph右側に表示されている「＋New Node」を選択します。

Fig. 6-52　＋New Node

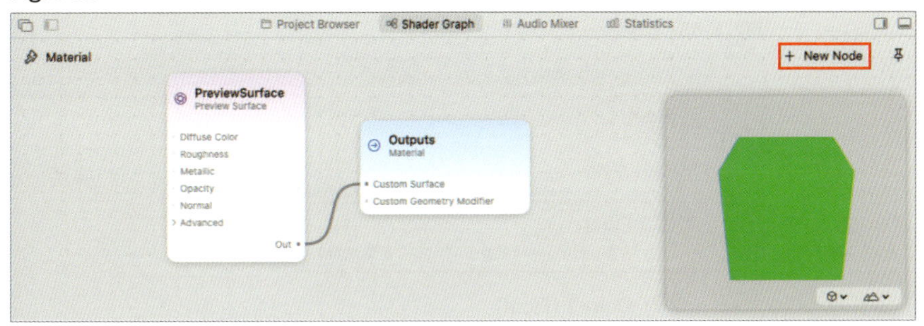

すると、ノードを追加する画面が表示されます。このときエディタエリアの高さが狭いと、追加するノードの一覧の候補が表示されないことがあります。エディタエリア上部の境界線をドラッグして表示領域を広げてください。

Fig. 6-53　ノード追加画面

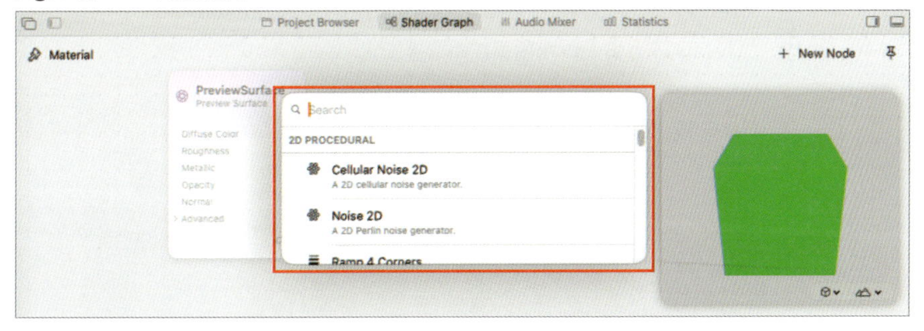

NOTE

マウス操作の説明にも記載の通り、配置されているノードの上以外の空いている場所をダブルクリックすることでもノード追加画面が表示されます。

Fig. 6-54　ダブルクリックでノード追加画面の表示

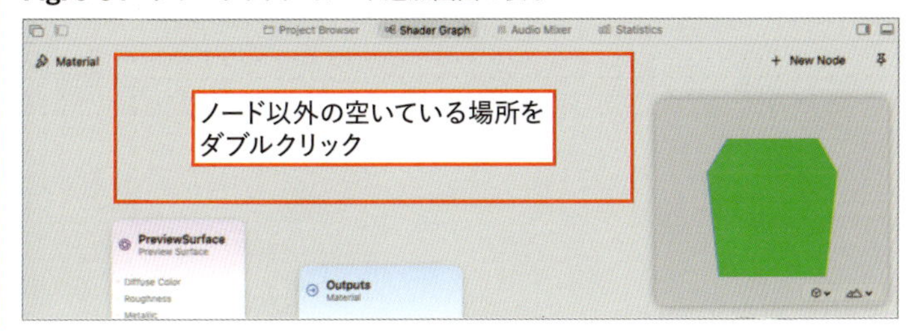

ここで追加するノードの種類を選択します。上部の「Search」と書かれた部分に「Float」と入力します。すると一覧にFloatノードが表示されるため、選択して追加します。

Fig. 6-55　Floatノード

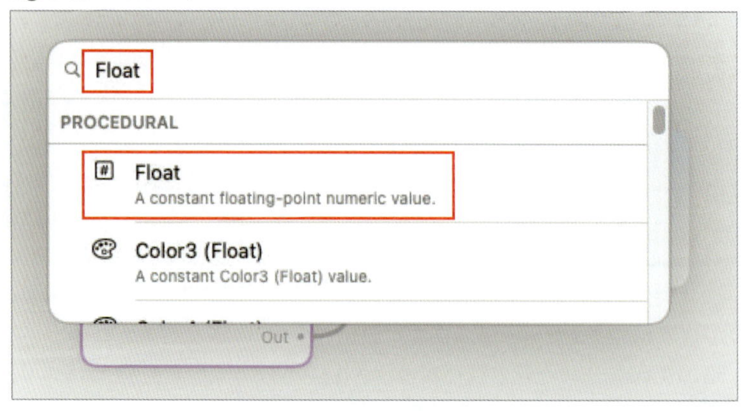

追加されたノードをPreviewSurfaceノードの左側にドラッグして移動します。そしてFloatノードの右側に小さな丸が表示されているため、ドラッグして、PreviewSurfaceの「Metallic」と書かれた項目につなぎます。

Fig. 6-56　Floatノードの接続

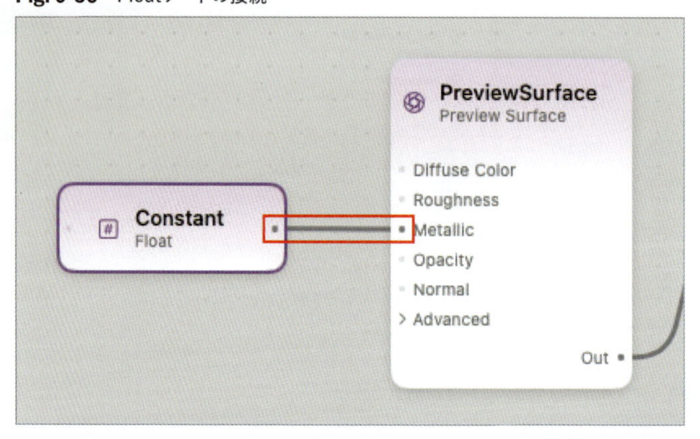

Floatノードの「Constant」と書かれた部分を選択すると名前を変えられるため、「Metallic」に変更します。

Fig. 6-57　名前の変更

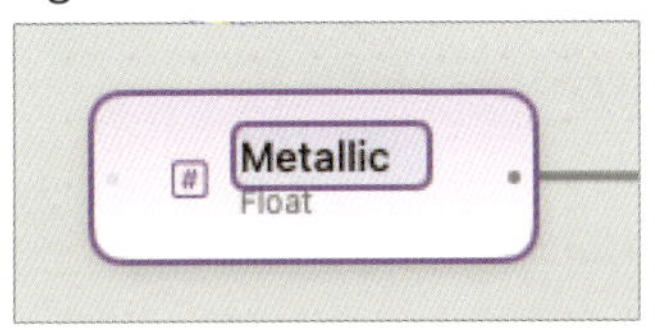

このFloatノードを選択した状態でインスペクタに「Inputs」という項目があるため、Valueを1に変更します。

Fig. 6-58　Valueの変更

するとCube_1が金属のような見た目に変わりました。

Fig. 6-59　Cube_1

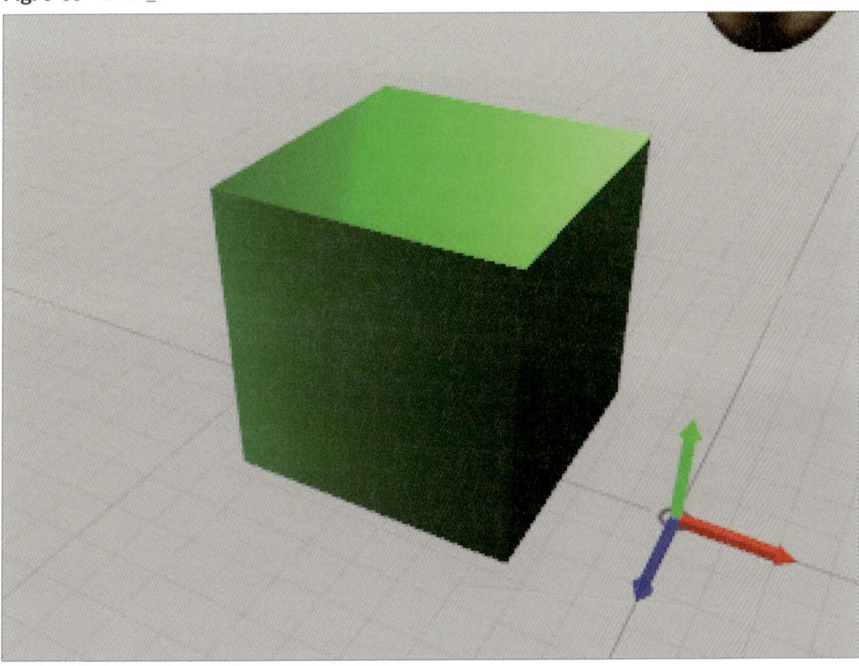

このように、カスタムマテリアルではノードを組み合わせ、各ノードにパラメータを設定していくことでマテリアルを作成します。手順の概要は理解できたでしょうか。

続いて、Cube_2とCube_3を用いてカスタムマテリアルできることをさらに見ていきましょう。

ナビゲータの「+」>「Material」>「Custom」からカスタムマテリアルを2つ作成し、それぞれCube_2、Cube_3の配下にドラッグして移動します。

Fig. 6-60　マテリアルの作成と移動

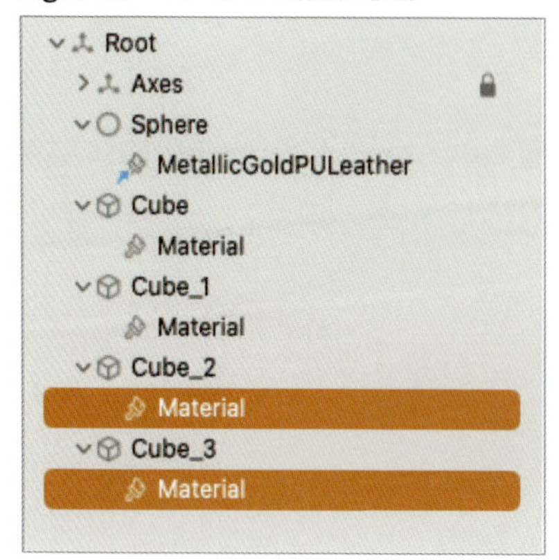

Cube_2を選択し、インスペクタのMaterial Bindingsに「Cube_2/Material」を割り当てます。同様に、Cube_3のMaterial Bindingsには「Cube_3/Material」を割り当てます。

まずは、Cube_2配下のMaterialを選択します。

Shader Graphで「+ New Node」を選択し、以下のノードを追加します。

- Floatノードを2つ追加
  - 名前をそれぞれ「R」と「G」に変更する
- Combine3ノード
- Timeノード
- Sinノード

各ノードを以下のように接続します。

Fig. 6-61　ノードの接続

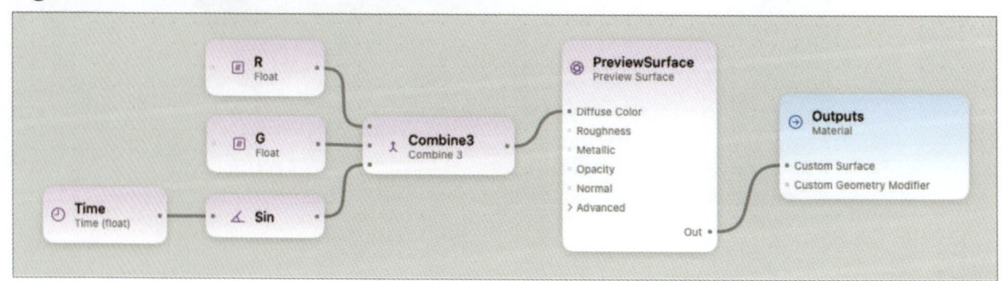

Floatノードの R と G には値として0が設定されており、これが色の赤成分と緑成分を表します。青成分は、変化していく時間の値をSinノードの入力とすることで、-1から1の間で変化する値となります。これら3つの値をCombine3ノードで結合してPreviewSurfaceノードの入力「Diffuse Color」に接続することで、マテリアルの色として使用されます。

Cube_2を見てみると、時間とともに青と黒の間で色が変化していくことがわかります。青の状態よりも黒の状態の方が長く感じますが、これはSinノードが負の値を出力している期間があるからです。

Fig. 6-62 時間の経過で変化する色

次に、Cube_3配下のMaterialを選択します。

まず、PreviewSurfaceノードを選択し、インスペクタのDiffuse Colorを「Yellow」に変更します。

Fig. 6-63 Diffuse Color

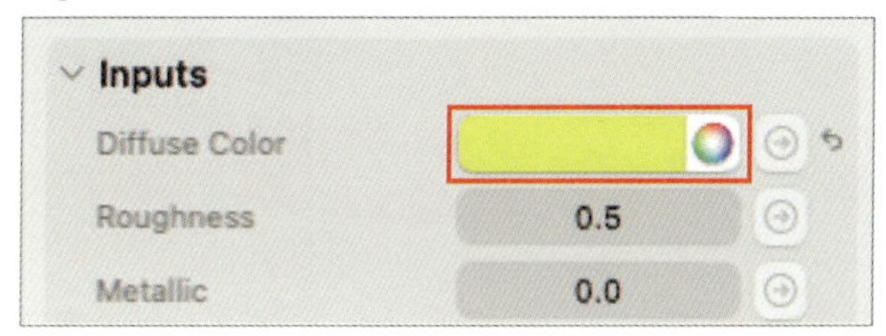

続いてShader GraphのOutputsノードの「Custom Geometry Modifier」の左にある丸をドラッグして、灰色の四角い枠が表示されたらマウスを離します。

Fig. 6-64 Custom Geometry Modifierのドラッグ

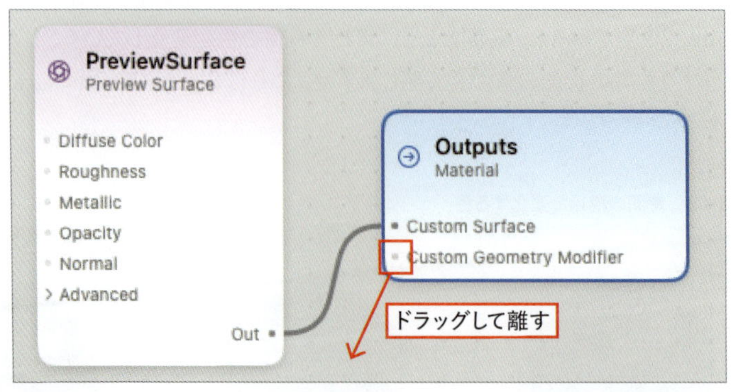

すると「Geometry Modifier (RealityKit)」という項目が1件だけ表示されるため、それを選択します。

Fig. 6-65 Geometry Modifier

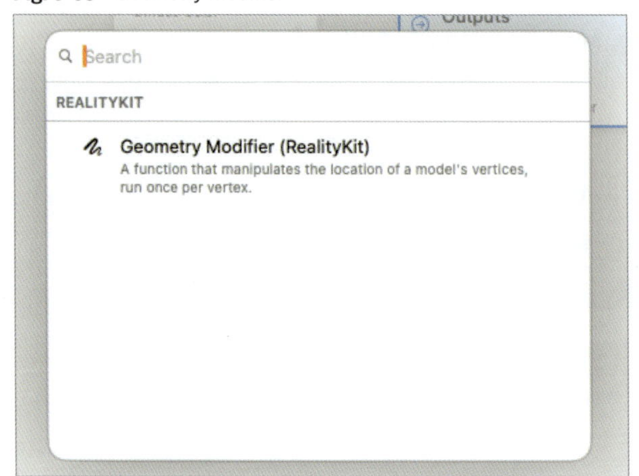

GeometryModifierノードが追加されました。

Fig. 6-66　Geometry Modifierノード

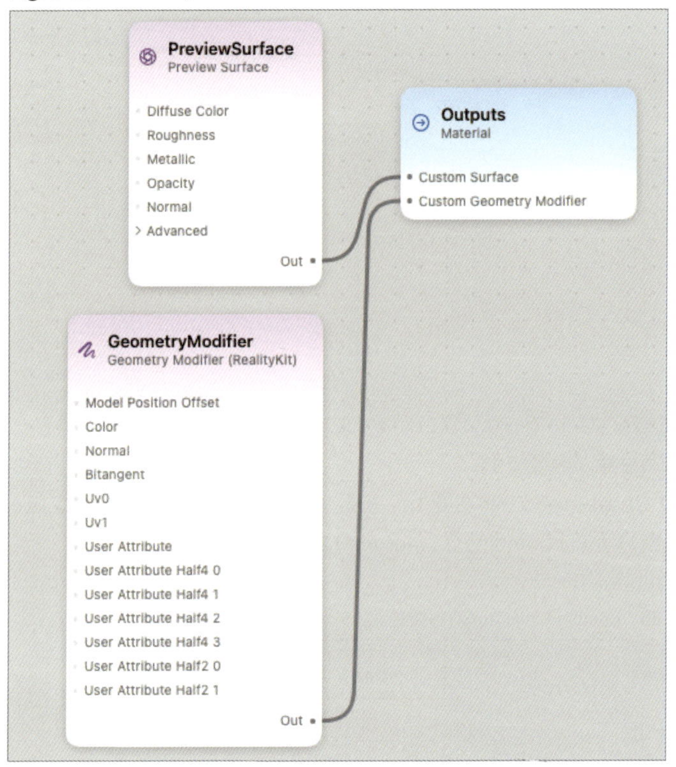

次に「＋New Node」を選択し、以下のノードを追加します。

- Timeノード
- Sinノード
- Cosノード
- Combine3ノード
- Remapノード

追加したノードをGeometryModifierノードの左側に配置し、以下のように接続します。

Fig. 6-67　ノードの接続

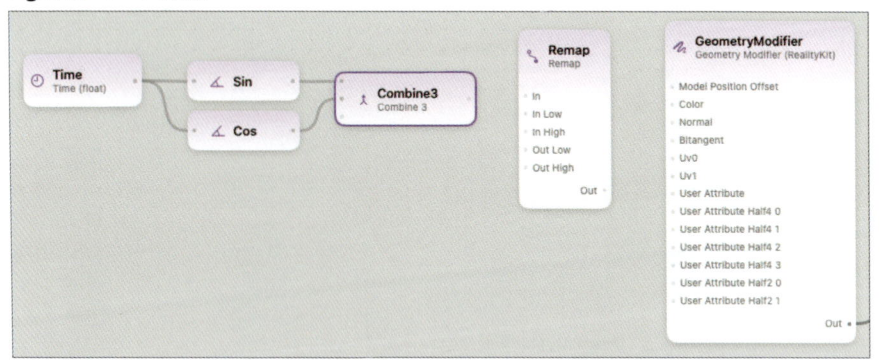

まだ線をつないでいない部分がありますが、ここは入出力の型情報を一致させる必要があるため注意が必要です。

まずCombine3ノードを選択します。インスペクタのTypeを既定値の「Combine 3 (color3f)」から「Combine 3 (vector3f)」に変更します。

Fig. 6-68　Combine 3(vector3f)へ変更

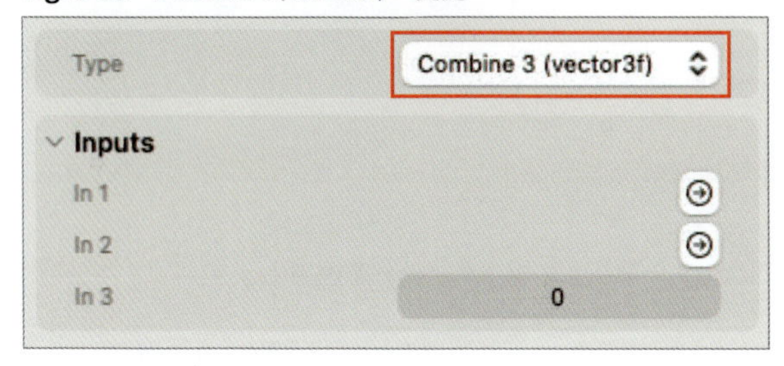

この状態でCombine3ノードをRemapノードの「In」に接続すると、Remapノードのインスペクタに表示されているTypeが自動的に「Remap (vector3f)」に変更されます。

これによりRemapノードの「Out」とGeometryModifierノードの「Model Position Offset」の型が一致し、接続可能になります。最終的には次のような接続になります。

Fig. 6-69 ノードの接続

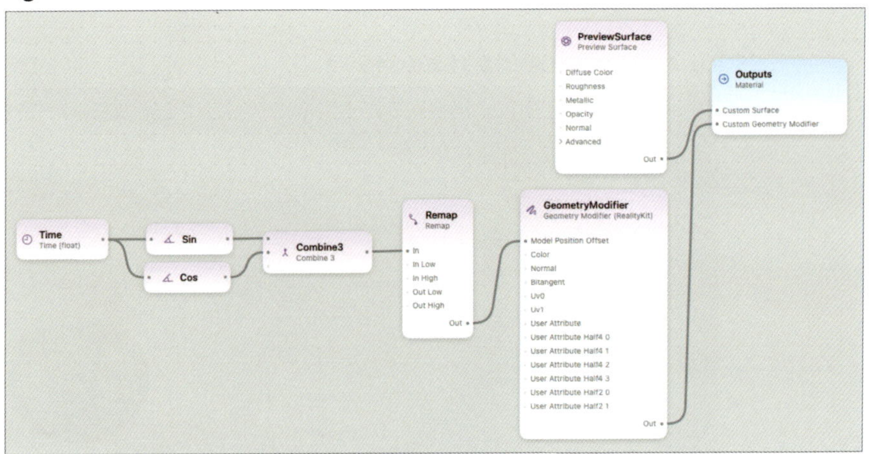

ここでRemapノードを選択し、インスペクタを以下のように設定します。

Fig. 6-70 Remapノード

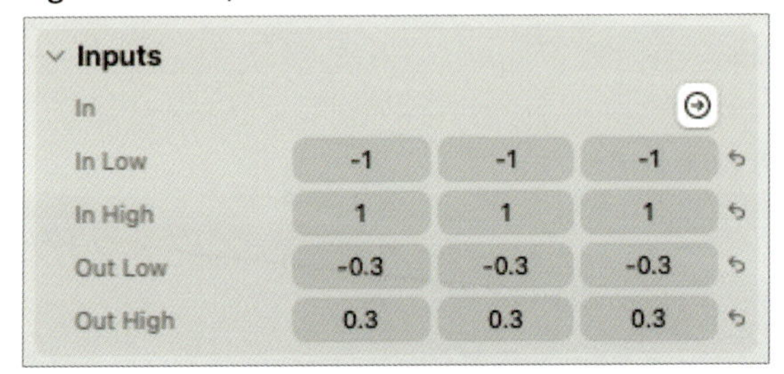

ノードの接続が完了したので、設定内容を確認していきましょう。

Timeノードにより変化する時間の値をSinノード、Cosノードに入力することで、これらのノードは-1から1の間で変化する値を出力します。これらの値がCombine3ノードの上2つの入力に接続され、またCombine3ノードの残りの入力はインスペクタにて0の値が設定されています。これによりCombine3ノードの出力は、x、yの値が時間とともに変化し、zの値が0固定の3次元ベクトルとなります。

この3次元ベクトルをGeometryModifierノードの「Model Position Offset」に接続することで、3Dモデルの位置を変更でき、結果として動いているような動作を表現できます。

Remapノードは移動する量を調整するために利用しました。-1～1の範囲の値を-0.3～0.3の範囲に収まるように変換しています。値を色々と変更してみるとその動作が理解できるでしょう。

ここで3DビューでCube_3を見てみると、円を描くように動いていることが確認できます。

Fig. 6-71　時間の経過で移動する黄色いキューブ

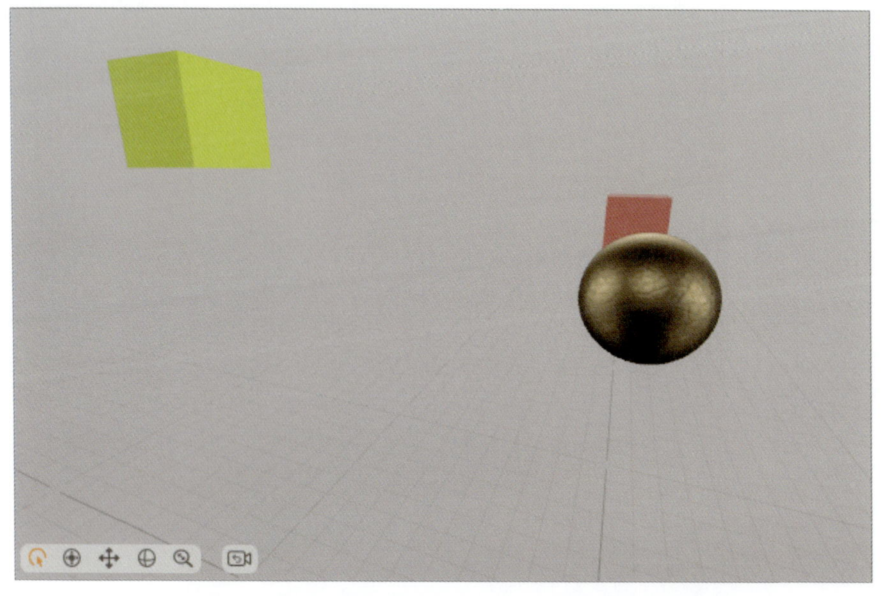

Fig. 6-72　時間の経過で移動する黄色いキューブ

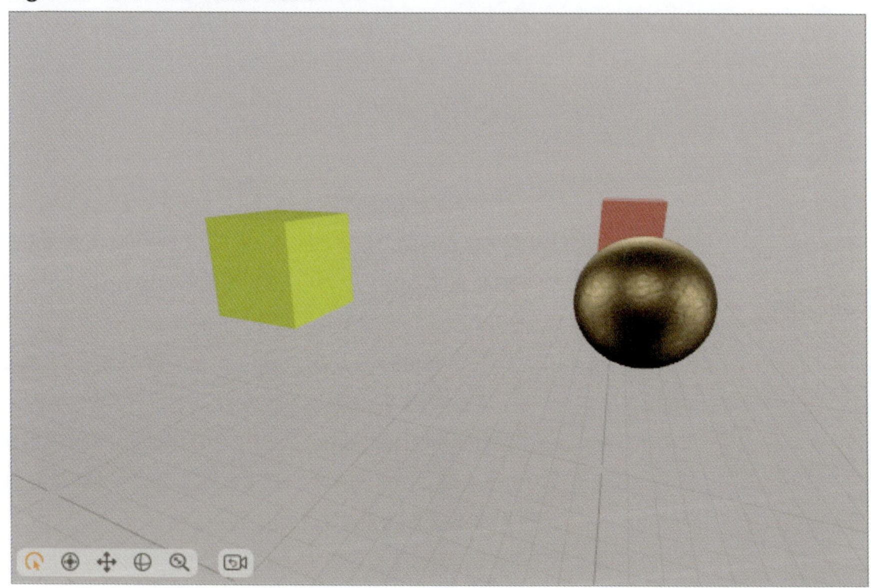

Fig. 6-73 時間の経過で移動する黄色いキューブ

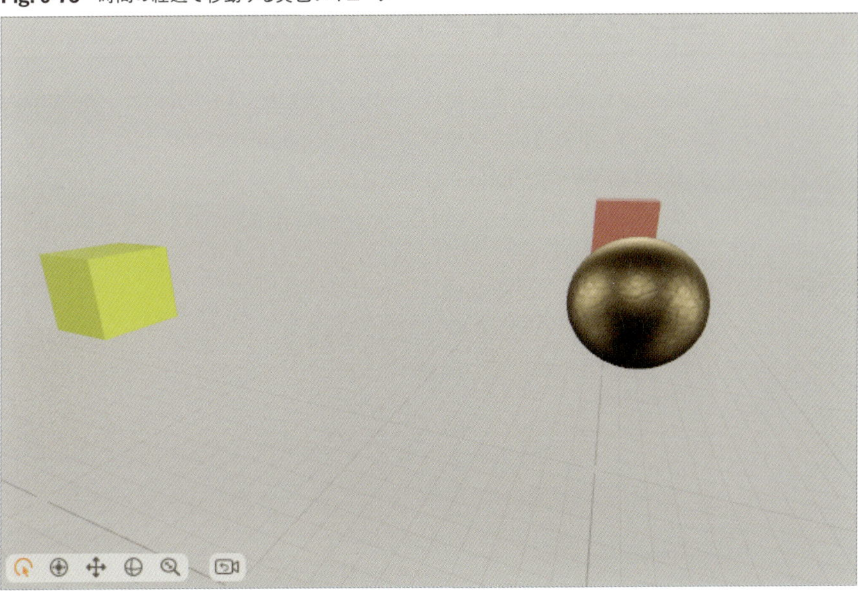

マテリアルについての説明は以上です。マテリアルの作成とさまざまな設定方法を学ぶことができました。

6.5 コンポーネントの追加

Reality Composer Proではシーンへ追加した3Dモデルにコンポーネントを追加できます。コンポーネントの追加方法を学ぶために、Sphereにコンポーネントを追加してみましょう。

まずナビゲータのSphereを選択します。

インスペクタの下部に「Add Component」ボタンがあるので選択します。

Fig. 6-74　コンポーネントの追加

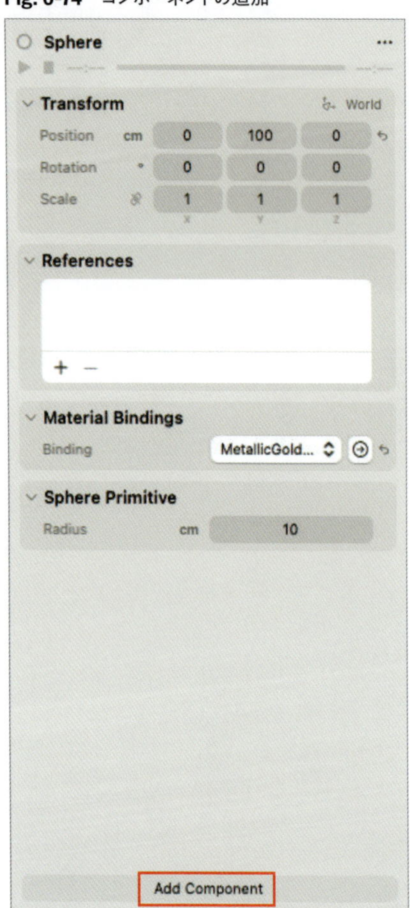

するとコンポーネントの一覧が表示されます。

Fig. 6-75　コンポーネント一覧

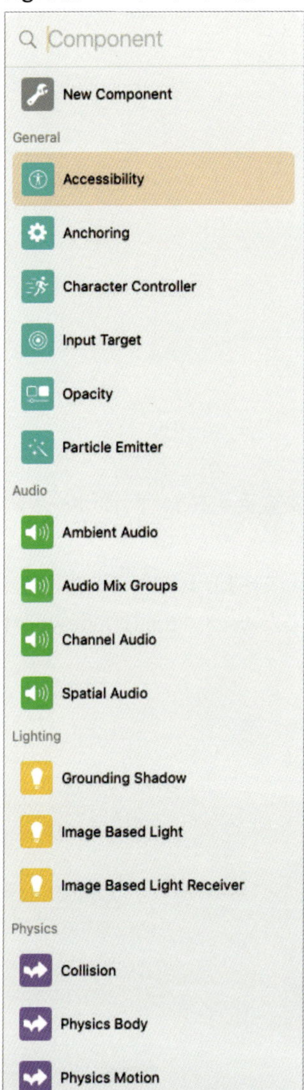

現状用意されているコンポーネントはこれで全てとなりますが、「New Component」で新しいコンポーネントを実装し、Reality Composer Proで利用できます（カスタムコンポーネントの実装方法については5.6節を参照ください）。

ここでは、Sphereをジェスチャに反応させるためのコンポーネントを追加しましょう。

まず、リストの中の「Input Target」をダブルクリックします。もう一度「Add Component」ボタンを選択し、「Collision」をダブルクリックします。

Sphereのインスペクタを確認すると、Input TargetコンポーネントとCollisionコンポーネントが追加されていることが確認できます。

Fig. 6-76 追加されたコンポーネント

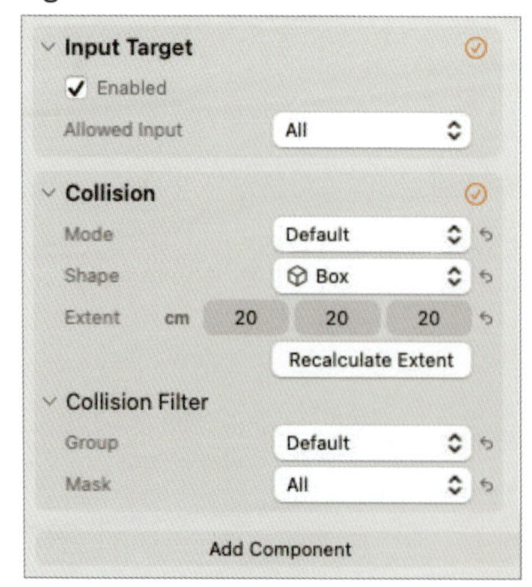

インスペクタに表示されているパラメータを変更することでコンポーネントの設定を変更できます。

ここではコリジョンの形状やサイズを変更してみましょう。

その前にまずコリジョンを見えるようにするため、メニューの「Viewport」>「Collision Shapes」にチェックを入れます。

Fig. 6-77 Collision Shapesへのチェック

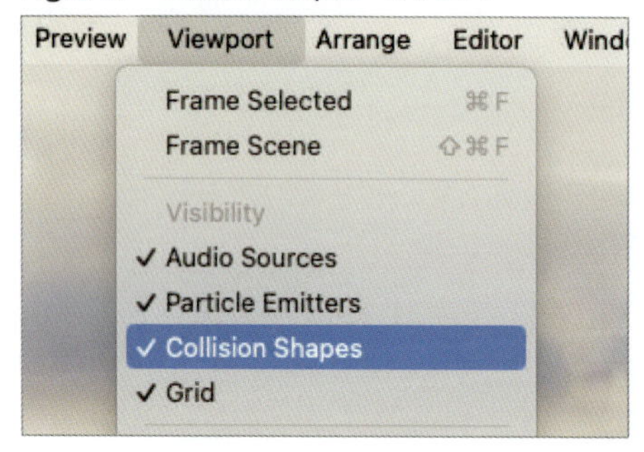

コリジョンの形状が見えるようになりました。

Fig. 6-78 コリジョンの形状

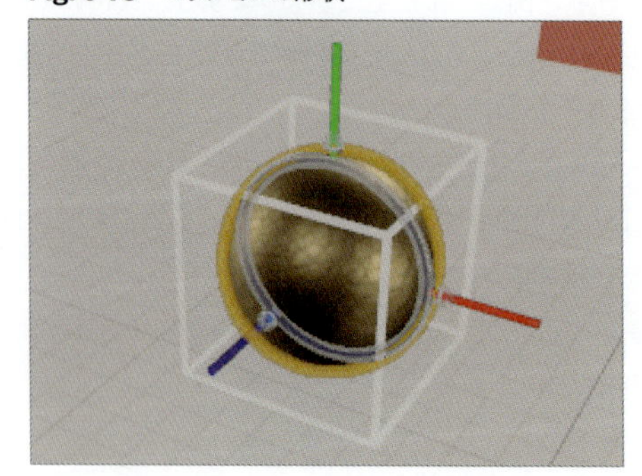

現状はShapeが「Box」となっているため、「Sphere」に変更します。

Fig. 6-79 Shapeの変更

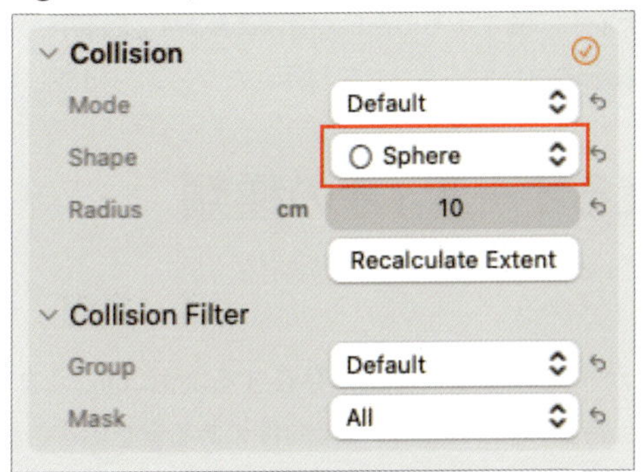

これで球の形状のコリジョンに変更されました。ここではコリジョンのサイズは適切な状態となっていますが、モデルの形状とコリジョンの形状に乖離がある場合は、「Recalculate Extent」ボタンを押すとコリジョンのサイズを再計算してくれます。

Fig. 6-80 変更されたコリジョン

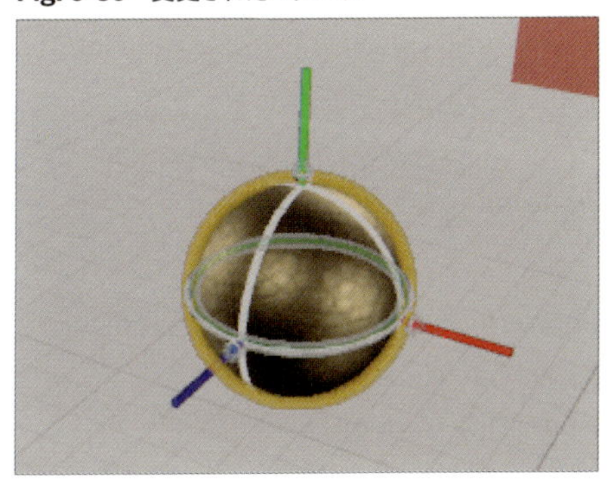

コリジョンの設定が終わり、表示する必要がなければ、メニューの「Viewport」>「Collision Shapes」のチェックを外します。

これでSphereをジェスチャに反応させる準備が整いました。実際のジェスチャ操作の実装は6.8.4項で行います。

6.6　オーディオの追加

コンポーネントにはオーディオに関するものもいくつかあります。最初にオーディオの種類について説明し、その後それらのコンポーネントを利用したシーンを構築していきます。

6.6.1　visionOSで扱えるオーディオの種類

visionOSで扱えるオーディオには以下の3種類があります。

- **Spatial Audio**：音源が特定の位置に本当に存在するように聞こえます。設定により、全方向に音を出したり、特定の方向に向けた指向性のある音を出すことができます。
- **Ambient Audio**：各チャンネルが固定された方向から再生されます。環境音のように、ユーザの周囲から聞こえてくる音を再現できます。
- **Channel Audio**：各チャンネルが左右スピーカーから直接再生されます。ヘッドフォンで音を聞いているかのような体験を作ることができます。

6.6.2　オーディオファイルの準備

ここからシーンの構築に進みます。まずは準備としてオーディオファイルの用意をします。

ウインドウ右上の「+」を選択し、コンテンツライブラリを開きます。

「Audio Library」にある以下の3つの音声ファイルをダウンロードし、ダウンロードが終了したらダブルクリックしてシーンに追加します。

- 「Ambience」>「Atmospheres」の「Atmospheres Forest Floor」
- 「Animals」>「Domestic」の「Cat Meow 01」
- 「Animals」>「Domestic」の「Dog Bark 02」

Fig. 6-81 Audio Library

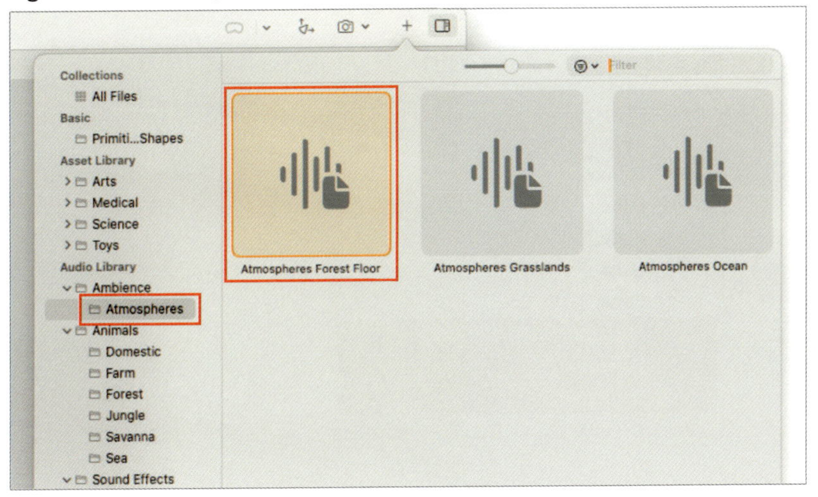

Fig. 6-82 Audio Library

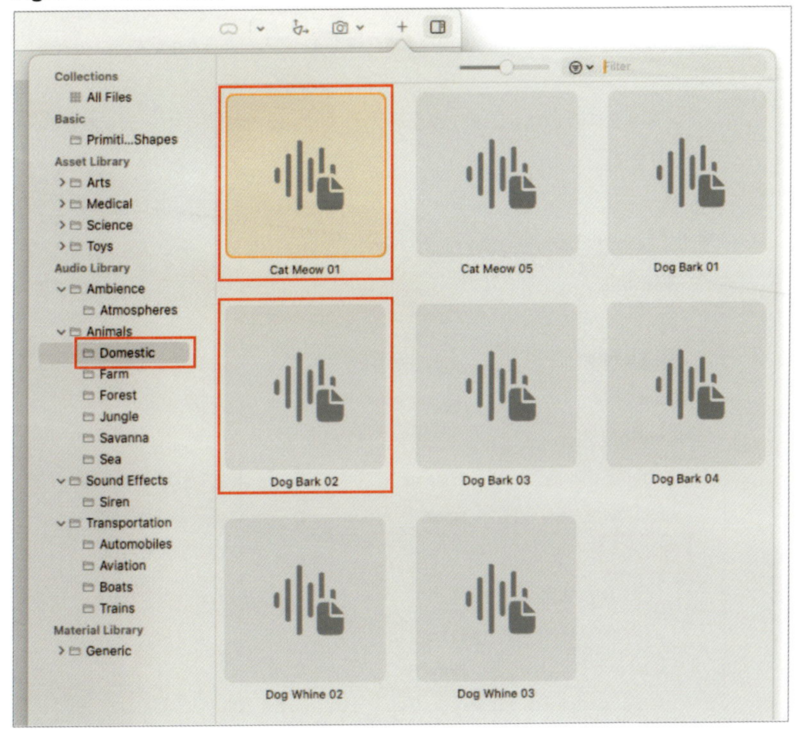

ナビゲータで追加された3つのオーディオファイルを選択します。

Fig. 6-83　オーディオファイルの選択

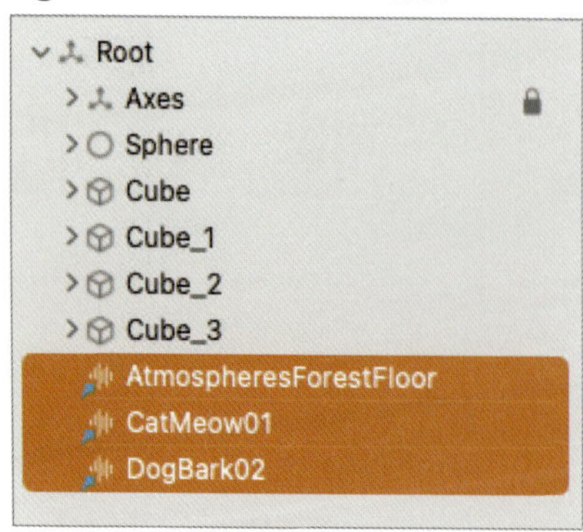

⚠CAUTION
ナビゲータを見て、オーディオファイルの名前が「AtmospheresForestFloor」、「CatMeow01」、「DogBark02」になっていることを確認し、もし別の名前になっていたら修正してください。例えば「CatMeow01」が「Cat_Meow_01」になってしまうことがあるようです。

インスペクタのLoopにチェックを入れます。これによりオーディオがループ再生されるようになります。

Fig. 6-84　Loop設定

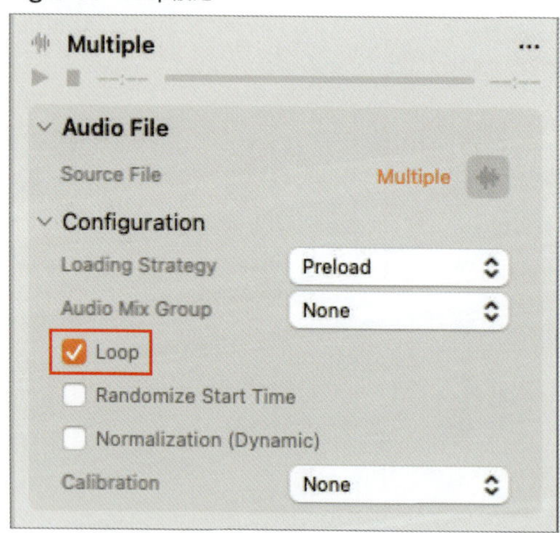

このように同じコンポーネントを持つ場合は、複数選択することで一度に設定可能です。
次に、ナビゲータの左下にある「+」を選択し、「Scope」を選択します。

Fig. 6-85 Scope

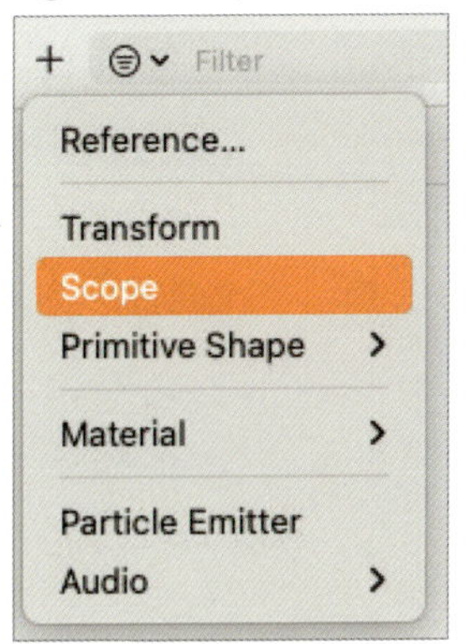

「Scope」と書かれたノードが追加されるので、追加したオーディオファイル（Atmospher ForestFloor、CatMeow01、DogBark02）を全てその配下に移動します。Scopeは「AudioFiles」に名前を変更しておきます。

ナビゲータは以下のようになりました。

Fig. 6-86 ナビゲータ

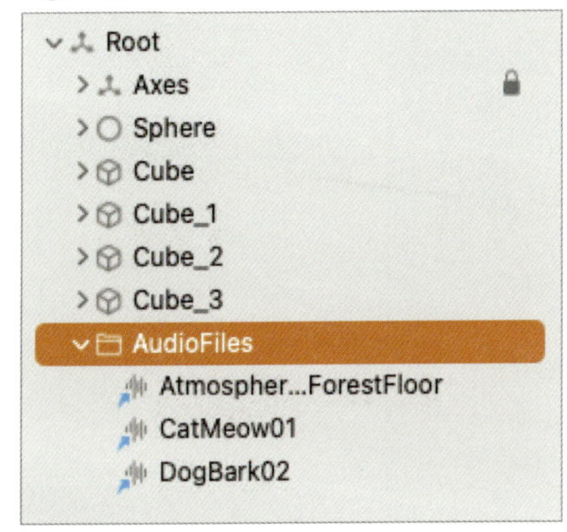

> **NOTE**
> アイコンからもわかる通り、Scopeとはいわゆるフォルダです。Scopeを選択してインスペクタを見てもTransformコンポーネントがなく、空間内で移動などを行うことができません。階層を整理するために利用するのが良いでしょう。

6.6.3 Spatial Audio

ナビゲータでCubeを選択し、「Add Component」ボタンを押してSpatial Audioコンポーネントを追加します。

インスペクタのSpatial AudioにあるResourceに「CatMeow01」を設定します。

Fig. 6-87　Resourceの設定

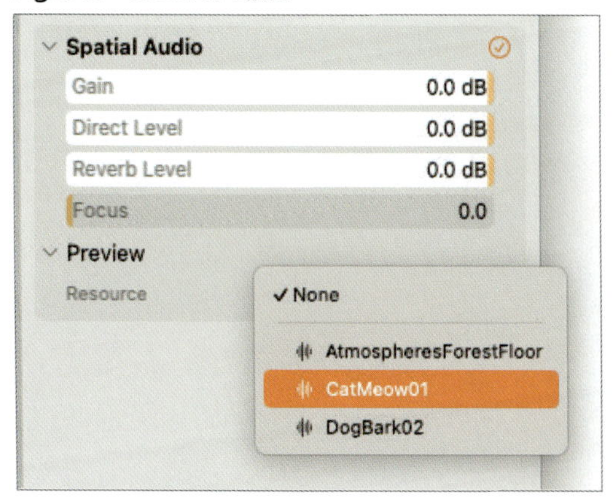

Resourceを設定したら、インスペクタの上部にある「▶」ボタンを押すことで、オーディオを再生できます。

Fig. 6-88　オーディオの再生

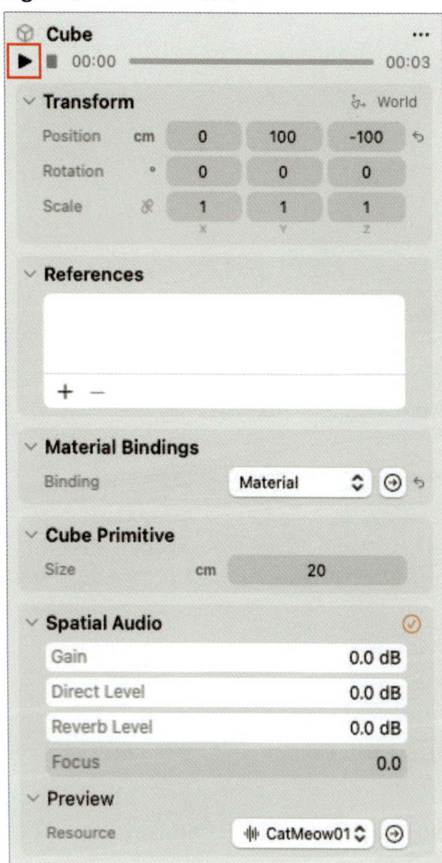

オーディオは先ほどLoopにチェックを入れたのでループ再生されます。3Dビューでカメラの位置によって音の聞こえ方が異なることを確認できるため、いろいろな位置にカメラを動かしてみましょう。

Fig. 6-89　Cubeの近くでは音量が大きく聞こえる

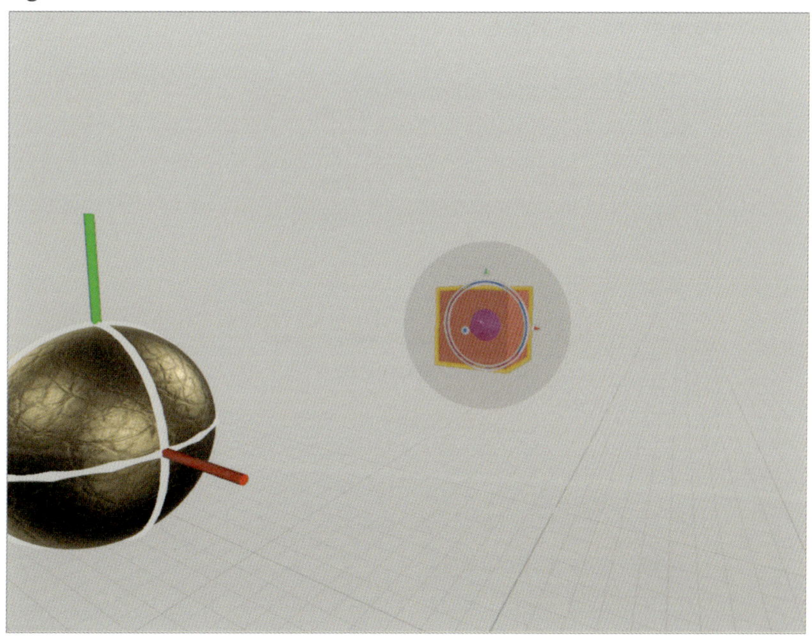

Fig. 6-90　Cubeの遠くでは音量が小さく聞こえる

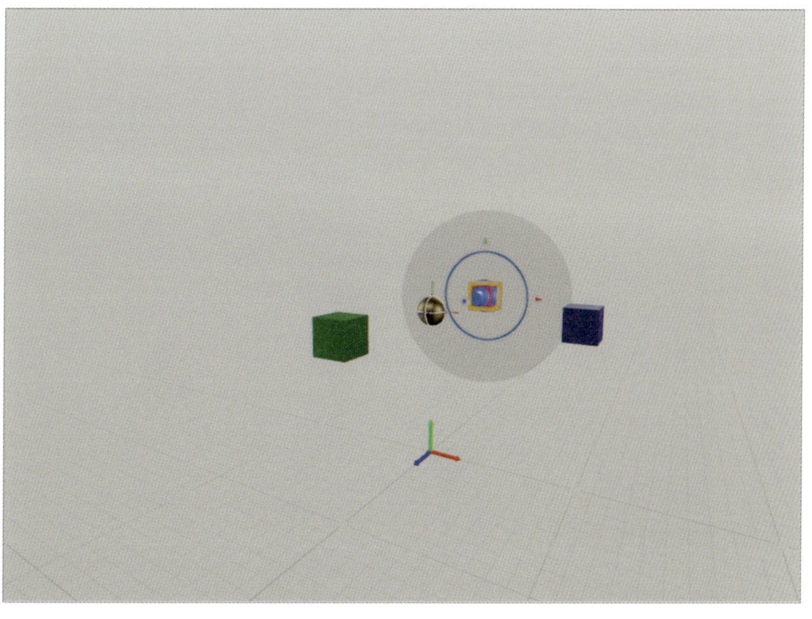

音の確認ができたら、「▶」ボタンの隣にある「■」ボタンを選択して再生を停止します。

次に、ナビゲータでCube_1を選択し、「Add Component」ボタンを押してSpatial Audioコンポーネントを追加します。

インスペクタのSpatial AudioにあるResourceに「DogBark02」を設定します。

Fig. 6-91　Resourceの設定

インスペクタ上部の「▶」ボタンを選択して、音が再生されることを確認します。確認できたら「■」ボタンで停止します。

ここで3Dビューを見てみると、Spatial Audioコンポーネントを設定したCubeとCube_1にスピーカのアイコンが表示されています。このアイコンによりオーディオコンポーネントが設定されていることが視覚的にわかります。

Fig. 6-92　オーディオアイコン

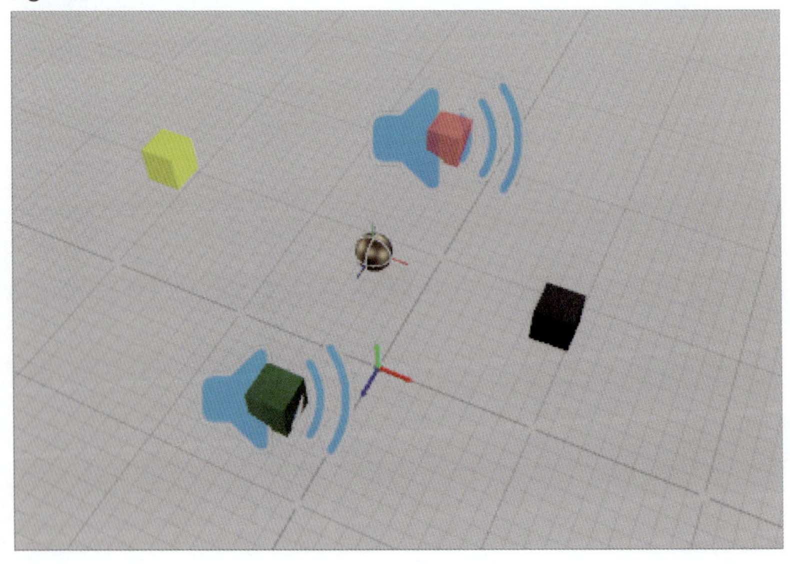

またナビゲータでCube_1を選択すると3DビューでCube_1の周りに灰色の円が描かれています。

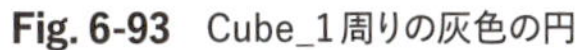
Fig. 6-93　Cube_1周りの灰色の円

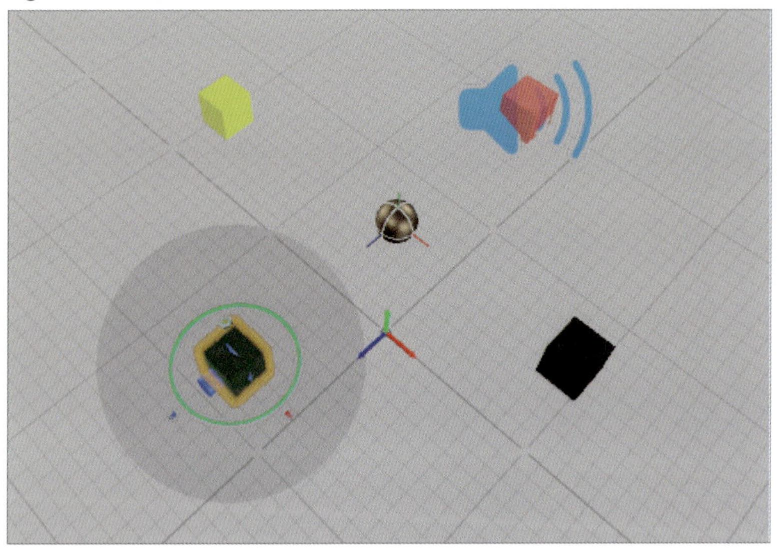

Cube_1のインスペクタのSpatial AudioにあるFocusの値を1.0に変更してみましょう。

Fig. 6-94　指向性の設定

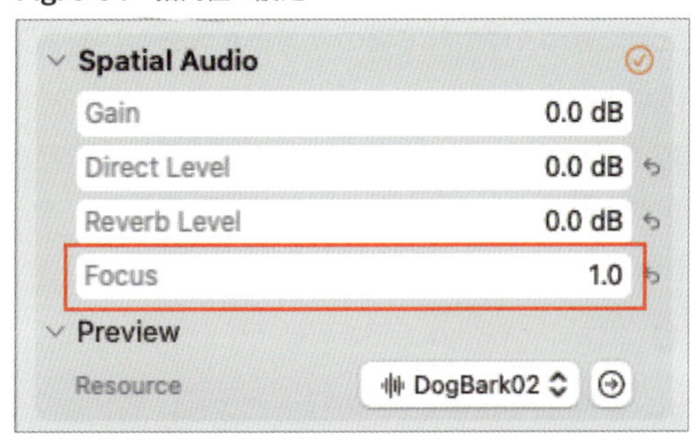

　すると灰色の円の見た目が以下のように変更されました。これは灰色の方向に音の指向性を設定したことを表しています。

Fig. 6-95　指向性

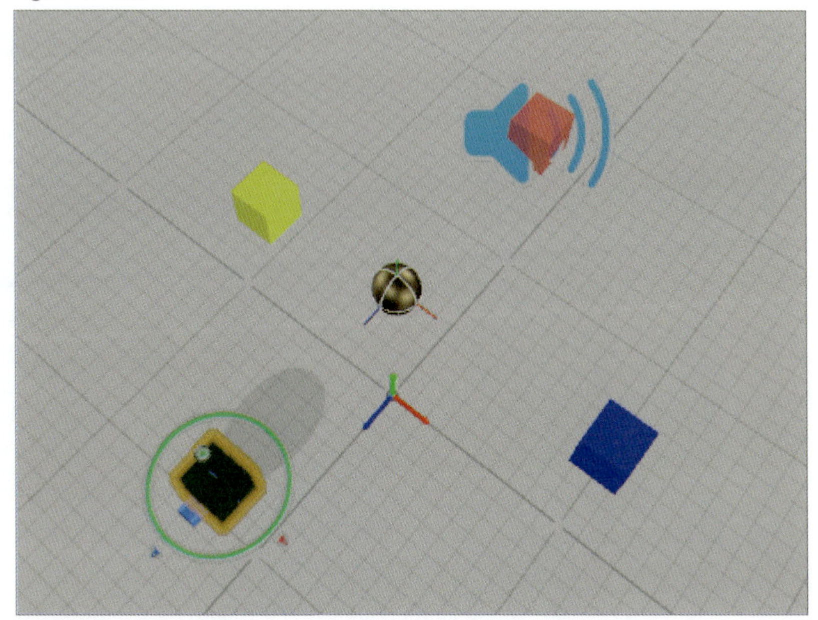

　設定した2つのSpatial AudioはCubeとCube_1の位置で鳴っているように聞こえるため、実機で確認するとCubeに近づくにつれて猫の鳴き声が大きくなり、同時に犬の鳴き声が小さくなります。同様にCube_1に近づくにつれて犬の鳴き声が大きくなり、同時に猫の鳴き声が小さくなります。犬の鳴き声については指向性の設定をしているため、Cube_1からの距離が同じであっても対する位置によって音の聞こえ方が変わります。

6.6.4　Ambient Audio

　続いてAmbient Audioを追加しましょう。先ほどのように既にあるエンティティにAmbient Audioコンポーネントを追加しても良いのですが、今回は別の方法を学びしょう。ナビゲータ左下の「+」を選択し、「Audio」>「Ambient Audio」を選択すると、あらかじめAmbient Audioコンポーネントが追加されたエンティティがシーンに追加されます（同様の手順でSpatial Audioコンポーネントが追加されたエンティティをシーンに追加可能です）。

　ナビゲータにAmbientAudioが追加され、インスペクタをみるとAmbient Audioコンポーネントが追加されていることを確認できます。

Fig. 6-96 AmbientAudio

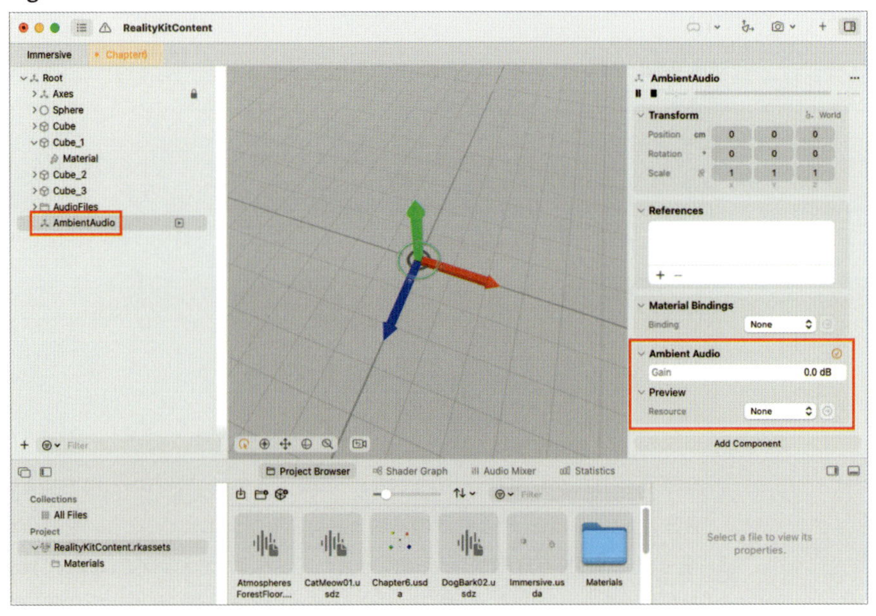

Ambient Audioコンポーネントの Resourceには「AtmospheresForestFloor」を選択します。

Fig. 6-97 AtmospheresForestFloor

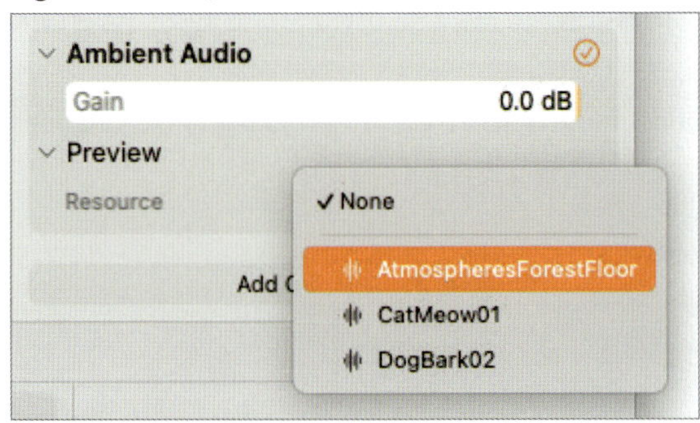

Resourceを設定したら、3DビューにL、Rが表示されるようになりました。

Fig. 6-98　Ambient AUdio

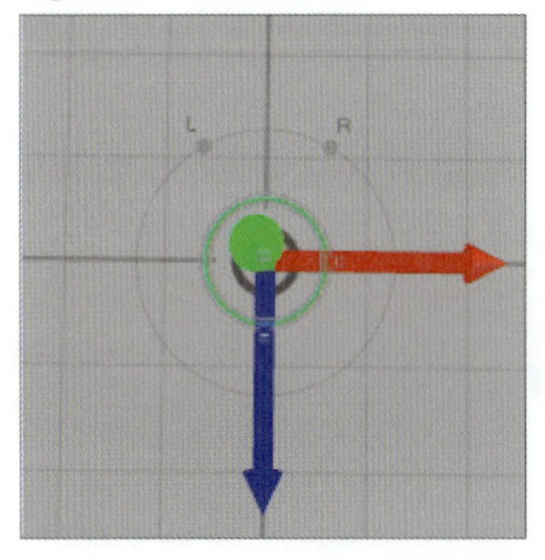

音を再生しながら3Dビュー内でカメラの向きを変え、いろいろな方向からこのL、Rを見てみましょう。このL、Rは音源の左右チャンネルが聞こえてくる方向を示しています。

音が聞こえてくる方向が空間に固定されており、カメラの向きによって聞こえ方が変わることがわかると思います。なおSpatial Audioとは異なり、カメラの位置によって聞こえ方は変わりません。Ambientという名前が示す通り、周囲に満ち溢れた環境音を表現するのに適したタイプです。

6.6.5　Channel Audio

Channel Audioも同様に追加しましょう。ナビゲータ左下の「+」を選択し、「Audio」>「Channel Audio」を選択します。

ナビゲータにChannelAudioが追加され、インスペクタをみるとChannel Audioコンポーネントが追加されていることを確認できます。

Fig. 6-99　ChannelAudio

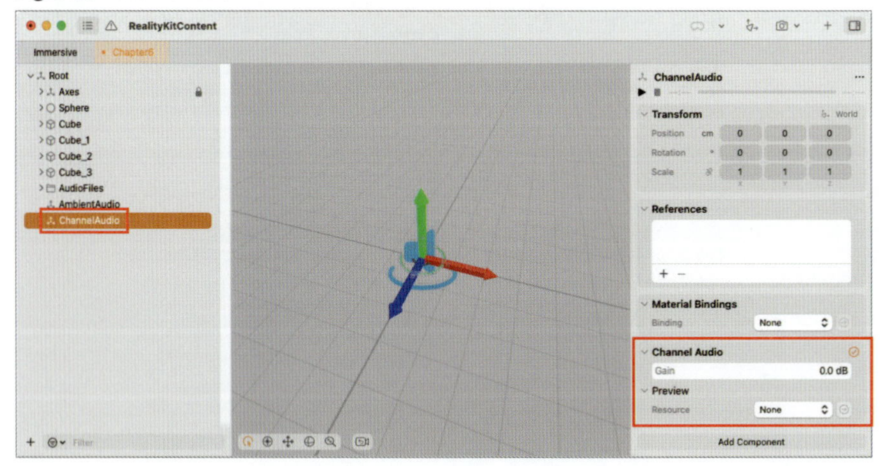

Channel Audioコンポーネントの「Resource」にはAmbient Audioと比較するために、同じオーディオファイルである「AtmospheresForestFloor」を選択します。

Fig. 6-100　AtmospheresForestFloor

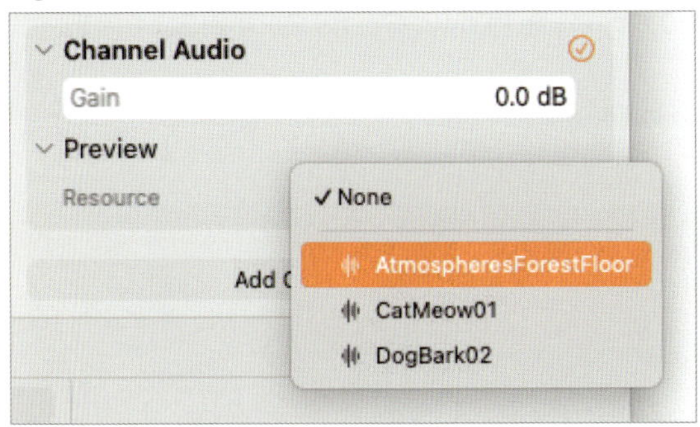

Resourceを設定したら、3Dビューに L、Rが表示されるようになりました。

Fig. 6-101　Channel Audio

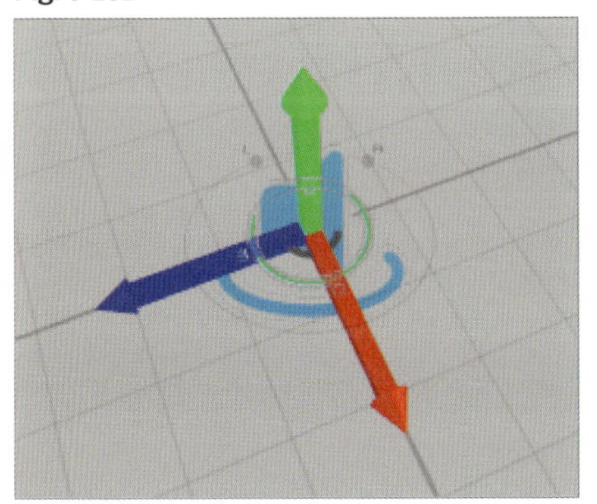

先ほどと同様、音を再生しながら3Dビュー内でカメラの向きを変え、いろいろな方向からこのL、Rを見てみましょう。

ユーザの向きに合わせてL、Rが追従し、Lチャンネルの音は常に左から、Rチャンネルの音は常に右から聞こえることがわかります。これは視覚的な要素と関連のないBGMなどに適したタイプです。

これで3種類のオーディオをシーン内に配置できました。次はパーティクルを追加する方法について説明します。

6.7　パーティクルの追加

ナビゲータ左下の「+」から「Particle Emitter」を選択します。
インスペクタの「▶」ボタンを選択するとパーティクルが再生されます。

Fig. 6-102　パーティクルの再生

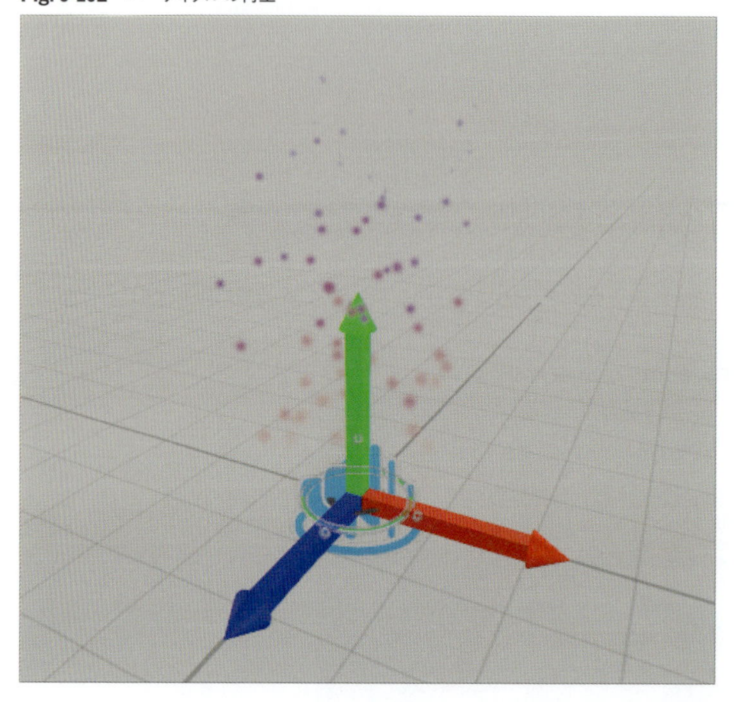

インスペクタのParticle Emitterを見ると、さまざまなパラメータがあることがわかります。

Fig. 6-103 パーティクル設定（Emitter）

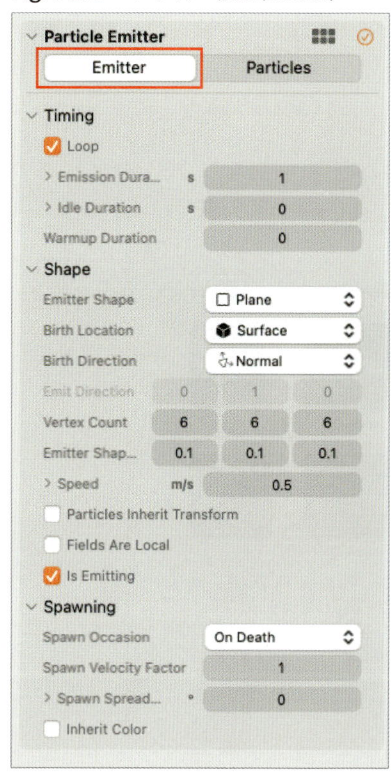

Fig. 6-104 パーティクル設定（Particles）

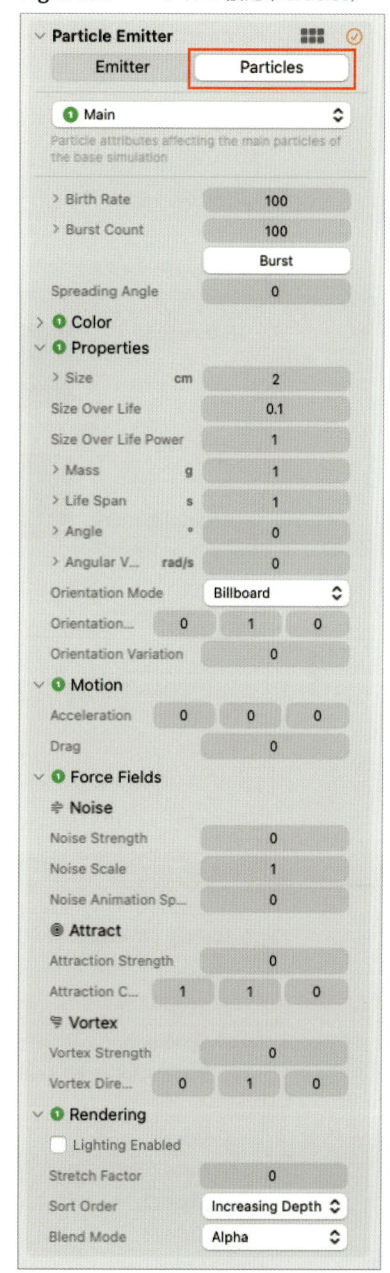

パーティクルの設定は、UnityやUnreal Engine、その他ツールを含め基本的な内容は共通しています。そのため、本書では詳細な説明を割愛します。各パラメータを変更しながら、動作をご自身で確認してみてください。Reality Composer Proではあらかじめ次のパーティクルが用意されているので、これらのパラメータも参考になるでしょう。

- Fireworks
- Impact
- Magic
- Rain
- Snow
- Sparks

Fig. 6-105　パーティクルサンプル

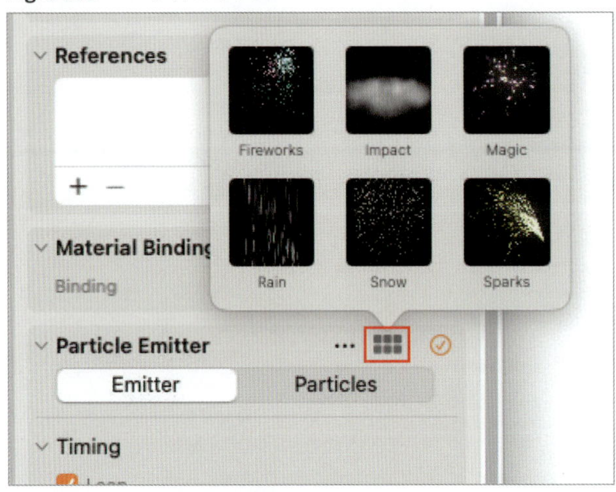

ここではサンプルのMagicを選択します。
続いて、ナビゲータでParticleEmitterをSphereの子となるようにドラッグして移動します。

Fig. 6-106　ナビゲータ

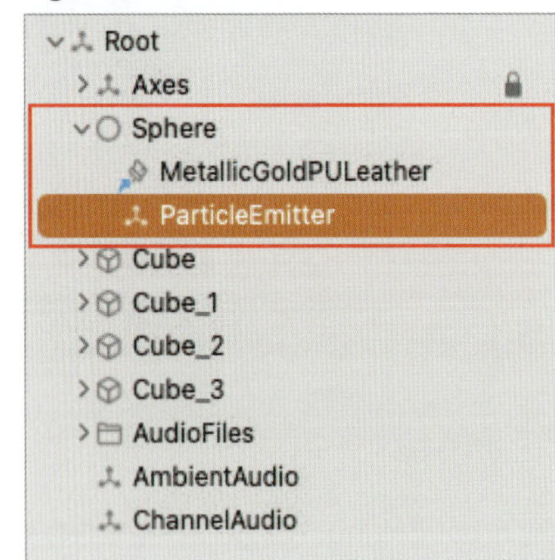

ParticleEmitterのPositionを以下の値に変更します。

- **Position**：0、100、0

Fig. 6-107　Position

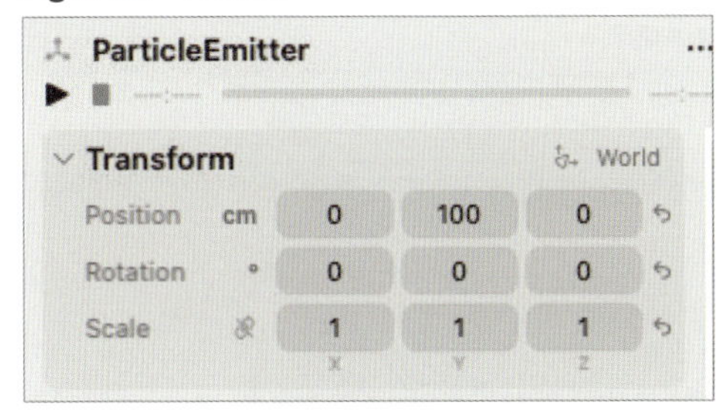

インスペクタ上部の「▶」ボタンを選択してパーティクルを再生しましょう。

Fig. 6-108　パーティクルの再生

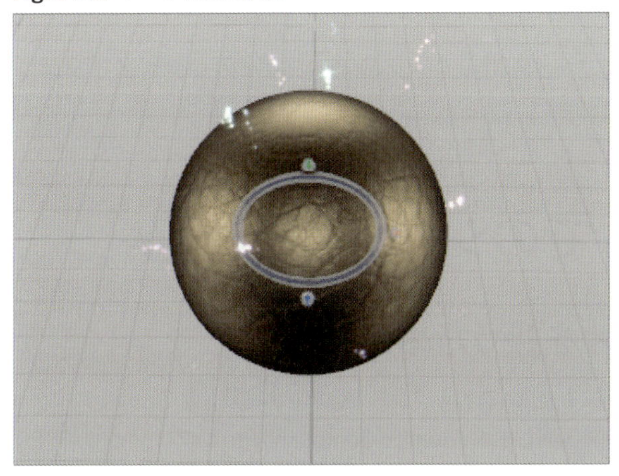

球の周りに光り輝くパーティクルが表示されることを確認できました（位置がずれてしまう場合には次ページのNOTEを参照）。

NOTE

もしパーティクルの表示位置と球の位置が一致していない場合はTransformコンポーネントの右側に「World」と表示されていることを確認しましょう。もし「Local」と表示されている場合はTransformの値がローカル座標系での値になるためyの100を0に変更する必要があります。ワールド座標系での値にしたい場合にはウインドウ右上にある「Set Manipulator to World Space」ボタンを選択します。

Fig. 6-109　世界座標系とローカル座標系

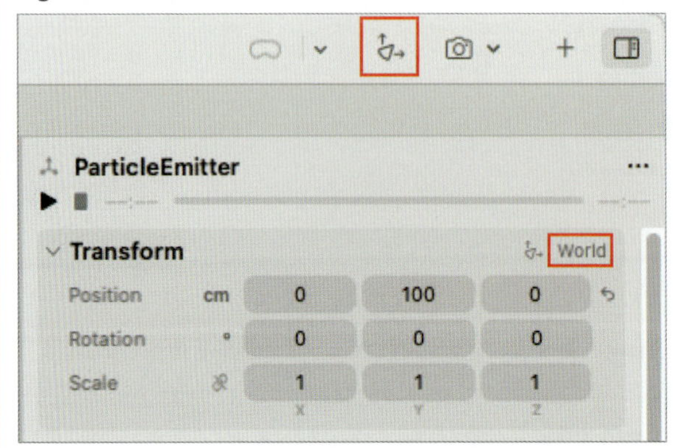

以上を保存したらReality Composer Proでのシーン構築作業は終了です。続いてXcodeにて作業します。

6.8 Xcodeでのシーン読み込み

6.8.1 オーディオを扱うための準備

最初にオーディオを扱うためのクラスをいくつか定義します。

ファイルを新規作成します。Reality Composer Proのプロジェクト配下に間違ってファイルが作られないように、ナビゲータの「Chapter6」>「Chapter6」（またはその配下のいずれかのファイル）を選択してから、Xcode画面左下の+ボタンから「File...」を選択します。

「Swift File」を選択し、「Next」ボタンを選択します。

ファイル名を「AppModel.swift」として「Create」ボタンを選択します[†1]。

†1　visionOS 2以降では、テンプレートコードに既に AppModel.swift が存在する可能性があります。その場合、本書に記載のAppModel.swiftは別のファイル名、クラス名に変更し、内容を読み替えてください。詳細は https://github.com/HoloLabInc/VisionProSwiftSamples を参照してください。

ファイルが作成されたらXcodeで選択し、「import Foundation」を削除してから、以下のコードを追加します。

Fig. 6-110 コードの追加（AppModel.swift）

```
8   import RealityKit
9   import SwiftUI
10
11  @Observable
12  class AudioInfo {
13      var entity: Entity?
14      var audio: AudioFileResource?
15      var isPlaying: Bool = false
16  }
17
18  @Observable
19  class AppModel {
20      var audioInfo: [AudioInfo] = [.init(), .init(), .init(), .init()]
21
22      func toggleAudio(info: AudioInfo) {
23          guard let entity = info.entity, let audio = info.audio else { return }
24
25          if info.isPlaying {
26              entity.stopAllAudio()
27          } else {
28              entity.playAudio(audio)
29          }
30          info.isPlaying.toggle()
31      }
32  }
```

前半部分は個々のオーディオを扱うための情報を表すAudioInfoクラスです。

プロパティとして、エンティティを保持するentity、そのエンティティから鳴らすオーディオファイルリソースを保持するaudio、そして再生中かどうかを表すisPlayingを保持します。

@Observableを付けることでSwiftUIから監視可能になり、後ほど実装するトグルUIの表示がisPlayingが変更されるたびに切り替わるようになります。

AppModel.swift

```
@Observable
class AudioInfo {
    var entity: Entity?
    var audio: AudioFileResource?
    var isPlaying: Bool = false
}
```

後半部分はアプリで使用するデータをまとめるAppModelクラスです。Reality Composer Proでシーンに配置した4つのオーディオ（Spatial Audio×2、Ambient Audio、Channel Audio）を読み込むため、あらかじめ4つのAudioInfoインスタンスを生成し、配列に格納しています。各AudioInfoの値はシーンを読み込む際に設定します。

「func toggleAudio(info:)」では引数で渡されたAudioInfoが再生中であれば音声をストップし、停止していれば音声を再生し、isPlayingの値を反転します。

AppModel.swift

```
@Observable
class AppModel {
    var audioInfo: [AudioInfo] = [.init(), .init(), .init(), .init()]

    func toggleAudio(info: AudioInfo) {
        guard let entity = info.entity, let audio = info.audio else { return }

        if info.isPlaying {
            entity.stopAllAudio()
        } else {
            entity.playAudio(audio)
        }
        info.isPlaying.toggle()
    }
}
```

次に「Chapter6App.swift」を開き、以下のコードを追加します。

Fig. 6-111 コードの追加（Chapter6App.swift）

```
10  @main
11  struct Chapter6App: App {
12      private var model = AppModel()
13
14      var body: some Scene {
15          WindowGroup {
16              ContentView()
17                  .environment(model)
18          }
19
20          ImmersiveSpace(id: "ImmersiveSpace") {
21              ImmersiveView()
22                  .environment(model)
23          }
24      }
25  }
```

追加

先ほど定義したAppModelのインスタンスを生成します。

Chapter6App.swift

```
private var model = AppModel()
```

生成したmodelをContentViewおよびImmersiveView配下のViewから参照できるよう、environmentモディファイアで値を渡します。Chapter 5で@Environmentが親ビューやシステムから提供される環境値を取得するためのものと説明しましたが、その値を提供する側がenvironmentモディファイアです。

Chapter6App.swift

```
WindowGroup {
    ContentView()
        .environment(model)
}

ImmersiveSpace(id: "ImmersiveSpace") {
    ImmersiveView()
        .environment(model)
}
```

6.8.2 シーンの読み込み

「ImmersiveView.swift」に以下のコードを追加します。

Fig. 6-112 コードの追加（ImmersiveView.swift）

```
12 struct ImmersiveView: View {
13     @Environment(AppModel.self) var model
14     @State private var scene: Entity?
15     private let sceneName = "Chapter6.usda"
16 
17     var body: some View {
18         RealityView { content in
19             // Add the initial RealityKit content
20             if let scene = try? await Entity(named: "Chapter6", in:
                   realityKitContentBundle) {
21                 content.add(scene)
22                 self.scene = scene
23             }
24 
25             await setAudioInfo(info: model.audioInfo[0], named: "Cube",
                   resource: "/Root/AudioFiles/CatMeow01")
26             await setAudioInfo(info: model.audioInfo[1], named: "Cube_1",
                   resource: "/Root/AudioFiles/DogBark02")
27             await setAudioInfo(info: model.audioInfo[2], named: "AmbientAudio",
                   resource: "/Root/AudioFiles/AtmospheresForestFloor")
28             await setAudioInfo(info: model.audioInfo[3], named: "ChannelAudio",
                   resource: "/Root/AudioFiles/AtmospheresForestFloor")
29         }
```

追加

変更

```
30         }
31
32         private func setAudioInfo(info: AudioInfo, named: String, resource: String)
               async {
33             // エンティティの設定
34             if let entity = await scene?.findEntity(named: named) {
35                 info.entity = entity
36             }
37             // 音声データの読み込み
38             info.audio = try! await AudioFileResource(named: resource, from:
                   sceneName, in: realityKitContentBundle)
39             // トグルボタンの状態初期化
40             info.isPlaying = false
41         }
42     }
```

追加

modelプロパティは、「Chapter6App.swift」でenvironmentモディファイアに渡した値を受け取るためのプロパティです。

ImmersiveView.swift

```
@Environment(AppModel.self) var model
```

> **NOTE**
> 以降、シミュレータでの動作確認を前提とします。キャンバスのプレビューで確認する場合は、コードの下の方にある「#Preview { ... }」内のビューに「.environment(AppModel())」を追加し、ダミーのAppModelを渡してください。「ContentView.swift」も同様です。

sceneプロパティは、Reality Composer Proで生成したシーンを読み込み保持します。

ImmersiveView.swift

```
@State private var scene: Entity?
```

sceneNameプロパティは、Reality Composer Proで生成したシーンのファイル名です。

ImmersiveView.swift

```
private let sceneName = "Chapter6.usda"
```

RealityViewのコンテンツ初期化処理では、Reality Composer Proで作成したシーンを読み込みます。namedに与える値を「Chapter6」に変更し、読み込んだシーンをプロパティに格納しています。

ImmersiveView.swift

```
if let scene = try? await Entity(named: "Chapter6", in:
    realityKitContentBundle) {
```

```
    content.add(scene)
    self.scene = scene
}
```

先ほど定義したAudioInfoの値を設定するメソッドを定義しています。4つあるオーディオ関連の設定を個別に行うとコードの見通しが悪くなるため、メソッドとして切り分けました。

ImmersiveView.swift

```
private func setAudioInfo(info: AudioInfo, named: String, resource: String)
    async {
    // エンティティの設定
    if let entity = await scene?.findEntity(named: named) {
        info.entity = entity
    }
    // 音声データの読み込み
    info.audio = try! await AudioFileResource(named: resource, from:
        sceneName, in: realityKitContentBundle)
    // トグルボタンの状態初期化
    info.isPlaying = false
}
```

コンテンツ初期化処理から上記setAudioInfoメソッドを呼び、4つのオーディオ情報を初期化しています。namedやresourceに設定している文字列は、Reality Composer Proで設定したエンティティ名やオーディオファイルのパスです。

⚠CAUTION

ここで設定している文字列は、Reality Composer Proで設定した名前やパスと注意して合わせるようにしてください。特にパスは間違いやすいので、Reality Composer Proのナビゲータで該当するオーディオファイルを右クリックし、「Copy Object Path」でパスをコピーしてそのままペーストすることをお勧めします。

ImmersiveView.swift

```
await setAudioInfo(info: model.audioInfo[0], named: "Cube",
    resource: "/Root/AudioFiles/CatMeow01")
await setAudioInfo(info: model.audioInfo[1], named: "Cube_1",
    resource: "/Root/AudioFiles/DogBark02")
await setAudioInfo(info: model.audioInfo[2], named: "AmbientAudio",
    resource: "/Root/AudioFiles/AtmospheresForestFloor")
await setAudioInfo(info: model.audioInfo[3], named: "ChannelAudio",
    resource: "/Root/AudioFiles/AtmospheresForestFloor")
```

次の図は、ここで設定している名前とパスがそれぞれReality Composer Pro上のどのエンティティまたはオーディオファイルを指しているかを示したものです。

Fig. 6-113　コード上の名前とパス名が指すReality Composer Pro上のエンティティまたはオーディオファイル

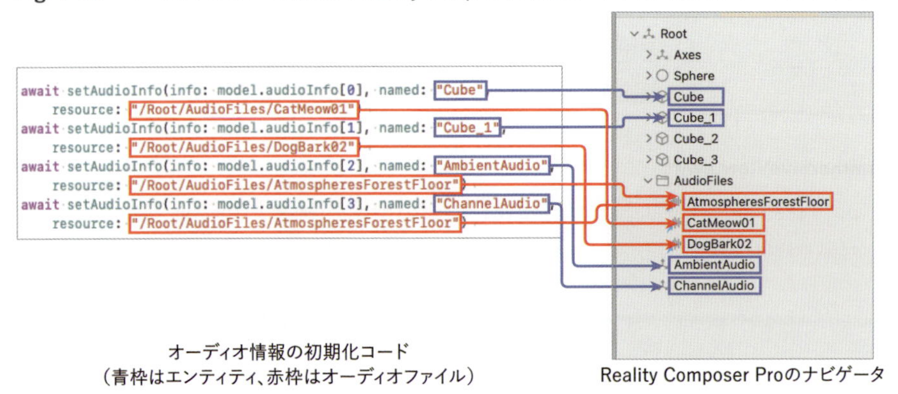

オーディオ情報の初期化コード
（青枠はエンティティ、赤枠はオーディオファイル）

Reality Composer Proのナビゲータ

ここで一度アプリを実行してみましょう。「Show ImmersiveSpace」のトグルを有効化すると、Reality Composer Proで作成したシーンが表示されていることが確認できます。

Fig. 6-114　アプリの実行

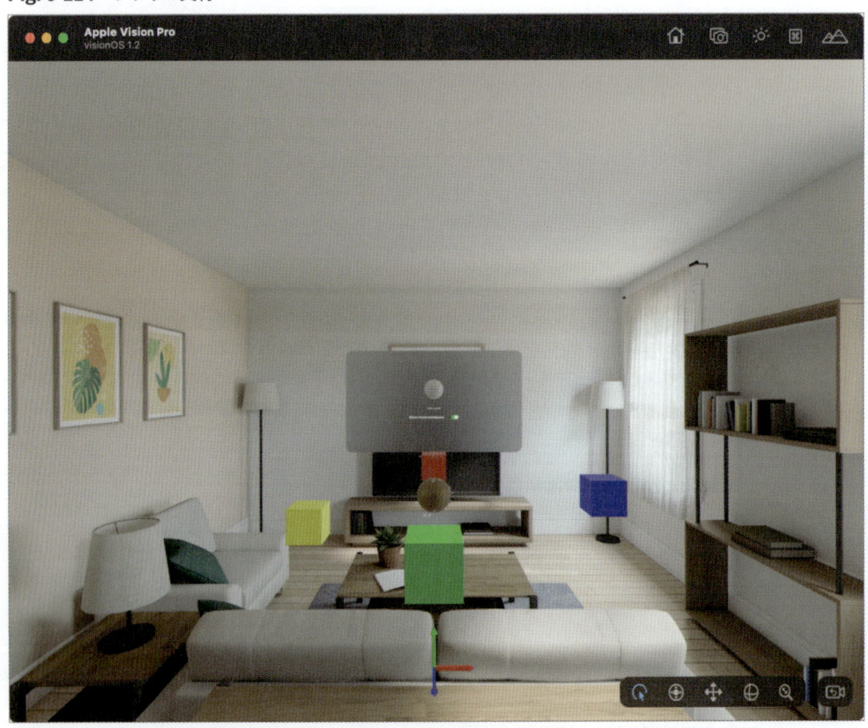

しかし音声は聞こえません。次に音声を再生するための処理を実装します。

6.8.3 UIの実装

音声を再生、停止するためのトグルボタンを実装します。「ContentView.swift」を選択します。

ContentView.swift

```
Model3D(named: "Scene", bundle: realityKitContentBundle)
    .padding(.bottom, 50)
```

を削除してから、次のようにコードを追加・変更します。

Fig. 6-115 コードの追加（ContentView.swift）

```
12  struct ContentView: View {
13
14      @State private var showImmersiveSpace = false
15      @State private var immersiveSpaceIsShown = false
16
17      @Environment(\.openImmersiveSpace) var openImmersiveSpace
18      @Environment(\.dismissImmersiveSpace) var dismissImmersiveSpace
19
20      @Environment(AppModel.self) var model                          追加
21
22      var body: some View {
23          VStack {
24              Text("Reality Composer Pro Sample")                    変更
25                  .font(.title)
26
27              Toggle("Show ImmersiveSpace", isOn: $showImmersiveSpace)
28                  .font(.title)
29                  .frame(width: 360)
30                  .padding(24)
31                  .glassBackgroundEffect()
32
33              VStack {
34                  CustomToggle("Spatial Audio(Cat)", info: model.audioInfo[0])
35                  CustomToggle("Spatial Audio(Dog)", info: model.audioInfo[1])
36                  CustomToggle("Ambient Audio", info: model.audioInfo[2])
37                  CustomToggle("Channel Audio", info: model.audioInfo[3])
38              }
39              .glassBackgroundEffect()
40              .disabled(!immersiveSpaceIsShown)
41          }
42          .padding()
43          .onChange(of: showImmersiveSpace) { ••• }
61      }
62
63      private func CustomToggle(_ label: String, info: AudioInfo) -> some View {
64          // トグルボタン押下時に所定の処理を実行する
65          Toggle(label, isOn: binding(info: info))
66              .font(.title)
67              .frame(width: 360)
68              .padding(24)
69      }
70
71      private func binding(info: AudioInfo) -> Binding<Bool> {
72          Binding<Bool>(
73              get: { info.isPlaying },
74              set: { _ in
75                  model.toggleAudio(info: info)
76              }
77          )
78      }
79  }
```

コードの主要な部分について見ていきます。modelプロパティの追加とTextの変更は、既出のため説明を割愛します。

VStack内にトグルボタンを4つ配置していますが、Toggleではなく独自に定義したCustomeToggleを利用しています。同じスタイルのトグルボタンを何度も利用する場合は、Chapter 4のようにカスタムモディファイアを定義するやり方もありますが、ここではViewを返すメソッドとして定義しました。CustomeToggleの内容については後ほど説明します。

VStackには「.glassBackgroundEffect()」を付けてガラスエフェクトの背景を追加し、また「.disabled(!immersiveSpaceIsShown)」を付けてイマーシブスペースが表示されているときだけトグルボタンが有効になるようにしています。

ContentView.swift

```
VStack {
    CustomToggle("Spatial Audio(Cat)", info: model.audioInfo[0])
    CustomToggle("Spatial Audio(Dog)", info: model.audioInfo[1])
    CustomToggle("Ambient Audio", info: model.audioInfo[2])
    CustomToggle("Channel Audio", info: model.audioInfo[3])
}
.glassBackgroundEffect()
.disabled(!immersiveSpaceIsShown)
```

次にCustomToggleメソッドの実装ですが、Toggleをラップして必要な引数を渡しているだけです。ただし、Toggleの引数isOnの部分に少し工夫をしています。isOnは「Binding<Bool>」型の値を取りますが、ここではbindingという「Binding<Bool>」値を返すメソッドを設定しています。

ContentView.swift

```
private func CustomToggle(_ label: String, info: AudioInfo) -> some View {
    // トグルボタン押下時に所定の処理を実行する
    Toggle(label, isOn: binding(info: info))
        .font(.title)
        .frame(width: 360)
        .padding(24)
}
```

bindingメソッドの実装は次の通りです。値が読み込まれた時には引数で渡されたinfoのisPlayingの値を返し、値が設定された時には「model.toggleAudio(…)」を呼ぶようにしています。これによりトグルの値の変更がトリガーとなり、音声がON/OFFされるようになります。

ContentView.swift

```
private func binding(info: AudioInfo) -> Binding<Bool> {
    Binding<Bool>(
        get: { info.isPlaying },
        set: { _ in
            model.toggleAudio(info: info)
        }
    )
}
```

ここでもう一度アプリを実行してみましょう。

Fig. 6-116 アプリの実行

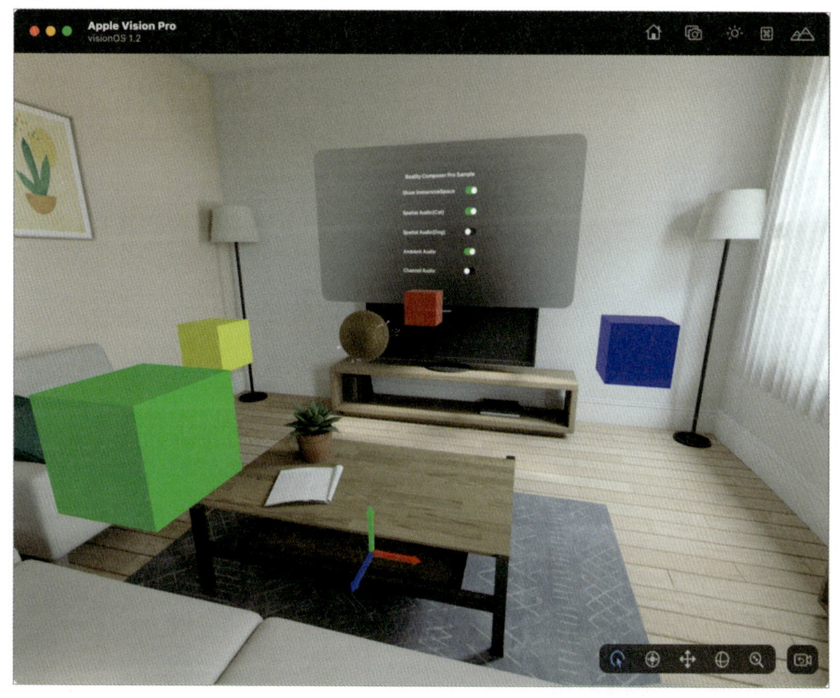

UIにトグルが追加されていることと、トグルを有効化すると対応する音声が再生されることが確認できるようになりました。

イマーシブスペースの原点となる位置に座標軸が配置されていることも確認しておきましょう。また赤いキューブは少し透過していることや、青いキューブは時間とともに色が変わること、黄色のキューブは時間と共に位置が変わるなど各種設定したマテリアルの確認もしてみましょう。

各音声の違いを比較するためには実機で確認するのが良いでしょう。

6.8.4 ジェスチャ操作の追加

最後にジェスチャ操作で球を操作できるようにします。

「ImmersiveView.swift」を開き、以下のコードを追加します。

Fig. 6-117 コードの追加（ImmersiveView.swift）

```
17     var body: some View {
18         RealityView { content in
19             // Add the initial RealityKit content
20             if let scene = try? await Entity(named: "Chapter6", in:
                   realityKitContentBundle) {
21                 content.add(scene)
22                 self.scene = scene
23             }
24 
25             await setAudioInfo(info: model.audioInfo[0], named: "Cube",
                   resource: "/Root/AudioFiles/CatMeow01")
26             await setAudioInfo(info: model.audioInfo[1], named: "Cube_1",
                   resource: "/Root/AudioFiles/DogBark02")
27             await setAudioInfo(info: model.audioInfo[2], named: "AmbientAudio",
                   resource: "/Root/AudioFiles/AtmospheresForestFloor")
28             await setAudioInfo(info: model.audioInfo[3], named: "ChannelAudio",
                   resource: "/Root/AudioFiles/AtmospheresForestFloor")
29         }
30         .gesture(DragGesture()
31             .targetedToAnyEntity()
32             .onChanged { value in
33                 value.entity.position = value.convert(value.location3D,
34                                                       from: .local,
35                                                       to: value.entity.parent!)
36             }
37         )
38     }
```

追加

DragGestureを使用し、ドラッグ位置をRealityKitの座標系に変換してその場所に球を移動します。球にはReality Composer ProでInputTargetComponentを追加済みのため、ジェスチャに反応します。

ImmersiveView.swift

```
.gesture(DragGesture()
    .targetedToAnyEntity()
    .onChanged { value in
        value.entity.position = value.convert(value.location3D,
                                              from: .local,
                                              to: value.entity.parent!)

    }
)
```

Fig. 6-118 アプリの実行

パーティクルは球の子として配置したため、球の移動にパーティクルが追従することを確認してみましょう。

また、他のキューブはジェスチャに対応するコンポーネントが設定されていないため、ドラッグしても移動しないことも確認しましょう。

6.9 ステップアップ マテリアルのパラメータ制御

ステップアップとして、Reality Composer Proで設定したパラメータをプログラムから変更できるようにしてみましょう。ここでは、緑色のCube_1に設定したMetallicパラメータをスライダーで変更できるようにしていきます。

まず、Reality Composer ProのナビゲータでCube_1配下のMaterialを選択し、Shader Graphを開きます。

Fig. 6-119　Cube_1のShader Graph

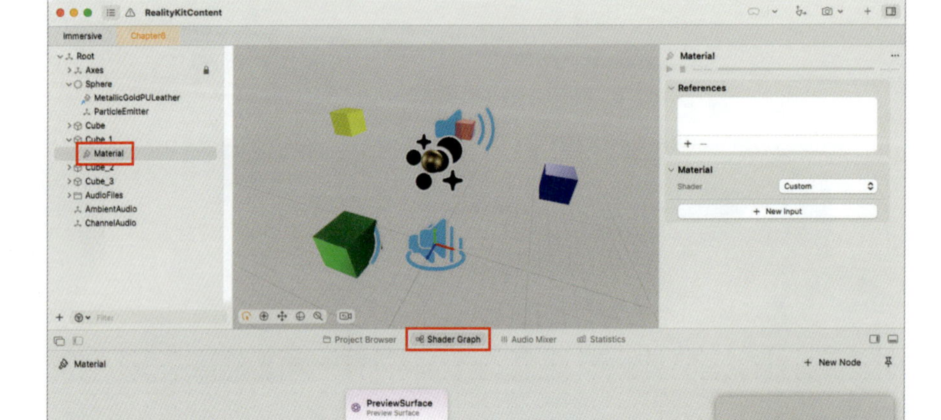

Metallicノードを右クリックして、「Promote to Material」を選択します。

Fig. 6-120　Promote to Materialの選択

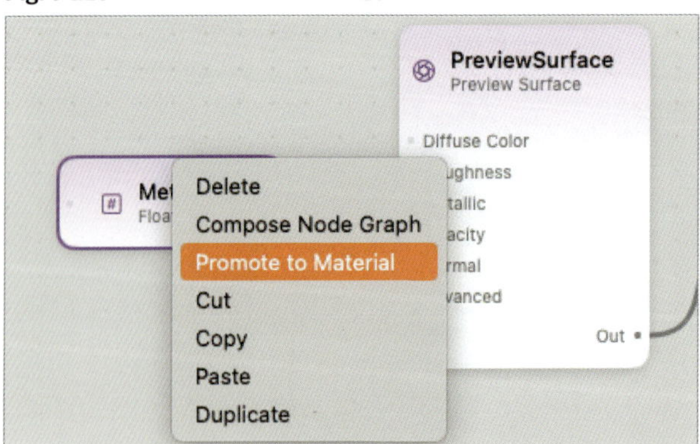

すると以下のような見た目に変わりました。

Fig. 6-121　Promote to Material選択後

Metallicノードを選択してインスペクタを見ると以下のように変化しました。

Fig. 6-122　Promote to Material選択前

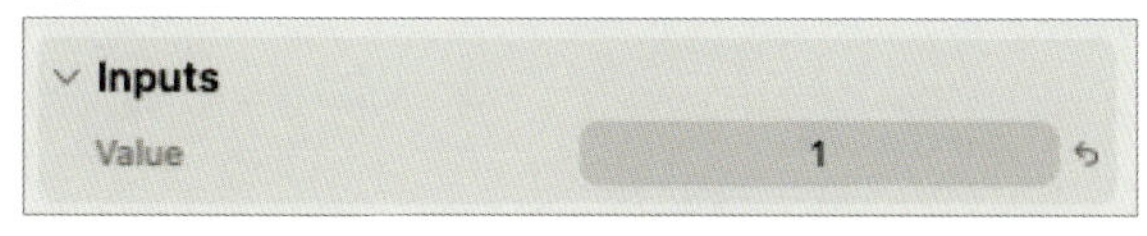

Fig. 6-123　Promote to Material選択後

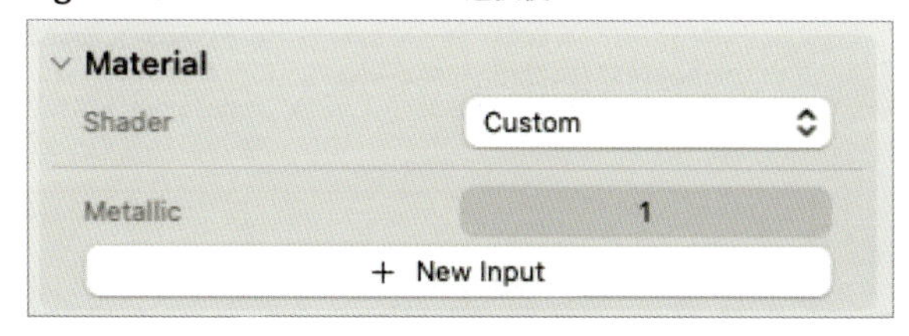

最初Valueは1として固定の値を持っていましたが、「Promote to Material」選択後は、Metallicというパラメータがプログラムからアクセス可能になります。

Reality Composer Proの作業は以上のため、保存してXcodeに移ります。

「AppModel.swift」を選択して、以下のコードを追加します。

Fig. 6-124　コードの追加（AppModel.swift）

```
18  @Observable
19  class AppModel {
20      var audioInfo: [AudioInfo] = [.init(), .init(), .init(), .init()]
21      var sliderValue: Float = 0.0
22  
23      func toggleAudio(info: AudioInfo) {
24          guard let entity = info.entity, let audio = info.audio else { return }
25  
26          if info.isPlaying {
27              entity.stopAllAudio()
28          } else {
29              entity.playAudio(audio)
30          }
31          info.isPlaying.toggle()
32      }
33  }
```

追加

これから追加するスライダーUIの値を保持します。

AppModel.swift

```
var sliderValue: Float = 0.0
```

次に「ContentView.swift」を開き、以下のコードを追加します。

Fig. 6-125　コードの追加（ContentView.swift）

```
21      var body: some View {
22          @Bindable var model = model
23
24          VStack {
25              Text("Reality Composer Pro Sample")
26                  .font(.title)
27
28              Toggle("Show ImmersiveSpace", isOn: $showImmersiveSpace)
29                  .font(.title)
30                  .frame(width: 360)
31                  .padding(24)
32                  .glassBackgroundEffect()
33
34              VStack {
35                  CustomToggle("Spatial Audio(Cat)", info: model.audioInfo[0])
36                  CustomToggle("Spatial Audio(Dog)", info: model.audioInfo[1])
37                  CustomToggle("Ambient Audio", info: model.audioInfo[2])
38                  CustomToggle("Channel Audio", info: model.audioInfo[3])
39
40                  HStack {
41                      Text("Metallic")
42                          .font(.title)
43                      Slider(value: $model.sliderValue, in: 0.0 ... 1.0)
44                  }
45                  .frame(width: 360)
46              }
47              .glassBackgroundEffect()
48              .disabled(!immersiveSpaceIsShown)
49          }
50          .padding()
```

追加

@Bindableはプロパティラッパーで、データバインディングを提供します。@Bindableを使うことで、モデルのプロパティ（sliderValue）とビューのプロパティ（スライダーの値）をリアルタイムに同期させることができます。これにより、スライダーの操作がモデルに反映され、モデルの変更もスライダーに反映されます。

ContentView.swift

```
@Bindable var model = model
```

HStack内は表示するUIです。テキストとスライダーUIを表示しています。

「value: $model.sliderValue」は、スライダーの値をmodelのsliderValueプロパティにバインディングしています。「$」記号は、双方向バインディングを示しています。これにより、スライダーの値が変わるとsliderValueも変わり、その逆も同様になります。「in: 0.0 ... 1.0」は、スライダーの範囲を0.0から1.0に設定しています。

ContentView.swift

```
HStack {
    Text("Metallic")
        .font(.title)
    Slider(value: $model.sliderValue, in: 0.0 ... 1.0)
}
.frame(width: 360)
```

Fig. 6-126 追加されたテキストとスライダー UI

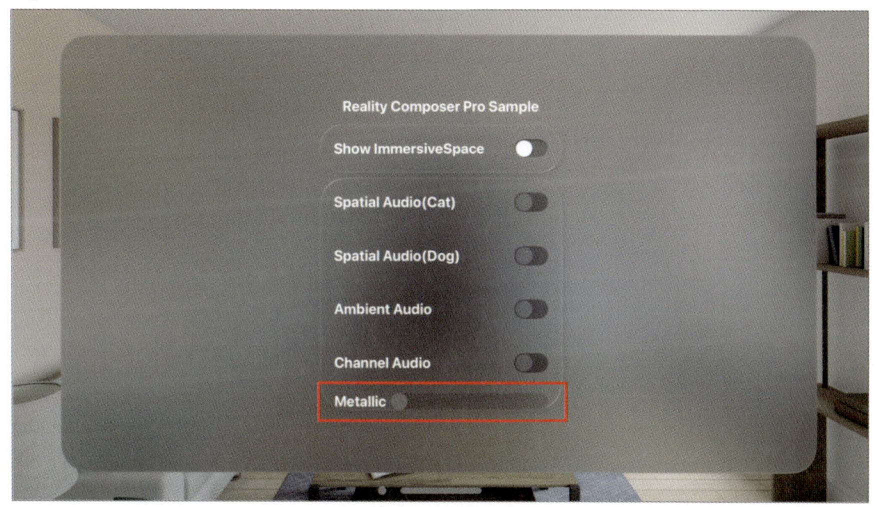

次に、エンティティからマテリアルにアクセスできるようにします。新規ファイル「EntityExtension.swift」を作成し、以下のコードを記載します。

Fig. 6-127 EntityExtension.swift

```
 8  import RealityKit
 9
10  extension Entity {
11      var modelComponent: ModelComponent? {
12          components[ModelComponent.self]
13      }
14
15      var shaderGraphMaterial: ShaderGraphMaterial? {
16          modelComponent?.materials.first as? ShaderGraphMaterial
17      }
18  }
```

追加

Entityのエクステンションを定義し、「entity.shaderGraphMaterial」のように簡単にマテリアルにアクセスできるようにしました。

EntityExtension.swift

```
extension Entity {
    var modelComponent: ModelComponent? {
        components[ModelComponent.self]
    }

    var shaderGraphMaterial: ShaderGraphMaterial? {
        modelComponent?.materials.first as? ShaderGraphMaterial
    }
}
```

最後に全体をつなげ、スライダーの操作がマテリアルのパラメータまで伝搬するようにします。「ImmersiveView.swift」を選択し、次のコードを追加します。

Fig. 6-128 コードの追加(ImmersiveView.swift)

```
12  struct ImmersiveView: View {
13      @Environment(AppModel.self) var model
14      @State private var scene: Entity?
15      private let sceneName = "Chapter6.usda"
16  
17      var body: some View {
18          RealityView { content in
19              // Add the initial RealityKit content
20              if let scene = try? await Entity(named: "Chapter6", in:
                    realityKitContentBundle) { ••• }
24  
25              await setAudioInfo(info: model.audioInfo[0], named: "Cube",
                    resource: "/Root/AudioFiles/CatMeow01")
26              await setAudioInfo(info: model.audioInfo[1], named: "Cube_1",
                    resource: "/Root/AudioFiles/DogBark02")
27              await setAudioInfo(info: model.audioInfo[2], named: "AmbientAudio",
                    resource: "/Root/AudioFiles/AtmospheresForestFloor")
28              await setAudioInfo(info: model.audioInfo[3], named: "ChannelAudio",
                    resource: "/Root/AudioFiles/AtmospheresForestFloor")
29          } update: { content in
30              updateMaterial(content)
31          }
32          .gesture( ••• )
40      }
41  
42      private func setAudioInfo(info: AudioInfo, named: String, resource: String)
            async { ••• }
```

追加

```
52  
53      private func updateMaterial(_ content: RealityViewContent) {
54          guard let entity = model.audioInfo[1].entity,
55                var material = entity.shaderGraphMaterial else { return }
56  
57          do {
58              try material.setParameter(name: "Metallic", value:
                    .float(model.sliderValue))
59              if var component = entity.modelComponent {
60                  component.materials = [material]
61                  entity.components.set(component)
62              }
63          } catch {
64              print("Error", error)
65          }
66      }
67  }
```

追加

コンテンツの更新処理を追加し、次に定義するupdateMaterialメソッドを呼び出します。

ImmersiveView.swift

```
} update: { content in
    updateMaterial(content)
}
```

updateMaterialメソッドは、スライダーの値をマテリアルのMetallicパラメータに設定する処理です。最初のguard let文では、(Cube_1の) エンティティとそのマテリアルが取得できることを確認しています。次に「material.setParameter(…)」メソッドで、Reality Composer Proで設定したMetallicパラメータにスライダーの値を設定しています。最後にパラメータを設定したマテリアルをエンティティに適用します。

ImmersiveView.swift

```
private func updateMaterial(_ content: RealityViewContent) {
    guard let entity = model.audioInfo[1].entity,
          var material = entity.shaderGraphMaterial else { return }

    do {
        try material.setParameter(name: "Metallic", value:
            .float(model.sliderValue))
        if var component = entity.modelComponent {
            component.materials = [material]
            entity.components.set(component)
        }
    } catch {
        print("Error", error)
    }
}
```

さて、アプリを実行してみましょう。

スライダーの操作に応じて緑のキューブの見た目（メタリック度）が変化することがわかります。

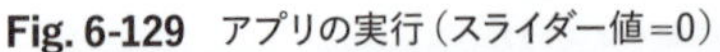

Fig. 6-129　アプリの実行（スライダー値=0）

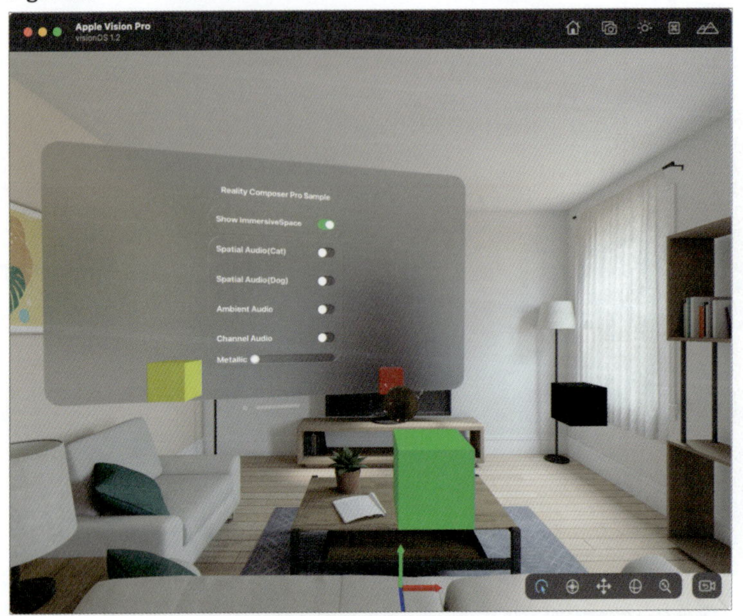

Fig. 6-130　アプリの実行（スライダー値=1）

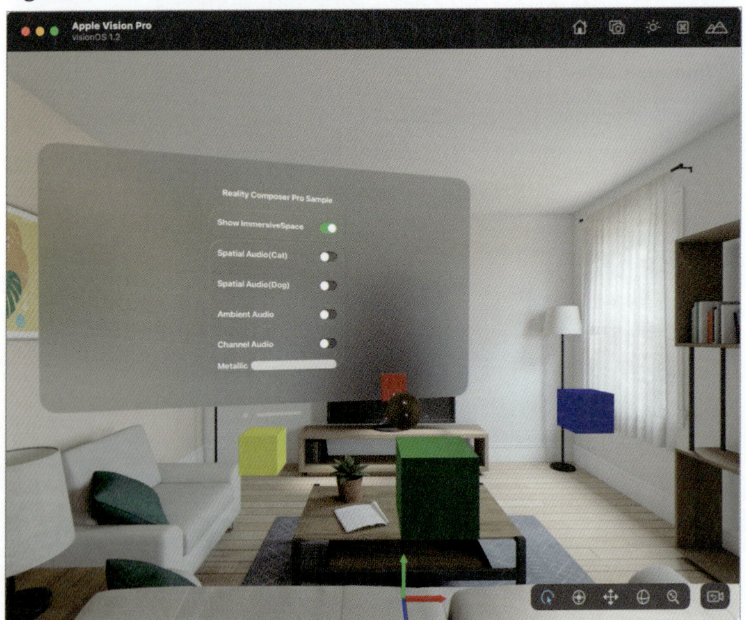

以上でReality Composer Proを利用したショーケースアプリの実装は終了です。実機でこれまでに実装した各種マテリアルの見え方やオーディオの聞こえ方、また球をジェスチャ操作できること、スライダーを操作して緑色のキューブの見た目が変わることを確認しましょう。座標軸のある位置が原点であることも確認しておきましょう。

Fig. 6-131 実機での実行

6.10 まとめ

このChapterでは、Reality Composer Proで行えることを多く盛り込んだショーケースアプリを実装しました。

まず座標軸を表す3Dモデルの作成を通して、Reality Composer Proのプリミティブな形状の操作やグループ化による階層を意識したエンティティの配置などの操作方法について学びました。次にコンテンツライブラリの活用やPhisically Basedなマテリアルのパラメータ設定、Shader Graphにおけるノードベースのマテリアル作成などのさまざまなマテリアルの作成方法について学びました。そしてコンポーネントの追加やパラメータの設定方法についても学びました。またオーディオの種類（空間オーディオ、アンビエントオーディオ、チャンネルオーディオ）の違いとその再生方法について学び、パーティクルの追加も行いました。最後にReality Composer Proで設定したマテリアルのパラメータをプログラムから変更できるようにしました。

NOTE

Appendix A「本書のサンプルアプリのガイドマップ」には、アプリの構造を概観できる図（ガイドマップ）を用意しています。文章による説明では理解しづらいデータの流れや、オブジェクト間の関連を把握する助けとなります。

Chapter 7

ARKitを利用したシューティングゲームの開発 その1

このChapterでは現実の環境を反映した体験が
実装できるフレームワーク、ARKitの使い方を学びます。
開発テーマは「手でポーズを取ると弾を発射するシューティングゲーム」です。
ハンドトラッキング機能の実装をすることで、
ARKitアプリを開発できるようになりましょう。

CAUTION
このChapterの内容はシミュレータでは一部のみ動作します。
完全な動作にはVision Proの実機が必要です。

7.1 シューティングゲームの概要

今回開発するアプリはARKitのハンドトラッキングを利用したシューティングゲームです。Vision Proには周囲の環境を認識する多数のカメラ、センサーが搭載されています。ARKitはそれらの環境情報をアプリ内で利用できるようにする開発フレームワークです。ARKitのハンドトラッキングは両手関節の位置と向きを取得できます。独自のハンドジェスチャを実装してシューティングゲームを作ってみましょう。

アプリを起動するとウインドウが表示され、スタートボタンでゲームが始まります。

Fig. 7-1　シューティングゲームアプリの起動画面

ゲームを開始するとイマーシブスペースに切り替わり、ターゲット（ロボットの3Dモデル）が表示されます。ターゲットは得点と残り時間を表示しながら移動します。

Fig. 7-2　ゲーム開始時の画面

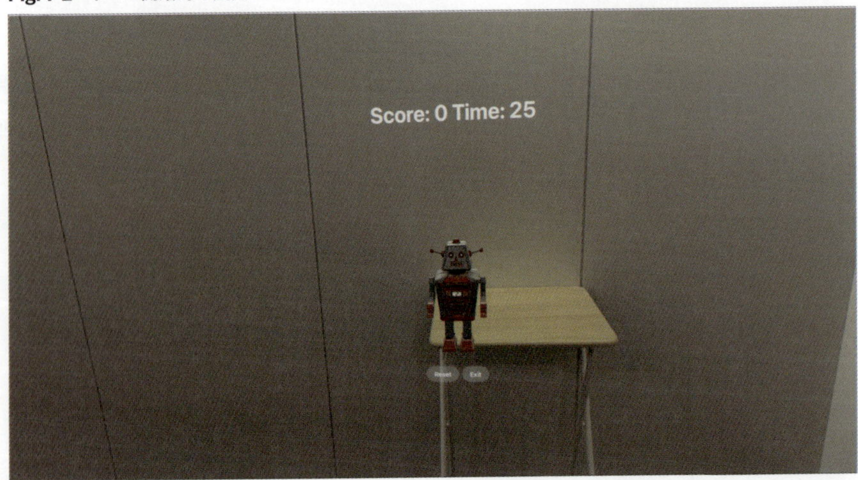

両手の人差し指でXマークを作るジェスチャをすることで弾を発射します。弾をターゲットに当てて高得点を狙いましょう。

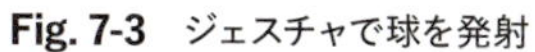

Fig. 7-3 ジェスチャで球を発射

残り時間が0になるとターゲットが停止します。ターゲットの下にはボタンが表示され、もう1回ゲームを始めるか終了するかを選択できます。

Fig. 7-4 ゲーム終了画面

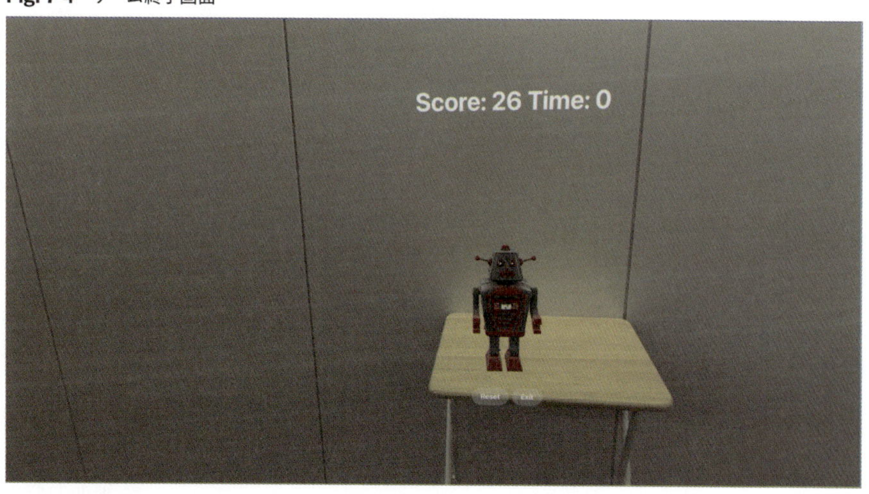

7.2 プロジェクトの作成

Xcodeでプロジェクトを新規作成します。今回はアプリ起動時にはウインドウを表示し、ゲームはイマーシブスペースで表示するので、以下のように設定します。

- Product Name:「Chapter7」
- Team:チーム
- Organization Idenrifier:「visionOSdev」
- Initial Scene:「Window」
- Immersive Space Renderer:「RealityKit」
- Immersive Space:「Mixed」

Fig. 7-5　プロジェクトの初期設定

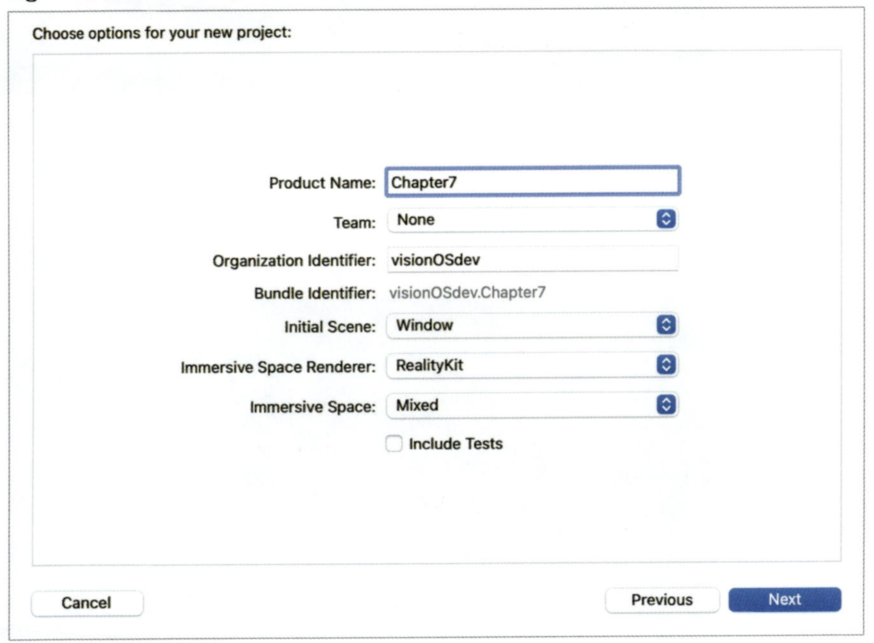

プロジェクトを作成したらアプリの基本的な画面遷移を実装していきます。

7.3 イマーシブスペースへの遷移

アプリ起動時はウインドウを表示し、ゲームスタート時にイマーシブスペースへ遷移する処理を実装します。作成したプロジェクトには「Chapter7App.swift」、「ContentView.swift」、「ImmersiveView.swift」が保存されています。

Fig. 7-6 Xcodeプロジェクトのファイル構成

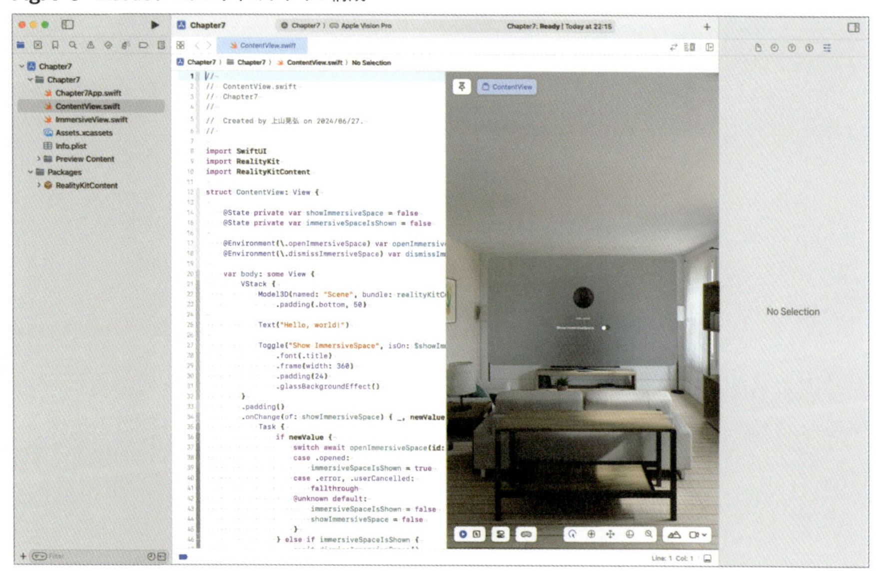

「ContentView.swift」にはアプリ起動時に表示されるウインドウ画面が実装されています。これを修正し、ボタンを押すとイマーシブスペースへ遷移する処理に変更しましょう。

新規作成時に書かれていたコードを削除します。

Fig. 7-7　新規作成時に書かれていたコードを削除（ContentView.swift）

```
12 struct ContentView: View {
13
14     @State private var showImmersiveSpace = false
15     @State private var immersiveSpaceIsShown = false
16
17     @Environment(\.openImmersiveSpace) var openImmersiveSpace
18     @Environment(\.dismissImmersiveSpace) var dismissImmersiveSpace
19
20     var body: some View {
21         VStack {
22             Model3D(named: "Scene", bundle: realityKitContentBundle)
23                 .padding(.bottom, 50)
24
25             Text("Hello, world!")
26
27             Toggle("Show ImmersiveSpace", isOn: $showImmersiveSpace)
28                 .font(.title)
29                 .frame(width: 360)
30                 .padding(24)
31                 .glassBackgroundEffect()
32         }
33         .padding()
34         .onChange(of: showImmersiveSpace) { _, newValue in
35             Task {
36                 if newValue {
37                     switch await openImmersiveSpace(id: "ImmersiveSpace") {
38                     case .opened:
39                         immersiveSpaceIsShown = true
40                     case .error, .userCancelled:
41                         fallthrough
42                     @unknown default:
43                         immersiveSpaceIsShown = false
44                         showImmersiveSpace = false
45                     }
46                 } else if immersiveSpaceIsShown {
47                     await dismissImmersiveSpace()
48                     immersiveSpaceIsShown = false
49                 }
50             }
51         }
52     }
53 }
```

削除

ボタンを追加します。

Fig. 7-8　ボタンUIを追加するコード（ContentView.swift）

```
8  import SwiftUI
9  import RealityKit
10 import RealityKitContent
11
12 struct ContentView: View {
13     var body: some View {
14         // ゲームスタートボタンを表示
15         Button(action: {
16
17         }, label: {
18             Text("Start")
19                 // ボタンの文字サイズを大きく設定
20                 .font(.extraLargeTitle)
21                 .padding()
22         })
```

追加

```
23        }
24    }
25
26    #Preview(windowStyle: .automatic) {
27        ContentView()
28    }
29
```

目立つようにボタンを表示したいので、「.font(.extraLargeTitle)」で文字サイズを大きくする設定も追加しています。

ContentView.swift

```
// ゲームスタートボタンを表示
Button(action: {

}, label: {
    Text("Start")
        // ボタンの文字サイズを大きく設定
        .font(.extraLargeTitle)
        .padding()
})
```

画面遷移のための関数と、ボタンを押したときの処理を以下のように追加します。

Fig. 7-9　画面の遷移処理を追加（ContentView.swift）

```
8   import SwiftUI
9   import RealityKit
10  import RealityKitContent
11
12  struct ContentView: View {
13      // 画面遷移のための関数(環境値)
14      @Environment(\.openImmersiveSpace) var openImmersiveSpace
15      @Environment(\.dismiss) var dismiss
16
17      var body: some View {
18          // ゲームスタートボタンを表示
19          Button(action: {
20              Task {
21                  // イマーシブスペースの起動とウインドウの削除
22                  await openImmersiveSpace(id: "ImmersiveSpace")
23                  dismiss()
24              }
25          }, label: {
26              Text("Start")
27                  // ボタンの文字サイズを大きく設定
28                  .font(.extraLargeTitle)
29                  .padding()
30          })
31      }
32  }
33
34  #Preview(windowStyle: .automatic) {
35      ContentView()
36  }
```

追加（13〜15行目）

追加（20〜24行目）

イマーシブスペースを開く関数とウインドウを閉じる関数を環境値から取得します。

ContentView.swift

```
// 画面遷移のための関数(環境値)
@Environment(\.openImmersiveSpace) var openImmersiveSpace
@Environment(\.dismiss) var dismiss
```

ボタンを押したときにイマーシブスペースへ遷移するようにします。イマーシブスペースの起動は、今までと同様に非同期でopenImmersiveSpaceを呼んで行います。ゲーム時にウインドウが表示されていると邪魔になるため、dismissを呼んでウインドウを閉じます。

ContentView.swift

```
Task {
    // イマーシブスペースの起動とウインドウの削除
    await openImmersiveSpace(id: "ImmersiveSpace")
    dismiss()
}
```

最後にウインドウの見た目を調整します。ボタンだけだと寂しいので、背景に画像を追加します。

「Assets.xcassets」に、素材フォルダ「Chapter7_assets」にある画像ファイル「background.png」を読み込ませてください。素材フォルダの入手方法は3.3.2項を参照してください。

Fig. 7-10　Xcodeプロジェクトの「Assets.xcassets」に「background.png」をインポート

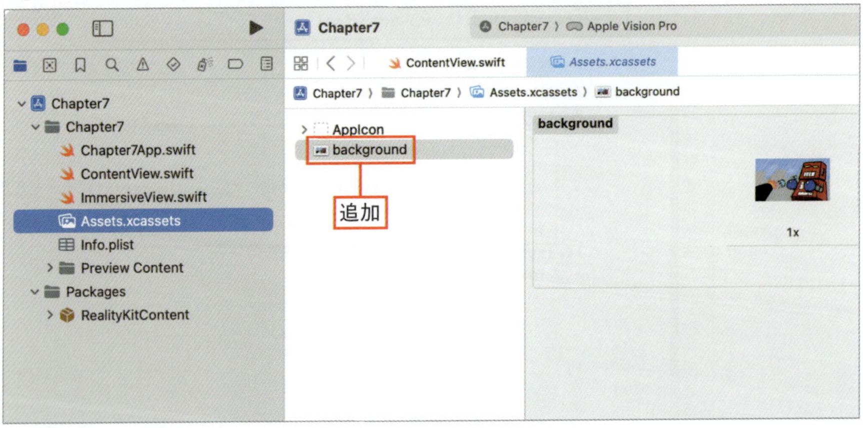

「background」をウインドウの背景画像に設定します。

Fig. 7-11　「background」をウインドウの背景画像に設定する処理(ContentView.swift)

```
8   import SwiftUI
9   import RealityKit
10  import RealityKitContent
11  
12  struct ContentView: View {
13      // 画面遷移のための関数(環境値)
14      @Environment(\.openImmersiveSpace) var openImmersiveSpace
15      @Environment(\.dismiss) var dismiss
16  
17      var body: some View {
18          ZStack { // 重ねて表示
19              // 背景画像を表示
20              Image("background")
21                  .resizable()
22                  .aspectRatio(contentMode: .fit)
23                  .clipShape(RoundedRectangle(cornerRadius: 25.0))
24  
25              // ゲームスタートボタンを表示
26              Button(action: {
27                  Task {
28                      // イマーシブスペースの起動とウインドウの削除
29                      await openImmersiveSpace(id: "ImmersiveSpace")
30                      dismiss()
31                  }
32              }, label: {
33                  Text("Start")
34                      // ボタンの文字サイズを大きく設定
35                      .font(.extraLargeTitle)
36                      .padding()
37              })
38          }
39      }
40  }
41  
42  #Preview(windowStyle: .automatic) {
43      ContentView()
44  }
```

追加（18〜23行目）

追加（38行目）

ここではボタンの背後に画像を配置するためZStackを使用しています。「Image("background")」で背景画像を表示した後にサイズの調整をしています。「.resizable()」と「.aspectRatio(contentMode: .fit)」で表示領域いっぱいに画像を拡大します。追加でウインドウの形状に画像を合わせるために「.clipShape(RoundedRectangle(cornerRadius: 25.0))」で角を丸くします。

ContentView.swift

```
ZStack { // 重ねて表示
    // 背景画像を表示
    Image("background")
        .resizable()
        .aspectRatio(contentMode: .fit)
        .clipShape(RoundedRectangle(cornerRadius: 25.0))
```

```
        ...
}
```

これでゲーム開始前のウインドウ画面とイマーシブスペースへの遷移処理の実装が完了しました。次のような見た目になります。

Fig. 7-12 アプリ起動時のキャンバス表示

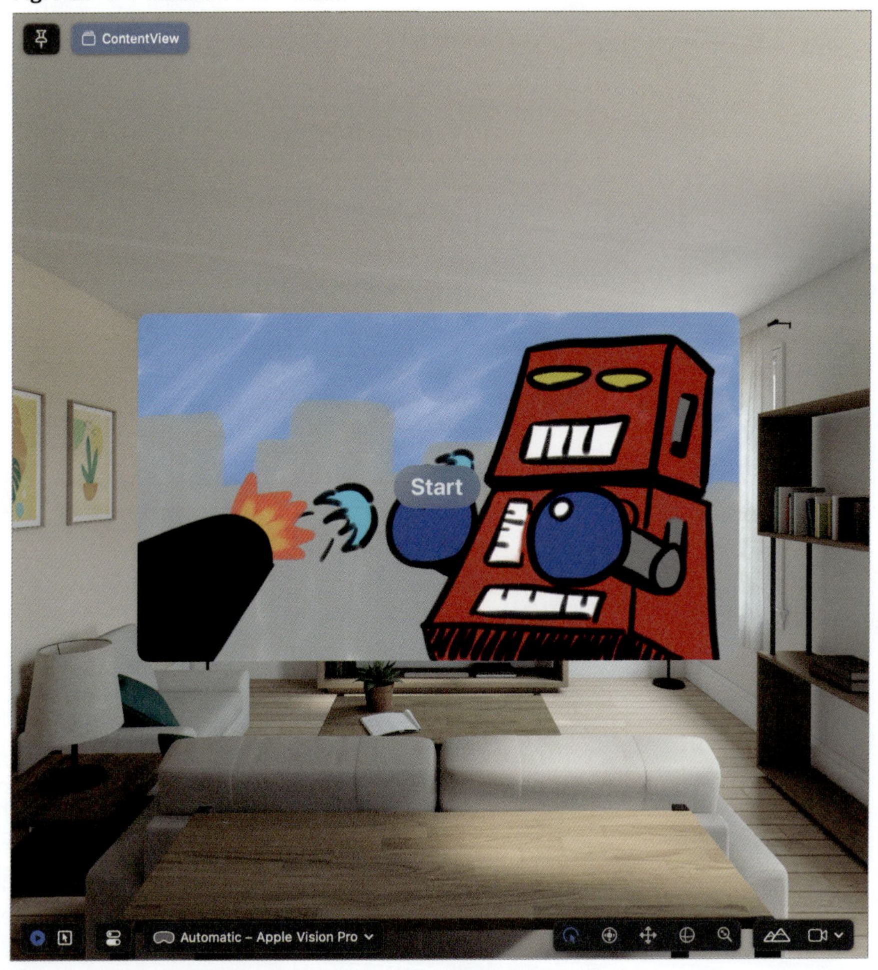

7.4　3Dモデルの準備

シューティングゲームには発射する弾と、弾を当てるターゲットが必要です。ゲームの処理本体を実装する前にReality Composer Proでこれらの3Dモデルを準備しましょう。

7.4.1　ターゲットモデルの作成

最初にターゲットモデルを作成します。プロジェクト作成時に自動生成されているReality Composer Proのプロジェクトを利用します。ナビゲータから「Packages」>「RealityKit Content」>「Package.realitycomposerpro」を選択し、「Open in Reality Composer Pro」ボタンを押してプロジェクトを開きます。

Fig. 7-13　Xcodeプロジェクトから RealityKitContent 起動

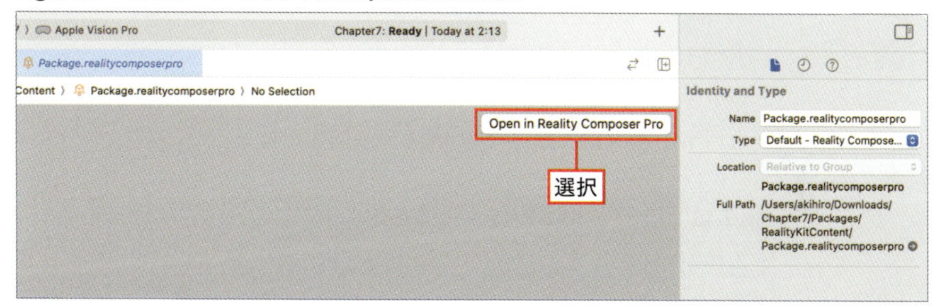

すでに「Immersive」という名前のシーンが存在していますが、ターゲットモデル用に新規のシーンを追加します。

メニューから「File」>「New」>「Scene...」を選択して新規シーンを作成します。

Fig. 7-14　Reality Composer Pro内で新規シーンを作成

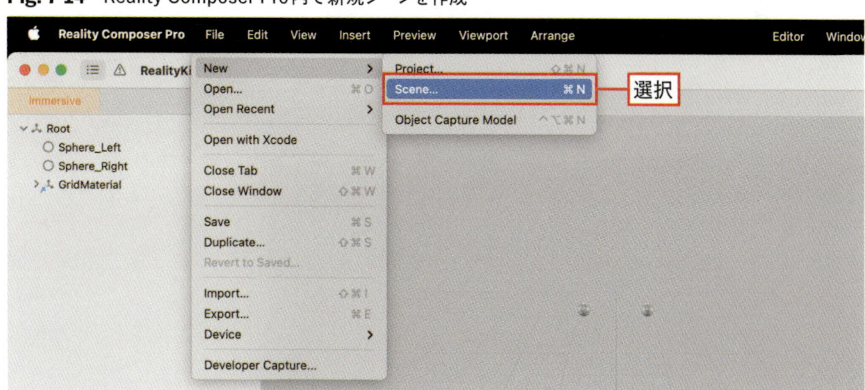

名前を「Target」に設定します。

Fig. 7-15　新規シーンの保存先を設定

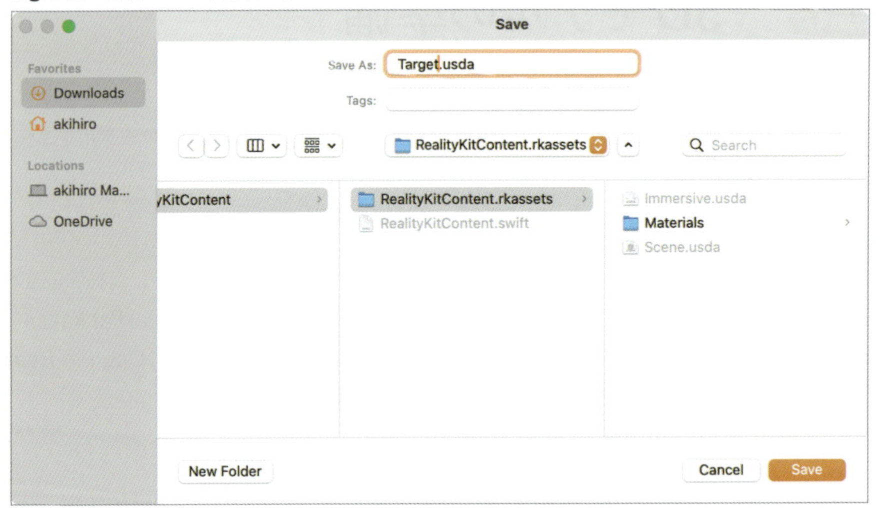

ロボットの3Dモデルを追加します。画面右上の「＋」ボタンを押し、コンテンツライブラリから「Toy Robot」をダブルクリックして追加します。

Fig. 7-16　ロボットの3Dモデルをシーンに追加

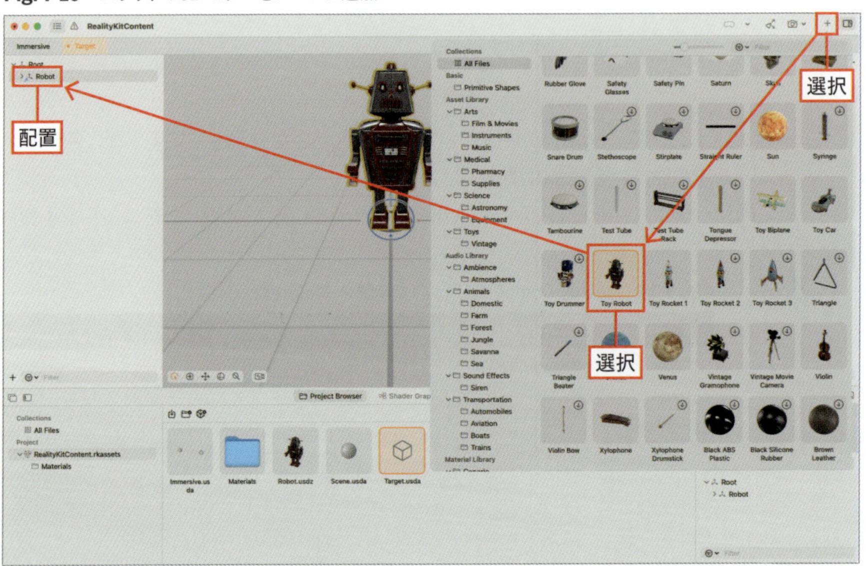

⚠CAUTION

左側のナビゲータを見て、モデル名が「Robot」になっていることを確認してください。もし「Toy_Robot」など別の名前になっていたらクリックして「Robot」に修正してください。

Fig. 7-17 モデル名の確認場所

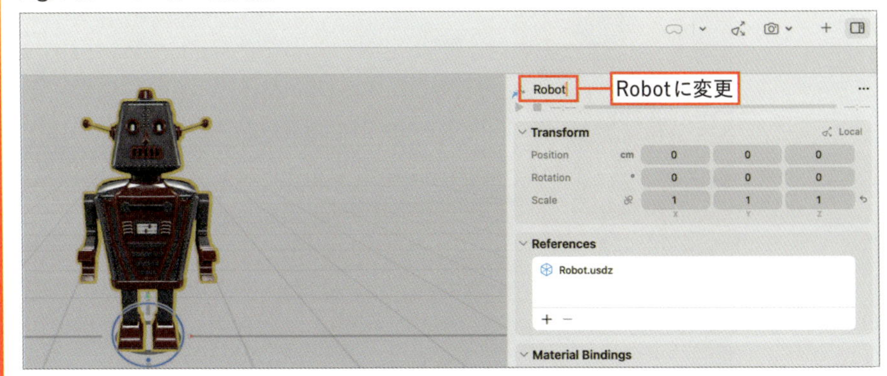

次に、この3Dモデルに弾の衝突判定のためのコンポーネントを追加、設定します。ナビゲータから「Robot」を選択し、インスペクタの「Add Component」ボタンを押して以下のコンポーネントを追加してください。

- **Collision**：当たり判定の形状を指定
- **Physics Body**：物理演算を利用した当たり判定

さらに「Physics Body」には以下のパラメータを設定し、これらのモデルへの物理法則の影響を制限します。

- **Mode**：弾が当たっても移動しないように「Kinematic」に変更
- **Affected by Gravity**：重力の影響を受けないようにチェックを外す

設定後の見た目は次のようになります。

Fig. 7-18　追加されたコンポーネントの設定項目

7.4.2　弾モデルの作成

ターゲットモデルと同様、弾モデル用に新規のシーンを追加します。名前は「Bullet」に設定します。

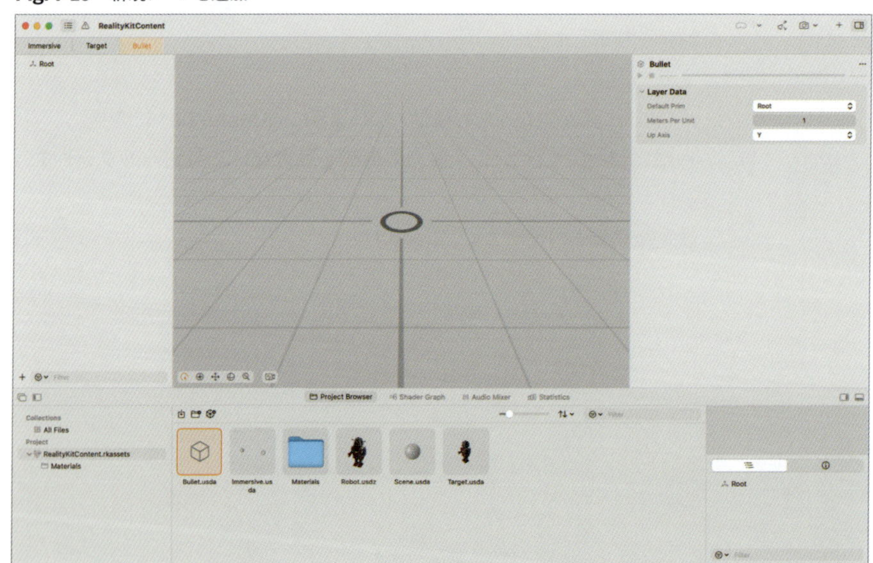

Fig. 7-19　新規シーンを追加

画面左下の「+」メニューから「Primitive Shape」>「Sphere」を選択し、球の3Dモデルを追加します。加えて、右側のインスペクタの「Sphere Primitive」>「Radius」を「2」に変更し、球の半径を2cmに設定します。

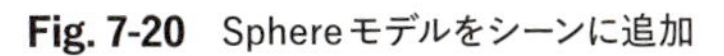

Fig. 7-20　Sphereモデルをシーンに追加

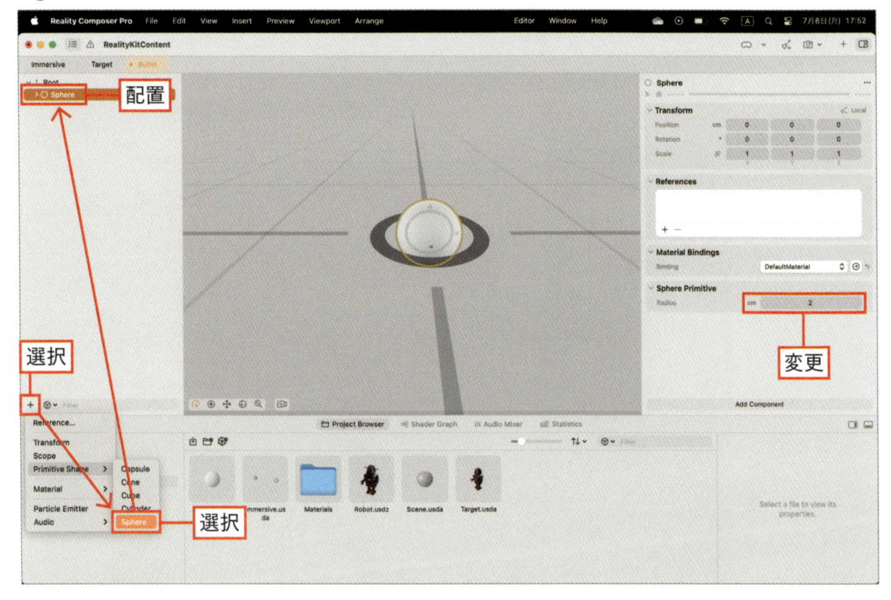

「Sphere」には次のコンポーネントを追加します。先ほど「Robot」に設定したものに加えて「Physics Motion」が増えていることに注意してください。

- **Collision**：当たり判定の形状を指定
- **Physics Body**：物理演算を利用した当たり判定
- **Physics Motion**：物理演算を利用した移動

「Collision」には次のパラメータを設定します。

- **Shape**：コリジョンの形状を球にするため「Sphere」に変更

「Physics Body」には次のパラメータを設定します。

- **Affected by Gravity**：重力の影響を受けないようにチェックを外す

設定後の見た目は次のようになります。

Fig. 7-21　Sphereモデルに追加したコンポーネントの設定

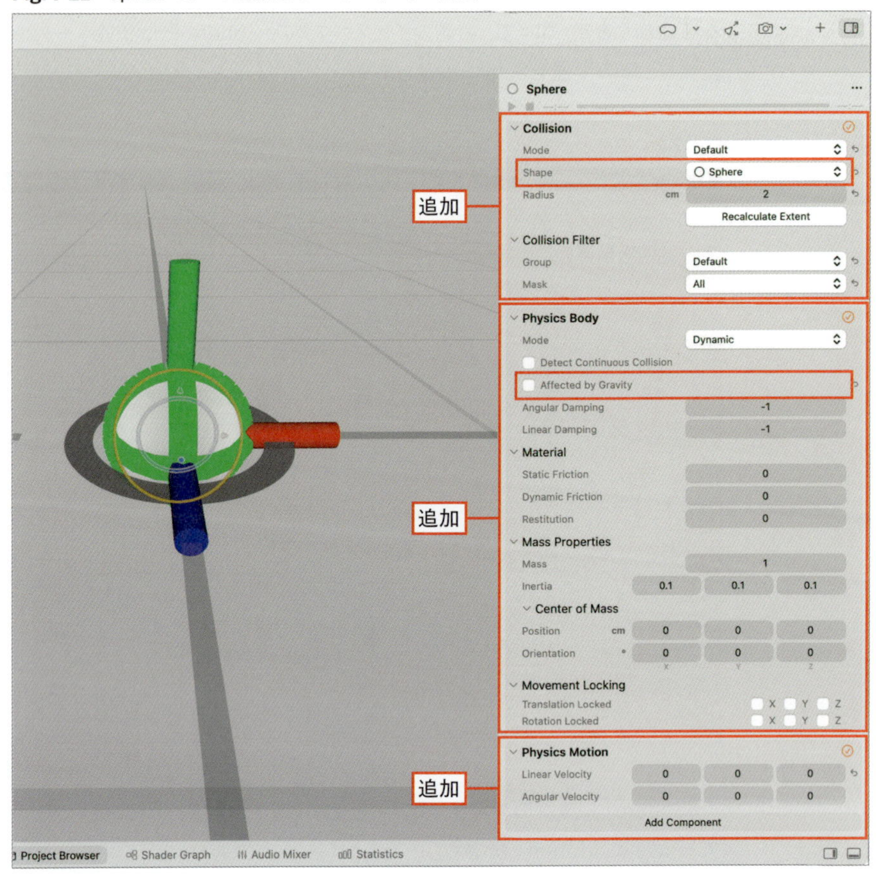

これらの設定をシーンに保存し、ゲームで使用する3Dモデルの準備は完了です。

7.5 3Dモデルの基本動作の実装

Reality Composer Proで作成したモデルを読み込んで、表示や当たり判定などの基本動作を実装しましょう。

7.5.1 Xcodeでのモデル読み込み

「ImmersiveView.swift」のRealityView初期化処理でモデルの読み込みを行います。まずプロジェクト作成時に自動生成されたコードを削除します。

Fig. 7-22 プロジェクト作成時に自動生成されたコードを削除（ImmersiveView.swift）

```
7
8  import SwiftUI
9  import RealityKit
10 import RealityKitContent
11
12 struct ImmersiveView: View {
13     var body: some View {
14         RealityView { content in
15             // Add the initial RealityKit content
16             if let scene = try? await Entity(named: "Immersive", in:
                   realityKitContentBundle) {
17                 content.add(scene)
18             }
19         }
20     }
21 }
22
23 #Preview(immersionStyle: .mixed) {
24     ImmersiveView()
25 }
26
```

削除

モデルを読み込むコードを追加します。

Fig. 7-23 Reality Composer Proから3Dモデルを読み込む処理を追加（ImmersiveView.swift）

```
8  import SwiftUI
9  import RealityKit
10 import RealityKitContent
11
12 struct ImmersiveView: View {
13     // 弾 Entity
14     @State var bullet: ModelEntity?
15
16     var body: some View {
17         RealityView { content in
18             // 弾モデルの読み込み
19             if let bulletScene = try? await Entity(
20                 named: "Bullet",
21                 in: realityKitContentBundle
22             ) {
23                 bullet = bulletScene
24                     .findEntity(named: "Sphere") as? ModelEntity
25             }
```

追加

```
26
27              // ターゲットモデルの読み込み
28              if let targetScene = try? await Entity(
29                  named: "Target",
30                  in: realityKitContentBundle
31              ) {
32                  if let target = targetScene.findEntity(named: "Robot") {
33                      // ターゲットモデルの読み込み後の処理
34                  }
35              }
36          }
37      }
38  }
39
40  #Preview(immersionStyle: .mixed) {
41      ImmersiveView()
42  }
```

弾モデルを格納するプロパティ bulletを追加します。

ImmersiveView.swift

```
// 弾 Entity
@State var bullet: ModelEntity?
```

RealityViewのコンテンツ初期化処理で、シーン「Bullet」から弾モデル「Sphere」をModelEntityとして読み込み、bulletプロパティに格納します。

ImmersiveView.swift

```
// 弾モデルの読み込み
if let bulletScene = try? await Entity(
    named: "Bullet",
    in: realityKitContentBundle
) {
    bullet = bulletScene
        .findEntity(named: "Sphere") as? ModelEntity
}
```

シーン「Target」からターゲットモデル「Robot」をEntityとして読み込み、ローカル変数targetに格納します。

ImmersiveView.swift

```
// ターゲットモデルの読み込み
if let targetScene = try? await Entity(
    named: "Target",
    in: realityKitContentBundle
```

```
) {
    if let target = targetScene.findEntity(named: "Robot") {
        // ターゲットモデルの読み込み後の処理
    }
}
```

7.5.2　当たり判定の実装

ターゲットに弾が当たった時の当たり判定処理を実装します。ターゲットモデル読み込み後に以下のコードを追加します。

Fig. 7-24　当たり判定処理を追加（ImmersiveView.swift）

```
11
12 struct ImmersiveView: View {
13     // 弾 Entity
14     @State var bullet: ModelEntity?
15
16     var body: some View {
17         RealityView { content in
18             // 弾モデルの読み込み
19             if let bulletScene = try? await Entity(
20                 named: "Bullet",
21                 in: realityKitContentBundle
22             ) {
23                 bullet = bulletScene
24                     .findEntity(named: "Sphere") as? ModelEntity
25             }
26
27             // ターゲットモデルの読み込み
28             if let targetScene = try? await Entity(
29                 named: "Target",
30                 in: realityKitContentBundle
31             ) {
32                 if let target = targetScene.findEntity(named: "Robot") {
33                     // ターゲットモデルの読み込み後の処理
34
35                     // 当たり判定処理
36                     _ = content.subscribe(
37                         to: CollisionEvents.Began.self,
38                         on: target
39                     ) {
40                         event in
41                         // ターゲット衝突時に実行される処理
42                     }
43                 }
44             }
45         }
46     }
47 }
48
```

追加

このコードはターゲットに対する衝突イベントを監視し、他のモデルがターゲットに衝突した瞬間にクロージャが呼ばれるようにします。クロージャにパラメータとして渡されるeventから、衝突したモデルの情報を取得できます。

ImmersiveView.swift

```
// 当たり判定処理
_ = content.subscribe(
    to: CollisionEvents.Began.self,
    on: target
) {
    event in
    // ターゲット衝突時に実行される処理
}
```

7.5.3　当たり判定の動作確認

実装した当たり判定処理の動作確認を行いましょう。動作確認用に以下の処理を追加します。

Fig. 7-25　当たり判定処理の動作確認処理を追加（ImmersiveView.swift）

```
26 
27             // ターゲットモデルの読み込み
28             if let targetScene = try? await Entity(
29                 named: "Target",
30                 in: realityKitContentBundle
31             ) {
32                 if let target = targetScene.findEntity(named: "Robot") {
33                     // ターゲットモデルの読み込み後の処理
34 
35                     // 動作確認用処理 ターゲットを表示する
36                     content.add(target)
37                     target.position = simd_float3(0, 1, -2)
38                     // 動作確認用処理ここまで
39 
40                     // 当たり判定処理
41                     _ = content.subscribe(
42                         to: CollisionEvents.Began.self,
43                         on: target
44                     ) {
45                         event in
46                         // ターゲット衝突時に実行される処理
47 
48                         // 動作確認用処理 弾の Entity を削除し消滅させる
49                         print("Hit!")
50                         event.entityB.removeFromParent()
51                         // 動作確認用処理ここまで
52                     }
53                 }
54             }
55 
56             // 動作確認用処理 弾を発射する
57             if let bullet {
58                 content.add(bullet)
59                 bullet.position = simd_float3(0, 1, 0)
60                 bullet.physicsMotion?.linearVelocity = simd_float3(0, 0, -1)
61             }
62             // 動作確認用処理ここまで
63         }
64     }
65 }
```

追加

ターゲットをコンテンツに追加し、適当な位置を設定します。

ImmersiveView.swift

```
// 動作確認用処理 ターゲットを表示する
content.add(target)
target.position = simd_float3(0, 1, -2)
// 動作確認用処理ここまで
```

ターゲットに弾が当たったら弾を消滅させます。

ImmersiveView.swift

```
// 動作確認用処理 弾の Entity を削除し消滅させる
print("Hit!")
event.entityB.removeFromParent()
// 動作確認用処理ここまで
```

ビューの初期化時に弾を一発発射します。

ImmersiveView.swift

```
// 動作確認用処理 弾を発射する
if let bullet {
    content.add(bullet)
    bullet.position = simd_float3(0, 1, 0)
    bullet.physicsMotion?.linearVelocity = simd_float3(0, 0, -1)
}
// 動作確認用処理ここまで
```

ここでキャンバスを見ると、弾が正面に向けて発射され、ターゲットに衝突すると消えることが確認できます。

> **NOTE**
> この動作は一度しか実行されません。見逃した場合や再び見たい場合は、コードを少し変更して保存するか、キャンバス左下の再生ボタンを押して再実行してみましょう。

Fig. 7-26　Xcodeのキャンバスで弾が発射

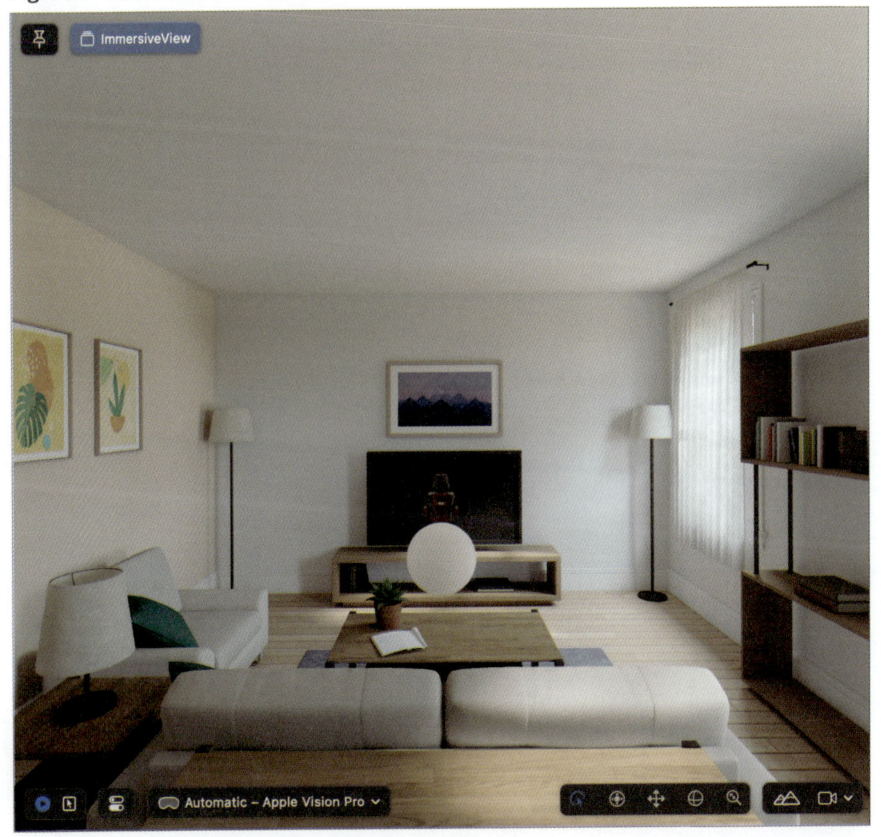

動作が確認できたら動作確認用の処理は削除しておきます。

7.5.4　ターゲットのUIの実装

ゲームの得点や残り時間、操作用UIをターゲットに表示させます。RealityView内にSwiftUIを表示するアタッチメントという機能を利用します。アタッチメントについては5.7節で説明しているので、そちらも参照してください。

ImmersiveViewに以下のコードを追加します。

Fig. 7-27　RealityView内にattachmentsでSwiftUIを追加（ImmersiveView.swift）

```
11
12  struct ImmersiveView: View {
13      // 弾 Entity
14      @State var bullet: ModelEntity?
15
16      var body: some View {
17          RealityView { content, attachments in
18              // 弾モデルの読み込み
19              if let bulletScene = try? await Entity(
```

追加

```
20                  named: "Bullet",
21                  in: realityKitContentBundle
22              ) {
23                  bullet = bulletScene
24                      .findEntity(named: "Sphere") as? ModelEntity
25              }
26
27              // ターゲットモデルの読み込み
28              if let targetScene = try? await Entity(
29                  named: "Target",
30                  in: realityKitContentBundle
31              ) {
32                  if let target = targetScene.findEntity(named: "Robot") {
33                      // ターゲットモデルの読み込み後の処理
34
35                      // 当たり判定処理
36                      _ = content.subscribe(
37                          to: CollisionEvents.Began.self,
38                          on: target
39                      ) {
40                          event in
41                          // ターゲット衝突時に実行される処理
42                      }
43
44                      // ターゲットに UI を追加
45                      if let attachedUI = attachments.entity(for: "Menu") {
46                          target.addChild(attachedUI)
47                      }
48                  }
49              }
50          } attachments: {
```

追加

RealityViewのコンテンツ初期化処理のパラメータにattachmentsを追加します。

ImmersiveView.swift

```
RealityView { content, attachments in
```

attachmentsからUIを取得してターゲットの子として結び付ける処理を追加します。

ImmersiveView.swift

```
// ターゲットに UI を追加
if let attachedUI = attachments.entity(for: "Menu") {
    target.addChild(attachedUI)
}
```

次にSwiftUIを実装します。

Fig. 7-28　attachmentsで追加されたSwiftUIの内容を追加（ImmersiveView.swift）

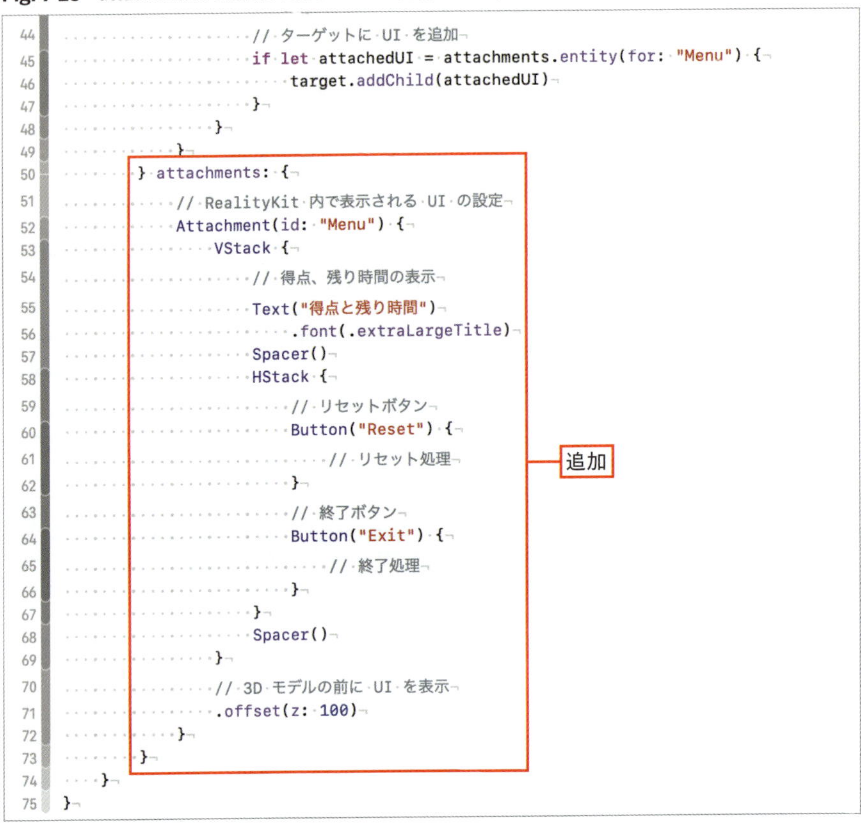

ターゲットの前面上部に「得点と残り時間」という仮の文字列を表示し、下部にリセットボタンと終了ボタンを横並びで表示します。SpacerとStackを組み合わせて表示位置を調整します。モデルの前面にUIを表示するために、「.offset(z: 100)」で奥行き方向も調整します。

ImmersiveView.swift

```
} attachments: {
    // RealityKit 内で表示される UI の設定
    Attachment(id: "Menu") {
        VStack {
            // 得点、残り時間の表示
            Text("得点と残り時間")
                .font(.extraLargeTitle)
            Spacer()
            HStack {
```

```
                // リセットボタン
                Button("Reset") {
                    // リセット処理
                }
                // 終了ボタン
                Button("Exit") {
                    // 終了処理
                }
            }
            Spacer()
        }
        // 3D モデルの前に UI を表示
        .offset(z: 100)
    }
}
```

ここまで正しく実装できたか動作確認してみましょう。以下の確認用処理を追加します。

Fig. 7-29 ターゲットを表示する動作確認用処理を追加（ImmersiveView.swift）

```
16      var body: some View {
17          RealityView { content, attachments in
18              // 弾モデルの読み込み
19              if let bulletScene = try? await Entity(
20                  named: "Bullet",
21                  in: realityKitContentBundle
22              ) {
23                  bullet = bulletScene
24                      .findEntity(named: "Sphere") as? ModelEntity
25              }
26
27              // ターゲットモデルの読み込み
28              if let targetScene = try? await Entity(
29                  named: "Target",
30                  in: realityKitContentBundle
31              ) {
32                  if let target = targetScene.findEntity(named: "Robot") {
33                      // ターゲットモデルの読み込み後の処理
34
35                      // 当たり判定処理
36                      _ = content.subscribe(
37                          to: CollisionEvents.Began.self,
38                          on: target
39                      ) {
40                          event in
41                          // ターゲット衝突時に実行される処理
42                      }
43
44                      // ターゲットに UI を追加
45                      if let attachedUI = attachments.entity(for: "Menu") {
46                          target.addChild(attachedUI)
47                      }
48
```

```
49                      // ターゲットを表示する動作確認用処理
50                      content.add(target)
51                      target.position = simd_float3(0, 1, -2)
52                      // 動作確認用処理ここまで
53                  }
54              }
55          } attachments: {
```

追加

RealityView内のコンテンツにターゲットを追加し、適当な位置に配置します。

ImmersiveView.swift

```
// ターゲットを表示する動作確認用処理
content.add(target)
target.position = simd_float3(0, 1, -2)
// 動作確認用処理ここまで
```

キャンバスを見ると、以下のようにターゲットの上下にUIが表示されるのが確認できます。

Fig. 7-30　Xcodeのキャンバスでターゲットモデルに UIが表示

ここまで確認できたら上の確認用処理は削除しておきます。

7.6 ARKitのハンドトラッキングの利用

引き続き、ARKitのハンドトラッキングを利用したカスタムジェスチャを実装します。

> **⚠CAUTION**
> ハンドトラッキングはシミュレータでは動作しません。動作確認にはVision Proの実機が必要です。

7.6.1 プロジェクトの追加設定

ハンドトラッキングはカメラ、センサー情報を利用するため、プロジェクトにそれらの利用許諾を追加する必要があります。次の手順で行います。

1. ナビゲータから「Info.plist」を開く。
2. 「Key」列の「Information Property List」の横にある「+」ボタンを押して新規キーを追加する。
3. 新規キーの「Key」列に「NSHandsTrackingUsageDescription」を入力する。
4. 「Type」が「String」なのを確認し、「Value」に「ハンドトラッキングを利用します。」と入力する。

Fig. 7-31 Info.plistにハンドトラッキング許諾設定を追加

この設定が済んだアプリをVision Proの実機で実行すると、ハンドトラッキングを利用するタイミングで利用許諾を問い合わせるダイアログが表示されます。「Allow」を選択するとハンドトラッキングが利用できます。一度許諾すると次からはダイアログの表示無しで実行できます。

Fig. 7-32　Vision Proでのハンドトラッキング利用ダイアログ表示

7.6.2　手関節の位置情報の取得

続いて手関節の位置情報の取得処理を実装していきます。

Xcode画面左下の「+」ボタンから「File...」を選択し、「Swift File」を選択します。ファイル名を「HandTracking.swift」に設定し、プロジェクトに保存します。

新たに作られたファイルにHandTrackingクラスを以下のように実装します。

Fig. 7-33　HandTrackingクラスの実装（HandTracking.swift）

```
8   import Foundation
9   // ARKit 利用のためインポート追加
10  import ARKit
11
12  // メインスレッドで実行するため @MainActor を付ける
13  @MainActor
14  // ハンドトラッキング結果の変更を View で感知するため ObservableObject にする
15  class HandTracking: ObservableObject {
16      // 左右の人差し指の位置
17      @Published var leftIndex: simd_float4x4?
18      @Published var rightIndex: simd_float4x4?
19
20      func run() async {
21          // ARKit の初期化とハンドトラッキング有効化
22          let session = ARKitSession()
23          let handInfo = HandTrackingProvider()
24          do {
25              // ハンドトラッキングがサポートされていない実行環境なら抜ける
26              guard HandTrackingProvider.isSupported else { return }
27              // ARKit のハンドトラッキングを開始
28              try await session.run([handInfo])
29          } catch {
30              print("Error: \(error)")
31          }
32      }
33  }
34
```

追加

HandTrackingクラスには@MainActorを付け、さらにObservableObjectプロトコルに準拠させます。これでハンドトラッキングの結果が更新されたことをビュー（ImmersiveView）で感知し、情報を取得できるようになります。感知させたいプロパティは@Publishedを付けて定義します。

HandTracking.swift

```
import ARKit

// メインスレッドで実行するため @MainActor を付ける
@MainActor
// ハンドトラッキング結果の変更を View で感知するため ObservableObject にする
class HandTracking: ObservableObject {
    // 左右の人差し指の位置
    @Published var leftIndex: simd_float4x4?
    @Published var rightIndex: simd_float4x4?

    ...
}
```

NOTE

@ObservableとObservableObjectプロトコル

クラスの更新をビューから検出可能にするには、@Observableを付ける方法とObservableObjectプロトコルに準拠させる方法の2つがあります。Appleの下記サイトにある「Migrating from the Observable Object protocol to the Observable macro」によれば、前者は新しいスタイル、後者は古いスタイルです。本書ではなるべく新しいスタイルを使用しますが、古いライブラリとの互換性や動作の違いのため、必要に応じて古いスタイルを使用します。

https://developer.apple.com/documentation/swiftui/migrating-from-the-observable-object-protocol-to-the-observable-macro

ARKitを実行するにはARKitSessionと利用したい機能のプロバイダー（今回はHandTrackingProvider）を組み合わせます。ARKitSessionとHandTrackingProviderのインスタンスを生成し、「try await session.run([handInfo])」でハンドトラッキングを開始します。なおARKitはシミュレータ上で実行できないため、開始前に実行環境がこの機能をサポートしているかチェックしています。

HandTracking.swift

```
func run() async {
    // ARKit の初期化とハンドトラッキング有効化
    let session = ARKitSession()
    let handInfo = HandTrackingProvider()
```

```
    do {
        // ハンドトラッキングがサポートされていない実行環境なら抜ける
        guard HandTrackingProvider.isSupported else { return }
        // ARKit のハンドトラッキングを開始
        try await session.run([handInfo])
    } catch {
        print("Error: \(error)")
    }
}
```

続いて、関節情報を取得、更新する処理を追加します。

Fig. 7-34　関節情報を取得、更新する処理を実装（HandTracking.swift）

```
19
20      func run() async {
21          // ARKit の初期化とハンドトラッキング有効化
22          let session = ARKitSession()
23          let handInfo = HandTrackingProvider()
24          do {
25              // ハンドトラッキングがサポートされていない実行環境なら抜ける
26              guard HandTrackingProvider.isSupported else { return }
27              // ARKit のハンドトラッキングを開始
28              try await session.run([handInfo])
29          } catch {
30              print("Error: \(error)")
31          }
32
33          // ハンドトラッキングの更新処理
34          for await update in handInfo.anchorUpdates {
35              // トラッキング状態を確認し、トラッキング中でなければ更新を無視する
36              guard update.anchor.isTracked else { continue }
37              switch update.event {
38              case .updated:
39                  if let skeleton = update.anchor.handSkeleton {
40                      // 人差し指の座標取得
41                      let index = skeleton.joint(.indexFingerIntermediateBase)
42                          .anchorFromJointTransform
43                      // 手の位置を取得
44                      let root = update.anchor.originFromAnchorTransform
45                      // ワールド座標系に変換
46                      let worldIndex = root * index
47                      // 左右を判別し、プロパティを更新
48                      if update.anchor.chirality == .left {
49                          leftIndex = worldIndex
50                      } else {
51                          rightIndex = worldIndex
52                      }
53                  }
54              default:
55                  break
56              }
57          }
58      }
59  }
```

追加

以下、この処理をステップごとに詳細に説明します。

非同期シーケンスhandInfo.anchorUpdatesから、「for await」を用いてハンドトラッキングの更新情報を変数updateに順次取得します。

HandTracking.swift

```
// ハンドトラッキングの更新処理
for await update in handInfo.anchorUpdates {
    ...
}
```

トラッキング状態を確認し、正常にトラッキングしていれば次に進みます。

HandTracking.swift

```
// トラッキング状態を確認し、トラッキング中でなければ更新を無視する
guard update.anchor.isTracked else { continue }
```

「update.event」のケースを調べ、.updatedであれば「update.anchor.handSkeleton」でハンドトラッキング情報（HandSkeleton型）を取得します。

HandTracking.swift

```
switch update.event {
case .updated:
    if let skeleton = update.anchor.handSkeleton {
        ...
    }
default:
    break
}
```

人差し指の関節情報を取得するため、関節を指定してjointメソッドを呼び出します。さらにanchorFromJointTransformプロパティから関節位置を含んだ変換行列（simd_float4x4型）を取得します。

HandTracking.swift

```
// 人差し指の座標取得
let index = skeleton.joint(.indexFingerIntermediateBase)
    .anchorFromJointTransform
```

Chapter 7

関節の名前と位置は以下の組み合わせで設定されています。今回は両手の人差し指の第2関節の位置を利用したいので「.indexFingerIntermediateBase」を指定しています。

Fig. 7-35　Vision Proのハンドトラッキングで取得できる関節の名前と位置

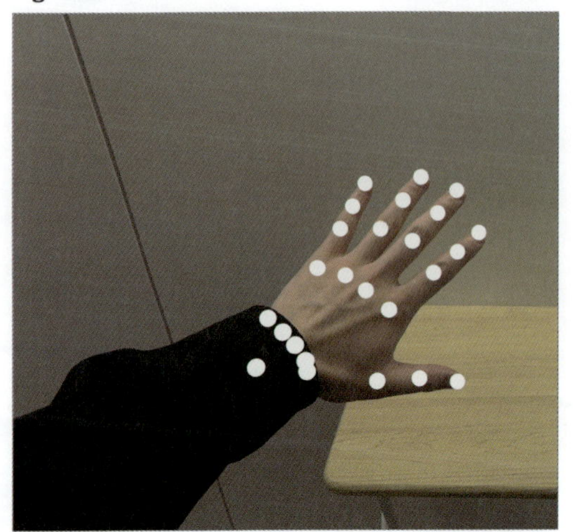

手首の関節名
- forearmArm
- forearmWrist
- wrist

親指の関節名
- thumbIntermediateBase
- thumbIntermediateTip
- thumbKnuckle
- thumbTip

人差し指の関節名
- indexFingerIntermediateBase
- indexFingerIntermediateTip
- indexFingerKnuckle
- indexFingerMetacarpal
- indexFingerTip

中指の関節名
- middleFingerIntermediateBase
- middleFingerIntermediateTip
- middleFingerKnuckle
- middleFingerMetacarpal
- middleFingerTip

薬指の関節名
- ringFingerIntermediateBase
- ringFingerIntermediateTip
- ringFingerKnuckle
- ringFingerMetacarpal
- ringFingerTip

小指の関節名
- littleFingerIntermediateBase
- littleFingerIntermediateTip
- littleFingerKnuckle
- littleFingerMetacarpal
- littleFingerTip

ここで取得した関節位置は手の位置を基準としたローカル座標系になっています。そこで、手の基準位置を取得し、関節位置を掛けることでワールド座標系に変換します。

HandTracking.swift

```
// 手の位置を取得
let root = update.anchor.originFromAnchorTransform
// ワールド座標系に変換
let worldIndex = root * index
```

手の左右判別を行い、プロパティ leftIndex または rightIndex を新たな関節位置で更新します。これらのプロパティは@Published であるため、この更新によりビュー側のコンテンツ更新処理が呼び出されます。

```
// 左右を判別し、プロパティを更新
if update.anchor.chirality == .left {
    leftIndex = worldIndex
} else {
    rightIndex = worldIndex
}
```

これで HandTracking クラスは完成です。

最後に、位置と回転の情報を持つ変換行列 (simd_float4x4 型) から位置情報のみを抽出する拡張機能を実装します。これにより次ステップのカスタムジェスチャ実装時に位置情報の取得が簡単になります。

Fig. 7-36 simd_float4x4にextenstionを追加 (HandTracking.swift)

```
8  import Foundation
9  // ARKit 利用のためインポート追加
10 import ARKit
11 
12 // メインスレッドで実行するため @MainActor を付ける
13 @MainActor
14 // ハンドトラッキング結果の変更を View で感知するため ObservableObject にする
15 class HandTracking: ObservableObject {
16     // 左右の人差し指の位置
17     @Published var leftIndex: simd_float4x4?
18     @Published var rightIndex: simd_float4x4?
19 
20     func run() async { ••• }
59 }
60 
61 // simd_float4x4 から simd_float3 の位置を取得する拡張機能
62 extension simd_float4x4 {
63     var position: simd_float3 {
64         let pos = self.columns.3
65         return simd_float3(pos.x, pos.y, pos.z)
66     }
67 }
68 
```

追加

HandTracking クラスの後ろに simd_float4x4 型の extenstion を追加し、位置情報を simd_float3 型に詰め替えて返します。

HandTracking.swift

```
// simd_float4x4 から simd_float3 の位置を取得する拡張機能
extension simd_float4x4 {
    var position: simd_float3 {
        let pos = self.columns.3
        return simd_float3(pos.x, pos.y, pos.z)
    }
}
```

7.6.3 カスタムジェスチャ検出処理の実装

関節の位置が取得できるようになったので、ImmersiveViewにカスタムジェスチャ検出処理を実装します。以下のコードを追加します。

Fig. 7-37 ImmersiveViewにジェスチャ検出処理を実装（ImmersiveView.swift）

```
8   import SwiftUI
9   import RealityKit
10  import RealityKitContent
11
12  struct ImmersiveView: View {
13      // 弾 Entity
14      @State var bullet: ModelEntity?
15      // ARKit のハンドトラッキング機能
16      @StateObject var handTracking = HandTracking()
17
18      var body: some View {
19          RealityView { content, attachments in
20              // 弾モデルの読み込み
21              if let bulletScene = try? await Entity(•••) {•••}
28
29              // ターゲットモデルの読み込み
30              if let targetScene = try? await Entity(•••) {•••}
52          } update: { content, attachments in
53              // カスタムジェスチャーの判定処理
54              if let leftIndex = handTracking.leftIndex,
55                 let rightIndex = handTracking.rightIndex
56              {
57                  if distance(leftIndex.position, rightIndex.position) < 0.04 {
58                      // カスタムジェスチャー実行処理
59                  }
60              }
61          } attachments: {
62              // RealityKit 内で表示される UI の設定
63              Attachment(id: "Menu") {•••}
84          }.task {
85              // ハンドトラッキング処理
86              await handTracking.run()
87          }
88      }
89  }
90
```

追加

まずHandTrackingのインスタンスを生成してプロパティに格納します。関節情報の更新を感知するためプロパティに@StateObjectを付与します。

ImmersiveView.swift

```
// ARKit のハンドトラッキング機能
@StateObject var handTracking = HandTracking()
```

RealityViewのコンテンツ更新処理を追加し、関節情報が更新されるたびにジェスチャ判定のためのif文を実行します。この中でhandTrackingのプロパティ leftIndexおよびrightIndexから関節情報を取得し、距離が一定値（0.04m）以下だったらカスタムジェスチャ実行処理を呼び出します。

ImmersiveView.swift

```
} update: { content, attachments in
    // カスタムジェスチャーの判定処理
    if let leftIndex = handTracking.leftIndex,
       let rightIndex = handTracking.rightIndex
    {
        if distance(leftIndex.position, rightIndex.position) < 0.04 {
            // カスタムジェスチャー実行処理
        }
    }
```

ハンドトラッキングの初期化と更新を開始するため、非同期タスクで「await handTracking.run()」を実行します。

ImmersiveView.swift

```
}.task {
    // ハンドトラッキング処理
    await handTracking.run()
}
```

これにより、両手の人差し指の第2関節同士を近づけるとカスタムジェスチャとして認識されます。

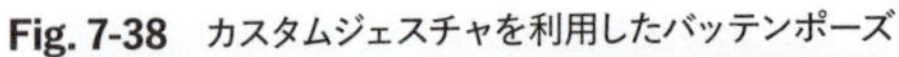
Fig. 7-38　カスタムジェスチャを利用したバッテンポーズ

7.6.4　カスタムジェスチャの動作確認

実際にカスタムジェスチャが動作するか確認してみましょう。以下のように動作確認用の処理を追加します。

Fig. 7-39　動作確認用処理を追加（ImmersiveView.swift）

```
11
12  struct ImmersiveView: View {
13      // 弾 Entity
14      @State var bullet: ModelEntity?
15      // ARKit のハンドトラッキング機能
16      @StateObject var handTracking = HandTracking()
17
18      var body: some View {
19          RealityView { ••• } update: { content, attachments in
53              // カスタムジェスチャーの判定処理
54              if let leftIndex = handTracking.leftIndex,
55                 let rightIndex = handTracking.rightIndex
56              {
57                  if distance(leftIndex.position, rightIndex.position) < 0.04 {
58                      // カスタムジェスチャー実行処理
59
60                      // カスタムジェスチャー動作確認用処理
61                      let test = ModelEntity(
62                          mesh: .generateSphere(radius: 0.02),
63                          materials: [UnlitMaterial(color: .red)],
64                          collisionShape: .generateSphere(radius: 0.02),
65                          mass: 1.0
66                      )
67                      var physicsBody = PhysicsBodyComponent(
68                          shapes: [.generateSphere(radius: 0.02)], mass: 1.0,
69                          mode: .dynamic
70                      )
71                      physicsBody.isAffectedByGravity = false
72                      test.components.set(physicsBody)
73                      let physicsMotion = PhysicsMotionComponent(
74                          linearVelocity: simd_float3(0, 0, -1)
75                      )
```

追加

```
76                      test.components.set(physicsMotion)
77                      test.position = leftIndex.position
78                      content.add(test)
79                      // 動作確認用処理ここまで
80                  }
81              }
82          } attachments: {•••}.task {•••}
109     }
110 }
111
```

この処理は球状のModelEntityを作成し、PhysicsBodyComponentとPhysicsMotion Componentによって動きを付け、左手人差し指の位置から「発射」します。

ImmersiveView.swift

```
// カスタムジェスチャー動作確認用処理
let test = ModelEntity(
    mesh: .generateSphere(radius: 0.02),
    materials: [UnlitMaterial(color: .red)],
    collisionShape: .generateSphere(radius: 0.02),
    mass: 1.0
)
var physicsBody = PhysicsBodyComponent(
    shapes: [.generateSphere(radius: 0.02)], mass: 1.0,
    mode: .dynamic
)
physicsBody.isAffectedByGravity = false
test.components.set(physicsBody)
let physicsMotion = PhysicsMotionComponent(
    linearVelocity: simd_float3(0, 0, -1)
)
test.components.set(physicsMotion)
test.position = leftIndex.position
content.add(test)
// 動作確認用処理ここまで
```

アプリをVision Proの実機に転送して実行し、人差し指同士を近づけると、赤い球が人差し指から大量に発射されます。発射頻度が高すぎるため、球同士がぶつかって周囲に散ってしまいますが、カスタムジェスチャの動作確認はできたことになります。ここで動作確認用の処理を削除して、ゲームロジックの実装に進みます。

⚠CAUTION

繰り返しとなりますが、ハンドトラッキングはシミュレータでは動作しません。動作確認にはVision Proの実機が必要です。

Chapter 7

Fig. 7-40　Vision Pro上でバッテンポーズをすると弾がばら撒かれる

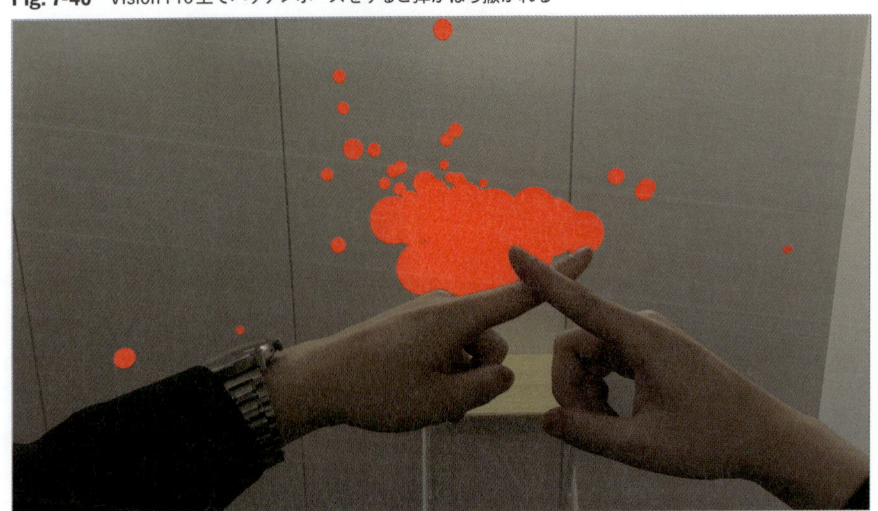

7.7　ゲームロジックの実装

シューティングゲームのロジックを実装します。制限時間内にターゲットに弾を当てて得点を得る、というゲームの機能を実現します。

新規ファイル「ShootingLogic.swift」をプロジェクトに追加し、以下のようにShootingLogicクラスを実装します。

Fig. 7-41　ShootingLogicクラスの作成と変数を追加（ShootingLogic.swift）

```
7
8  import Foundation
9  import RealityKit
10
11 @MainActor
12 class ShootingLogic: ObservableObject {
13     // 弾管理用 Entity
14     var bulletRoot = Entity()
15     // ターゲット管理用 Entity
16     var targetRoot = Entity()
17     // 残り時間
18     @Published var time: Float = 30
19     // 得点
20     @Published var score: Int = 0
21     // 前回の発射時間
22     private var previousTime: Float = 30
23 }
24
```

追加

ShootingLogicクラスは、エンティティ管理用プロパティとしてbulletRoot（弾管理用）とtargetRoot（ターゲット管理用）を持ち、それぞれ空のエンティティを保持します。また、残り時間timeと得点scoreの各プロパティを持ち、さらに弾の発射間隔を制御するためのプロパティpreviousTimeを持ちます。timeとscoreの各プロパティは、更新をビューに反映するため@Publishedが付いています。

> **NOTE**
> ここで「エンティティ（弾やターゲット）を管理する」とは、後でそれらのエンティティへのアクセスや削除が簡単になるようにまとめて保持しておくことを意味します。

ShootingLogic.swift

```
import RealityKit

@MainActor
class ShootingLogic: ObservableObject {
    // 弾管理用 Entity
    var bulletRoot = Entity()
    // ターゲット管理用 Entity
    var targetRoot = Entity()
    // 残り時間
    @Published var time: Float = 30
    // 得点
    @Published var score: Int = 0
    // 前回の発射時間
    private var previousTime: Float = 30
}
```

次にゲームに必要な以下のメソッドを実装していきます。

- **run**：残り時間計測とターゲット移動処理
- **reset**：ゲームのリセット処理
- **shoot**：弾を発射する処理
- **hit**：ターゲットへの当たり判定処理

runメソッドはゲームロジックのメインループで、残り時間計測とターゲット移動処理を行います。

Fig. 7-42 ゲームロジックのrunメソッドを追加（ShootingLogic.swift）

```
8  import Foundation
9  import RealityKit
10 
11 @MainActor
12 class ShootingLogic: ObservableObject {
13     // 弾管理用 Entity
14     var bulletRoot = Entity()
15     // ターゲット管理用 Entity
16     var targetRoot = Entity()
17     // 残り時間
18     @Published var time: Float = 30
19     // 得点
20     @Published var score: Int = 0
21     // 前回の発射時間
22     private var previousTime: Float = 30
23 
24     // 残り時間処理とターゲット移動処理
25     func run() async {
26         while true {
27             // 200Hzで更新する
28             let interval: Float = 1.0 / 200
29             let intervalNanos = UInt64(Float(NSEC_PER_SEC) * interval)
30             do {
31                 try await Task.sleep(nanoseconds: intervalNanos)
32             } catch {
33                 return // タスクがキャンセルされた
34             }
35 
36             time -= interval
37             if time < 0.0 {
38                 time = 0.0
39             } else {
40                 targetRoot.children.first?.position =
41                     simd_float3(sin(time / 2.0) / 2.0, 0, 0)
42             }
43         }
44     }
45 
46     // リセット処理
47     func reset() {
```

追加

runメソッドは非同期メソッドで、全体が「Task.sleep」で一定時間ごとに起動されるループとなっています。残り時間を減算し、それに連動してエンティティtargetRootを移動させます。ビューが閉じられてタスクがキャンセルされた場合には処理を終了します。

ShootingLogic.swift

```
// 残り時間処理とターゲット移動処理
func run() async {
    while true {
        // 200Hzで更新する
        let interval: Float = 1.0 / 200
        let intervalNanos = UInt64(Float(NSEC_PER_SEC) * interval)
        do {
            try await Task.sleep(nanoseconds: intervalNanos)
```

```
        } catch {
            return // タスクがキャンセルされた
        }

        time -= interval
        if time < 0.0 {
            time = 0.0
        } else {
            targetRoot.children.first?.position =
                simd_float3(sin(time / 2.0) / 2.0, 0, 0)
        }
    }
}
```

resetメソッドはゲームを初期状態に戻します。

Fig. 7-43 ゲームを初期状態に戻すresetメソッドを追加（ShootingLogic.swift）

```
24      // 残り時間処理とターゲット移動処理
25      func run() async {
26          while true {
27              // 200Hzで更新する
28              let interval: Float = 1.0 / 200
29              let intervalNanos = UInt64(Float(NSEC_PER_SEC) * interval)
30              do {
31                  try await Task.sleep(nanoseconds: intervalNanos)
32              } catch {
33                  return // タスクがキャンセルされた
34              }
35
36              time -= interval
37              if time < 0.0 {
38                  time = 0.0
39              } else {
40                  targetRoot.children.first?.position =
41                      simd_float3(sin(time / 2.0) / 2.0, 0, 0)
42              }
43          }
44      }
45
46      // リセット処理
47      func reset() {
48          bulletRoot.children.removeAll()
49          score = 0
50          time = 30
51          previousTime = 30
52      }
53
54      // 弾の発射処理
55      func shoot(
56          bullet: ModelEntity?,
57          position: simd_float3,
58          velocity: simd_float3
59      ) {
```

追加（46〜52行目）

bulletRootに保持された弾をまとめて削除し、残り時間と得点をリセットします。

ShootingLogic.swift

```
// リセット処理
func reset() {
    bulletRoot.children.removeAll()
    score = 0
    time = 30
    previousTime = 30
}
```

shootメソッドでは弾を発射します。

Fig. 7-44　弾を発射するshootメソッドを追加（ShootingLogic.swift）

```
46    // リセット処理
47    func reset() {
48        bulletRoot.children.removeAll()
49        score = 0
50        time = 30
51        previousTime = 30
52    }
53
54    // 弾の発射処理
55    func shoot(
56        bullet: ModelEntity?,
57        position: simd_float3,
58        velocity: simd_float3
59    ) {
60        // 発射間隔の制御
61        guard time > 0.0 && previousTime - time >= 0.1 else { return }
62        previousTime = time
63        // 弾 Entity の複製と発射処理
64        if let bullet {
65            let bulletClone = bullet.clone(recursive: true)
66            bulletClone.position = position
67            bulletClone.physicsMotion?.linearVelocity = velocity
68            bulletRoot.addChild(bulletClone)
69        }
70    }
71
72    // ターゲットに弾が当たった時の処理
73    func hit(_ event: CollisionEvents.Began) {
```

追加

bulletプロパティに格納されている弾のモデルを複製し、位置と速度を設定してRealityViewのコンテンツに追加することで弾を「発射」します。前回発射時間previousTimeと現在時間timeを比較し、0.1秒以上の間隔が開くようにします。弾エンティティはresetメソッドでまとめて削除できるように管理用エンティティbulletRootに追加します。

ShootingLogic.swift

```
// 弾の発射処理
func shoot(
    bullet: ModelEntity?,
    position: simd_float3,
    velocity: simd_float3
) {
    // 発射間隔の制御
    guard time > 0.0 && previousTime - time >= 0.1 else { return }
    previousTime = time
    // 弾 Entity の複製と発射処理
    if let bullet {
        let bulletClone = bullet.clone(recursive: true)
        bulletClone.position = position
        bulletClone.physicsMotion?.linearVelocity = velocity
        bulletRoot.addChild(bulletClone)
    }
}
```

hitメソッドはターゲットに弾が当たった時の処理を行います。

Fig. 7-45　ターゲットに弾が当たった時のhitメソッドを追加（ShootingLogic.swift）

```
54      // 弾の発射処理
55      func shoot(
56          bullet: ModelEntity?,
57          position: simd_float3,
58          velocity: simd_float3
59      ) {
60          // 発射間隔の制御
61          guard time > 0.0 && previousTime - time >= 0.1 else { return }
62          previousTime = time
63          // 弾 Entity の複製と発射処理
64          if let bullet {
65              let bulletClone = bullet.clone(recursive: true)
66              bulletClone.position = position
67              bulletClone.physicsMotion?.linearVelocity = velocity
68              bulletRoot.addChild(bulletClone)
69          }
70      }
71
72      // ターゲットに弾が当たった時の処理
73      func hit(_ event: CollisionEvents.Began) {
74          // 弾 Entity の削除と得点加算
75          if event.entityA.name != event.entityB.name {
76              score += 1
77              event.entityB.removeFromParent()
78          }
79      }
80  }
81
```

追加

得点を加算し、ターゲットに衝突したエンティティを削除します。

ShootingLogic.swift

```
// ターゲットに弾が当たった時の処理
func hit(_ event: CollisionEvents.Began) {
    // 弾 Entity の削除と得点加算
    if event.entityA.name != event.entityB.name {
        score += 1
        event.entityB.removeFromParent()
    }
}
```

これでついにゲームロジックが完成しました。ImmersiveViewと組み合わせてみましょう。次のコードを追加し、ImmersiveViewにゲームロジックを持たせます。

Fig. 7-46　ImmersiveViewにShootingLogicを追加（ImmersiveView.swift）

```
8   import SwiftUI
9   import RealityKit
10  import RealityKitContent
11  
12  struct ImmersiveView: View {
13      // ゲームロジック
14      @StateObject var logic = ShootingLogic()
15      // 弾 Entity
16      @State var bullet: ModelEntity?
17      // ARKit のハンドトラッキング機能
18      @StateObject var handTracking = HandTracking()
19  
20      var body: some View {
21          RealityView { content, attachments in
```

追加

ShootingLogicのインスタンスを生成し、プロパティlogicに保持します。

ImmersiveView.swift

```
// ゲームロジック
@StateObject var logic = ShootingLogic()
```

RealityViewのコンテンツ初期化処理に以下のゲームロジック呼び出しを追加します。

Fig. 7-47　コンテンツ初期化処理にゲームロジック呼び出しを追加（ImmersiveView.swift）

```
20      var body: some View {
21          RealityView { content, attachments in
22              // 弾モデルの読み込み
23              if let bulletScene = try? await Entity(
24                  named: "Bullet",
25                  in: realityKitContentBundle
26              ) {
27                  bullet = bulletScene
28                      .findEntity(named: "Sphere") as? ModelEntity
29              }
30
31              // ターゲットモデルの読み込み
32              if let targetScene = try? await Entity(
33                  named: "Target",
34                  in: realityKitContentBundle
35              ) {
36                  if let target = targetScene.findEntity(named: "Robot") {
37                      // ターゲット管理用 Entity への追加
38                      logic.targetRoot.position = simd_float3(0, 1, -1)
39                      logic.targetRoot.addChild(target)
40
41                      // 当たり判定処理
42                      _ = content.subscribe(
43                          to: CollisionEvents.Began.self,
44                          on: target
45                      ) {
46                          event in
47                          // ゲームロジックの当たり判定処理呼び出し
48                          logic.hit(event)
49                      }
50
51                      // ターゲットに UI を追加
52                      if let attachedUI = attachments.entity(for: "Menu") {
53                          target.addChild(attachedUI)
54                      }
55                  }
56              }
57
58              // ターゲットと弾の管理用 Entity のコンテンツへの追加
59              content.add(logic.bulletRoot)
60              content.add(logic.targetRoot)
61          } update: { content, attachments in
```


ターゲットモデルを読み込み後、管理用エンティティ targetRootに追加します。

ImmersiveView.swift

```
// ターゲット管理用 Entity への追加
logic.targetRoot.position = simd_float3(0, 1, -1)
logic.targetRoot.addChild(target)
```

衝突イベント検出時にゲームロジックの当たり判定処理を呼び出します。

ImmersiveView.swift

```
// ゲームロジックの当たり判定処理呼び出し
logic.hit(event)
```

コンテンツ初期化処理の最後で、ターゲット管理用エンティティ targetRootと弾の管理用エンティティ bulletRootをRealityViewのコンテンツに追加します。これによりターゲットと弾がイマーシブスペースに現れるようになります。

ImmersiveView.swift

```
// ターゲットと弾の管理用 Entity のコンテンツへの追加
content.add(logic.bulletRoot)
content.add(logic.targetRoot)
```

続いてコンテンツ更新処理内のカスタムジェスチャ実行処理の中身を書き、弾が発射されるようにします。

Fig. 7-48　コンテンツ更新処理内のカスタムジェスチャ実行処理に弾発射の処理を追加（ImmersiveView.swift）

```
58            // ターゲットと弾の管理用 Entity のコンテンツへの追加
59            content.add(logic.bulletRoot)
60            content.add(logic.targetRoot)
61        } update: { content, attachments in
62            // カスタムジェスチャーの判定処理
63            if let leftIndex = handTracking.leftIndex,
64               let rightIndex = handTracking.rightIndex
65            {
66                if distance(leftIndex.position, rightIndex.position) < 0.04 {
67                    // ゲームロジックの弾発射処理呼び出し
68                    logic.shoot(
69                        bullet: bullet,
70                        position: leftIndex.position,
71                        velocity: SIMD3(0, 0, -1)
72                    )
73                }
74            }
75        } attachments: {
```

追加

ゲームロジックの弾発射処理を呼び出します。

ImmersiveView.swift

```
// ゲームロジックの弾発射処理呼び出し
logic.shoot(
    bullet: bullet,
    position: leftIndex.position,
    velocity: SIMD3(0, 0, -1)
)
```

ターゲットに追従するSwiftUIを以下のように修正します。ダミー実装だった部分を正しく実装します。

Fig. 7-49　Textの変更とリセット処理を追加（ImmersiveView.swift）

```
        } attachments: {
            // RealityKit 内で表示される UI の設定
            Attachment(id: "Menu") {
                VStack {
                    // 得点、残り時間の表示
                    // ゲームロジックから得点と残り時間を取得
                    Text("Score: \(logic.score) Time: \(Int(logic.time))")
                        .font(.extraLargeTitle)
                    Spacer()
                    HStack {
                        // リセットボタン
                        Button("Reset") {
                            // ゲームロジックのリセット処理呼び出し
                            logic.reset()
                        }
                        // 終了ボタン
                        Button("Exit") {
                            // 終了処理
                        }
                    }
                    Spacer()
                }
                // 3D モデルの前に UI を表示
                .offset(z: 100)
            }
        }.task {
            // ゲームロジックの実行
            await logic.run()
        }.task {
            // ハンドトラッキング処理
            await handTracking.run()
        }
    }
}
```

Textに設定されていた仮文字列を修正し、残り時間と得点を表示します。

ImmersiveView.swift

```
// ゲームロジックから得点と残り時間を取得
Text("Score: \(logic.score) Time: \(Int(logic.time))")
```

リセットボタンにゲームロジックのリセット処理呼び出しを追加します。

ImmersiveView.swift

```
// ゲームロジックのリセット処理呼び出し
logic.reset()
```

最後に、ゲームロジックのメインループを開始します。

Fig. 7-50 「.task { }」を追加（ImmersiveView.swift）

```
75          } attachments: {
76              // RealityKit 内で表示される UI の設定
77              Attachment(id: "Menu") {
78                  VStack {
79                      // 得点、残り時間の表示
80                      // ゲームロジックから得点と残り時間を取得
81                      Text("Score: \(logic.score) Time: \(Int(logic.time))")
82                          .font(.extraLargeTitle)
83                      Spacer()
84                      HStack {
85                          // リセットボタン
86                          Button("Reset") {
87                              // ゲームロジックのリセット処理呼び出し
88                              logic.reset()
89                          }
90                          // 終了ボタン
91                          Button("Exit") {
92                              // 終了処理
93                          }
94                      }
95                      Spacer()
96                  }
97                  // 3D モデルの前に UI を表示
98                  .offset(z: 100)
99              }
100         }.task {
101             // ゲームロジックの実行
102             await logic.run()
103         }.task {
104             // ハンドトラッキング処理
105             await handTracking.run()
106         }
107     }
108 }
```

追加

非同期タスクを生成し、ゲームロジックのrunメソッドを呼び出します。

ImmersiveView.swift

```
}.task {
    // ゲームロジックの実行
    await logic.run()
```

これでゲーム画面とゲームロジックがつながり、ゲームを実行できるようになりました。

7.8 起動画面への遷移

ゲーム画面からアプリ起動時のウインドウ画面に戻る処理を追加します。
「Chapter7App.swift」を以下のように変更します。

Fig. 7-51 idを追加 (Chapter7App.swift)

```
8   import SwiftUI
9
10  @main
11  struct Chapter7App: App {
12      var body: some Scene {
13          WindowGroup(id: "Window") {        ← 変更
14              ContentView()
15          }
16
17          ImmersiveSpace(id: "ImmersiveSpace") {
18              ImmersiveView()
19          }
20      }
21  }
22
```

ImmersiveViewからウインドウを開けるように、ウインドウに識別子(ここでは「Window」)を与えます。

Chapter7App.swift

```
WindowGroup(id: "Window") {
```

次に「ImmersiveView.swift」の方に遷移処理を追加します。まず以下のコードを追加します。

Fig. 7-52 画面遷移のための関数を追加 (ImmersiveView.swift)

```
8   import SwiftUI
9   import RealityKit
10  import RealityKitContent
11
12  struct ImmersiveView: View {
13      // 画面遷移のための関数(環境値)                                   ← 追加
14      @Environment(\.openWindow) var openWindow
15      @Environment(\.dismissImmersiveSpace) var dismissImmersiveSpace
16      // ゲームロジック
17      @StateObject var logic = ShootingLogic()
18      // 弾 Entity
19      @State var bullet: ModelEntity?
20      // ARKit のハンドトラッキング機能
21      @StateObject var handTracking = HandTracking()
22
23      var body: some View {
24          RealityView { content, attachments in
```

関数openWindowとdismissImmersiveSpaceを環境値から取得しています。

ImmersiveView.swift

```
// 画面遷移のための関数(環境値)
@Environment(\.openWindow) var openWindow
@Environment(\.dismissImmersiveSpace) var dismissImmersiveSpace
```

SwiftUIの終了ボタンから画面を遷移します。

Fig. 7-53　終了処理を追加（ImmersiveView.swift）

```
78          } attachments: {
79              // RealityKit 内で表示される UI の設定
80              Attachment(id: "Menu") {
81                  VStack {
82                      // 得点、残り時間の表示
83                      // ゲームロジックから得点と残り時間を取得
84                      Text("Score: \(logic.score) Time: \(Int(logic.time))")
85                          .font(.extraLargeTitle)
86                      Spacer()
87                      HStack {
88                          // リセットボタン
89                          Button("Reset") {
90                              // ゲームロジックのリセット処理呼び出し
91                              logic.reset()
92                          }
93                          // 終了ボタン
94                          Button("Exit") {
95                              Task {
96                                  // ウインドウの表示とイマーシブスペースの削除
97                                  openWindow(id: "Window")
98                                  await dismissImmersiveSpace()
99                              }
100                         }
101                     }
102                     Spacer()
103                 }
104                 // 3D モデルの前に UI を表示
105                 .offset(z: 100)
106             }
107         }.task {
108             // ゲームロジックの実行
109             await logic.run()
110         }.task {
111             // ハンドトラッキング処理
112             await handTracking.run()
113         }
114     }
115 }
```

追加

「Chapter7App.swift」で指定した識別子を渡してopenWindowを呼び出し、ウインドウを開きます。dismissImmersiveSpaceを呼んでイマーシブスペースを閉じます。

ImmersiveView.swift

```
Task {
    // ウインドウの表示とイマーシブスペースの削除
    openWindow(id: "Window")
    await dismissImmersiveSpace()
}
```

7.9　シミュレータでの動作確認

Vision Proで動作確認をする前にシミュレータで動作確認が行えるようにしましょう。

ARKitはシミュレータでは動作しないため、カスタムジェスチャの代わりにSwiftUIのボタンで弾が発射できるようにします。このボタンはリセットボタンの前に配置します。

Fig. 7-54　シミュレータでの動作確認処理を追加（ImmersiveView.swift）

```
78          } attachments: {
79              // RealityKit 内で表示される UI の設定
80              Attachment(id: "Menu") {
81                  VStack {
82                      // 得点、残り時間の表示
83                      // ゲームロジックから得点と残り時間を取得
84                      Text("Score: \(logic.score) Time: \(Int(logic.time))")
85                          .font(.extraLargeTitle)
86                      Spacer()
87                      HStack {
88                          // デバッグ用の発射ボタン
89                          #if targetEnvironment(simulator)
90                          Button("Shoot") {
91                              logic.shoot(
92                                  bullet: bullet,
93                                  position: SIMD3(0, 1.2, -0.5),
94                                  velocity: SIMD3(0, 0, -5)
95                              )
96                          }
97                          #endif
98                          // リセットボタン
99                          Button("Reset") {
100                             // ゲームロジックのリセット処理呼び出し
101                             logic.reset()
102                         }
103                         // 終了ボタン
104                         Button("Exit") {
105                             Task {
106                                 // ウインドウの表示とイマーシブスペースの削除
107                                 openWindow(id: "Window")
108                                 await dismissImmersiveSpace()
109                             }
110                         }
111                     }
112                     Spacer()
113                 }
114                 // 3D モデルの前に UI を表示
115                 .offset(z: 100)
116             }
117         }.task {
```

追加（88〜97行目）

ボタンをシミュレータのみで表示させるため、コードを「#if targetEnvironment(simulator)」と「#endif」で括ります。「Button("Shoot") { … }」の中でゲームロジックのshootメソッドを呼び出します。

ImmersiveView.swift

```
// デバッグ用の発射ボタン
#if targetEnvironment(simulator)
Button("Shoot") {
    logic.shoot(
        bullet: bullet,
        position: SIMD3(0, 1.2, -0.5),
        velocity: SIMD3(0, 0, -5)
    )
}
#endif
```

これでシミュレータ上では「Shoot」ボタンを押すことで弾を発射し、ゲームを動作させることができます。

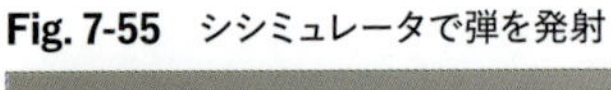

Fig. 7-55　シシミュレータで弾を発射

7.10 アイコンとアプリ名の設定

最後にアプリのアイコンと名前を設定し、ゲームアプリとしての完成度を上げましょう。

「Aseets.xcassets」の「AppIcon」を開き、「Front」と「Back」に素材フォルダ「Chapter7_assets」にある画像「icon.png」を配置します。

プロジェクトの設定から「Display Name」に「シューティングゲーム」を設定してシューティングゲームアプリの完成です。

7.11 実機での動作確認

最後にVision Proの実機で動作を確認します。

アプリを起動するとウインドウが表示され、スタートボタンを押すとゲームが開始します。人差し指でバッテンポーズを取ると弾が発射され、左右移動するロボットに当てることで制限時間まで得点をゲットできます。

制限時間が0になるとロボットは停止して弾も出せなくなります。

リセットボタンでゲームを再開し、終了ボタンでウインドウに戻ります。

ゲームの動作が全て確認できたらアプリ開発は完了です。

Fig. 7-56 Vision Proでシューティングゲームアプリの動作を確認

7.12 まとめ

このChapterではARKitを利用したシューティングゲームを開発しました。ARKitの基本的な設定と使い方を学びました。ARKitのハンドトラッキングをシューティングゲームに取り入れることで、Vision Pro独自の体験を作り出すことができました。ARKitには他にもさまざまな機能が提供されています。次ChapterではARKitをさらに活用し、ゲームを豪華にしていきましょう。

NOTE

Appendix A「本書のサンプルアプリのガイドマップ」には、アプリの構造を概観できる図（ガイドマップ）を用意しています。文章による説明では理解しづらいデータの流れや、オブジェクト間の関連を把握する助けとなります。

Chapter 8

ARKitを利用したシューティングゲームの開発 その2

Chapter 8では、Chapter 7で開発したシューティングゲームに、
より空間コンピューティングらしい機能を加えていきます。
ARKitのワールドトラッキング、シーン再構築、
画像トラッキング機能を追加することで、
よりインタラクション性のあるゲームに進化させましょう。

⚠CAUTION
このChapterの内容はシミュレータでは一部のみ動作します。
完全な動作にはVision Proの実機が必要です。

8.1 シューティングゲーム改の概要

Chapter 7で開発したシューティングゲームでは、ARKitのハンドトラッキングを利用して弾を発射できるようにしました。しかし、弾がまっすぐ前にしか飛ばないなど、少し物足りない部分もありました。そこでChapter 8では、ARKitをもっと活用して以下のようにゲームを強化していきます。

（1）マーカー画像を認識して、ターゲットがその上で移動するようにします。

Fig. 8-1　マーカー画像の上にターゲットが表示

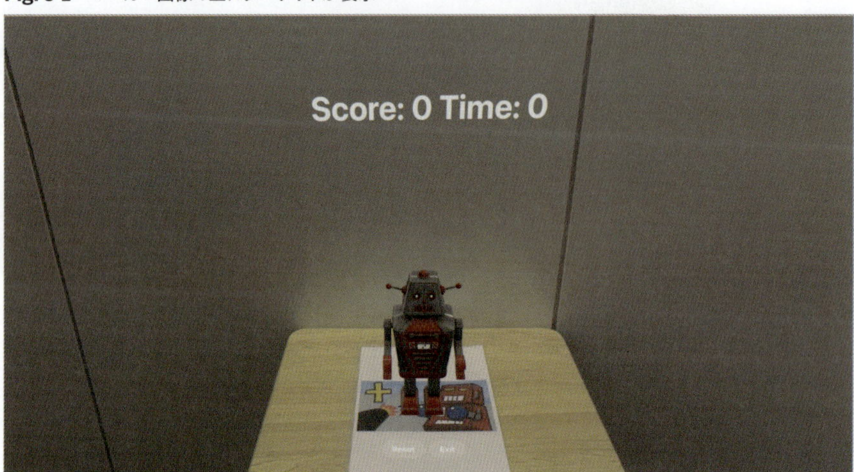

（2）Vision Proの向きを認識して、狙った方向に弾が発射されるようにします。

Fig. 8-2　頭の方向に弾が発射

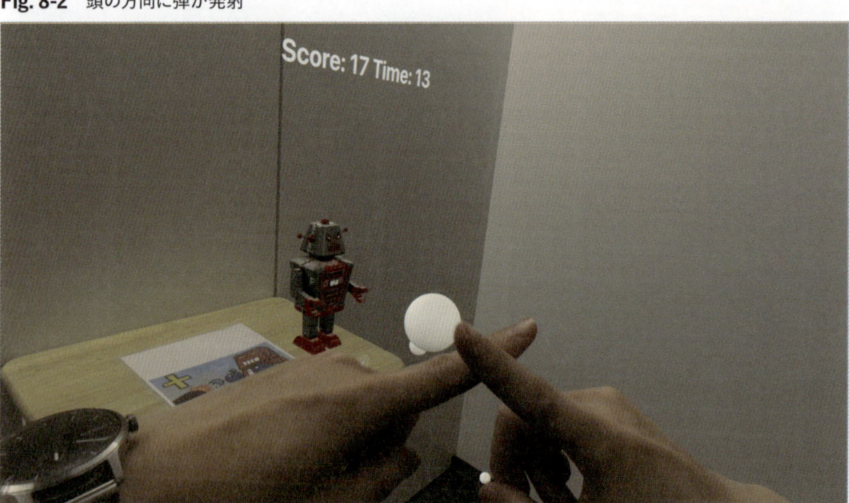

（3）弾を壁や床で反射させ、現実の空間を利用して遊べるようにします。

Fig. 8-3　発射された弾が床に転がっている

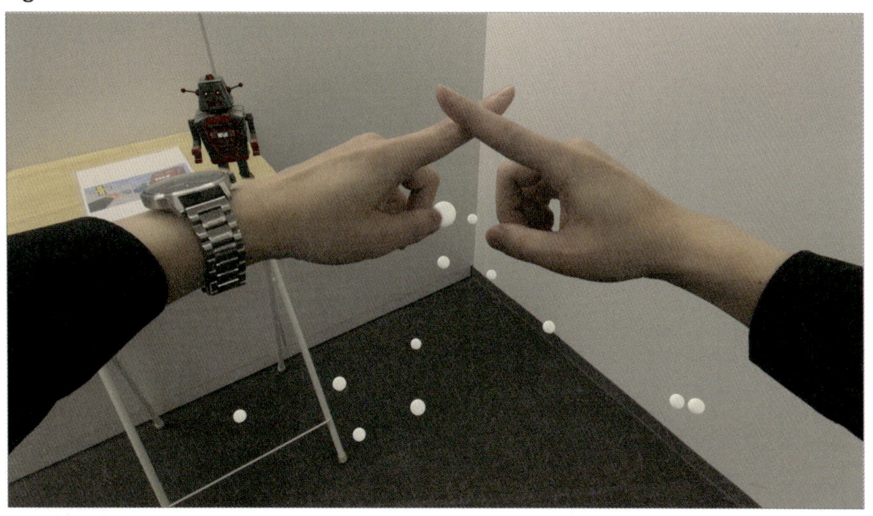

（4）空間オーディオによる効果音やBGMを追加し、ゲームをよりにぎやかにします。

8.2 プロジェクトの準備

Chapter 7のプロジェクトを引き続き使用します。

8.3 ARKit利用機能の追加

ここからARKitを使った追加機能を実装していきます。ARKitにはハンドトラッキングの他にも以下の機能があります。

- **平面検出**：現実空間の平面を検出して壁、床などの種類を判別する
- **ワールドトラッキング**：Vision Pro本体の位置を追跡し、現実空間に仮想オブジェクトを固定して見せる
- **シーン再構築**：現実空間の物体の形状を認識して仮想的に再構築し、アプリで利用できるようにする
- **画像トラッキング**：現実空間に置かれているマーカー画像を認識して位置を取得する

今回はワールドトラッキング（8.3.2項）、シーン再構築（8.3.3項）、画像トラッキング（8.3.4項）の各機能を利用します。

CAUTION

ARKitの機能はシミュレータでは動作しません。動作確認にはVision Proの実機が必要です。

8.3.1 プロジェクトの追加設定

ARKitでVision Proのセンサー情報を利用する場合、ユーザから利用許諾を得る必要があります。7.6.1項のハンドトラッキング利用時と同様に設定を追加します。

ナビゲータから「Info.plist」を開き、「Information Property List」に「+」ボタンで新規キーを追加し、次の項目を入力します。

Fig. 8-4 Info.plistにセンサ利用許諾を追加

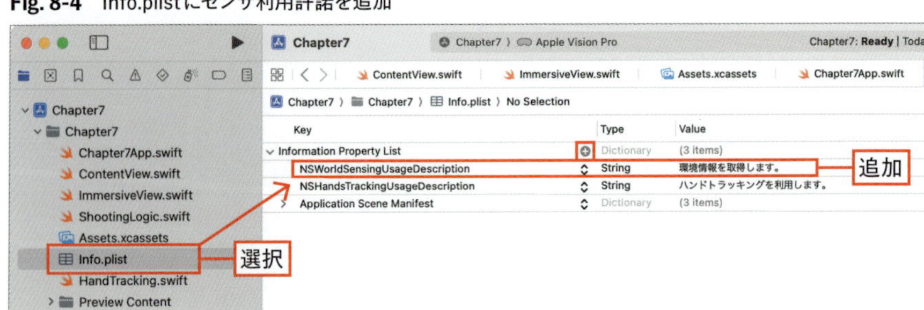

- 「Key」に「NSWorldSensingUsageDescription」を入力
- 「Value」に「環境情報を取得します。」を入力

これでプロジェクトの追加設定は完了しました。機能の実装に進みましょう。

8.3.2 ワールドトラッキングで弾をコントロールする

ワールドトラッキング機能を利用してVision Proの向きをゲームに反映します。Chapter 7では弾の発射方向は固定でしたが、ここではVision Proの向いている方向に弾を飛ばせるようにします。

⚠CAUTION

ワールドトラッキング機能はシミュレータでは動作しません。動作確認にはVision Proの実機が必要です。

新規Swiftファイルを作成し、名前を「WorldTracking.swift」に設定します。WorldTrackingクラスを作成し、ARKitの初期化とトラッキングの有効化を実装します。

Fig. 8-5 WorldTrackingクラスを作成しARKitの初期化処理を追加（WorldTracking.swift）

```
8   import Foundation
9   import ARKit
10
11  @MainActor
12  class WorldTracking: ObservableObject {
13      private let session = ARKitSession()
14      private let worldTracking = WorldTrackingProvider()
15
16      func run() async {
17          // ARKit の初期化とワールドトラッキング有効化
18          do {
19              guard WorldTrackingProvider.isSupported else { return }
20              try await session.run([worldTracking])
21          } catch {
22              print("Error: \(error)")
23          }
24      }
25  }
26
```

追加

ARKitSessionやプロバイダがローカル変数からプロパティになっていることを除き、初期化処理の流れは7.6.2項のHandTrackingクラスとほぼ同じです。

WorldTracking.swift

```
import ARKit

@MainActor
class WorldTracking: ObservableObject {
```

```
    private let session = ARKitSession()
    private let worldTracking = WorldTrackingProvider()

    func run() async {
        // ARKit の初期化とワールドトラッキング有効化
        do {
            guard WorldTrackingProvider.isSupported else { return }
            try await session.run([worldTracking])
        } catch {
            print("Error: \(error)")
        }
    }
}
```

計算型プロパティ deviceTransformを追加し、外部からVision Proの位置と向きを取得できるようにします。

Fig. 8-6 Vision Proの位置を取得する処理を追加（WorldTracking.swift）

```
 8 import Foundation
 9 import ARKit
10
11 // 現在時刻取得のためのフレームワーク
12 import QuartzCore
13
14 @MainActor
15 class WorldTracking: ObservableObject {
16     private let session = ARKitSession()
17     private let worldTracking = WorldTrackingProvider()
18
19     func run() async {
20         // ARKit の初期化とワールドトラッキング有効化
21         do {
22             guard WorldTrackingProvider.isSupported else { return }
23             try await session.run([worldTracking])
24         } catch {
25             print("Error: \(error)")
26         }
27     }
28
29     var deviceTransform: simd_float4x4? {
30         // Vision Pro の現在の位置と回転を取得
31         let device = worldTracking
32             .queryDeviceAnchor(atTimestamp: CACurrentMediaTime())
33         return device?.originFromAnchorTransform
34     }
35 }
36
```


QuartzCoreをimportします。

WorldTracking.swift

```
// 現在時刻取得のためのフレームワーク
import QuartzCore
```

deviceTransformの計算処理では、まず「CACurrentMediaTime()」で現在時刻を取得します。続いて取得した時刻を指定して「queryDeviceAnchor(…)」を呼び出し、originFromAnchorTransformプロパティからVision Proの位置と向きを取得して返します。

WorldTracking.swift

```
var deviceTransform: simd_float4x4? {
    // Vision Pro の現在の位置と回転を取得
    let device = worldTracking
        .queryDeviceAnchor(atTimestamp: CACurrentMediaTime())
    return device?.originFromAnchorTransform
}
```

これで「WorldTracking.swift」の実装は完了です。続いて「ImmersiveView.swift」に処理を追加しましょう。

Fig. 8-7　ImmersiveViewにWorldTrackingの処理を追加（ImmersiveView.swift）

```
11
12  struct ImmersiveView: View {
13      // 画面遷移のための関数(環境値)
14      @Environment(\.openWindow) var openWindow
15      @Environment(\.dismissImmersiveSpace) var dismissImmersiveSpace
16      // ゲームロジック
17      @StateObject var logic = ShootingLogic()
18      // 弾 Entity
19      @State var bullet: ModelEntity?
20      // ARKit のハンドトラッキング機能
21      @StateObject var handTracking = HandTracking()
22      // ARKit のワールドトラッキング機能
23      @StateObject var worldTracking = WorldTracking()
24
25      var body: some View {
26          RealityView { ••• } update: { ••• } attachments: { ••• }.task {
120             // ゲームロジックの実行
121             await logic.run()
122         }.task {
123             // ハンドトラッキング処理
124             await handTracking.run()
125         }.task {
126             // ワールドトラッキング処理
127             await worldTracking.run()
128         }
129     }
130 }
```

追加（22–23行目）

追加（125–127行目）

worldTrackingプロパティを追加し、WorldTrackingのインスタンスを格納します。

ImmersiveView.swift

```
// ARKit のワールドトラッキング機能
@StateObject var worldTracking = WorldTracking()
```

RealityViewに「.task」を追加し、WorldTrackingを実行します。

ImmersiveView.swift

```
}.task {
    // ワールドトラッキング処理
    await worldTracking.run()
```

弾を発射する際にVision Proの向きの情報を利用するようにします。RealityViewのコンテンツ更新処理の内部を次のように変更します。

Fig. 8-8　Vision Proの位置をupdateに適応した処理に変更（ImmersiveView.swift）

```
66        } update: { content, attachments in
67            // カスタムジェスチャーの判定処理
68            if let leftIndex = handTracking.leftIndex,
69               let rightIndex = handTracking.rightIndex
70            {
71                if distance(leftIndex.position, rightIndex.position) < 0.04 {
72                    // Vision Pro の位置と回転を取得
73                    if let device = worldTracking.deviceTransform {
74                        // Vision Pro の方向ベクトルを計算
75                        let vec = device * simd_float4(0, 0, -1, 0)
76                        // ゲームロジックの弾発射処理呼び出し
77                        logic.shoot(
78                            bullet: bullet,
79                            position: leftIndex.position,
80                            // Vision Pro の方向ベクトルを初速度に適応
81                            velocity: simd_float3(vec.x, vec.y, vec.z) * 5
82                        )
83                    }
84                }
85            }
86        } attachments: {
```

追加

「logic.shoot」の呼び出し箇所を修正し、Vision Proの向きを弾の初速度に反映します。ワールドトラッキングの結果を「worldTracking.deviceTransform」により4×4変換行列（simd_float4x4型）で取得し、これに「simd_float4(0, 0, -1, 0)」を掛けることで、Vision Proの前方向を表すワールド座標系のベクトルを計算します。

ImmersiveView.swift

```
// Vision Pro の位置と回転を取得
if let device = worldTracking.deviceTransform {
    // Vision Pro の方向ベクトルを計算
    let vec = device * simd_float4(0, 0, -1, 0)
    // ゲームロジックの弾発射処理呼び出し
    logic.shoot(
        bullet: bullet,
        position: leftIndex.position,
        // Vision Pro の方向ベクトルを初速度に適応
        velocity: simd_float3(vec.x, vec.y, vec.z) * 5
    )
}
```

ここでアプリをVision Proに転送して実行してみましょう。弾発射方向が頭の向きに従って変化することが確認できます。

⚠CAUTION

繰り返しとなりますが、ワールドトラッキング機能はシミュレータでは動作しません。動作確認にはVision Proの実機が必要です。

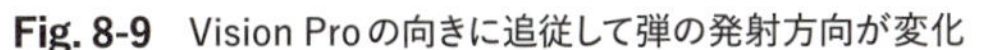

Fig. 8-9 Vision Proの向きに追従して弾の発射方向が変化

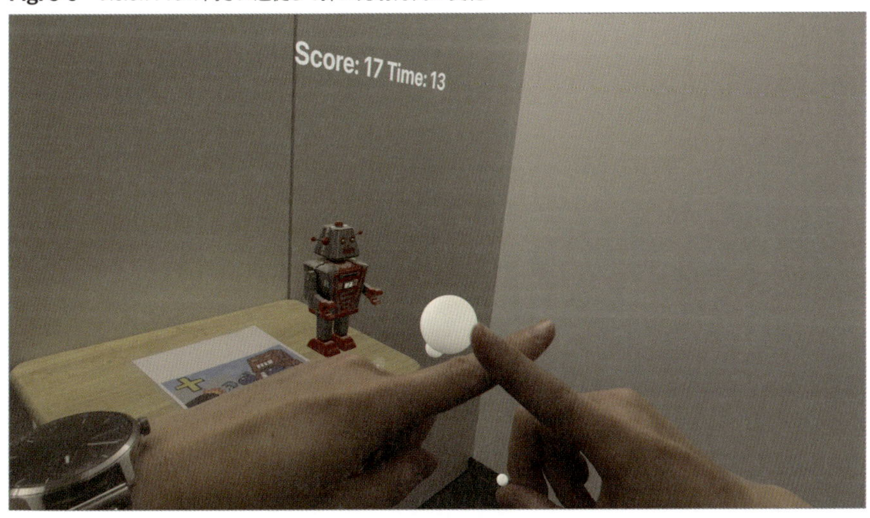

8.3.3 シーン再構築で現実の物体を障害物に使う

シーン再構築は、Vision Proが認識した現実空間の物体の形状を仮想的に再構築する機能です。アプリからは仮想空間に物体があるように見えるので、現実のものをゲーム内で障害物として利用できます。これにより床や壁に衝突した弾が転がったり、跳ね返ったりするようになります。難しそうな機能ですが、処理のほとんどをARKitが行ってくれるので、実装は意外と簡単です。さあ挑戦してみましょう。

⚠CAUTION
シーン再構築はシミュレータでは動作しません。動作確認にはVision Proの実機が必要です。

「SceneReconstruction.swift」ファイルを新規作成します。
SceneReconstructionクラスを作成し、以下のコードを追加します。

Fig. 8-10 SceneReconstructionの初期化処理を追加(SceneReconstruction.swift)

```
8  import Foundation
9  import ARKit
10 import RealityKit
11 
12 @MainActor
13 class SceneReconstruction: ObservableObject {
14     func run() async {
15         // ARKit の初期化とシーン再構築の有効化
16         let session = ARKitSession()
17         let sceneReconstruction = SceneReconstructionProvider()
18         do {
19             guard SceneReconstructionProvider.isSupported else { return }
20             try await session.run([sceneReconstruction])
21         } catch {
22             print("Error: \(error)")
23         }
24     }
25 }
26 
```

追加

runメソッドでARKitの初期化とシーン再構築の有効化を行います。SceneReconstructionProviderを使うこと以外、ハンドトラッキングとほぼ同じパターンなので説明は割愛します。

SceneReconstruction.swift

```
import ARKit
import RealityKit

@MainActor
class SceneReconstruction: ObservableObject {
    func run() async {
        // ARKit の初期化とシーン再構築の有効化
        let session = ARKitSession()
```

```
        let sceneReconstruction = SceneReconstructionProvider()
        do {
            guard SceneReconstructionProvider.isSupported else { return }
            try await session.run([sceneReconstruction])
        } catch {
            print("Error: \(error)")
        }
    }
}
```

次に以下のように障害物の更新処理の枠組みを追加します。

Fig. 8-11 SceneReconstructionの更新処理を追加（SceneReconstruction.swift）

```
12  @MainActor
13  class SceneReconstruction: ObservableObject {
14      // 障害物をまとめて保持するルート Entity
15      var root = Entity()
16      // 障害物の管理用辞書
17      private var meshEntities = [UUID: ModelEntity]()
18
19      func run() async {
20          // ARKit の初期化とシーン再構築の有効化
21          let session = ARKitSession()
22          let sceneReconstruction = SceneReconstructionProvider()
23          do {
24              guard SceneReconstructionProvider.isSupported else { return }
25              try await session.run([sceneReconstruction])
26          } catch {
27              print("Error: \(error)")
28          }
29
30          // 障害物の更新処理
31          for await update in sceneReconstruction.anchorUpdates {
32              let meshAnchor = update.anchor
33              // 障害物用のメッシュを作成
34              guard let shape = try? await ShapeResource
35                  .generateStaticMesh(from: meshAnchor) else { continue }
36              switch update.event {
37              // 障害物が新規に追加された場合
38              case .added:
39                  break
40              // 障害物の形状がアップデートされた場合
41              case .updated:
42                  break
43              // 障害物が削除された場合
44              case .removed:
45                  break
46              }
47          }
48      }
49  }
```

追加（14〜17行目）

追加（30〜47行目）

このコードはシーン再構築処理をドライブするものです。Vision Proは現実空間を定期的にスキャンし、最新の物体の形状情報をアプリに渡し続けます。アプリは受け取った情報の変化を追跡し、障害物をエンティティとして追加したり、なくなった障害物に対応するエンティティを削除することで、RealityViewのコンテンツに現実のシーンを再構築します。

障害物をまとめて保持するルートエンティティと、障害物の情報更新を追跡するための管理用辞書をプロパティに追加します。

SceneReconstruction.swift

```
// 障害物をまとめて保持するルート Entity
var root = Entity()
// 障害物の管理用辞書
private var meshEntities = [UUID: ModelEntity]()
```

非同期シーケンス「sceneReconstruction.anchorUpdates」から物体の形状情報を逐次取得し、メッシュの作成と、イベントのケースによる分岐を行います。

SceneReconstruction.swift

```
// 障害物の更新処理
for await update in sceneReconstruction.anchorUpdates {
    let meshAnchor = update.anchor
    // 障害物用のメッシュを作成
    guard let shape = try? await ShapeResource
        .generateStaticMesh(from: meshAnchor) else { continue }
    switch update.event {
    // 障害物が新規に追加された場合
    case .added:
        break
    // 障害物の形状がアップデートされた場合
    case .updated:
        break
    // 障害物が削除された場合
    case .removed:
        break
    }
}
```

続いて、イベントのケースに応じてRealityViewコンテンツへのエンティティの追加、更新、削除処理をそれぞれ実装します。

Fig. 8-12　update処理内にエンティティの追加、更新、削除処理を追加（SceneReconstruction.swift）

```
30         // 障害物の更新処理
31         for await update in sceneReconstruction.anchorUpdates {
32             let meshAnchor = update.anchor
33             // 障害物用のメッシュを作成
34             guard let shape = try? await ShapeResource
35                 .generateStaticMesh(from: meshAnchor) else { continue }
36             switch update.event {
37             // 障害物が新規に追加された場合
38             case .added:
39                 // 追加された物体から障害物 Entity を作成、物理演算機能を追加
40                 let entity = ModelEntity()
41                 entity.transform = Transform(
42                     matrix: meshAnchor.originFromAnchorTransform
43                 )
44                 entity.collision = CollisionComponent(
45                     shapes: [shape],
46                     isStatic: true
47                 )
48                 entity.components.set(InputTargetComponent())
49                 entity.physicsBody = PhysicsBodyComponent(mode: .static)
50                 // 管理用辞書とルート Entity に追加
51                 meshEntities[meshAnchor.id] = entity
52                 root.addChild(entity)
53             // 障害物の形状がアップデートされた場合
54             case .updated:
55                 // 物体の id を取得して形状と位置を更新
56                 guard let entity = meshEntities[meshAnchor.id] else { continue }
57                 entity.transform = Transform(
58                     matrix: meshAnchor.originFromAnchorTransform
59                 )
60                 entity.collision?.shapes = [shape]
61             // 障害物が削除された場合
62             case .removed:
63                 // 物体の id を取得し管理用辞書とルート Entity から削除
64                 meshEntities[meshAnchor.id]?.removeFromParent()
65                 meshEntities.removeValue(forKey: meshAnchor.id)
66             }
67         }
68     }
69 }
```

（39〜52行目：変更、55〜60行目：変更、63〜65行目：変更）

ケース「.added」は新たに物体が認識された場合に実行されます。
最初に障害物に対応するエンティティを作成し、位置を設定します。

SceneReconstruction.swift

```
// 追加された物体から障害物 Entity を作成、物理演算機能を追加
let entity = ModelEntity()
entity.transform = Transform(
    matrix: meshAnchor.originFromAnchorTransform
)
```

他のオブジェクトとの衝突をシミュレートするためのコンポーネントを追加します。このうちCollisionComponentには物体の形状を表すメッシュを渡し、障害物のかたちを再現します。

SceneReconstruction.swift

```
entity.collision = CollisionComponent(
    shapes: [shape],
    isStatic: true
)
entity.components.set(InputTargetComponent())
entity.physicsBody = PhysicsBodyComponent(mode: .static)
```

作成したエンティティを管理用辞書に物体のIDをキーとして登録します。ルートエンティティ rootにも子エンティティとして追加します。

SceneReconstruction.swift

```
// 管理用辞書とルート Entity に追加
meshEntities[meshAnchor.id] = entity
root.addChild(entity)
```

ケース「.updated」は認識済みの物体の形状が変更された場合に実行されます。管理用辞書から更新対象のエンティティを取得し、新たな形状を設定します。

SceneReconstruction.swift

```
// 物体の id を取得して形状と位置を更新
guard let entity = meshEntities[meshAnchor.id] else { continue }
entity.transform = Transform(
    matrix: meshAnchor.originFromAnchorTransform
)
entity.collision?.shapes = [shape]
```

ケース「.removed」は物体が認識されなくなった場合に実行されます。管理用辞書およびルートエンティティから、削除対象のエンティティを削除します。

SceneReconstruction.swift

```
// 物体の id を取得し管理用辞書とルート Entity から削除
meshEntities[meshAnchor.id]?.removeFromParent()
meshEntities.removeValue(forKey: meshAnchor.id)
```

以上の処理が連動することで、認識された物体を表すエンティティ群がルートエンティティの下に構築され、ImmersiveViewからアクセスできる状態になります。つまりシーン再構築が達成できた、ということです。

続いて「ImmersiveView.swift」側にSceneReconstructionの呼び出しを追加しましょう。

Fig. 8-13 ImmersiveViewへSceneReconstructionを追加（ImmersiveView.swift）

```
18      // 弾 Entity
19      @State var bullet: ModelEntity?
20      // ARKit のハンドトラッキング機能
21      @StateObject var handTracking = HandTracking()
22      // ARKit のワールドトラッキング機能
23      @StateObject var worldTracking = WorldTracking()
24      // ARKit のシーン再構築機能                                  追加
25      @StateObject var sceneReconstruction = SceneReconstruction()
26
27      var body: some View {
28          RealityView { content, attachments in
29              // 弾モデルの読み込み
30              if let bulletScene = try? await Entity( ••• ) { ••• }
37
38              // ターゲットモデルの読み込み
39              if let targetScene = try? await Entity( ••• ) { ••• }
64
65              // ターゲットと弾の管理用 Entity のコンテンツへの追加
66              content.add(logic.bulletRoot)
67              content.add(logic.targetRoot)
68
69              // シーン再構築で作られた障害物を追加                    追加
70              content.add(sceneReconstruction.root)
71          } update: { ••• } attachments: { ••• }.task {
131             // ゲームロジックの実行
132             await logic.run()
133         }.task {
134             // ハンドトラッキング処理
135             await handTracking.run()
136         }.task {
137             // ワールドトラッキング処理
138             await worldTracking.run()
139         }.task {
140             // シーン再構築処理                                      追加
141             await sceneReconstruction.run()
142         }
143     }
144 }
```

プロパティを追加して、SceneReconstructionのインスタンスを格納します。

ImmersiveView.swift

```
// ARKit のシーン再構築機能
@StateObject var sceneReconstruction = SceneReconstruction()
```

構築された障害物をRealityViewのコンテンツに配置するため、コンテンツ初期化処理で「sceneReconstruction.root」をcontentに追加します。

ImmersiveView.swift

```
// シーン再構築で作られた障害物を追加
content.add(sceneReconstruction.root)
```

ハンドトラッキング、ワールドトラッキング同様に、RealityViewに「.task」を追加して、シーン再構築を実行します。

ImmersiveView.swift

```
}.task {
    // シーン再構築処理
    await sceneReconstruction.run()
```

これで仮想空間に障害物を配置できたので、Vision Proで動作確認を行いましょう。壁や床に向かって弾を発射すると、弾が跳ねたり転がったりすることが確認できます。

⚠CAUTION
繰り返しとなりますが、シーン再構築はシミュレータでは動作しません。動作確認にはVision Proの実機が必要です（シミュレータには床や壁が表示されていますが、残念ながら物体としては認識されません）。

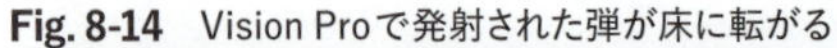

Fig. 8-14　Vision Proで発射された弾が床に転がる

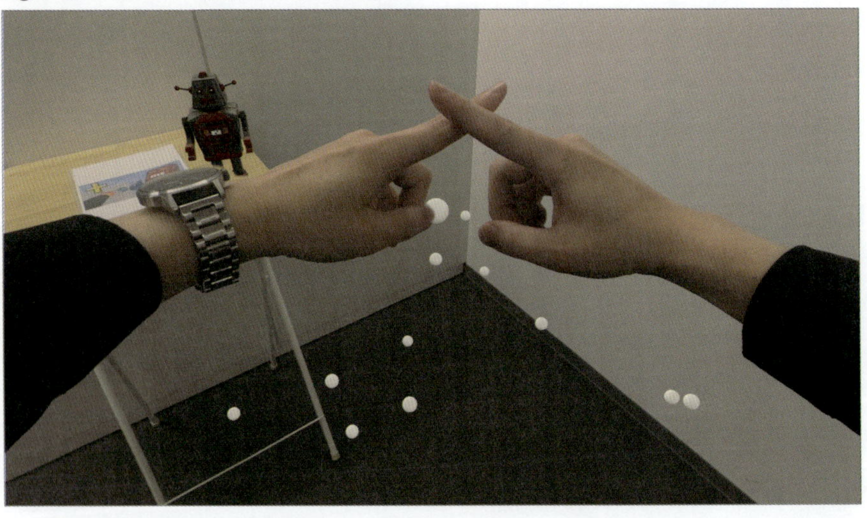

8.3.4 画像トラッキングでマーカー画像に反応させる

画像トラッキングを利用して、ターゲットの位置を変更できるようにします。指定した画像（マーカー画像）が表示された紙やディスプレイをVision Proで見ることで、画像の位置を中心にターゲットが移動するようになります。

> **⚠ CAUTION**
> 画像トラッキングはシミュレータでは動作しません。動作確認にはVision Proの実機が必要です。

実装の前に、プロジェクトにマーカー画像を登録します。ナビゲータの「Assets.xcassets」を開き、「background」画像を素材フォルダ「Chapter8_assets」にある「background.png」に差し替えます。素材フォルダの入手方法は3.3.2項を参照してください。

Fig. 8-15 「Assets.xcassets」の画像を新しい画像に差し替え

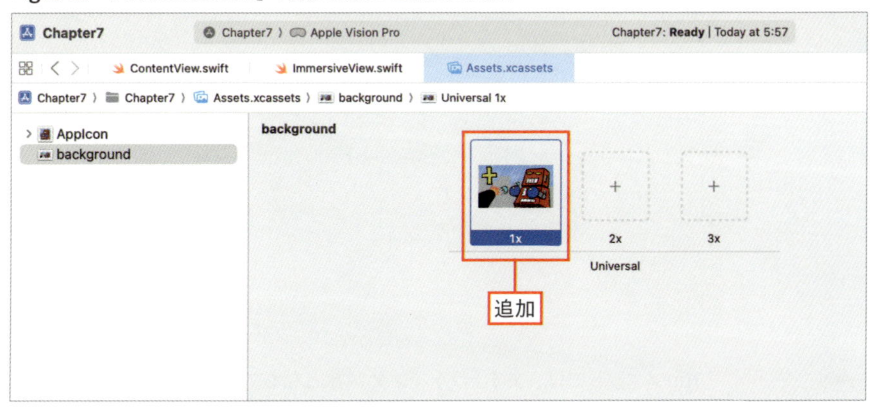

画像が登録できたらコードの実装を始めます。「ImageTracking.swift」ファイルを新規作成します。

以下のようにImageTrackingクラスを実装します。

Fig. 8-16 ImageTrackingクラスを作成してARKitと画像トラッキングの初期化処理を追加（ImageTracking.swift）

```
 8  import Foundation
 9  import SwiftUI
10  import ARKit
11  import RealityKit
12  
13  @MainActor
14  class ImageTracking: ObservableObject {
15      func run() async {
16          // マーカー画像の読み込み
17          guard let image = UIImage(named: "background")?.cgImage else { return }
18          let referenceImage = ReferenceImage(
19              cgimage: image,
20              physicalSize: CGSize(width: 0.16, height: 0.09)
21          )
```

追加

```
22 
23         // ARKit の初期化と画像トラッキングの有効化
24         let session = ARKitSession()
25         let imageTrackingProvider =
26             ImageTrackingProvider(referenceImages: [referenceImage])
27         do {
28             guard ImageTrackingProvider.isSupported else { return }
29             try await session.run([imageTrackingProvider])
30         } catch {
31             print("Error: \(error)")
32         }
33     }
34 }
35
```

クラスを定義し、画像トラッキング処理を行うrunメソッドを追加します。

ImageTracking.swift

```
import SwiftUI
import ARKit
import RealityKit

@MainActor
class ImageTracking: ObservableObject {
    func run() async {
        ...
    }
}
```

runメソッドでは、まずトラッキング対象となるマーカー画像を読み込みます。先ほど登録した画像「background」をいったんUIImageに読み込み、ReferenceImageに変換します。physicalSizeには画像のサイズをメートル単位で指定します。

NOTE

ここでは画像サイズを16cm×9cmに設定していますが、実際の印刷サイズや表示サイズに合わせて変更しても構いません。

ImageTracking.swift

```
// マーカー画像の読み込み
guard let image = UIImage(named: "background")?.cgImage else { return }
let referenceImage = ReferenceImage(
    cgimage: image,
    physicalSize: CGSize(width: 0.16, height: 0.09)
)
```

続いて他のトラッカーと同様に初期化処理を行います。読み込んだマーカー画像をトラッキング対象として指定し、ImageTrackingProviderのインスタンスを生成します。

ImageTracking.swift

```
// ARKit の初期化と画像トラッキングの有効化
let session = ARKitSession()
let imageTrackingProvider =
    ImageTrackingProvider(referenceImages: [referenceImage])
do {
    guard ImageTrackingProvider.isSupported else { return }
    try await session.run([imageTrackingProvider])
} catch {
    print("Error: \(error)")
}
```

画像トラッキング処理のメインループを以下のように追加します。

Fig. 8-17 画像トラッキング状態を取得する処理を追加（ImageTracking.swift）

```
13  @MainActor
14  class ImageTracking: ObservableObject {
15      // 画像の位置と回転
16      @Published var imageTransform: simd_float4x4?      ← 追加
17  
18      func run() async {
19          // マーカー画像の読み込み
20          guard let image = UIImage(named: "background")?.cgImage else { return }
21          let referenceImage = ReferenceImage(
22              cgimage: image,
23              physicalSize: CGSize(width: 0.16, height: 0.09)
24          )
25  
26          // ARKit の初期化と画像トラッキングの有効化
27          let session = ARKitSession()
28          let imageTrackingProvider =
29              ImageTrackingProvider(referenceImages: [referenceImage])
30          do {
31              guard ImageTrackingProvider.isSupported else { return }
32              try await session.run([imageTrackingProvider])
33          } catch {
34              print("Error: \(error)")
35          }
36  
37          // 画像トラッキングの更新処理
38          for await update in imageTrackingProvider.anchorUpdates {
39              switch update.event {
40              case .added:
41                  break
42              case .updated:                                  ← 追加
43                  // 画像の位置を更新
44                  imageTransform = update.anchor.originFromAnchorTransform
45              case .removed:
46                  break
```

```
47 ········}¬
48 ·······}¬
49 ····}¬
50 }¬
```

画像の位置を保持するプロパティ imageTransform を追加します。@Publishedを付け、値が更新されるたびにビュー側のコンテンツ更新処理が実行されるようにします。

ImageTracking.swift

```
// 画像の位置と回転
@Published var imageTransform: simd_float4x4?
```

非同期シーケンス「imageTrackingProvider.anchorUpdates」からトラッキング状態を順次取得します。マーカー画像が認識されトラッキング状態になると、イベントのケースが「.updated」となり、位置情報が取得できるようになります。取得した位置情報をimageTransformプロパティに設定し、ビュー側から利用できるようにします。

ImageTracking.swift

```
// 画像トラッキングの更新処理
for await update in imageTrackingProvider.anchorUpdates {
    switch update.event {
    case .added:
        break
    case .updated:
        // 画像の位置を更新
        imageTransform = update.anchor.originFromAnchorTransform
    case .removed:
        break
    }
}
```

画像トラッキングの実装が完了したので、「ImmersiveView.swift」からの呼び出しを実装しましょう。

Fig. 8-18 画像トラッキングをImmersiveViewから呼び出す処理を追加（ImmersiveView.swift）

```
20     // ARKit のハンドトラッキング機能
21     @StateObject var handTracking = HandTracking()
22     // ARKit のワールドトラッキング機能
23     @StateObject var worldTracking = WorldTracking()
24     // ARKit のシーン再構築機能
25     @StateObject var sceneReconstruction = SceneReconstruction()
26     // ARKit の画像トラッキング機能
27     @StateObject var imageTracking = ImageTracking()
28 
29     var body: some View {
30         RealityView { ••• } update: { content, attachments in
74             // ターゲットをトラッキングされた画像の位置に設定
75             if let image = imageTracking.imageTransform {
76                 logic.targetRoot.transform.matrix = image
77             }
78 
79             // カスタムジェスチャーの判定処理
80             if let leftIndex = handTracking.leftIndex,
81                let rightIndex = handTracking.rightIndex
82             { ••• }
98         } attachments: { ••• }.task {
138             // ゲームロジックの実行
139             await logic.run()
140         }.task {
141             // ハンドトラッキング処理
142             await handTracking.run()
143         }.task {
144             // ワールドトラッキング処理
145             await worldTracking.run()
146         }.task {
147             // シーン再構築処理
148             await sceneReconstruction.run()
149         }.task {
150             // 画像トラッキング処理
151             await imageTracking.run()
152         }
153     }
154 }
```

追加（26〜27行目）
追加（74〜77行目）
追加（149〜151行目）

今までと同様にプロパティを追加してImageTrackingのインスタンスを生成、格納します。

ImmersiveView.swift

```
// ARKit の画像トラッキング機能
@StateObject var imageTracking = ImageTracking()
```

RealityViewのコンテンツ更新処理の中で、画像トラッキングの結果に従いターゲット位置を更新します。「imageTracking.imageTransform」から位置情報を取得し、「logic.targetRoot」の位置に反映することで、画像位置を中心にターゲットが移動するようにします。

ImmersiveView.swift

```
// ターゲットをトラッキングされた画像の位置に設定
if let image = imageTracking.imageTransform {
    logic.targetRoot.transform.matrix = image
}
```

RealityViewに「.task」を追加してImageTrackingを実行します。

ImmersiveView.swift

```
}.task {
    // 画像トラッキング処理
    await imageTracking.run()
```

これで画像トラッキングが完成しました。マーカー画像「background.png」を紙に印刷する、あるいはディスプレイに表示した上で、Vision Proの実機で動作確認してください。ゲーム開始後にマーカー画像を見ると、ターゲットがその上に移動します。

> **NOTE**
> マーカー画像はReferenceImageクラスのphysicalSizeで指定したサイズに合わせて印刷または表示する必要があります。サンプルを変更せずにそのまま使う場合は16cm×9cmになります。

> **CAUTION**
> 繰り返しとなりますが、画像トラッキングはシミュレータでは動作しません。動作確認にはVision Proの実機が必要です。

Fig. 8-19　マーカー画像の上にターゲットが移動

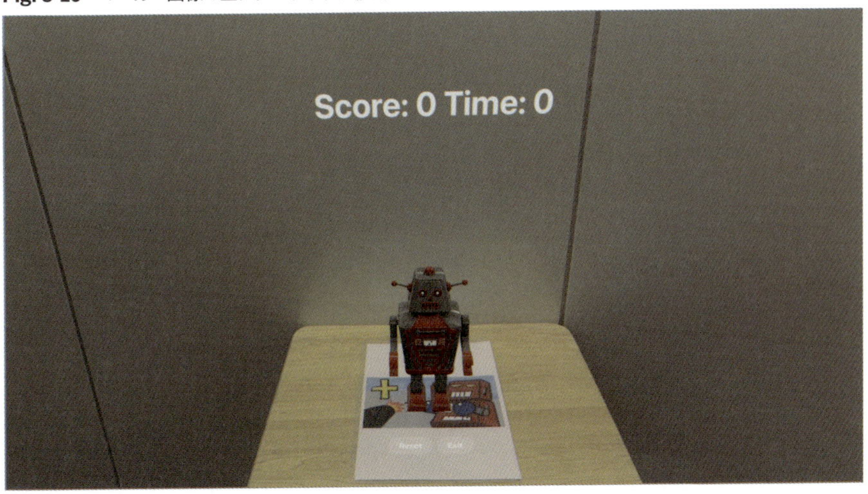

これでARKitを使った追加機能の実装はすべて完了です。

8.4　ゲームのグレードアップ（シーンの変更）

ARKitを使った新機能追加に続いて、Reality Composer Proでシーンを編集し、ゲームをもう一段グレードアップしてみましょう。

8.4.1　弾に重力を働かせる

現実空間の環境をゲーム内で利用できるようになったので、さらに物理的な挙動をゲームに取り入れます。ここでは弾に重力が働くようにしてみます。

ナビゲータから「Pakcages」>「RealityKitContent」>「Package.realitycomposerpro」を選択し、「Open in Reality Composer Pro」ボタンを押します。

Reality Composer Proが起動したらシーン「Bullet」を開きます。モデル「Sphere」を選択し、コンポーネントから「Physics Body」を探します。「Physics Body」内の「Affected by Gravity」のチェックをONにします。

Fig. 8-20　Reality Composer Proで弾の重力を設定

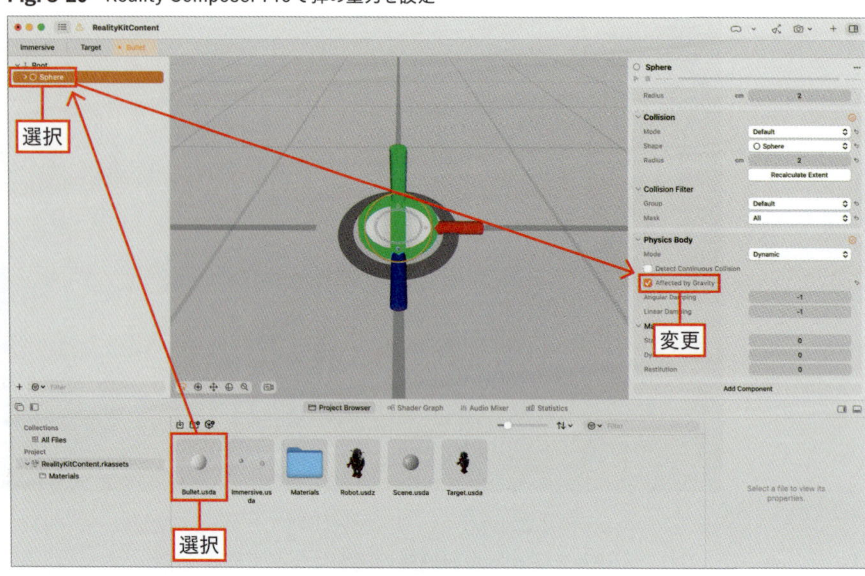

8.4.2　空間オーディオと環境音の追加

ゲームをさらに盛り上げるために、空間オーディオと環境音を追加します。

「Project Browser」に素材フォルダ「Chapter8_assets」の以下の音声ファイルをドラッグ&ドロップします。

- 「hit.mp3」（命中音）
- 「shoot.mp3」（弾発射音）
- 「bgm.mp3」（BGM）

Fig. 8-21　Project Browserに音声ファイルを追加

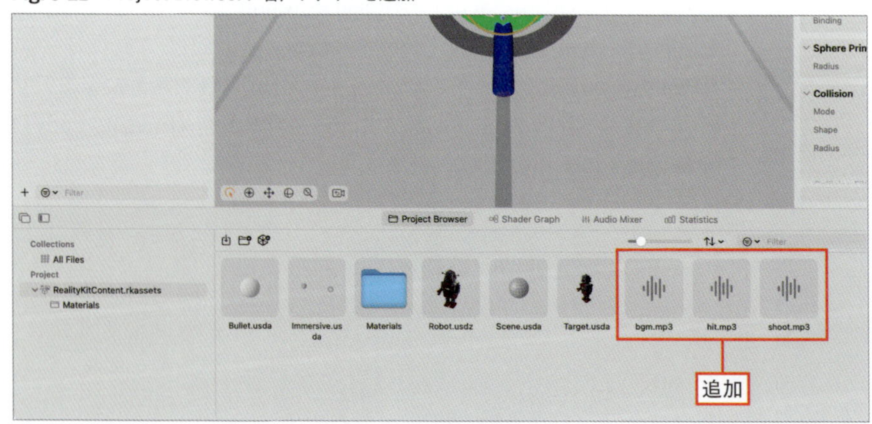

シーン「Target」を開き、以下のように音声ファイルを追加します。

- Project Browserから「hit.mp3」と「bgm.mp3」をナビゲータにドラッグ&ドロップします。
- ナビゲータ上で「bgm_mp3」を選択し、インスペクタの「Audio File」>「Configuration」内にある「Loop」のチェックをONにしてループ再生を有効にします。

Fig. 8-22　BGMとヒット音をシーンに追加して設定

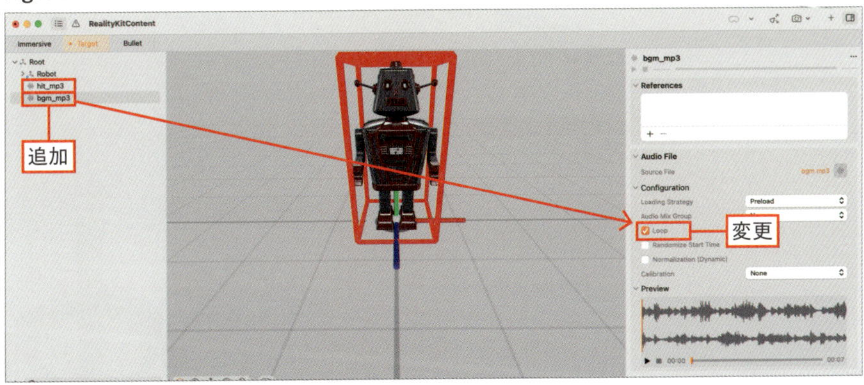

再生システム「SpatialAudio」と「AmbientAudio」を追加します。ナビゲータ左下の「+」ボタン>「Audio」からそれぞれ選択、追加してください。

Fig. 8-23　音声の再生システムをシーンに追加

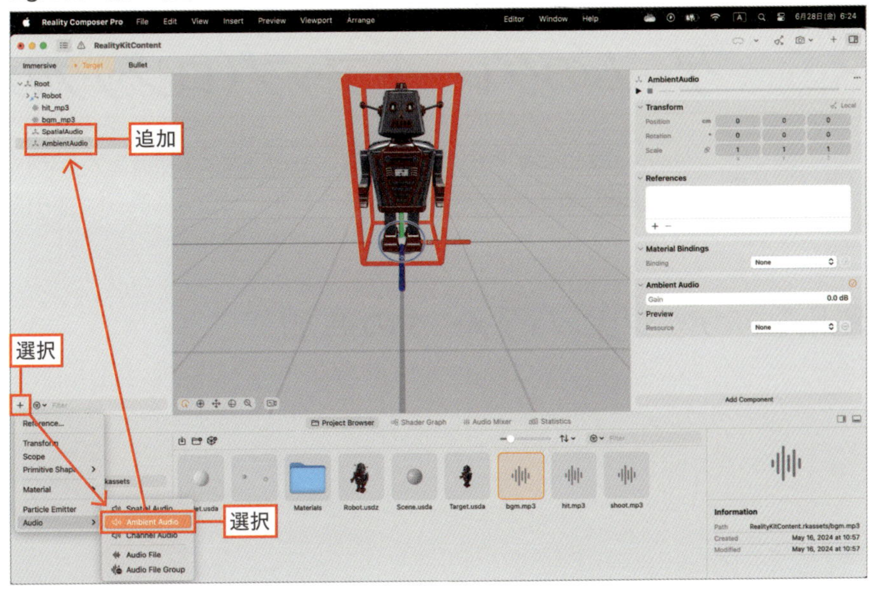

同様にシーン「Bullet」を開き、以下のように音声ファイルと再生システムを追加します。

- 音声ファイル「shoot.mp3」を追加します。Project Browserからナビゲータにドラッグ&ドロップしてください。
- 再生システム「SpatialAudio」を追加します。ナビゲータ左下の「+」ボタン>「Audio」>「Spatial Audio」を選択してください。

Fig. 8-24　弾に発射音と再生システムを追加

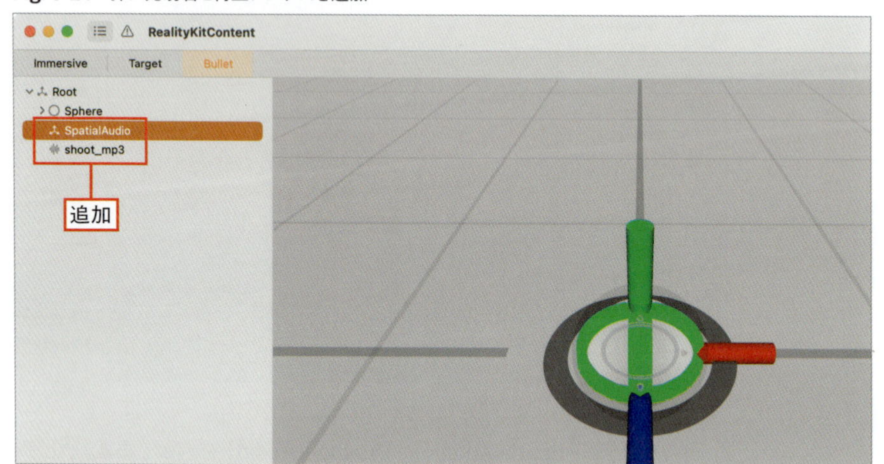

以上の設定を保存したらシーンの変更は完了です。

8.5　ゲームのグレードアップ（ロジックの変更）

Reality Composer Proで追加した空間オーディオと環境音をゲーム内で再生するようロジックを変更します。弾発射時と命中時に空間オーディオを鳴らし、さらにBGMを環境音として鳴らします。

8.5.1　アクションパラメータの追加

ShootingLogicのインターフェイスを変更し、弾発射時と命中時に呼び出し元が指定したアクションを実行できるようにします。

Fig. 8-25 ShootingLogicの追加処理（ShootingLogic.swift）

```
53
54      // 弾の発射処理
55      func shoot(
56          bullet: ModelEntity?,
57          position: simd_float3,
58          velocity: simd_float3,
59          // 弾発射時のアクション
60          shootAction: () -> Void
61      ) {
62          // 発射間隔の制御
63          guard time > 0.0 && previousTime - time >= 0.1 else { return }
64          previousTime = time
65          // 弾 Entity の複製と発射処理
66          if let bullet {
67              let bulletClone = bullet.clone(recursive: true)
68              bulletClone.position = position
69              bulletClone.physicsMotion?.linearVelocity = velocity
70              bulletRoot.addChild(bulletClone)
71              // アクションのコールバック
72              shootAction()
73          }
74      }
75
76      // ターゲットに弾が当たった時の処理
77      func hit(
78          _ event: CollisionEvents.Began,
79          // 命中時のアクション
80          hitAction: () -> Void
81      ) {
82          // 弾 Entity の削除と得点加算
83          if event.entityA.name != event.entityB.name {
84              score += 1
85              event.entityB.removeFromParent()
86              // アクションのコールバック
87              hitAction()
88          }
89      }
90  }
91
```


shootメソッドにアクションを渡せるようにし、弾発射時にコールバックします。

ShootingLogic.swift

```
// 弾発射時のアクション
shootAction: () -> Void
```

ShootingLogic.swift

```
// アクションのコールバック
shootAction()
```

hitメソッドについても同様に変更します。アクションを渡すパラメータを追加し、命中時にコールバックします。

ShootingLogic.swift

```
// 命中時のアクション
hitAction: () -> Void
```

ShootingLogic.swift

```
// アクションのコールバック
hitAction()
```

これでImmersiveViewから弾発射時や命中時に追加で行う処理（今回はオーディオ再生処理）を渡せるようになりました。

8.5.2　空間オーディオと環境音の再生

Reality Composer Proで追加した空間オーディオと環境音を読み込み、再生する処理を実装します。

ImmersiveViewを修正します。最初に空間オーディオを再生するためのプロパティを追加します。

Fig. 8-26　AudioPlaybackControllerを追加（ImmersiveView.swift）

```
8  import SwiftUI
9  import RealityKit
10 import RealityKitContent
11
12 struct ImmersiveView: View {
13     // 画面遷移のための関数(環境値)
14     @Environment(\.openWindow) var openWindow
15     @Environment(\.dismissImmersiveSpace) var dismissImmersiveSpace
16     // ゲームロジック
17     @StateObject var logic = ShootingLogic()
18     // 弾 Entity
19     @State var bullet: ModelEntity?
20     // ARKit のハンドトラッキング機能
21     @StateObject var handTracking = HandTracking()
22     // ARKit のワールドトラッキング機能
23     @StateObject var worldTracking = WorldTracking()
24     // ARKit のシーン再構築機能
25     @StateObject var sceneReconstruction = SceneReconstruction()
26     // ARKit の画像トラッキング機能
27     @StateObject var imageTracking = ImageTracking()
28     // 弾発射音
29     @State var bulletAudio: AudioPlaybackController?
30     // ターゲットへの命中音
31     @State var targetAudio: AudioPlaybackController?
32
```

追加

AudioPlaybackController型のプロパティを、発射音用と命中音用に2つ準備します。

ImmersiveView.swift

```
// 弾発射音
@State var bulletAudio: AudioPlaybackController?
// ターゲットへの命中音
@State var targetAudio: AudioPlaybackController?
```

続いてRealityViewコンテンツ初期化処理を変更し、Reality Composer Proで作ったシーンから音声データと再生システムを読み込む処理を追加していきます。

まずはシーン「Bullet」から弾発射音を読み込みます。弾モデルの読み込み後に次の処理を追加します。

Fig. 8-27　弾発射音の読み込み処理を追加（ImmersiveView.swift）

```
33    var body: some View {
34        RealityView { content, attachments in
35            // 弾モデルの読み込み
36            if let bulletScene = try? await Entity(
37                named: "Bullet",
38                in: realityKitContentBundle
39            ) {
40                bullet = bulletScene
41                    .findEntity(named: "Sphere") as? ModelEntity
42                // 弾発射音の読み込み
43                if let audioEnt = bulletScene.findEntity(named: "SpatialAudio"),
44                   let resource = try? await AudioFileResource(
45                      named: "/Root/shoot_mp3",
46                      from: "Bullet.usda",
47                      in: realityKitContentBundle
48                   )
49                {
50                    bulletAudio = audioEnt.prepareAudio(resource)
51                    content.add(audioEnt)
52                }
53            }
54
55            // ターゲットモデルの読み込み
56            if let targetScene = try? await Entity(
57                named: "Target",
58                in: realityKitContentBundle
59            ) {
```

追加

シーン「Bullet」から再生システム「SpatialAudio」をaudioEntに、音声データ「shoot_mp3」をresourceに読み込みます。読み込みが完了したら「audioEnt.prepareAudio(resource)」でAudioPlaybackControllerのインスタンスを生成してbulletAudioプロパティに格納し、コンテンツに追加して再生準備を完了します。

ImmersiveView.swift

```
// 弾発射音の読み込み
if let audioEnt = bulletScene.findEntity(named: "SpatialAudio"),
    let resource = try? await AudioFileResource(
        named: "/Root/shoot_mp3",
        from: "Bullet.usda",
        in: realityKitContentBundle
    )
{
    bulletAudio = audioEnt.prepareAudio(resource)
    content.add(audioEnt)
}
```

次はシーン「Target」から命中音とBGMを読み込みます。ターゲットモデル読み込み後に以下を追加します。

Fig. 8-28　命中音とBGMの読み込み処理を追加（ImmersiveView.swift）

```
55              // ターゲットモデルの読み込み
56              if let targetScene = try? await Entity(
57                  named: "Target",
58                  in: realityKitContentBundle
59              ) {
60                  if let target = targetScene.findEntity(named: "Robot") { ••• }
80
81                  // 命中音の読み込み
82                  if let audioEnt = targetScene.findEntity(named: "SpatialAudio"),
83                     let resource = try? await AudioFileResource(
84                          named: "/Root/hit_mp3",
85                          from: "Target.usda",
86                          in: realityKitContentBundle
87                     )
88                  {
89                      targetAudio = audioEnt.prepareAudio(resource)
90                      content.add(audioEnt)
91                  }
92
93                  // BGM の読み込み
94                  if let audioEnt = targetScene.findEntity(named: "AmbientAudio"),
95                     let resource = try? await AudioFileResource(
96                          named: "/Root/bgm_mp3",
97                          from: "Target.usda",
98                          in: realityKitContentBundle
99                     )
100                 {
101                     let audio = audioEnt.prepareAudio(resource)
102                     content.add(audioEnt)
103                     // BGM の再生
104                     audio.play()
105                 }
106             }
107
108             // ターゲットと弾の管理用 Entity のコンテンツへの追加
109             content.add(logic.bulletRoot)
110             content.add(logic.targetRoot)
```

追加

追加

命中音の読み込みは、弾発射音と全く同じ流れで行います。シーン「Target」から再生システム「SpatialAudio」をaudioEntに、音声データ「hit_mp3」をresourceに読み込み、その後同じように準備します。

ImmersiveView.swift

```
// 命中音の読み込み
if let audioEnt = targetScene.findEntity(named: "SpatialAudio"),
    let resource = try? await AudioFileResource(
        named: "/Root/hit_mp3",
        from: "Target.usda",
        in: realityKitContentBundle
    )
{
    targetAudio = audioEnt.prepareAudio(resource)
    content.add(audioEnt)
}
```

BGMについても、再生システム「AmbientAudio」と音声データ「bgm_mp3」を同様に読み込みます。ここではさらにAudioPlaybackControllerのplayメソッドを呼び出して、その場で再生を開始します。Reality Composer Proの方で「bgm_mp3」のループ再生を有効にしているので、ゲームのプレイ中BGMが流れ続けるようになります。

ImmersiveView.swift

```
// BGM の読み込み
if let audioEnt = targetScene.findEntity(named: "AmbientAudio"),
    let resource = try? await AudioFileResource(
        named: "/Root/bgm_mp3",
        from: "Target.usda",
        in: realityKitContentBundle
    )
{
    let audio = audioEnt.prepareAudio(resource)
    content.add(audioEnt)
    // BGM の再生
    audio.play()
}
```

これでオーディオの読み込みが完了し、使用準備ができました。最後に命中音と弾発射音を空間オーディオで再生する処理を実装しましょう。

命中音の再生処理は、当たり判定処理内の「logic.hit(…)」呼び出し箇所に追加します。コード内を「logic.hit」で検索、修正しましょう。

Fig. 8-29　hit処理を追加（ImmersiveView.swift）

```
55              // ターゲットモデルの読み込み
56              if let targetScene = try? await Entity(
57                  named: "Target",
58                  in: realityKitContentBundle
59              ) {
60                  if let target = targetScene.findEntity(named: "Robot") {
61                      // ターゲット管理用 Entity への追加
62                      logic.targetRoot.position = simd_float3(0, 1, -1)
63                      logic.targetRoot.addChild(target)
64 
65                      // 当たり判定処理
66                      _ = content.subscribe(
67                          to: CollisionEvents.Began.self,
68                          on: target
69                      ) {
70                          event in
71                          // ゲームロジックの当たり判定処理呼び出し
72                          logic.hit(event) {
73                              // 命中音再生
74                              targetAudio?.entity?.position =
75                                  event.entityB.position
76                              targetAudio?.stop()
77                              targetAudio?.play()
78                          }
79                      }
80 
81                      // ターゲットに UI を追加
82                      if let attachedUI = attachments.entity(for: "Menu") {
83                          target.addChild(attachedUI)
84                      }
85                  }
86 
87                  // 命中音の読み込み
88                  if let audioEnt = targetScene.findEntity(named: "SpatialAudio"),
89                     let resource = try? await AudioFileResource(
90                          named: "/Root/hit_mp3",
91                          from: "Target.usda",
92                          in: realityKitContentBundle
93                     )
```

（72〜78行目：追加）

hitメソッドに先ほど加えたパラメータに命中時アクションを渡します。アクションの中で音源の位置を設定し、再生処理を行います。衝突位置からヒット音が聴こえるように指定します。

ImmersiveView.swift

```
logic.hit(event) {
    // 命中音再生
    targetAudio?.entity?.position =
        event.entityB.position
    targetAudio?.stop()
    targetAudio?.play()
}
```

弾発射音の再生処理は、弾発射処理の「logic.shoot(…)」呼び出し箇所に追加します。コード内を「logic.shoot」で検索すれば修正箇所が見つかります。

Fig. 8-30 shoot関数に発射音再生処理を追加（ImmersiveView.swift）

```
118            // シーン再構築で作られた障害物を追加
119            content.add(sceneReconstruction.root)
120        } update: { content, attachments in
121            // ターゲットをトラッキングされた画像の位置に設定
122            if let image = imageTracking.imageTransform {
123                logic.targetRoot.transform.matrix = image
124            }
125
126            // カスタムジェスチャーの判定処理
127            if let leftIndex = handTracking.leftIndex,
128               let rightIndex = handTracking.rightIndex
129            {
130                if distance(leftIndex.position, rightIndex.position) < 0.04 {
131                    // Vision Pro の位置と回転を取得
132                    if let device = worldTracking.deviceTransform {
133                        // Vision Pro の方向ベクトルを計算
134                        let vec = device * simd_float4(0, 0, -1, 0)
135                        // ゲームロジックの弾発射処理呼び出し
136                        logic.shoot(
137                            bullet: bullet,
138                            position: leftIndex.position,
139                            // Vision Pro の方向ベクトルを初速度に適応
140                            velocity: simd_float3(vec.x, vec.y, vec.z) * 5
141                        ) {
142                            // 発射音再生
143                            bulletAudio?.entity?.position = leftIndex.position
144                            bulletAudio?.stop()
145                            bulletAudio?.play()
146                        }
147                    }
148                }
149            }
150        } attachments: {
```

追加

shootメソッドに先ほど加えたパラメータに弾発射時アクションを渡します。音源位置には弾発射位置（指の位置）を指定します。

ImmersiveView.swift

```
logic.shoot(
    bullet: bullet,
    position: leftIndex.position,
    // Vision Pro の方向ベクトルを初速度に適応
    velocity: simd_float3(vec.x, vec.y, vec.z) * 5
) {
    // 発射音再生
    bulletAudio?.entity?.position = leftIndex.position
    bulletAudio?.stop()
    bulletAudio?.play()
}
```

シミュレータ用の発射処理にも同様に再生処理を追加します。

Fig. 8-31　デバッグ用ボタンに弾の発射処理を追加（ImmersiveView.swift）

```
150         } attachments: {
151             // RealityKit 内で表示される UI の設定
152             Attachment(id: "Menu") {
153                 VStack {
154                     // 得点、残り時間の表示
155                     // ゲームロジックから得点と残り時間を取得
156                     Text("Score: \(logic.score) Time: \(Int(logic.time))")
157                         .font(.extraLargeTitle)
158                     Spacer()
159                     HStack {
160                         // デバッグ用の発射ボタン
161                         #if targetEnvironment(simulator)
162                         Button("Shoot") {
163                             logic.shoot(
164                                 bullet: bullet,
165                                 position: SIMD3(0, 1.2, -0.5),
166                                 velocity: SIMD3(0, 0, -5)
167                             ) {
168                                 // 発射音再生
169                                 bulletAudio?.entity?.position =
170                                     SIMD3(0, 1.2, -0.5)
171                                 bulletAudio?.stop()
172                                 bulletAudio?.play()
173                             }
174                         }
175                         #endif
176                         // リセットボタン
177                         Button("Reset") {
178                             // ゲームロジックのリセット処理呼び出し
179                             logic.reset()
180                         }
```

追加

音源位置を固定の弾発射位置に設定している以外は先と同じです。

ImmersiveView.swift

```
logic.shoot(
    bullet: bullet,
    position: SIMD3(0, 1.2, -0.5),
    velocity: SIMD3(0, 0, -5)
) {
    // 発射音再生
    bulletAudio?.entity?.position =
        SIMD3(0, 1.2, -0.5)
    bulletAudio?.stop()
    bulletAudio?.play()
}
```

これで追加の空間オーディオと環境音の実装が完了しました。

8.6 アイコンとアプリ名の設定

せっかくゲームがパワーアップしたので、アプリ名とアイコンもグレードアップしましょう。以下の設定変更を行います。

- ナビゲータからプロジェクトを選択し、「General」>「Identity」>「Display Name」を「シューティングゲーム改」に変更
- 「Assets.xcassets」を選択し、「AppIcon」画像を素材フォルダにある「Chapter8_assets」の「icon.png」に差し替え

8.7 実機での動作確認

最後にVision Proの実機を用いてアプリ全体の動作確認を行います。マーカー画像上にターゲットが表示されて、ポーズを取ると向いている方向に弾が発射されます。発射された弾が壁や床に跳ね返り、発射音やターゲットにヒットした音が聞こえたら完成です。

Chapter 8

Fig. 8-32　マーカー画像の上にターゲットが表示されて発射された弾が床に散らばっている

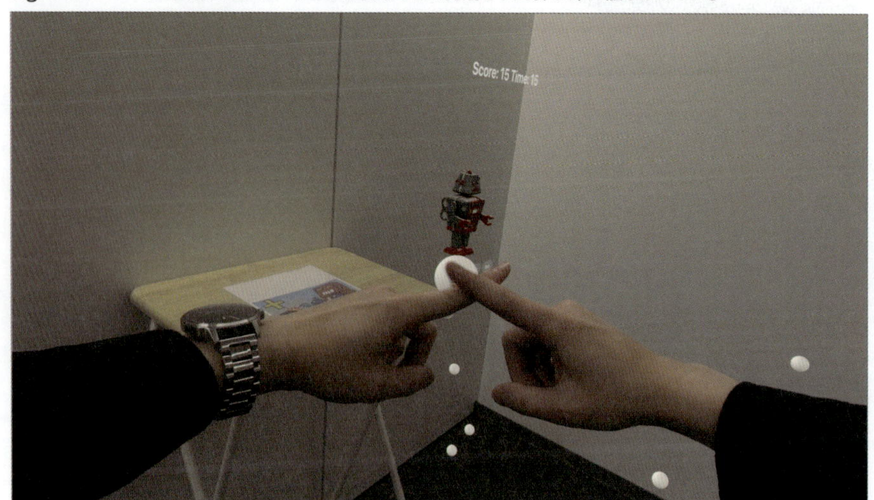

8.8 まとめ

このChapterでは、ARKitのさまざまな機能（ワールドトラッキング、シーン再構築、画像トラッキング）を活用し、現実の環境を統合したゲーム体験を実装しました。また、空間オーディオと環境音を使った効果音を加えて臨場感を高めました。駆け足ではあるものの、高度な空間コンピューティング技術を使いこなしてエンターテイメント性の高いアプリ体験に仕上げる方法を学びました。今後はあなた自身のアイディアを自由に盛り込んで、楽しい空間コンピューティングアプリを作っていってください。

NOTE

Appendix A「本書のサンプルアプリのガイドマップ」には、アプリの構造を概観できる図（ガイドマップ）を用意しています。文章による説明では理解しづらいデータの流れや、オブジェクト間の関連を把握する助けとなります。

Chapter 9

SharePlayを利用したコラボレーションアプリの開発

本Chapterでは、GroupActivitiesフレームワークを用いて、
SharePlayによるvisionOSのコラボレーション体験を構築する方法を学びます。
FaceTimeを通じて複数人でコンテンツを同期し、
まるで同じ空間にいるかのように感じられる没入型アプリを開発します。

⚠CAUTION

このChapterではSharePlayで複数のVision Proを接続します。SharePlayを利用するにはApple Developer Program（有料）への登録が必要です。登録手続きの詳細は https://developer.apple.com/jp/programs/ をご覧ください。また、SharePlayはシミュレータでは動作しません。Vision Proの実機が必要です。少々手間はかかりますが、実機を持つ仲間と是非空間コラボレーションを体験してみてください。

9.1 コラボレーションアプリの概要

このChapterでは、SharePlayを利用して複数人でコラボレーションを行う基礎的なアプリを開発します。

ウインドウには感情を表す絵文字が表示され、ボタンで切り替えることができます。選択された絵文字が他の参加者にも共有されます。またイマーシブスペースではエンティティの位置と回転をジェスチャ操作し、その操作内容が他の参加者にも共有されます。これにより、参加者たちはあたかも同じ空間にいて同じコンテンツを共有しているかのような体験を得ることができます。

Fig. 9-1　完成イメージ

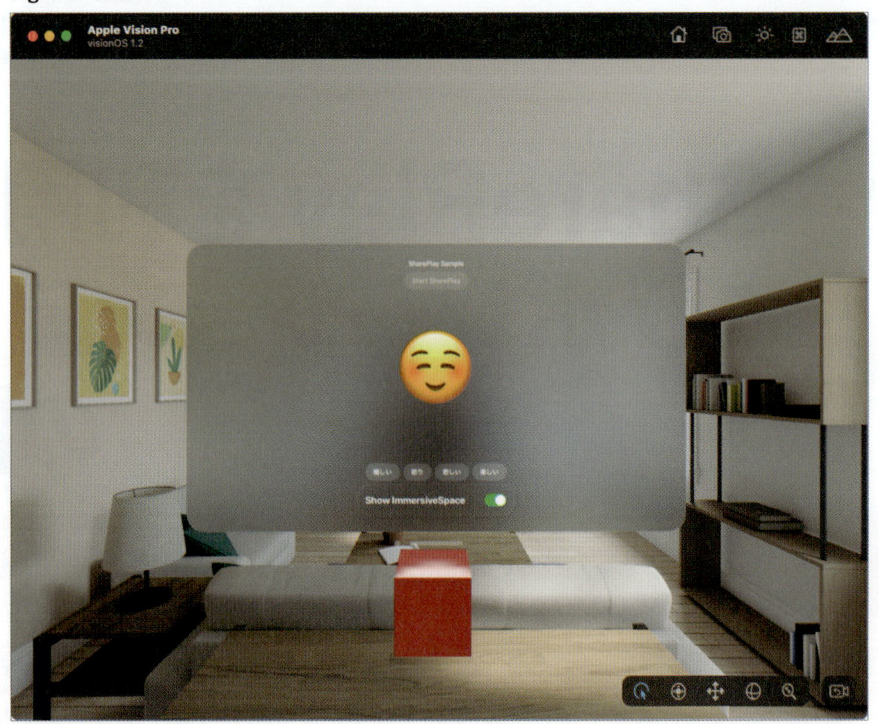

9.1.1 SharePlayとは

SharePlayは、FaceTime通話中に友人や家族と一緒に音楽を聴いたり、ビデオを見たり、アプリを共有したりできる機能です。Vision ProでSharePlayを使用すると、ペルソナを通じて、遠隔地にいるにもかかわらず、あたかも同じ場所にいるような感覚でアプリを一緒に体験することができます。

このChapterで開発するアプリは、FaceTimeやSharePlayと次のように連携して動作します。

1. 最初に参加者がFaceTimeで通話を開始する
2. 通話が開始されるとShaprePlayが利用可能になる
3. いずれかの参加者がアプリを実行し、アプリ上のSharePlay開始ボタンを押す
4. すると、通話中の相手にSharePlayへ参加するかどうか確認の通知が表示される
5. 相手が参加を承諾するとアプリの共有体験が開始される

9.2　プロジェクトの作成

本アプリのゴールは複数台のVision Proによる共有体験の提供ですが、動作確認だけでも常にVision Proが2台必要というのは手間がかかりすぎます。そこでiPhone同士、もしくはVision ProとiPhoneの組み合わせで動作可能な部分を先に実装していきます。基本的な共有体験の実装と動作確認が済んでから、Vision Pro特有の共有体験を追加します。

プロジェクトの新規作成で「visionOS」の「アプリ」を選択し、プロジェクト情報に以下を入力します。

- Product Name:「Chapter9」
- Team：チーム
- Organization Idenrifier:「visionOSdev」
- Initial Scene:「Window」
- Immersive Space Renderer:「None」

Fig. 9-2　プロジェクト情報入力画面

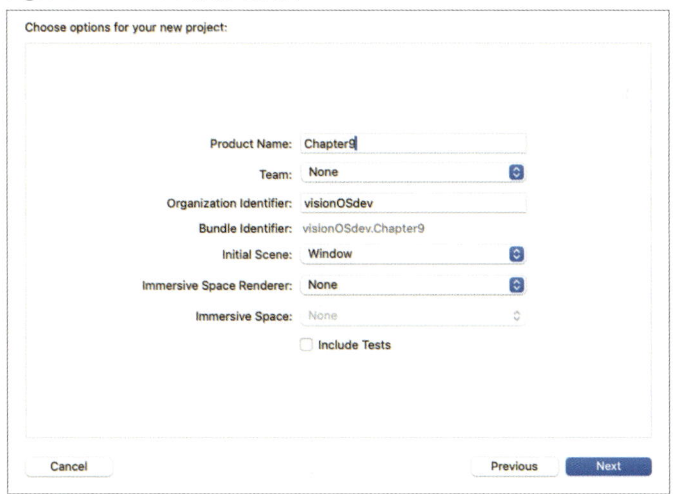

イマーシブ体験の実装は後から追加するため、「Immersive Space Renderer」は「None」としています。

9.2.1　Capabilityの設定

SharePlayを利用したアプリを実装するにはGroup Activitiesフレームワークを利用します。この機能を有効にするため、以下の手順でプロジェクトの設定を行います。

ナビゲータで「Chapter9」を選択し、「Signing & Capabilities」タブを選択します。

そして「＋Capability」を選択します。

Fig. 9-3　Capability

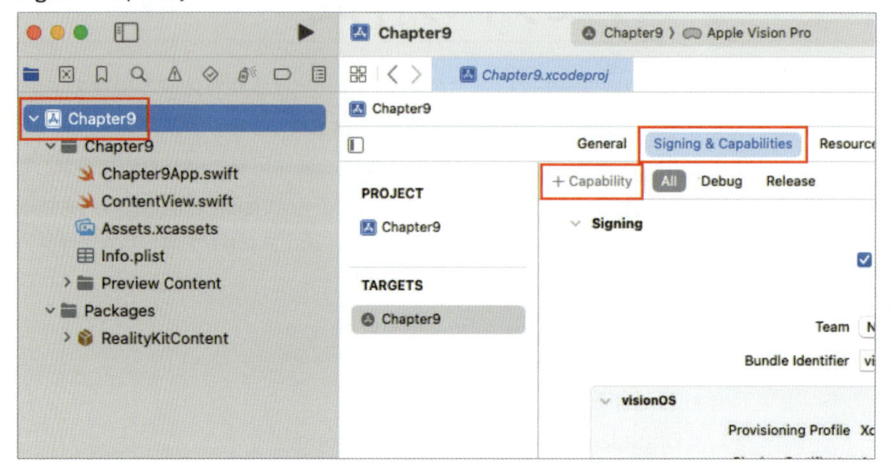

表示された画面の中から「Group Activities」をダブルクリックします。

Fig. 9-4　Group Activitiesの選択

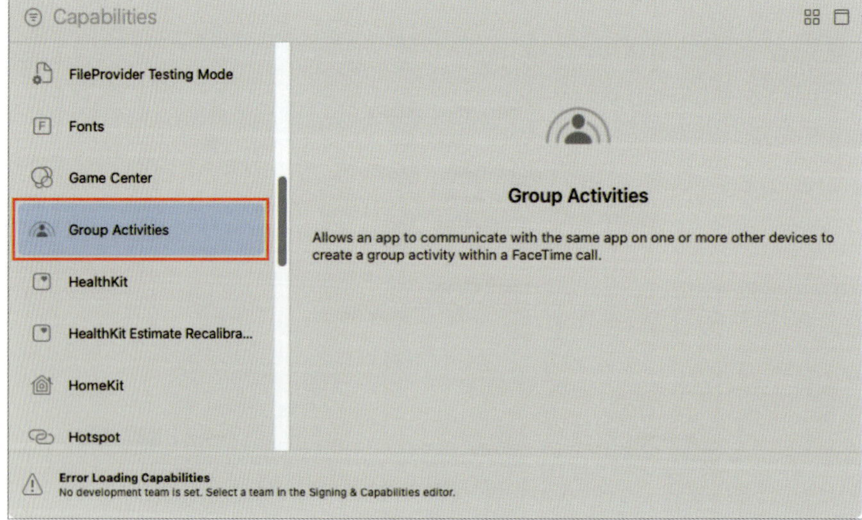

Group Activitiesが追加されました。ナビゲータに「Chapter9.entitlements」というファイルも追加されています。

Fig. 9-5 Group Activities

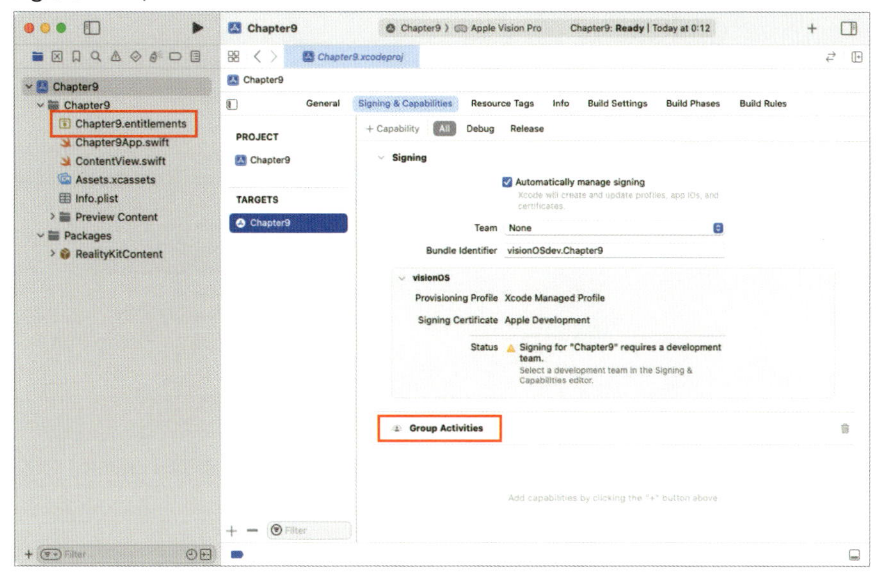

NOTE

「Chapter9.entitlements」は、プロジェクトのCapability（アプリが利用する機能やサービス）の設定に関するファイルです。Capabilityを変更すると自動的に更新されるため、開発者が直接編集する必要はありません。ファイルが追加されたことだけを確認しておけば良いでしょう。

9.2.2 iPhoneで動作させる準備

プロジェクト作成時に「visionOS」の「アプリ」を選択したため、このままだとアプリはiPhoneでは動作しません。プロジェクトの設定を変更して、iPhone向けにアプリがビルドされるようにします。

CAUTION

複数のハードウェアに対応させるため、プロジェクトの設定がこれまでよりも複雑になります。途中、軽微なエラーにも対処する必要があります。

ナビゲータの「Chapter9」を選択し、「General」タブを選択します。
「Supported Destinations」の「+」を選択します。

Fig. 9-6　Destinationの追加

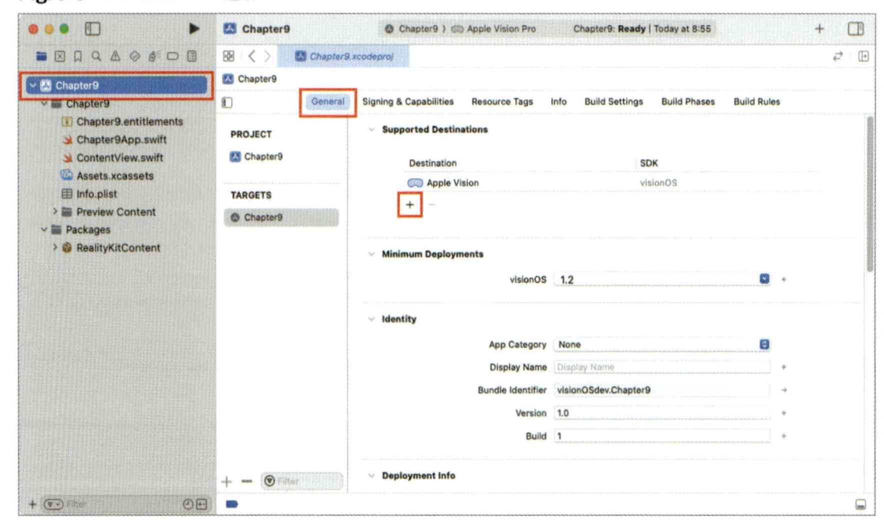

「iPhone」を選択すると以下の注意書きが表示されます。「Enable」を選択します。

Fig. 9-7　iPhone追加時の注意書き

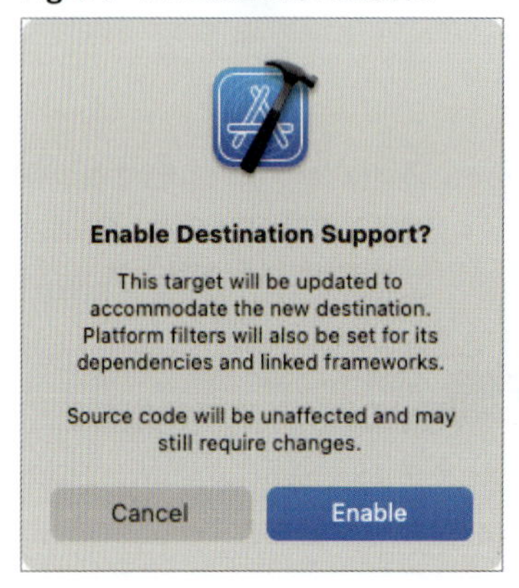

DestinationにiPhoneが追加されました。

NOTE

DestinationにiPhoneを追加することで、自動的にiPadも追加されてしまうことがあるようです。ここではiPadは削除して進めます。iPadでSharePlayの動作確認を行う場合はそのまま残しておいても構いません。

Fig. 9-8 iPhoneの追加

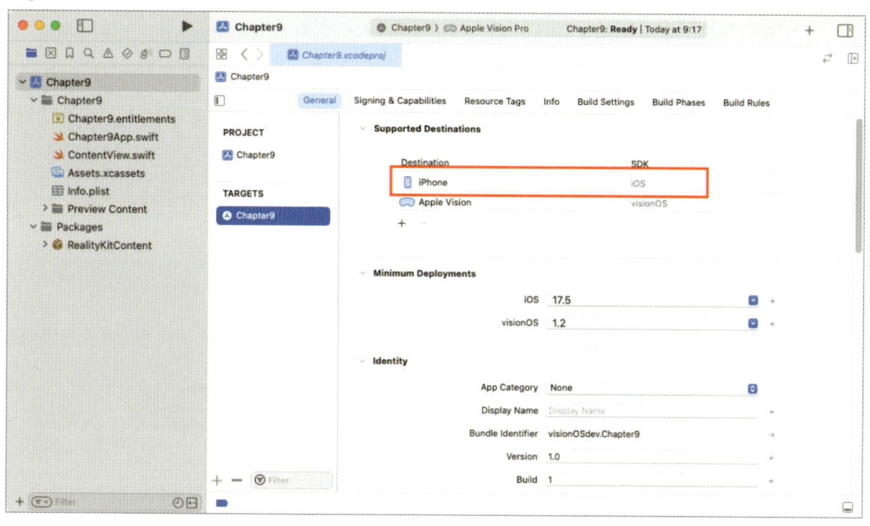

プロジェクトの設定を変更したので、ビルドできるか確認してみましょう。画面上部の実行対象から「iOS Simulators」のいずれかの機種を選択して（ここでは「iPhone 15」を選択したとします）ビルドします。

Fig. 9-9 iOS Simulatorの選択

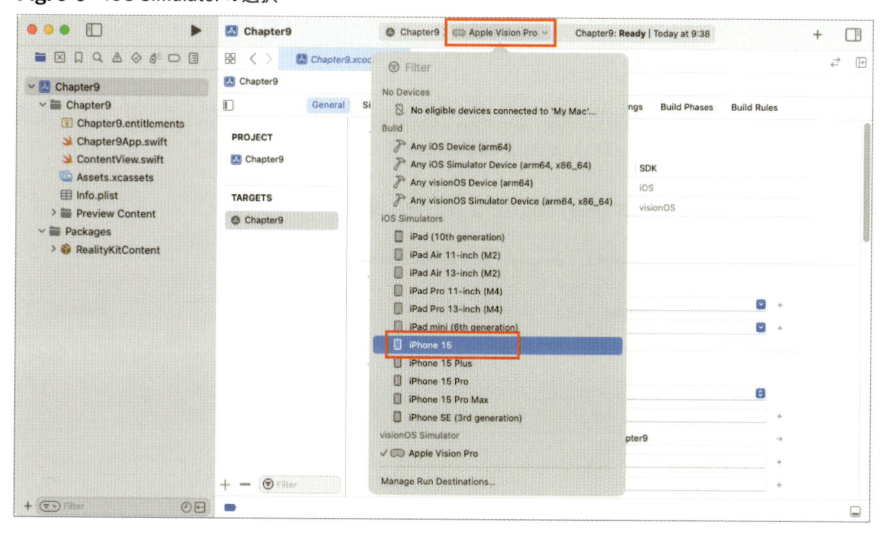

するとビルドに失敗します。エラー情報を確認すると次のように表示されています。

```
Building for 'iphonesimulator', but realitytool only supports
[xros, xrsimulator]
```

Chapter 9

iOSでは動作しないRealityKitContentがプロジェクトに含まれているのが原因です。このエラーを修正するため、「General」タブの「Frameworks, Libraries, and Embedded Content」という項目にある「RealityKitContent」と書かれた行を見つけます。この行の「Filters」列の項目を選択し、「Allow any platform」のチェックを外してから「iOS」のチェックを外します。

Fig. 9-10　RealityKitContentの設定

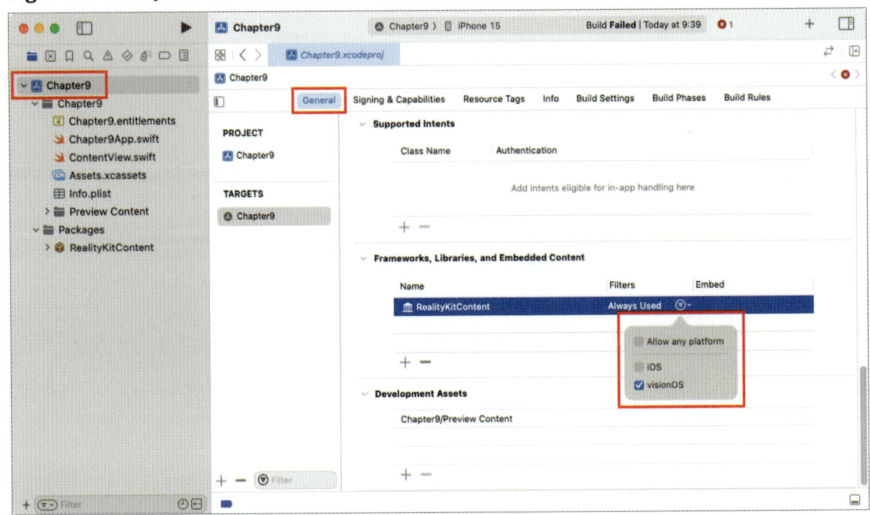

NOTE

以下のように「Filters」列が表示されない場合、ナビゲータで一度他のファイルを選択してから、再度「Chapter9」プロジェクトを選択すると表示されるようになります。

Fig. 9-11　「Filters」の項目が表示されない場合

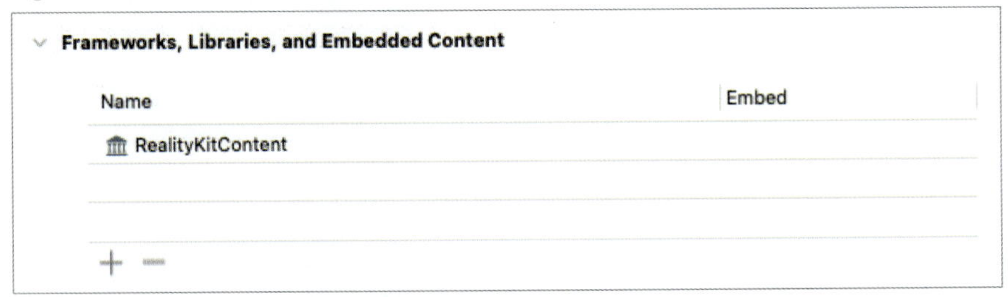

ここで再度ビルドすると、前のエラーは解消しますが、「ContentView.swift」に関して新たなエラーが発生します。もともとvisionOS向けのテンプレートからプロジェクトを作成しており、iOSでは実行できないコードが含まれているためです。そこで次のようにそれらのコードを修正します。

Fig. 9-12　コードの修正（ContentView.swift）

```
8   import SwiftUI
9   import RealityKit
10  import RealityKitContent        削除    No such module 'RealityKitContent'
11
12  struct ContentView: View {
13      var body: some View {
14          VStack {
15              Model3D(named: "Scene", bundle: realityKitContentBundle)
16                  .padding(.bottom, 50)
17
18              Text("Hello, world!")
19          }
20          .padding()
21      }
22  }
23
24  #Preview() {        変更
25      ContentView()
26  }
```

修正後のコードは以下のようになります。

ContentView.swift

```
import SwiftUI
import RealityKit

struct ContentView: View {
    var body: some View {
        VStack {
            Text("Hello, world!")
        }
        .padding()
    }
}

#Preview() {
    ContentView()
}
```

再度ビルドすると、上記のエラーは解消するものの、また別のエラーが発生しました。

```
Command CompileAssetCatalog failed with a nonzero exit code
```

iOS向けのデフォルトのアプリアイコンが「Assets.xcassets」に存在しないためエラーが起きているようです。これを修正するため、ナビゲータで「Assets.xcassets」を選択してください。編集エリア左下の「+」を選択、「iOS」>「iOS App Icon」でアプリアイコンの項目を追加します。アイコン画像については何もしなくて構いません。

Fig. 9-13　アプリアイコンの追加

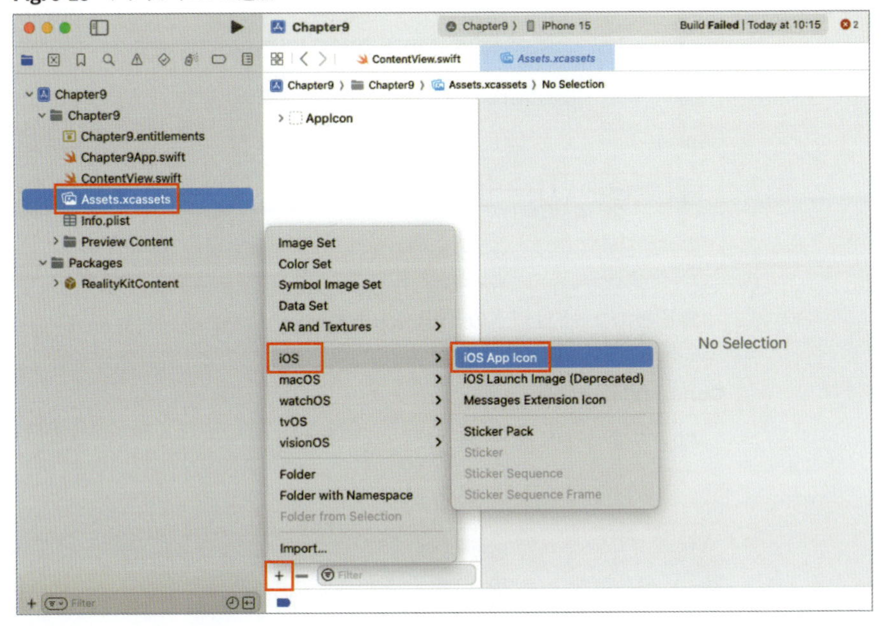

ここまでの作業で無事ビルドが成功するようになりました。

9.3 SharePlay上の共有体験の実装

これからSharePlayを用いた共有体験を実装していきます。下図はその全体の流れを示したものです。実装中に何をしているのかわからなくなった場合、この流れのどの部分に該当するものなのかを確認しながら進めてください。

Fig. 9-14 SharePlayの流れ

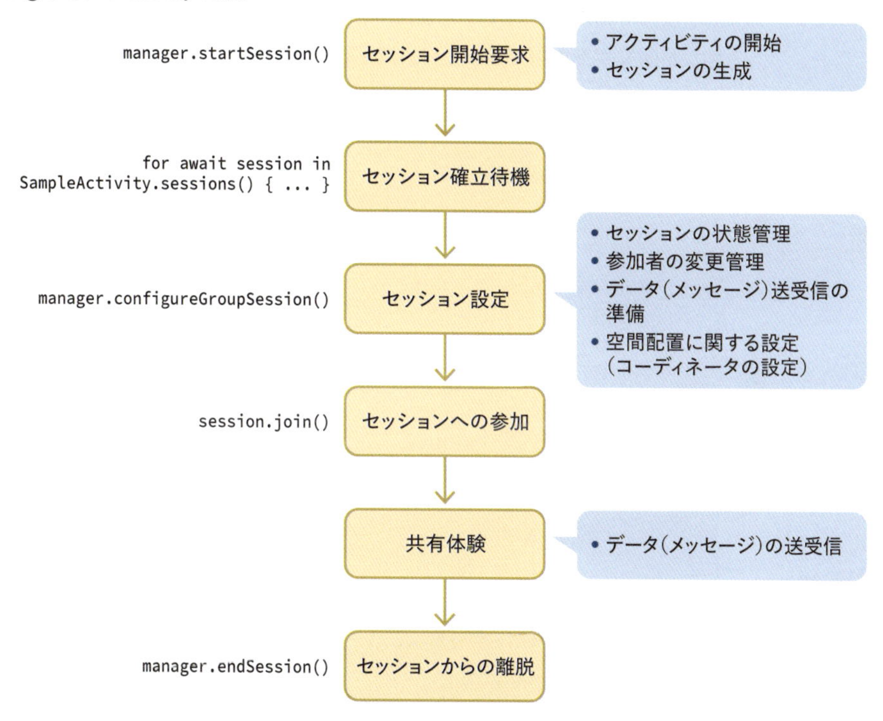

9.3.1 絵文字情報の定義

最初に共有する絵文字情報を定義します。

「Emoji.swift」ファイルを作成し以下の通り実装します。

Fig. 9-15 「Emoji.swift」の実装

```
8  enum Emoji: Codable {
9      case happy
10     case angry
11     case sad
12     case laughing
13 
14     var symbol: String {
15         switch self {
16         case .happy:
17             return "🤩"
```

追加

```
18 ········case·.angry:¬
19 ············return·"😠"¬
20 ········case·.sad:¬
21 ············return·"😭"¬
22 ········case·.laughing:¬
23 ············return·"😆"¬
24 ········}¬
25 ····}¬
26 }¬
```

アプリで利用する絵文字をenumとして定義し、symbolプロパティを定義してケースに応じた顔文字を取得できるようにしています。

Emoji.swift

```
enum Emoji: Codable {
    case happy
    case angry
    case sad
    case laughing

    var symbol: String {
        switch self {
        case .happy:
            return "😊"
        case .angry:
            return "😠"
        case .sad:
            return "😭"
        case .laughing:
            return "😆"
        }
    }
}
```

9.3.2 メッセージの定義

続いて「Messages.swift」ファイルを作成し、以下の通り実装します。

Fig. 9-16 「Messages.swift」の実装

```
 8 struct·EmojiMessage:·Codable·{¬
 9 ····let·emoji:·Emoji¬
10 }¬
```

追加

参加者間で送受信するメッセージを定義します。データとして先に定義したEmoji型を保持します。

Messages.swift

```
struct EmojiMessage: Codable {
    let emoji: Emoji
}
```

9.3.3 アクティビティの定義

次に「SampleActivity.swift」ファイルを作成し、以下の通り実装します。

Fig. 9-17 「SampleActivity.swift」の実装

```
8  import GroupActivities
9
10 struct SampleActivity: GroupActivity {
11     // アクティビティについて説明する情報の提供
12     var metadata: GroupActivityMetadata {
13         var data = GroupActivityMetadata()
14         data.title = "Sample App"
15         data.type = .generic
16         return data
17     }
18 }
```

追加

このSampleActivityは、アクティビティの名前や種類といった説明情報を定義するGroupActivityプロトコルに準拠した構造体です。アクティビティとは共有体験とそれを構成する活動を含む用語[†1]で、本アプリの場合は「選択された絵文字の共有」や「エンティティとそれに対するジェスチャ操作の共有」といった体験や活動が相当します。以下の情報をメタデータとして定義しています。

- `data.title`：アクティビティを識別するための名前。
- `data.type`：アクティビティの種類。ここでは「`.generic`」を使用して、一般的なタイプのアクティビティとして定義している。他にも動画視聴やゲームプレイなどの特定のタイプを設定できる。

SampleActivity.swift

```
import GroupActivities

struct SampleActivity: GroupActivity {
```

†1 出典 https://developer.apple.com/documentation/groupactivities/defining-your-apps-shareplay-activities

```
    // アクティビティについて説明する情報の提供
    var metadata: GroupActivityMetadata {
        var data = GroupActivityMetadata()
        data.title = "Sample App"
        data.type = .generic
        return data
    }
}
```

9.3.4 アクティビティ管理クラスの作成

アクティビティを管理するクラスを作成します。本アプリの要となるクラスです。

「GroupActivityManager.swift」ファイルを作成し、以下のようにGroupActivityManagerクラスを定義します。利用するフレームワークのimportとプロパティを追加します。

Fig. 9-18 GroupActivityManagerのプロパティ実装（GroupActivityManager.swift）

```
 8  import Combine
 9  import GroupActivities
10  import SwiftUI
11
12  @Observable
13  class GroupActivityManager {
14      // 現在のグループセッションを保持する
15      var session: GroupSession<SampleActivity>?
16      // 信頼性あるメッセージの送受信を行うメッセンジャー
17      var reliableMessenger: GroupSessionMessenger?
18      // セッションの状態や参加者の変更を監視するためのサブスクリプションを保持する
19      var subscriptions = Set<AnyCancellable>()
20      // 実行中のタスクを保持する
21      var tasks = Set<Task<Void, Never>>()
22      // SharePlayがアクティブかどうかを示すブール値
23      var isSharePlaying = false
24      // 送受信する絵文字情報を保持する
25      var emoji = Emoji.happy
26  }
```

追加

プロパティの説明はコメントに記載の通りですが、ここでは後の実装にあたってこのようなものが必要となるとだけ把握しておけば大丈夫です。

GroupActivityManager.swift

```
// 現在のグループセッションを保持する
var session: GroupSession<SampleActivity>?
// 信頼性あるメッセージの送受信を行うメッセンジャー
var reliableMessenger: GroupSessionMessenger?
```

```
// セッションの状態や参加者の変更を監視するためのサブスクリプションを保持する
var subscriptions = Set<AnyCancellable>()
// 実行中のタスクを保持する
var tasks = Set<Task<Void, Never>>()
// SharePlayがアクティブかどうかを示すブール値
var isSharePlaying = false
// 送受信する絵文字情報を保持する
var emoji = Emoji.happy
```

上記のプロパティに続けて、これから実装していくメソッドの枠組みを以下のように追加します。

Fig. 9-19 GroupActivityManagerのメソッド実装（GroupActivityManager.swift）

```
27    // SharePlayセッションを開始する
28    func startSession() {
29    }
30
31    // セッションの設定を行う
32    func configureGroupSession(session: GroupSession<SampleActivity>) async {
33    }
34
35    // セッションの状態を監視し、
36    // セッションが無効になった場合に終了処理を行うサブスクリプションを設定する
37    private func setupStateSubscription(for session:
          GroupSession<SampleActivity>) {
38    }
39
40    // 参加者の変更を監視し、
41    // 新しい参加者に現在の絵文字情報を送信するサブスクリプションを設定する
42    private func setupParticipantsSubscription(for session:
          GroupSession<SampleActivity>) {
43    }
44
45    // 絵文字メッセージを受信するためのハンドラを設定する
46    private func setupEmojiMessageHandler() {
47    }
48
49    // 絵文字メッセージの処理を行う
50    func handleEmojiMessage(message: EmojiMessage) {
51    }
52
53    // 絵文字メッセージを送信する
54    func sendEmojiMessage(message: EmojiMessage, to: Participants = .all) {
55    }
56
57    // SharePlayセッションを終了する
58    func endSession() {
59    }
```

追加

メソッド数が多く、名前とパラメータがまぎらわしいので注意してください。このうち3つあるprivateメソッドはconfigureGroupSessionメソッドの内部処理に過ぎない、ということを理解しておくと整理しやすくなります。

GroupActivityManager.swift

```
// SharePlayセッションを開始する
func startSession() {
}

// セッションの設定を行う
func configureGroupSession(session: GroupSession<SampleActivity>) async {
}

// セッションの状態を監視し、
// セッションが無効になった場合に終了処理を行うサブスクリプションを設定する
private func setupStateSubscription(for session:
    GroupSession<SampleActivity>) {
}

// 参加者の変更を監視し、
// 新しい参加者に現在の情報を送信するサブスクリプションを設定する
private func setupParticipantsSubscription(for session:
    GroupSession<SampleActivity>) {
}

// 絵文字メッセージを受信するためのハンドラを設定する
private func setupEmojiMessageHandler() {
}

// 絵文字メッセージの処理を行う
func handleEmojiMessage(message: EmojiMessage) {
}

// 絵文字メッセージを送信する
func sendEmojiMessage(message: EmojiMessage) {
}

// SharePlayセッションを終了する
func endSession() {
}
```

それでは、いよいよ各メソッドの実装に入ります。

◉ セッションの開始処理

startSessionメソッドに、セッションの開始処理を実装します。SharePlayにおけるセッションとは、ユーザが一緒にコンテンツを楽しむための環境を提供する機能です。

Fig. 9-20 コードの追加(GroupActivityManager.swift)

```
27    // SharePlayセッションを開始する
28    func startSession() {
29        Task {
30            do {
31                _ = try await SampleActivity().activate()
32            } catch {
33                print("Failed to activate SampleActivity: \(error)")
34            }
35        }
36    }
```

追加

メソッド名と引数を再確認しましょう。

GroupActivityManager.swift

```
// SharePlayセッションを開始する
func startSession() {
    ...
}
```

Taskブロック内にコードを配置することで、非同期に処理を実行します。

GroupActivityManager.swift

```
Task {
    ...
}
```

SampleActivityクラスのactivateメソッドを呼び出して、SharePlayセッションを開始します。エラーが発生する可能性があるためdoブロックでエラーハンドリングを行っています。

GroupActivityManager.swift

```
do {
    _ = try await SampleActivity().activate()
} catch {
    print("Failed to activate SampleActivity: \(error)")
}
```

◉ セッションの設定

configureGroupSessionメソッドに、セッションの設定処理を実装します。

Fig. 9-21　コードの追加（GroupActivityManager.swift）

```
38     // セッションの設定を行う
39     func configureGroupSession(session: GroupSession<SampleActivity>) async {
40         print("New GroupActivities session: \(session)")
41         // アプリのアクティブなグループセッションを設定する
42         self.session = session
43 
44         // 以前のサブスクリプションとタスクを削除する
45         subscriptions.removeAll()
46         tasks.forEach { $0.cancel() }
47         tasks.removeAll()
48 
49         // セッションに参加しているデバイスにデータを送受信するメッセンジャーの生成
50         reliableMessenger = GroupSessionMessenger(session: session,
               deliveryMode: .reliable)
51 
52         // セッションが無効になった時の処理
53         setupStateSubscription(for: session)
54         // 参加者リストの変更処理
55         setupParticipantsSubscription(for: session)
56         // 絵文字メッセージを受信するための処理
57         setupEmojiMessageHandler()
58 
59         // セッションに参加する
60         session.join()
61         isSharePlaying = true
62     }
```

追加

メソッド名と引数を再確認しましょう。このメソッドは新しいセッションが見つかった時に呼ばれ、パラメータにそのセッションが渡されます。渡されたセッションを適切に設定するのがこのメソッドの役割です。呼び出し部は後ほどビュー側に実装します。

GroupActivityManager.swift

```
// セッションの設定を行う
func configureGroupSession(session: GroupSession<SampleActivity>) async {
    ...
}
```

渡されたセッションをsessionプロパティに保持します。

GroupActivityManager.swift

```
// アプリのアクティブなグループセッションを設定する
self.session = session
```

古いサブスクリプションやタスクをクリアします。これにより、過去のセッションの残り物が現在のセッションへ干渉しないようにします。サブスクリプション、タスクについてはこの後の実装で出てきますのでこのような前処理が必要とだけ理解しておけば大丈夫です。

GroupActivityManager.swift

```
// 以前のサブスクリプションとタスクを削除する
subscriptions.removeAll()
tasks.forEach { $0.cancel() }
tasks.removeAll()
```

新しいセッションに基づいて、メッセンジャーを生成します。メッセンジャーとはデータの送受信を行うオブジェクトです。

GroupActivityManager.swift

```
// セッションに参加しているデバイスにデータを送受信するメッセンジャーの生成
reliableMessenger = GroupSessionMessenger(session: session,
    deliveryMode: .reliable)
```

ここではdeliveryModeに「`.reliable`」を渡し、信頼性の高いメッセージ送受信を行うモードを指定します。これは重要なデータや状態の同期が必要な場合に用いるモードです。今回は参加者間で見える絵文字がずれてしまうと困るため、このモードを選択しています。

deliveryModeには他に「`.unreliable`」があります。「`.unreliable`」が指定された場合、メッセージ送受信の遅延が小さくなりますが、ベストエフォートになるため確実に届くことは保証されません。ネットワークの状態によってはメッセージが失われる可能性もあります。低レイテンシが重要で、データの完全性がそれほど重要でない場合（例えばリアルタイムの位置情報など）はこのモードを選択すると良いでしょう。

続いて以下のメソッドを呼び出します。これらのメソッドは本クラスで後ほど定義するので、処理内容はそちらで説明します。

GroupActivityManager.swift

```
// セッションが無効になった時の処理
setupStateSubscription(for: session)
// 参加者リストの変更処理
setupParticipantsSubscription(for: session)
// 絵文字メッセージを受信するための処理
setupEmojiMessageHandler()
```

最後にセッションへ参加し、isSharePlayingフラグをtrueに設定してSharePlay中であることを示します。

GroupActivityManager.swift

```
// セッションに参加する
session.join()
isSharePlaying = true
```

◉ セッション無効化時の処理の設定

setupStateSubscriptionメソッドの実装を以下の通り行います。

Fig. 9-22 コードの追加（GroupActivityManager.swift）

```
64     // セッションの状態を監視し、
65     // セッションが無効になった場合に終了処理を行うサブスクリプションを設定する
66     private func setupStateSubscription(for session:
           GroupSession<SampleActivity>) {
67         session.$state
68             .sink { [weak self] state in
69                 if case .invalidated = state {
70                     self?.endSession()
71                 }
72             }
73             .store(in: &subscriptions)
74     }
```

追加

メソッド名と引数を再確認しましょう。渡されたセッションの状態を監視し、セッションが無効になったら適切な処理を行うのが本メソッドの役割です。

GroupActivityManager.swift

```
// セッションの状態を監視し、
// セッションが無効になった場合に終了処理を行うサブスクリプションを設定する
private func setupStateSubscription(for session:
    GroupSession<SampleActivity>) {
    ...
}
```

セッションの現在の状態（例えば、開始されている、終了しているなど）を示すstateプロパティを監視します。$stateと記述することでバインディング（セッションの状態が変わったときにその変化を知らせるための仕組み）を使用します。これにより、プログラムはセッションの状態が変わったときに自動的に反応し、適切な処理を行うことができます。

GroupActivityManager.swift

```
session.$state
```

$stateに対してsinkメソッドを呼び出して、サブスクリプションを作成します。

> **NOTE**
>
> **サブスクリプションとは?**
>
> サブスクリプションとはデータの変化を監視し、それに応じて処理を行うための仕組みのことです。
> サブスクリプションはAnyCancellable型で扱われます。この型を使うことで、サブスクリプションの有効期限を管理したり、不要になったサブスクリプションをキャンセルしたりすることができます。
> 本クラスはsubscriptionsプロパティでサブスクリプションを管理します。subscriptionsプロパティはAnyCancellableオブジェクトを保持するSet型(順序を持たないコレクションで、同じ型で一意な値を格納する)のオブジェクトです。これにより、複数のサブスクリプションを一元管理し、必要に応じて一括でキャンセルできるようになります。

sinkメソッドの引数として、状態が変わったときに実行される処理をクロージャで渡します。「[weak self]」はメモリリークを防ぐためにselfを弱参照としてキャプチャします。これにより、サブスクリプションがメモリに保持され続けることを防ぎます。

GroupActivityManager.swift

```
.sink { [weak self] state in
    ...
}
```

セッションの状態が「.invalidated」(無効)へ変わったときに、endSessionメソッドを呼び出してセッションを終了します。

GroupActivityManager.swift

```
if case .invalidated = state {
    self?.endSession()
}
```

作成したサブスクリプションをsubscriptionsに保存します。これにより、必要なくなったときに一括でキャンセルできるようになります。

GroupActivityManager.swift

```
.store(in: &subscriptions)
```

◉ 参加者リストの変更処理の設定

setupParticipantsSubscriptionメソッドの実装を以下の通り行います。

Fig. 9-23　コードの追加（GroupActivityManager.swift）

```
76      // 参加者の変更を監視し、新しい参加者に現在の情報を送信するサブスクリプションを設定する
77      private func setupParticipantsSubscription(for session:
            GroupSession<SampleActivity>) {
78          session.$activeParticipants
79              .sink { [weak self] activeParticipants in
80                  guard let self else { return }
81                  let newParticipants =
                        activeParticipants.subtracting(session.activeParticipants)
82                  print("newParticipants: \(newParticipants)")
83                  // 絵文字の同期
84                  self.sendEmojiMessage(message: EmojiMessage(emoji: self.emoji))
85              }
86              .store(in: &subscriptions)
87      }
```

追加

メソッド名と引数を再確認しましょう。セッションに参加しているアクティブな参加者のリストを監視し、新しい参加者が追加されたときに特定の処理を行うのが本メソッドの役割です。

GroupActivityManager.swift

```
// 参加者の変更を監視し、
// 新しい参加者に現在の情報を送信するサブスクリプションを設定する
private func setupParticipantsSubscription(for session:
    GroupSession<SampleActivity>) {
    ...
}
```

セッションのactiveParticipantsプロパティを監視します。このプロパティは、現在のセッションにアクティブに参加しているすべての参加者のリストを保持しています。

GroupActivityManager.swift

```
session.$activeParticipants
```

sinkメソッドを呼び出し、引数に参加者リストが変更されたときに実行される処理を渡します。先ほどと同様にselfを弱参照でキャプチャし、サブスクリプションがメモリリークを引き起こさないようにします。

GroupActivityManager.swift

```
.sink { [weak self] activeParticipants in
    ...
}
```

selfは弱参照であり解放されてnilになっている可能性があります。その場合は処理を中断するようguard文でチェックします。

GroupActivityManager.swift

```
guard let self else { return }
```

現在の参加者リストから以前の参加者リストを除いて、新しく追加された参加者を特定します。本サンプルではこの値はログ表示するに留めていますが、新しい参加者に「ようこそ」メッセージを送ったり、新しい参加者が来たことをユーザに通知したりするのが本来の使い方といえます。

GroupActivityManager.swift

```
let newParticipants = activeParticipants.subtracting(session.activeParticipants)
print("newParticipants: \(newParticipants)")
```

現在の絵文字を表すメッセージを作成し、他の参加者に送信します。これにより新しい参加者も現在の絵文字情報を受け取り、画面上で皆と同じ絵文字を見ることになります。

GroupActivityManager.swift

```
self.sendEmojiMessage(message: EmojiMessage(emoji: self.emoji))
```

作成したサブスクリプションをsubscriptionsに保存します。

GroupActivityManager.swift

```
.store(in: &subscriptions)
```

◉ メッセージ受信ハンドラの設定

setupEmojiMessageHandlerメソッドの実装を以下の通り行います。

Fig. 9-24　コードの追加（GroupActivityManager.swift）

```
89      // 絵文字メッセージを受信するためのハンドラを設定する
90      private func setupEmojiMessageHandler() {
91          guard let reliableMessenger else { return }
92  
93          let emojiTask = Task {
94              for await (message, sender) in reliableMessenger.messages(of:
                    EmojiMessage.self) {
95                  print("sender: \(sender), message: \(message)")
96                  handleEmojiMessage(message: message)
97              }
98          }
99          tasks.insert(emojiTask)
100     }
```

追加

メソッド名と引数を再確認しましょう。メッセンジャーから絵文字メッセージを受信して処理するハンドラを設定するのが本メソッドの役割です。

GroupActivityManager.swift

```
// 絵文字メッセージを受信するためのハンドラを設定する
private func setupEmojiMessageHandler() {
    ...
}
```

reliableMessengerが存在することを確認します。もし存在しなければ、処理を中断します。

GroupActivityManager.swift

```
guard let reliableMessenger else { return }
```

非同期で絵文字メッセージを受信するための新しいタスクを作成します。

GroupActivityManager.swift

```
let emojiTask = Task {
    ...
}
```

reliableMessengerからEmojiMessage型メッセージを受け取ります。他の参加者からのメッセージを受け取るたびに非同期シーケンス「reliableMessenger.messages(of:)」が値を返します。

GroupActivityManager.swift

```
for await (message, sender) in reliableMessenger.messages(of:
    EmojiMessage.self) {
    ...
}
```

受信した絵文字メッセージを処理します。handleEmojiMessageメソッドは後ほど説明します。

GroupActivityManager.swift

```
print("sender: \(sender), message: \(message)")
handleEmojiMessage(message: message)
```

作成したタスクをtasksに追加します。これにより、タスクの管理が容易になり、必要に応じて一括でキャンセルできるようになります。

GroupActivityManager.swift

```
tasks.insert(emojiTask)
```

◉ 受信したメッセージの処理

handleEmojiMessageメソッドの実装を以下の通り行います。

Fig. 9-25 コードの追加（GroupActivityManager.swift）

```
102     // 絵文字メッセージの処理を行う
103     func handleEmojiMessage(message: EmojiMessage) {
104         print("emoji: \(message.emoji)")
105         emoji = message.emoji
106     }
```

追加

メソッド名と引数を再確認しましょう。引数には受信した絵文字メッセージが渡されます。

GroupActivityManager.swift

```
// 絵文字メッセージの処理を行う
func handleEmojiMessage(message: EmojiMessage) {
    ...
}
```

受け取ったメッセージの絵文字情報をログ表示し、emojiプロパティに設定します。

GroupActivityManager.swift

```
print("emoji: \(message.emoji)")
emoji = message.emoji
```

◉ メッセージの送信処理

sendEmojiMessageメソッドの実装を以下の通り行います。

Fig. 9-26 コードの追加（GroupActivityManager.swift）

```
108     // 絵文字メッセージを送信する
109     func sendEmojiMessage(message: EmojiMessage) {
110         if let session, let reliableMessenger {
111             // 自分以外の参加者
112             let everyoneElse =
                    session.activeParticipants.subtracting(
                    [session.localParticipant])
113             // 絵文字メッセージを自分以外の参加者に送信する
```

追加

Chapter 9

```
114 ........reliableMessenger.send(message, to: .only(everyoneElse)) { error in
115 ............if let error {
116 ................print("EmojiMessage failure: \(error)")
117 ............}
118 ........}
119 ....}
120 }
```

メソッド名と引数を再確認しましょう。絵文字メッセージを自分以外の参加者に送信するのがこのメソッドの役割です。

GroupActivityManager.swift

```
// 絵文字メッセージを送信する
func sendEmojiMessage(message: EmojiMessage) {
    ...
}
```

sessionおよびreliableMessengerが存在する場合に、セッション参加者から自分を除いた参加者を取得します。

GroupActivityManager.swift

```
if let session, let reliableMessenger {
    // 自分以外の参加者
    let everyoneElse =
        session.activeParticipants.subtracting(
        [session.localParticipant])
```

そしてその参加者に絵文字のメッセージを送信します。sendメソッドでメッセージを送信し、送信完了時にエラーが発生したかどうかをクロージャで受け取ります。メッセージが送信できない場合にはエラーが表示されます。

GroupActivityManager.swift

```
    // 絵文字メッセージを自分以外の参加者に送信する
    reliableMessenger.send(message, to: .only(everyoneElse)) { error in
        if let error {
            print("EmojiMessage failure: \(error)")
        }
    }
}
```

◉ セッションの終了処理

endSessionメソッドの実装を以下の通り行います。

Fig. 9-27 コードの追加(GroupActivityManager.swift)

```
122    // SharePlayセッションを終了する
123    func endSession() {
124        isSharePlaying = false
125        reliableMessenger = nil
126        tasks.forEach { $0.cancel() }
127        tasks.removeAll()
128        subscriptions.removeAll()
129        if session != nil {
130            session?.leave()
131            session = nil
132        }
133    }
```

追加

メソッド名と引数を再確認しましょう。このメソッドの役割は、現在のSharePlayセッションを安全に終了し、リソースをクリーンアップすることです。

GroupActivityManager.swift

```
// SharePlayセッションを終了する
func endSession() {
    ...
}
```

セッションが終了したことを示すため、isSharePlayingをfalseに設定します。

GroupActivityManager.swift

```
isSharePlaying = false
```

メッセンジャーを解放します。

GroupActivityManager.swift

```
reliableMessenger = nil
```

すべてのタスクをキャンセルし、tasksをクリアします。

GroupActivityManager.swift

```
tasks.forEach { $0.cancel() }
tasks.removeAll()
```

すべてのサブスクリプションをキャンセルします。

GroupActivityManager.swift

```
subscriptions.removeAll()
```

セッションが存在する場合は、セッションから離脱し、sessionをnilに設定します。

GroupActivityManager.swift

```
if session != nil {
    session?.leave()
    session = nil
}
```

これでGroupActivityManagerクラスの実装ができました。続いてUIの実装に進みます。

9.4 UIの実装

9.4.1 GroupActivityManagerの生成

UIの実装に取り掛かる前に、「Chapter9App.swift」を以下のように修正します。エラーが表示されますが、そのまま進めて大丈夫です。

Fig. 9-28　コードの修正（Chapter9App.swift）

```
10  @main
11  struct Chapter9App: App {
12      let manager = GroupActivityManager()    追加
13  
14      var body: some Scene {
15          WindowGroup {
16              ContentView(manager: manager)    ⊗ Argument passed to call that takes no arguments
17          }
18      }
19  }
```
追加

GroupActivityManagerのインスタンスを生成し、managerプロパティに格納します。この処理はContentViewの中で行っても良さそうに見えますが、この後の処理を見越してここで行います。

Chapter9App.swift

```
let manager = GroupActivityManager()
```

managerをContentViewへ引数として渡します。ここでエラーが表示されますが、この後ContentViewを修正することで解消されます。

Chapter9App.swift

```
ContentView(manager: manager)
```

9.4.2 UIの変更

ナビゲータから「ContentView.swift」を選択し、以下のように変更します。

Fig. 9-29 コードの修正(ContentView.swift)

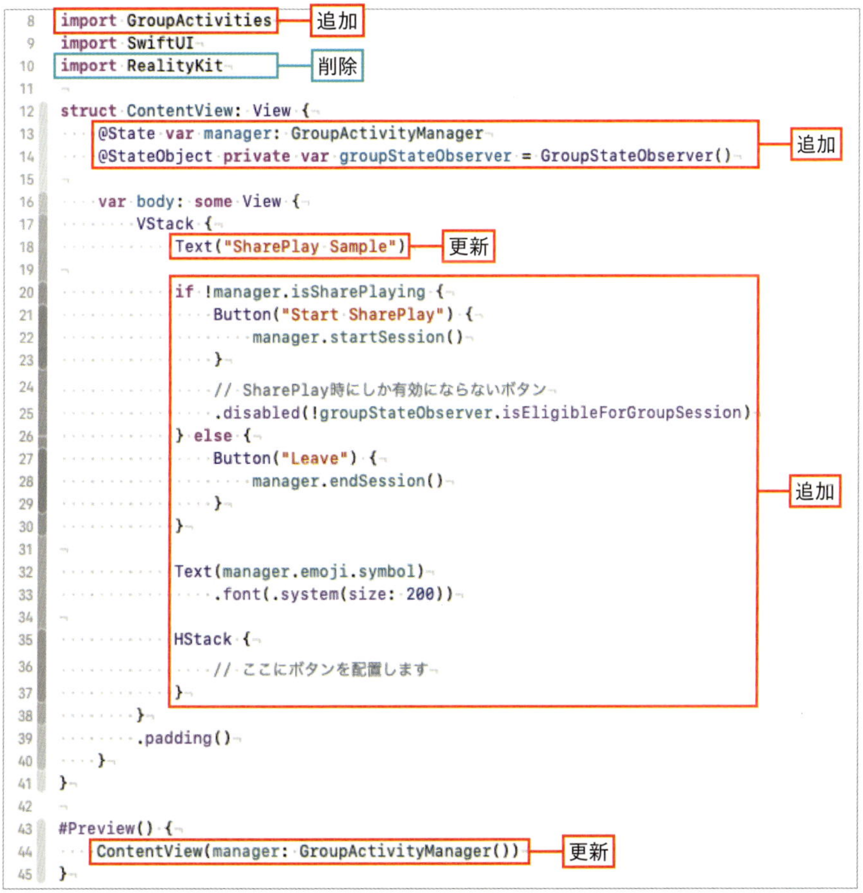

```
8   import GroupActivities                                    ← 追加
9   import SwiftUI
10  import RealityKit                                         ← 削除
11
12  struct ContentView: View {
13      @State var manager: GroupActivityManager              ← 追加
14      @StateObject private var groupStateObserver = GroupStateObserver()
15
16      var body: some View {
17          VStack {
18              Text("SharePlay Sample")                      ← 更新
19
20              if !manager.isSharePlaying {                  ← 追加(20〜37)
21                  Button("Start SharePlay") {
22                      manager.startSession()
23                  }
24                  // SharePlay時にしか有効にならないボタン
25                  .disabled(!groupStateObserver.isEligibleForGroupSession)
26              } else {
27                  Button("Leave") {
28                      manager.endSession()
29                  }
30              }
31
32              Text(manager.emoji.symbol)
33                  .font(.system(size: 200))
34
35              HStack {
36                  // ここにボタンを配置します
37              }
38          }
39          .padding()
40      }
41  }
42
43  #Preview() {
44      ContentView(manager: GroupActivityManager())          ← 更新
45  }
```

managerプロパティを追加し、GroupActivityManagerへの参照を保持します。

ContentView.swift

```
@State var manager: GroupActivityManager
```

GroupStateObserverのインスタンスを生成し、groupStateObserverプロパティに保持します。GroupStateObserverはセッションの状態を監視するために用いられるオブジェクトです。このオブジェクトの状態に応じて、後ほど出てくるボタンの活性化状態を切り替えています。

ContentView.swift

```
@StateObject private var groupStateObserver = GroupStateObserver()
```

NOTE

オブジェクトの更新をビューに反映するために@Stateではなく@StateObjectを使っているのは、GroupStateObserverがObservableObjectプロトコルに準拠したクラスとなっているためです。オブジェクト更新監視の2種類の方法（@ObservableとObservableObjectプロトコル）については7.6.2項の解説を参照してください。

アプリ名をテキストで表示し、SharePlayを開始または退出するボタンを表示します。

- SharePlay中でない場合には、SharePlayを開始するためのボタンを表示します。ただし「.disabled(!groupStateObserver.isEligibleForGroupSession)」により、アプリがグループアクティビティに参加するための条件を満たしていない場合には、ボタンが非活性となります。
- SharePlay中の場合には、セッションから退出するためのボタンを表示します。

ContentView.swift

```
Text("SharePlay Sample")

if !manager.isSharePlaying {
    Button("Start SharePlay") {
        manager.startSession()
    }
    // SharePlay時にしか有効にならないボタン
    .disabled(!groupStateObserver.isEligibleForGroupSession)
} else {
    Button("Leave") {
        manager.endSession()
    }
}
```

選択された絵文字を表示します。絵文字を選択するUIはこの後HStackの中に実装します。

ContentView.swift

```
Text(manager.emoji.symbol)
    .font(.system(size: 200))
```

プレビュー内のContentViewにGroupActivityManagerのインスタンスを渡します。「@State var manager: GroupActivityManager」を宣言したことにより、プレビュー表示で「Missing argument for parameter 'manager' in call」というエラーが表示されるので、それを解消するためです。

ContentView.swift

```
#Preview() {
    ContentView(manager: GroupActivityManager())
}
```

続いて、HStackの中に以下のコードを追加します。

Fig. 9-30 コードの追加（ContentView.swift）

```
35            HStack {
36                Button("嬉しい") {
37                    manager.emoji = .happy
38                    manager.sendEmojiMessage(message: EmojiMessage(emoji:
                          .happy))
39                }
40                Button("怒り") {
41                    manager.emoji = .angry
42                    manager.sendEmojiMessage(message: EmojiMessage(emoji:
                          .angry))
43                }
44                Button("悲しい") {
45                    manager.emoji = .sad
46                    manager.sendEmojiMessage(message: EmojiMessage(emoji:
                          .sad))
47                }
48                Button("楽しい") {
49                    manager.emoji = .laughing
50                    manager.sendEmojiMessage(message: EmojiMessage(emoji:
                          .laughing))
51                }
52            }
```

追加

ここでは、ボタン4つを水平に並べています。

各ボタンは、押されるとmanagerへの絵文字設定と他の参加者への絵文字情報の送信を行います。SharePlay中であれば、セッション参加者のウインドウに選択された絵文字が表示されます。

ContentView.swift

```
HStack {
    Button("嬉しい") {
        manager.emoji = .happy
        manager.sendEmojiMessage(message: EmojiMessage(emoji: .happy))
    }
    ...
}
```

以上でUIの実装は完了しました。

9.4.3 非同期タスクの追加

最後に以下の処理を追加し、新しいセッションが見つかるたびにそのセッションの設定が行われるようにします。

Fig. 9-31　コードの追加（ContentView.swift）

```
16     var body: some View {
17         VStack {
18             Text("SharePlay Sample")
19 
20             if !manager.isSharePlaying {…} else {…}
31 
32             Text(manager.emoji.symbol)
33                 .font(.system(size: 200))
34 
35             HStack {…}
53         }
54         .padding()
55         .task {
56             // 非同期のセッション監視。新しいセッションが見つかるたびにsessionを受け取る
57             for await session in SampleActivity.sessions() {
58                 // セッションの設定を行う
59                 await manager.configureGroupSession(session: session)
60             }
61         }
62     }
```

追加

SwiftUIのビューに非同期タスクを追加します。このタスクはビューが表示されるときに自動的に実行されます。

ContentView.swift

```
.task {
    ...
}
```

「SampleActivity.sessions()」は、非同期にセッションを提供するシーケンスを返します。この行はそのシーケンスをループし、新しいセッションが見つかるたびにsessionを受け取ります。

ContentView.swift

```
for await session in SampleActivity.sessions() {
    ...
}
```

受け取ったsessionをmanagerに渡し、セッションの設定を行います。

ContentView.swift

```
await manager.configureGroupSession(session: session)
```

ここまでの実装により以下の流れで処理が行われます。

1. FaceTimeで接続してアプリを起動すると「Start SharePlay」ボタンを押せるようになる。
2. ボタンを押すと、「manager.startSession()」の延長で「SampleActivity.activate()」が呼ばれ、セッションが開始される。
3. 「SampleActivity.sessions()」から新しいセッションが返され、「manager.configureGroupSession(session:)」で必要な設定が行われる。

9.4.4 アプリの実行

実装が一通り済んだので、ここでアプリを実行してみましょう。動作確認の手順は以下の通りです。

1. FaceTimeで2台のiPhone、もしくはiPhoneとVision Proを接続する（一人での動作検証は難しいがVision Pro2台でも可）
2. どちらかの参加者がアプリを起動する
3. Start SharePlayボタンを選択する
4. 相手側へSharePlayに参加するかの通知が飛ぶため参加する
5. 感情を示すボタンを押すとその絵文字が共有される

次はiPhone 2台で動作確認したときの様子です。

Fig. 9-32　アプリの実行

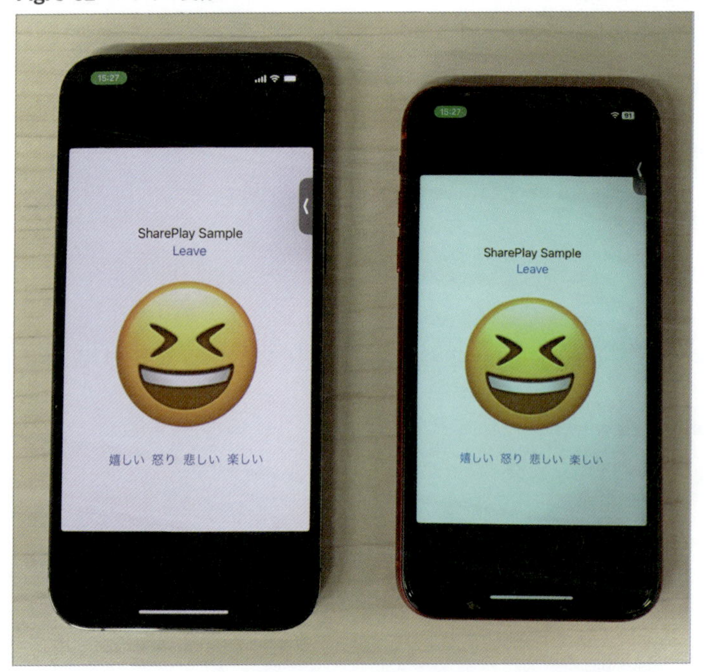

以下はiPhoneとVision Proで動作確認したときの様子です。

Fig. 9-33　アプリの実行

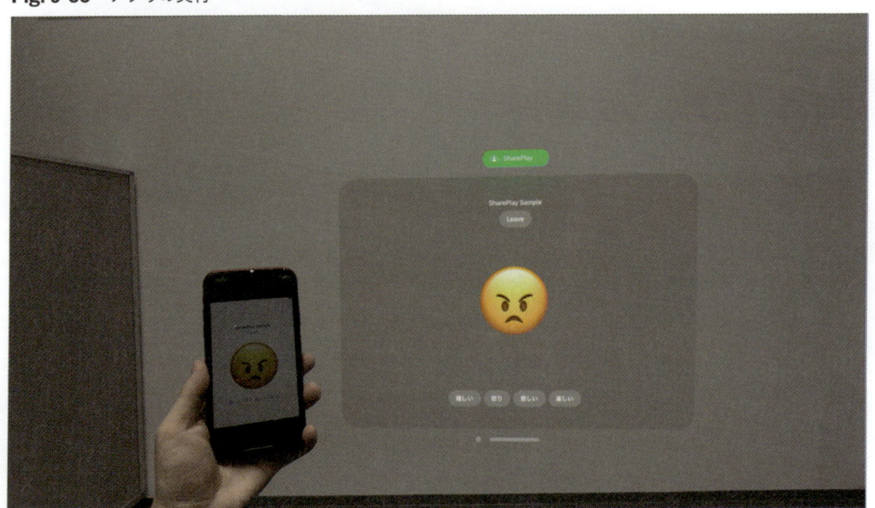

9.5 ステップアップ イマーシブスペースでの体験共有

SharePlayを使った基本的なアプリの実装とその動作確認ができたので、ここからはVision Proに特有の共有体験、つまりイマーシブスペースにおける体験の共有を実装します。空間に配置したエンティティをジェスチャ操作可能にし、その位置と回転を参加者間で共有するようにします。

ここからはVision Proでのみ動作する実装となるため、以下画像に示す「Supported Destinations」下のリストから先ほど追加したiPhoneを削除します。iPadがある場合はiPadも削除します。

Fig. 9-34 iPhoneの削除

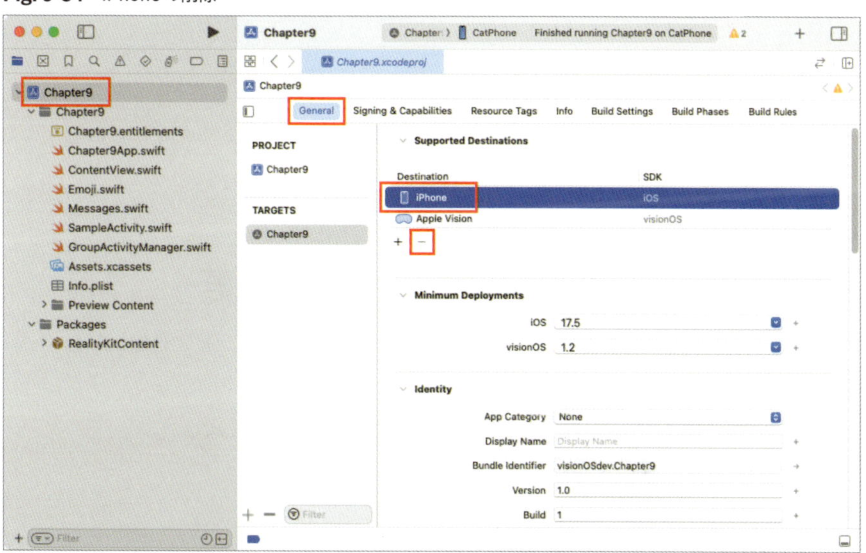

> **NOTE**
>
> SharePlayをマルチプラットフォームに対応させることは実装次第で可能ですが、処理が複雑になってしまいます。これを避けるため、以降の処理はVision Proでのみ動作するものとしています。Vision Proを含むマルチプラットフォームに対応した「Destination Video」というサンプルプロジェクトがAppleより提供されているので、興味のある方は参照ください。
>
> https://developer.apple.com/documentation/visionos/destination-video

続いてコードを変更していきます。以降の変更は絵文字メッセージの送受信処理と共通部分が多いため、コードについては差分を示し、説明はポイントを絞って行います。

9.5.1 PoseMessageの追加

「Messages.swift」を開き以下のコードを追加します。

Fig. 9-35 コードの追加（Messages.swift）

```
8  import SwiftUI        ← 追加
9
10 struct EmojiMessage: Codable {
11     let emoji: Emoji
12 }
13
14 struct PoseMessage: Codable {   ← 追加
15     let pose: Pose3D
16 }
```

イマーシブスペースにおけるエンティティのポーズ（位置、回転）情報を扱うためのメッセージを定義しています。

Messages.swift

```
struct PoseMessage: Codable {
    let pose: Pose3D
}
```

9.5.2 GroupActivityManagerの変更

「GroupActivityManager.swift」を開き、次のコードを追加します

Fig. 9-36 コードの追加（GroupActivityManager.swift）

```
8  import Combine
9  import GroupActivities
10 import RealityKit        ← 追加
11 import SwiftUI
12
13 @Observable
14 class GroupActivityManager {
15     // 現在のグループセッションを保持する
16     var session: GroupSession<SampleActivity>?
17     // メッセージの送受信を行うメッセンジャー        ← 追加
18     var messenger: GroupSessionMessenger?
19     // 信頼性あるメッセージの送受信を行うメッセンジャー
20     var reliableMessenger: GroupSessionMessenger?
21     // セッションの状態や参加者の変更を監視するためのサブスクリプションを保持する
22     var subscriptions = Set<AnyCancellable>()
23     // 実行中のタスクを保持する
24     var tasks = Set<Task<Void, Never>>()
25     // SharePlayがアクティブかどうかを示すブール値
26     var isSharePlaying = false
27     // 送受信する絵文字情報を保持する
28     var emoji = Emoji.happy
```

```
29        // 送受信するポーズ(位置、回転) 情報を保持する
30        var pose = Pose3D()
31        // 共有されたイマーシブスペースにいるかどうかを示すブール値
32        var isSpatial = false
33        // 位置の共有を行うエンティティ
34        var entity: ModelEntity?
35
36        // SharePlayセッションを開始する
37        func startSession() {
```

追加

イマーシブスペースでのエンティティ操作に必要となるプロパティを追加しています。

GroupActivityManager.swift

```
// メッセージの送受信を行うメッセンジャー
var messenger: GroupSessionMessenger?
...
// 送受信するポーズ(位置、回転) 情報を保持する
var pose = Pose3D()
// 共有されたイマーシブスペースにいるかどうかを示すブール値
var isSpatial = false
// 位置の共有を行うエンティティ
var entity: ModelEntity?
```

続いてconfigureGroupSessionメソッドに以下のコードを追加します。

Fig. 9-37 コードの追加 (GroupActivityManager.swift)

```
47        // セッションの設定を行う
48        func configureGroupSession(session: GroupSession<SampleActivity>) async {
49            print("New GroupActivities session: \(session)")
50            // アプリのアクティブなグループセッションを設定する
51            self.session = session
52
53            // 以前のサブスクリプションとタスクを削除する
54            subscriptions.removeAll()
55            tasks.forEach { $0.cancel() }
56            tasks.removeAll()
57
58            // セッションに参加しているデバイスにデータを送受信するメッセンジャーの生成
59            messenger = GroupSessionMessenger(session: session, deliveryMode:
                  .unreliable)
60            reliableMessenger = GroupSessionMessenger(session: session,
                  deliveryMode: .reliable)
61
62            // セッションが無効になった時の処理
63            setupStateSubscription(for: session)
64            // 参加者リストの変更処理
65            setupParticipantsSubscription(for: session)
66            // 絵文字メッセージを受信するための処理
67            setupEmojiMessageHandler()
```

追加

```
68  // ポーズメッセージを受信するための処理
69  setupPoseMessageHandler()   ⊗ Cannot find 'setupPoseMessageHandler' in scope
70  // アクティブなセッションに関連付けられたシステムコーディネータの設定
71  await setCoordinatorConfiguration(session: session)   ⊗ Cannot find 'setC...
72
73  // セッションに参加する
74  session.join()
75  isSharePlaying = true
76  }
```

追加

「.unreliable」なメッセンジャーを生成しています。エンティティの位置、回転を共有するために利用します。

GroupActivityManager.swift

```
messenger = GroupSessionMessenger(session: session, deliveryMode: .unreliable)
```

エラーの出ている2つのメソッドについてはこの後実装します。

GroupActivityManager.swift

```
// ポーズメッセージを受信するための処理
setupPoseMessageHandler()
// アクティブなセッションに関連付けられたシステムコーディネータの設定
await setCoordinatorConfiguration(session: session)
```

続いて以下の通り新しいメソッドを3つ追加します。

Fig. 9-38　コードの追加（GroupActivityManager.swift）

```
103      // 絵文字メッセージを受信するためのハンドラを設定する
104      private func setupEmojiMessageHandler() { ••• }
115
116      // ポーズメッセージを受信するためのハンドラを設定する
117      private func setupPoseMessageHandler() {
118          guard let messenger else { return }
119
120          let poseTask = Task {
121              for await (message, _) in messenger.messages(of: PoseMessage.self)
                 {
122                  handlePoseMessage(message: message)
123              }
124          }
125          tasks.insert(poseTask)
126      }
127
128      // 絵文字メッセージの処理を行う
129      func handleEmojiMessage(message: EmojiMessage) { ••• }
133
134      // 絵文字メッセージを送信する
135      func sendEmojiMessage(message: EmojiMessage) { ••• }
147
```

追加

```
148    // ポーズメッセージの処理を行う
149    func handlePoseMessage(message: PoseMessage) {
150        pose = message.pose
151    }
152
153    // ポーズメッセージを送信する
154    func sendPoseMessage(message: PoseMessage) {
155        print("pose: \(message.pose)")
156        if let session, let messenger {
157            // 自分以外の参加者
158            let everyoneElse =
                   session.activeParticipants.subtracting(
                   [session.localParticipant])
159
160            if isSpatial {
161                // ポーズメッセージを自分以外の参加者に送信する
162                messenger.send(message, to: .only(everyoneElse)) { error in
163                    if let error {
164                        print("PoseMessage failure: \(error)")
165                    }
166                }
167            }
168        }
169    }
```

追加

setupPoseMessageHandlerメソッドは、受信したポーズメッセージを処理するハンドラを設定します。メッセンジャーとしてreliableMessengerの代わりにmessengerを使う以外、絵文字メッセージのときと同じです。

GroupActivityManager.swift

```
// ポーズメッセージを受信するためのハンドラを設定する
private func setupPoseMessageHandler() {
    guard let messenger else { return }

    let poseTask = Task {
        for await (message, _) in messenger.messages(of: PoseMessage.self) {
            handlePoseMessage(message: message)
        }
    }
    tasks.insert(poseTask)
}
```

handlePoseMessageメソッドは、絵文字メッセージのときと同様、受信したメッセージのデータをposeプロパティに取り込みます。

GroupActivityManager.swift

```
// ポーズメッセージの処理を行う
func handlePoseMessage(message: PoseMessage) {
    pose = message.pose
}
```

sendPoseMessageメソッドは、ポーズメッセージを送信する処理です。これはイマーシブスペースでエンティティをジェスチャ操作した時に呼ばれるものです（呼び出し側は後でビューに実装します）。メッセンジャーとしてmessengerを使うこと、isSpatialがtrueのときのみメッセージを送信するif文があること以外、絵文字メッセージのときと同様です。isSpatialは、この後実装するコーディネータと呼ばれるものにより設定されるプロパティで、FaceTime接続中に表示される「空間」トグルボタンと連動させます。

GroupActivityManager.swift

```
// ポーズメッセージを送信する
func sendPoseMessage(message: PoseMessage) {
    print("pose: \(message.pose)")
    if let session, let messenger {
        // 自分以外の参加者
        let everyoneElse =
            session.activeParticipants.subtracting(
            [session.localParticipant])

        if isSpatial {
            // ポーズメッセージを自分以外の参加者に送信する
            messenger.send(message, to: .only(everyoneElse)) { error in
                if let error {
                    print("PoseMessage failure: \(error)")
                }
            }
        }
    }
}
```

Fig. 9-39 「空間」トグルボタン

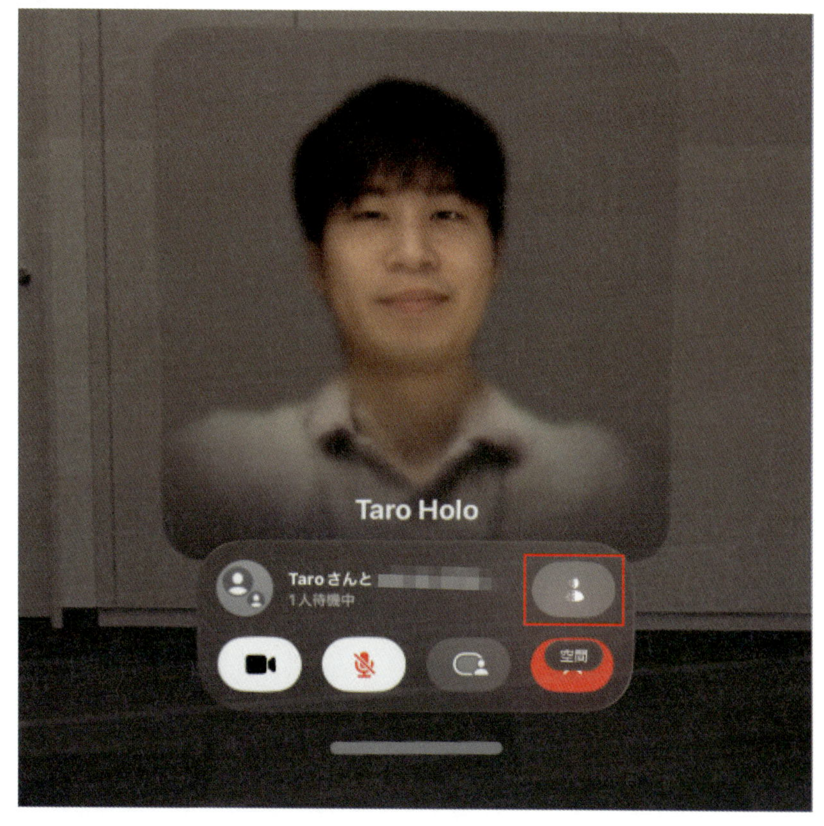

続いてコーディネータの設定を実装します。以下のコードを追加します。

Fig. 9-40 コードの追加（GroupActivityManager.swift）

```
116     // ポーズメッセージを受信するためのハンドラを設定する
117     private func setupPoseMessageHandler() { ••• }
127
128     // システムコーディネータの設定を行う
129     private func setCoordinatorConfiguration(session:
            GroupSession<SampleActivity>) async {
130         // アクティブなセッションに関連付けられたシステムコーディネータを取得する
131         if let coordinator = await session.systemCoordinator {
132             // FaceTime通話での空間ペルソナの作成と配置に関するアプリの設定
133             var config = SystemCoordinator.Configuration()
134             // 参加者がコンテンツを前にして横並びになる配置
135             config.spatialTemplatePreference = .sideBySide
136             // イマーシブスペースで空間ペルソナを表示できるようにする
137             config.supportsGroupImmersiveSpace = true
138             // 作成した設定をコーディネータに適用する
139             coordinator.configuration = config
140
141             // 参加者の状態を監視し、isSpatialプロパティを更新する非同期タスクを作成
142             Task.detached { @MainActor in
```

追加

```
143 ················// ローカル参加者の状態を非同期に監視する
144 ················for await state in coordinator.localParticipantStates {
145 ····················// 共有されたイマーシブスペースにいるかどうかを示すブール値
146 ····················if state.isSpatial {
147 ························self.isSpatial = true
148 ····················} else {
149 ························self.isSpatial = false
150 ····················}
151 ················}
152 ············}
153 ········}
154 ····}
155 
156 ····// 絵文字メッセージの処理を行う
157 ····func handleEmojiMessage(message: EmojiMessage) { ••• }
```

ここの処理はVision Pro特有の処理のため、順を追って見ていきます。

まずsetCoordinatorConfigurationメソッドを追加します。

GroupActivityManager.swift

```
private func setCoordinatorConfiguration(session:
    GroupSession<SampleActivity>) async {
    ...
}
```

セッション内の参加者を調整するためのコーディネータと呼ばれるオブジェクトを非同期に取得します。コーディネータはセッションがコンテンツの空間配置をサポートしているときに、動作を調整するために使用するためのものです。

GroupActivityManager.swift

```
// アクティブなセッションに関連付けられたシステムコーディネータを取得する
if let coordinator = await session.systemCoordinator {
    ...
}
```

コーディネータを取得できたら各種パラメータを設定します。最初に参加者の配置を横並びに設定します。

GroupActivityManager.swift

```
// FaceTime通話での空間ペルソナの作成と配置に関するアプリの設定
var config = SystemCoordinator.Configuration()
// 参加者がコンテンツを前にして横並びになる配置
config.spatialTemplatePreference = .sideBySide
```

ここでspatialTemplatePreferenceは参加者がコンテンツに対してどのように配置されるのかを制御するパラメータです。「.none」「.sideBySide」「.conversational」の3種類あり、それぞれ以下のような表示になります。「.none」の場合はシステムがアプリのコンテンツに基づいて参加者を配置します。

- .sideBySide：参加者がコンテンツを前に一列に並んで座る配置

Fig. 9-41 「.sideBySide」[†2]

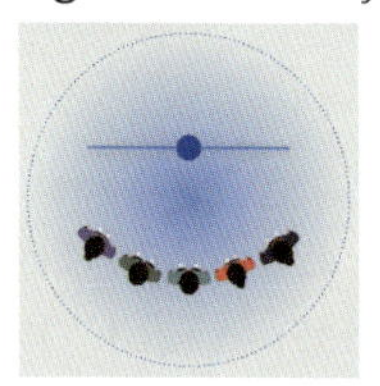

- .conversational：参加者がお互いの姿とアプリのコンテンツを見ることができる配置

Fig. 9-42 「.conversational」[†2]

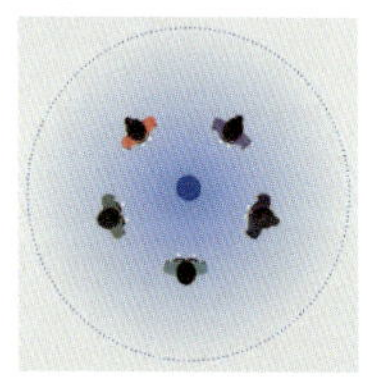

続いてイマーシブスペースに空間ペルソナ（共有されたイマーシブスペースで表示されるアバター）を表示できるようにします。「config.supportsGroupImmersiveSpace」にBool値を設定することで表示可否を制御します。

GroupActivityManager.swift

```
// イマーシブスペースで空間ペルソナを表示できるようにする
config.supportsGroupImmersiveSpace = true
```

設定をコーディネータに適用します。

GroupActivityManager.swift

```
// 作成した設定をコーディネータに適用する
coordinator.configuration = config
```

†2 出典 https://developer.apple.com/jp/videos/play/wwdc2023/10087/

参加者の状態を監視する非同期タスクを作成します。このタスクには@MainActorを付けて、現在のコンテキストとは独立した非同期タスクとしてメインスレッド上で実行されるようにします。

GroupActivityManager.swift

```
// 参加者の状態を監視し、isSpatialプロパティを更新する非同期タスクを作成
Task.detached { @MainActor in
    ...
}
```

「coordinator.localParticipantStates」を監視し、参加者が共有されたイマーシブスペースにいるかどうかの状態に応じて「self.isSpatial」プロパティを更新します。これはFaceTime接続後の「空間」ボタンのON、OFFの状態を表しています。

GroupActivityManager.swift

```
// ローカル参加者の状態を非同期に監視する
for await state in coordinator.localParticipantStates {
    // 共有されたイマーシブスペースにいるかどうかを示すブール値
    if state.isSpatial {
        self.isSpatial = true
    } else {
        self.isSpatial = false
    }
}
```

これでコーディネータの設定に関する実装が完了しました。

最後に、新しい参加者が追加されたときの処理とセッションの終了処理を変更します。

Fig. 9-43 コード追加（GroupActivityManager.swift）

```
90      // 参加者の変更を監視し、新しい参加者に現在の情報を送信するサブスクリプションを設定する
91      private func setupParticipantsSubscription(for session:
            GroupSession<SampleActivity>) {
92          session.$activeParticipants
93              .sink { [weak self] activeParticipants in
94                  guard let self else { return }
95                  let newParticipants =
                        activeParticipants.subtracting(session.activeParticipants)
96                  print("newParticipants: \(newParticipants)")
97                  // 絵文字の同期
98                  self.sendEmojiMessage(message: EmojiMessage(emoji: self.emoji))
99                  // エンティティの位置、回転の同期
100                 self.sendPoseMessage(message: PoseMessage(pose: pose))
101             }
102             .store(in: &subscriptions)
103     }
```

追加

絵文字の同期処理同様、新しい参加者が追加された時にエンティティの位置、回転情報を同期するようにします。

GroupActivityManager.swift

```
// エンティティの位置、回転の同期
self.sendPoseMessage(message: PoseMessage(pose: pose))
```

endSessionメソッドに以下のコードを追加します。

Fig. 9-44 コードの追加（GroupActivityManager.swift）

```
199     // SharePlayセッションを終了する
200     func endSession() {
201         isSharePlaying = false
202         isSpatial = false
203         messenger = nil
204         reliableMessenger = nil
205         tasks.forEach { $0.cancel() }
206         tasks.removeAll()
207         subscriptions.removeAll()
208         if session != nil {
209             session?.leave()
210             session = nil
211         }
212     }
```

追加

追加したプロパティをクリアします。

GroupActivityManager.swift

```
isSpatial = false
messenger = nil
```

9.5.3 ImmersiveViewの追加

ここからはイマーシブスペースの実装をします。ここも新しいトピックはないのでコードの差分と簡単な説明に留めます。

「ImmersiveView.swift」ファイルを新規作成し以下の実装をします。

Fig. 9-45 「ImmersiveView.swift」の実装

```
8   import RealityKit
9   import SwiftUI
10
11  struct ImmersiveView: View {
12      @State var manager: GroupActivityManager
13
14      var body: some View {
15          RealityView { content in
16              manager.entity = ModelEntity(
17                  mesh: .generateBox(size: 0.1),
```

追加

Chapter 9

```
18                  materials: [SimpleMaterial(color: .red, isMetallic: false)]
19              )
20              guard let entity = manager.entity else { return }
21              let shape = ShapeResource.generateBox(size: [0.1, 0.1, 0.1])
22              entity.collision = CollisionComponent(shapes: [shape])
23              entity.components.set([InputTargetComponent()])
24              content.add(entity)
25          } update: { _ in
26          }
27      }
28  }
29
30  #Preview(immersionStyle: .mixed) {
31      ImmersiveView(manager: GroupActivityManager())
32  }
```

キューブエンティティの生成とジェスチャ操作に必要となるコンポーネントを追加しています。

ImmversiveView.swift

```
import RealityKit
import SwiftUI

struct ImmersiveView: View {
    @State var manager: GroupActivityManager

    var body: some View {
        RealityView { content in
            manager.entity = ModelEntity(
                mesh: .generateBox(size: 0.1),
                materials: [SimpleMaterial(color: .red, isMetallic: false)]
            )
            guard let entity = manager.entity else { return }
            let shape = ShapeResource.generateBox(size: [0.1, 0.1, 0.1])
            entity.collision = CollisionComponent(shapes: [shape])
            entity.components.set([InputTargetComponent()])
            content.add(entity)
        } update: { _ in
        }
    }
}

#Preview(immersionStyle: .mixed) {
    ImmersiveView(manager: GroupActivityManager())
}
```

続いて、コンテンツ更新処理に以下のコードを追加します。

Fig. 9-46 コードの追加（ImmersiveView.swift）

```
25         } update: { _ in
26             guard let entity = manager.entity, manager.isSharePlaying else {
                   return }
27             entity.transform = Transform(matrix: simd_float4x4(manager.pose))
28             entity.scale = [1, 1, 1]
29         }
```

追加

次の手順でエンティティ位置の更新を行います。

- エンティティが取得できること、SharePlay中であることを確認する
- 「manager.pose」の値をエンティティの位置、回転情報に反映する
- poseは位置と回転の値しか持っておらず、このままだとスケールが0となってしまうため、エンティティのスケールに1を設定し直す

ImmversiveView.swift

```
guard let entity = manager.entity, manager.isSharePlaying else {
    return }
entity.transform = Transform(matrix: simd_float4x4(manager.pose))
entity.scale = [1, 1, 1]
```

最後に、ジェスチャを処理するため以下のコードを追加します。

Fig. 9-47 コードの追加（ImmersiveView.swift）

```
25         } update: { _ in
26             guard let entity = manager.entity, manager.isSharePlaying else {
                   return }
27             entity.transform = Transform(matrix: simd_float4x4(manager.pose))
28             entity.scale = [1, 1, 1]
29         }
30         .simultaneousGesture(DragGesture()
31             .targetedToAnyEntity()
32             .onChanged { value in
33                 guard let entity = manager.entity else { return }
34                 entity.position = value.convert(
35                     value.location3D,
36                     from: .local,
37                     to: .scene
38                 )
39                 // メッセージの送信
40                 let pose = Pose3D(position: entity.position, rotation:
                       entity.orientation)
41                 manager.sendPoseMessage(message: PoseMessage(pose: pose))
42             })
43         .simultaneousGesture(RotateGesture()
44             .targetedToAnyEntity()
45             .onChanged { value in
46                 guard let entity = manager.entity else { return }
```

追加

```
47                entity.setOrientation(
48                    .init(
49                        angle: Float(value.rotation.degrees / 10),
50                        axis: [0, 1, 0]
51                    ),
52                    relativeTo: nil
53                )
54                // メッセージの送信
55                let pose = Pose3D(position: entity.position, rotation:
                      entity.orientation)
56                manager.sendPoseMessage(message: PoseMessage(pose: pose))
57            })
```

ドラッグジェスチャと回転ジェスチャの実装をしています。それぞれジェスチャを行った時にメッセージを送信するようにしています。

ImmversiveView.swift

```
.simultaneousGesture(DragGesture()
    .targetedToAnyEntity()
    .onChanged { value in
        guard let entity = manager.entity else { return }
        entity.position = value.convert(
            value.location3D,
            from: .local,
            to: .scene
        )
        // メッセージの送信
        let pose = Pose3D(position: entity.position, rotation:
            entity.orientation)
        manager.sendPoseMessage(message: PoseMessage(pose: pose))
    })
.simultaneousGesture(RotateGesture()
    .targetedToAnyEntity()
    .onChanged { value in
        guard let entity = manager.entity else { return }
        entity.setOrientation(
            .init(
                angle: Float(value.rotation.degrees / 10),
                axis: [0, 1, 0]
            ),
            relativeTo: nil
        )
        // メッセージの送信
        let pose = Pose3D(position: entity.position, rotation:
            entity.orientation)
```

```
        manager.sendPoseMessage(message: PoseMessage(pose: pose))
    })
```

9.5.4 ImmersiveViewへの遷移処理

ImmersiveViewへ遷移する部分を実装します。ここはテンプレートアプリのコードとほぼ同じため、コードの差分と簡単な説明に留めます。

まず「Chapter9App.swift」を開き以下のコードを追加します。

Fig. 9-48 コードの追加(Chapter9App.swift)

```
14    var body: some Scene {
15        WindowGroup {
16            ContentView(manager: manager)
17        }
18
19        ImmersiveSpace(id: "ImmersiveSpace") {
20            ImmersiveView(manager: manager)
21        }
22    }
```

追加

ImmersiveViewの引数にmanagerを渡している点だけ注意が必要です。

Chapter9App.swift

```
ImmersiveSpace(id: "ImmersiveSpace") {
    ImmersiveView(manager: manager)
}
```

次に「ContentView.swift」を開き以下のコードを追加します。ここはテンプレートから生成されるコードと同じものです。必要であれば5.2.2項にあるテンプレートコードの解説を復習してください。

Fig. 9-49 コードの追加(ContentView.swift)

```
11  struct ContentView: View {
12      @State private var showImmersiveSpace = false
13      @State private var immersiveSpaceIsShown = false
14
15      @Environment(\.openImmersiveSpace) var openImmersiveSpace
16      @Environment(\.dismissImmersiveSpace) var dismissImmersiveSpace
17
18      @State var manager: GroupActivityManager
19      @StateObject private var groupStateObserver = GroupStateObserver()
20
21      var body: some View {
22          VStack {
23              Text("SharePlay Sample")
24
25              if !manager.isSharePlaying { ••• } else {
32                  Button("Leave") { ••• }
35              }
36
```

追加

```
37              Text(manager.emoji.symbol)
38                  .font(.system(size: 200))
39 
40              HStack { ••• }
58 
59              Toggle("Show ImmersiveSpace", isOn: $showImmersiveSpace)
60                  .font(.title)
61                  .frame(width: 360)
62                  .padding(24)
63                  .glassBackgroundEffect()
64          }
65          .padding()
66          .onChange(of: showImmersiveSpace) { _, newValue in
67              Task {
68                  if newValue {
69                      switch await openImmersiveSpace(id: "ImmersiveSpace") {
70                      case .opened:
71                          immersiveSpaceIsShown = true
72                      case .error, .userCancelled:
73                          fallthrough
74                      @unknown default:
75                          immersiveSpaceIsShown = false
76                          showImmersiveSpace = false
77                      }
78                  } else if immersiveSpaceIsShown {
79                      await dismissImmersiveSpace()
80                      immersiveSpaceIsShown = false
81                  }
82              }
83          }
84          .task {
```

追加（59〜63行目）

追加（66〜83行目）

これで全ての実装が終わりました。Vision Proの実機で動作確認をしてみましょう。

最初はVision Pro 1台でアプリを動かしたものです。FaceTimeで接続されていないためウインドウ上部の「Start SharePlay」ボタンが押せないようになっています。また「Show ImmersiveSpace」ボタンを押してイマーシブスペースに移ると、その時点の自分の足元だった場所に赤いキューブが表示されています。この位置が原点です。

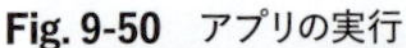

Fig. 9-50　アプリの実行

次はVision Pro 2台でアプリを動かしたものです。FaceTimeで接続してからアプリを起動しています。ウインドウ上部の「Start SharePlay」ボタンが押せるようになっています。

Fig. 9-51 アプリの実行

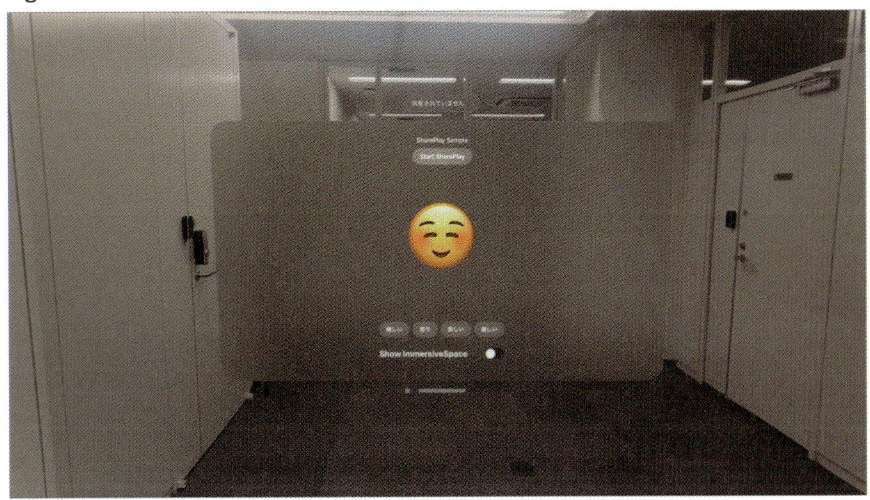

そして以下の画像は「Start SharePlay」を押した状態です。「Start SharePlay」ボタンのラベルが「Leave」に変わりました。感情を表すボタンを押すと絵文字が切り替わり、その内容は他の参加者にも共有されます。イマーシブスペースに遷移するとウインドウの下に赤いキューブが表示されました。この位置が共有のイマーシブスペースにおける原点になります。また、ジェスチャ操作で赤いキューブを操作でき、その操作した内容が他の参加者にも共有されます。

Fig. 9-52 アプリの実行

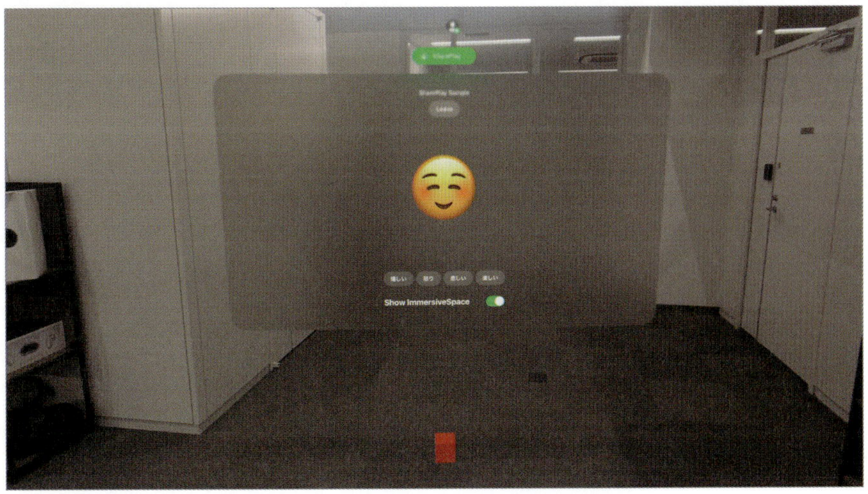

Fig. 9-53　空間ペルソナの表示

以上でSharePlayを利用したアプリの開発は終了です。

9.6　まとめ

このChapterでは、GroupActivitiesフレームワークを用いた、SharePlayによる共有体験の実装方法を学びました。まずiPhone同士で絵文字の共有体験が行えるSharePlayアプリを実装しました。次にVision Pro特有の共有体験としてイマーシブスペースにおけるエンティティのジェスチャ操作を共有できる実装を追加しました。

> **NOTE**
> Appendix A「本書のサンプルアプリのガイドマップ」には、アプリの構造を概観できる図（ガイドマップ）を用意しています。文章による説明では理解しづらいデータの流れや、オブジェクト間の関連を把握する助けとなります。

さて、ここで本書のVision Proアプリ開発入門はいったん終了です。ここまで来たみなさんは、空間コンピューティングのコンセプトに始まり、ツールに触れ、仮想空間と現実空間を統合したさまざまな体験を実現するという最先端の開発タスクを一通りこなしたことになります。しかも空間コンピューティングにおいて重要な、人と人とをつなぐ体験共有についても触れています。基礎的な範囲ではあるものの、空間コンピューティングの柱となる技術にはおよそ足を踏み入れていただけたのではないかと考えています。ここでの学びと経験が、みなさんが空間コンピューティングで新しい未来を切り開くための礎となることを願っています。

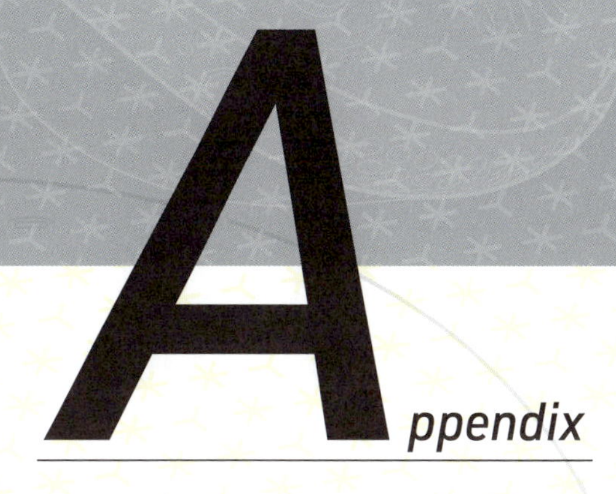

Appendix A アプリ開発者のためのガイドマップ

A 本書のサンプルアプリのガイドマップ

A.1 ガイドマップとは

本Appendixでは、アプリの構造把握を助けるために「ガイドマップ」という図を示します。この図はアプリの動作上主要な役割を果たすビューやデータといったオブジェクトとその関連を抜き出し、視覚化したものです。コードのすべてを正確に表現するクラス図やオブジェクト図とは異なり、むしろ余計な詳細を省いてデフォルメしてあります。主要なランドマークだけを記した観光地図や、幹線道路だけを描いた概略道路地図のようなものだと思ってください。ガイドマップを見ながらコードを読み進める、あるいは書き進めることで、自分が全体の中でどこを見ているのか、どこに向かっているのかを俯瞰的に把握しやすくなります。

ガイドマップに登場する要素とその意味を以下に示します。

要素	説明
四角い箱	SwiftUIのビューやRealityKitのエンティティなど、画面上に見える要素に対応するオブジェクトを表す。 箱の中にはクラスの名前と、必要に応じてオブジェクト名などインスタンスを識別する名前を記す。
角丸の箱	データや処理のためのオブジェクトを表す。箱の中の記載は四角い箱と同じ。
太い実線	ビューの親子関係を表す。下のビューが上のビューの子または子孫であることを表す。 線上の下線付き文字列は、ビューを指す変数やプロパティの名前を表す。 RealityViewとその親との関係は、線を省略して箱を重ねて表す。
実線矢印	ビューのナビゲーションを表す。ボタンを押すと別のビューに遷移するような関係を表す。
破線矢印	オブジェクト間の参照や使用などの関連を表す。 プロパティによる参照かローカル変数による参照かなどを区別せず、とにかくアプリの仕組みを理解する上で役立つ関連を表現する。 線上の下線付き文字列は、関連を実装する変数、プロパティ、メソッド等の名前を表す。 エンティティとコンポーネント間の関連は、矢印を省略してエンティティ（四角い箱）の手前にコンポーネント（角丸の箱）を重ねて表すことがある。
点線	説明用の引き出し線。説明文の指し示す対象を示す。

NOTE

本付録ではクラスと構造体を区別せず、すべて「クラス」と表現します。

本書のサンプルアプリは、順を追ってコードを読むことで構造が把握できるよう、なるべくシンプルに作られています。それでも複数のクラスやデータが絡み合っているため、全体を把握するのが難しいと感じることがあるかもしれません。そこで本Appendixでは各サンプルアプリのガイドマップを示すことで、アプリの構造を理解する手助けとなることを目指しています。サンプルアプリを読みながら全体像がわからない、複数のクラスやデータがどう関連しどこで何をやっているのかわからないと感じたときには、これらのガイドマップを参照してみてください。なおChapter 3にはVision Pro固有の要素がないため、Chapter 4以降について示します。

A.2 Chapter 4 3Dモデルビューアのガイドマップ

このアプリはとてもシンプルなビュー構造を持っていますが、ジェスチャを処理するオブジェクトの構造がコードからは若干読み取りにくいかもしれません。Model3Dクラス、DragGestureクラス、DragRotationModifierクラスのがこのように連携しています。

Fig. A-1　Chapter 4 3Dモデルビューアのガイドマップ

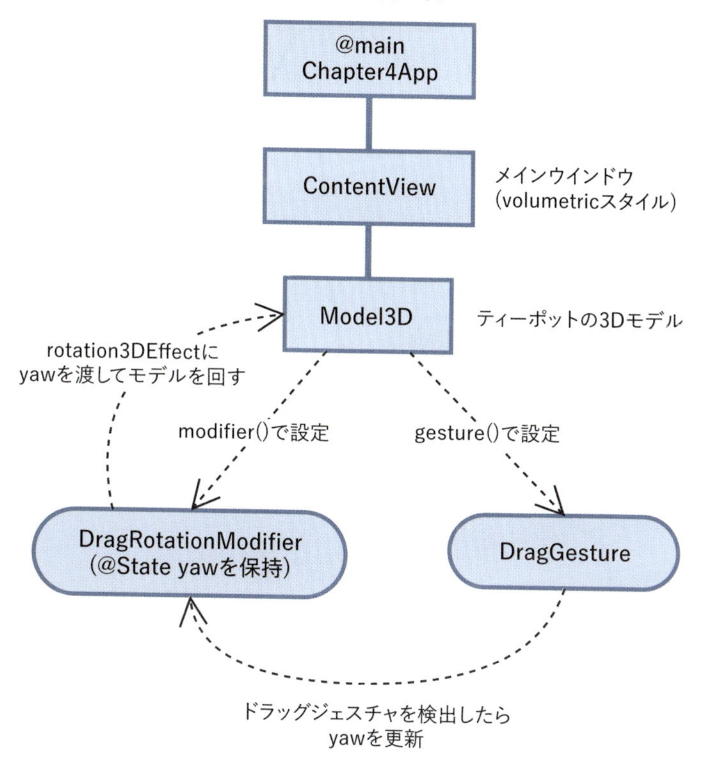

A.3 Chapter 5 月探査アプリのガイドマップ

初のイマーシブスペースを用いたアプリです。RealityViewとエンティティの親子関係、ECS（Entity、Component、System）などの基本構造は理解できたでしょうか。タップジェスチャに応じてロケットを移動させる際のオブジェクトの連携動作は少し見えにくいので、今一度確認してみてください。

Fig. A-2　Chapter 5 月探査アプリのガイドマップ

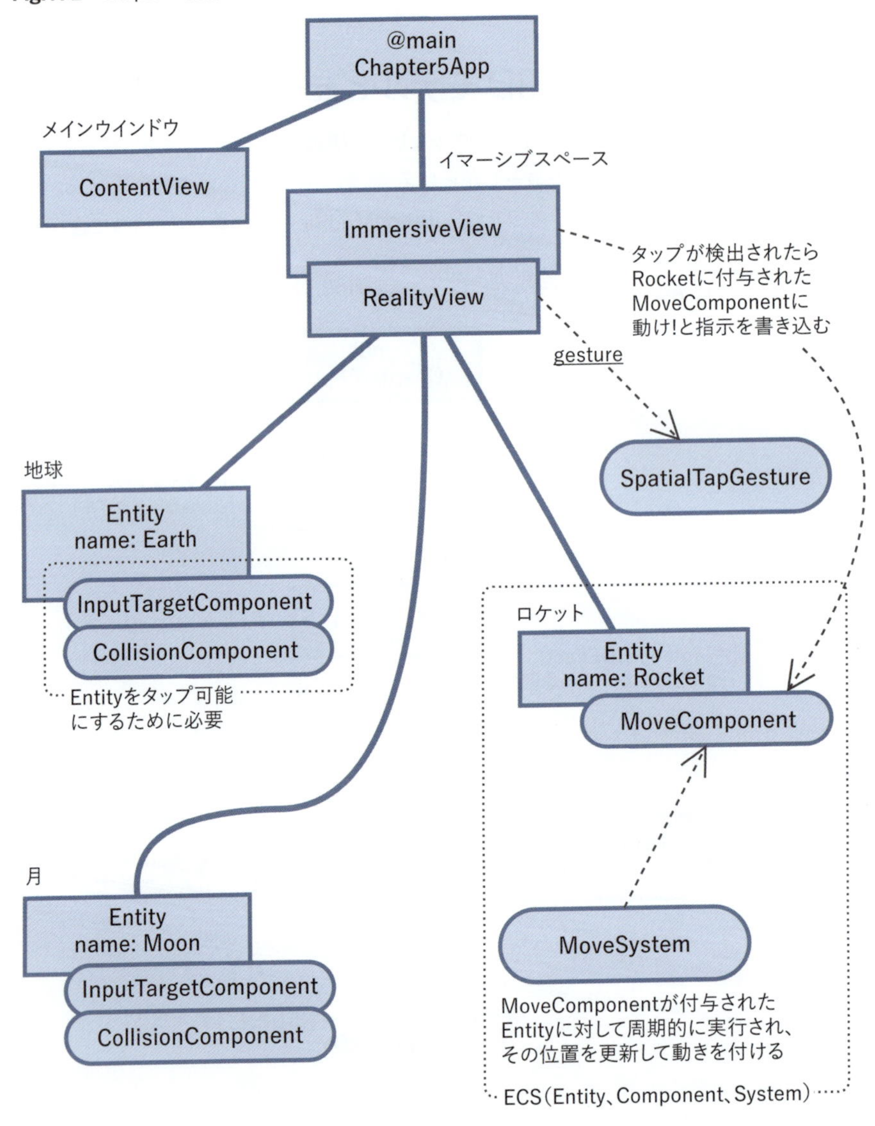

A.4 Chapter 6 Realityショーケースアプリのガイドマップ

Chapter 6の主なトピックはReality Composer Proによる3Dモデルの作成なので、このマップではアプリのコードとして実装したオーディオ処理に関わる構造のみ示します。

Fig. A-3 Chapter 6 Realityショーケースアプリのガイドマップ(オーディオ処理)

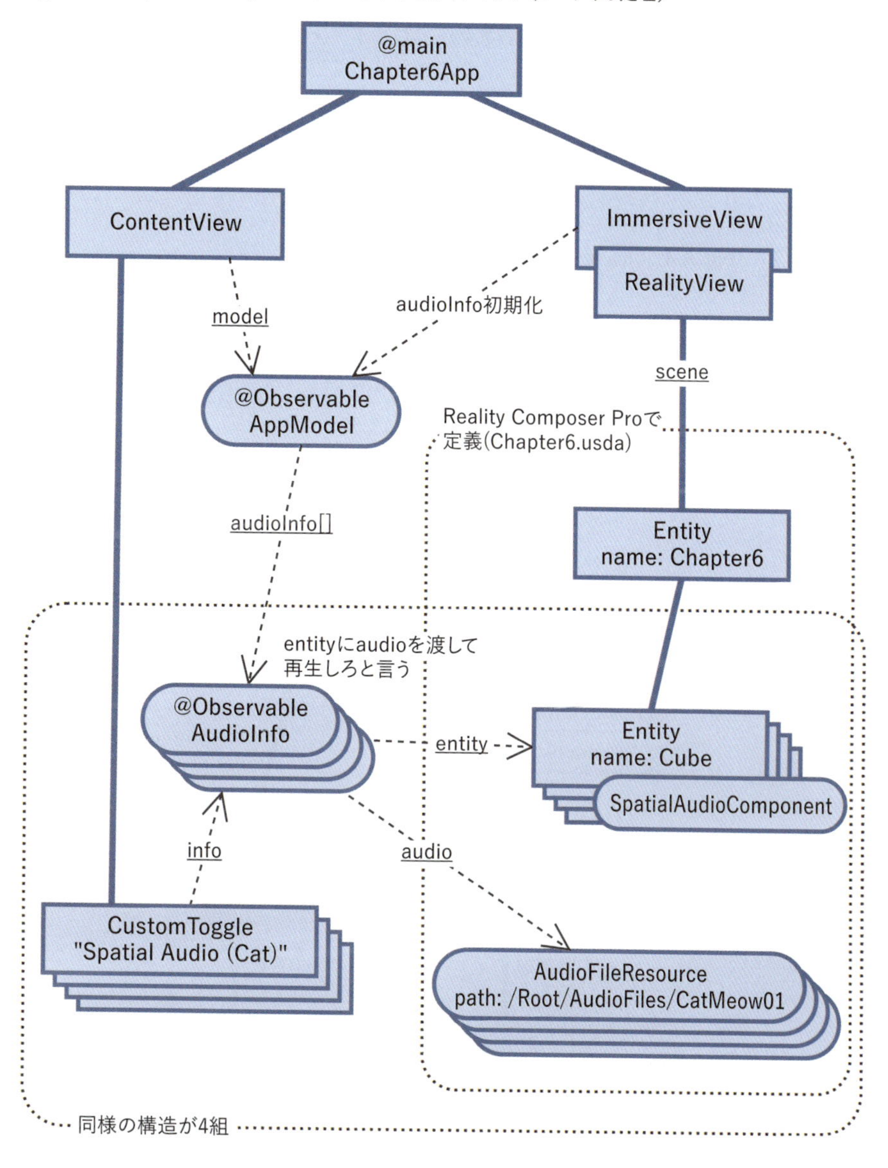

A.5 Chapter 7 シューティングゲームのガイドマップ

シンプルながらも立派なゲームアプリなので、コードだけ読んでいると迷子になるかもしれません。その場合はこのマップを片手に、箱と矢印を指で追いながら再挑戦してみてください。中央上のImmersiveViewクラスがイマーシブスペースのルート、中央右のShootingLogicクラスがゲーム処理の司令塔に当たります。また図の左側が弾、右下がターゲット、右上がジェスチャに関わるオブジェクトをおよそカバーしています。

NOTE

本Chapterおよび次Chapterでは、クラスの更新監視に@ObservableマクロではなくObservableObjectプロトコルを使用していますが、ガイドマップでは便宜上「@Observable」と表記します。

Fig. A-4　Chapter 7 シューティングゲームのガイドマップ

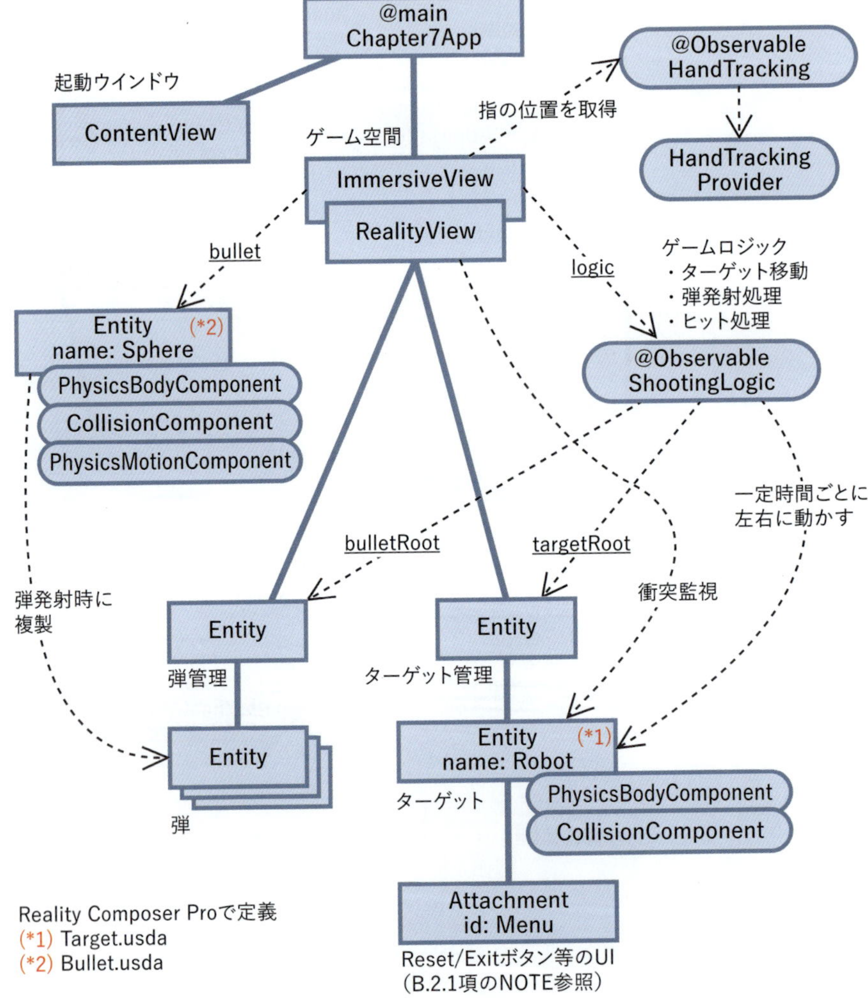

A.6 Chapter 8 シューティングゲーム改のガイドマップ

Chapter 7に引き続き、Chapter 8での主要な追加部分を示します。なお、オレンジ色は前のガイドマップで既出の要素を表します。

A.6.1 ARKit関連機能

マップの左側がシーン再構築、右側がワールドトラッキングと画像トラッキングをカバーしています。このように、内部で使われている技術が非常に高度なのにもかかわらず、アプリから見たオブジェクトの構造はそれほど複雑ではありません。

Fig. A-5　Chapter 8 シューティングゲーム改のガイドマップ1（ARKit関連機能）

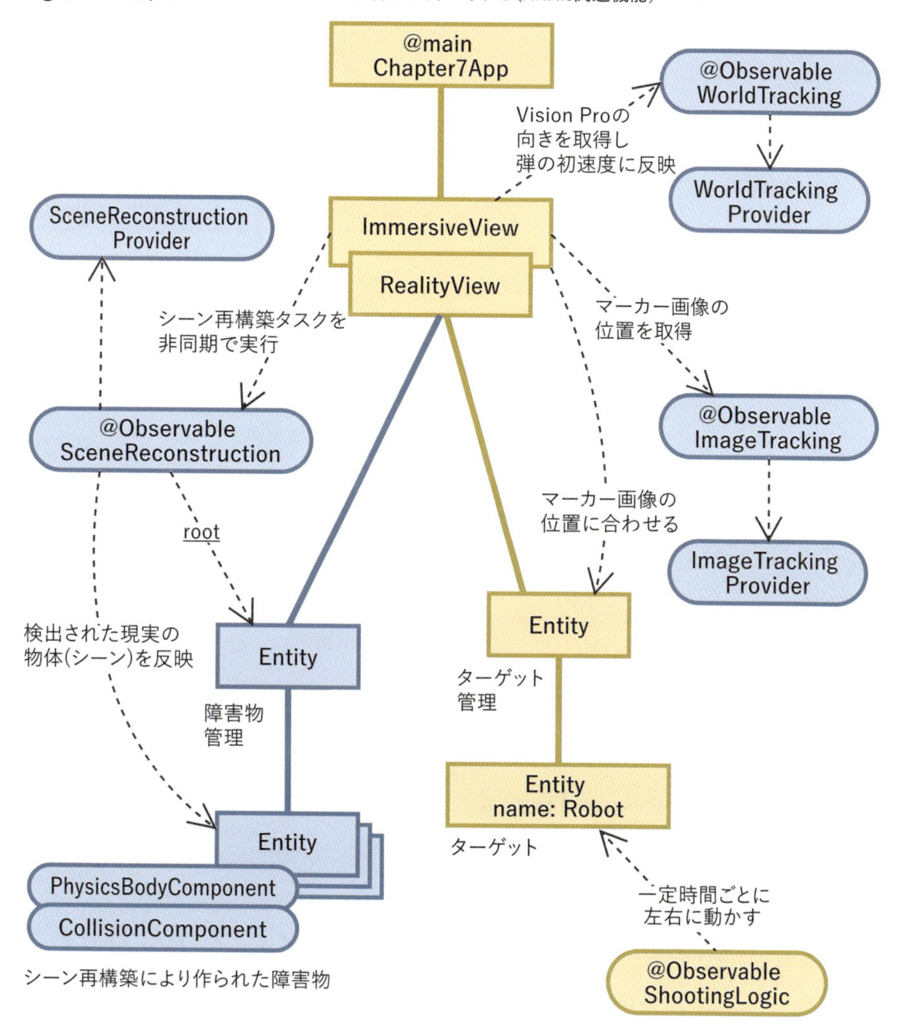

A.6.2 オーディオ再生

オーディオ関係は既にChapter 6のガイドマップで触れましたが、それとは若干構造が違うのでこちらも示します。Chapter 6ではエンティティに音声データを渡して直接再生するシンプルな構造でしたが、こちらはエンティティと音声データを結び付けるAudioPlaybackControllerというオブジェクトをあらかじめ生成し、それをプロパティで保持して再生指示を出すかたちになっています。

Fig. A-6　Chapter 8 シューティングゲーム改のガイドマップ2（オーディオ再生）

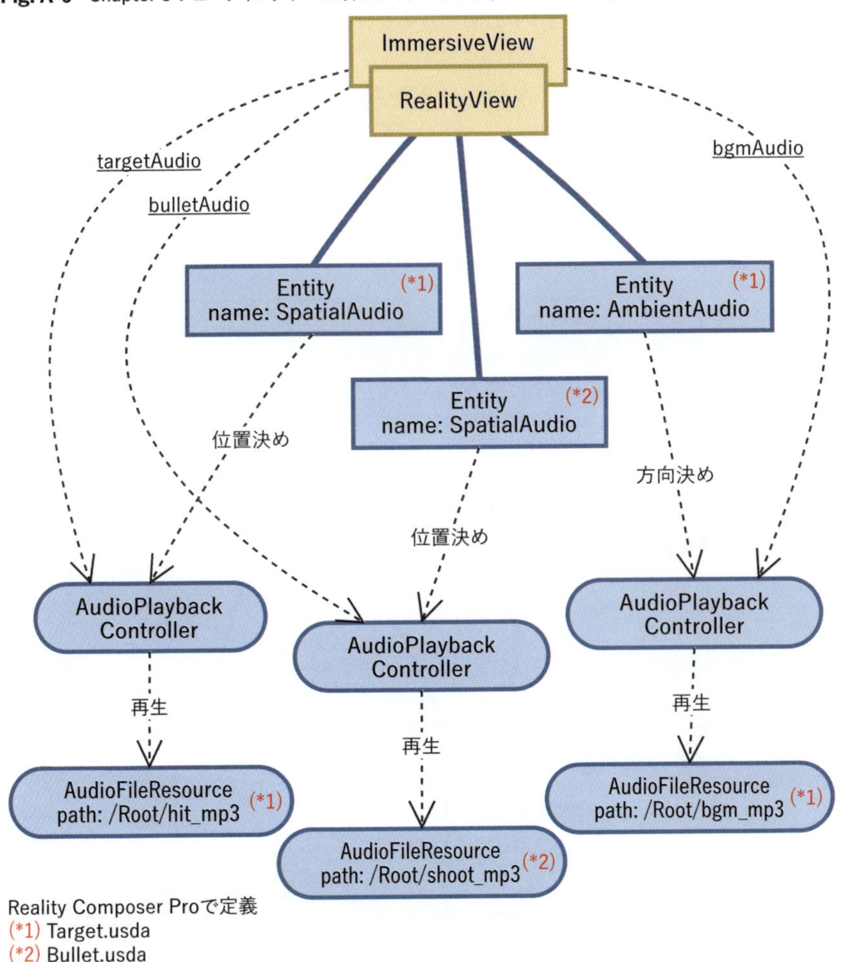

A.7 Chapter 9 コラボレーションアプリのガイドマップ

SharePlayを用いて複数デバイス間の通信を行うアプリです。データ送受信を実現するオブジェクトの構造がコードから読み取りにくいかもしれないので、ここではその部分を中心に示します。

A.7.1 セッション初期化

まずはセッションの初期化から見ていきましょう。このマップは、「Start SharePlay」ボタンが押されてセッションが確立される前後の処理に関わるオブジェクトの構造を示しています。破線矢印の上に書かれた番号付きの説明文はオブジェクト間の働きかけを示し、番号はその動作が起こる順序を表しています。通信処理の基盤であるGroupSessionとGroupSessionMessengerが生成され、その上にタスク（Task）やサブスクリプション（AnyCancellable）がセットアップされる様子を確認できます。

Fig. A-7 Chapter 9 コラボレーションアプリのガイドマップ1（セッション初期化）

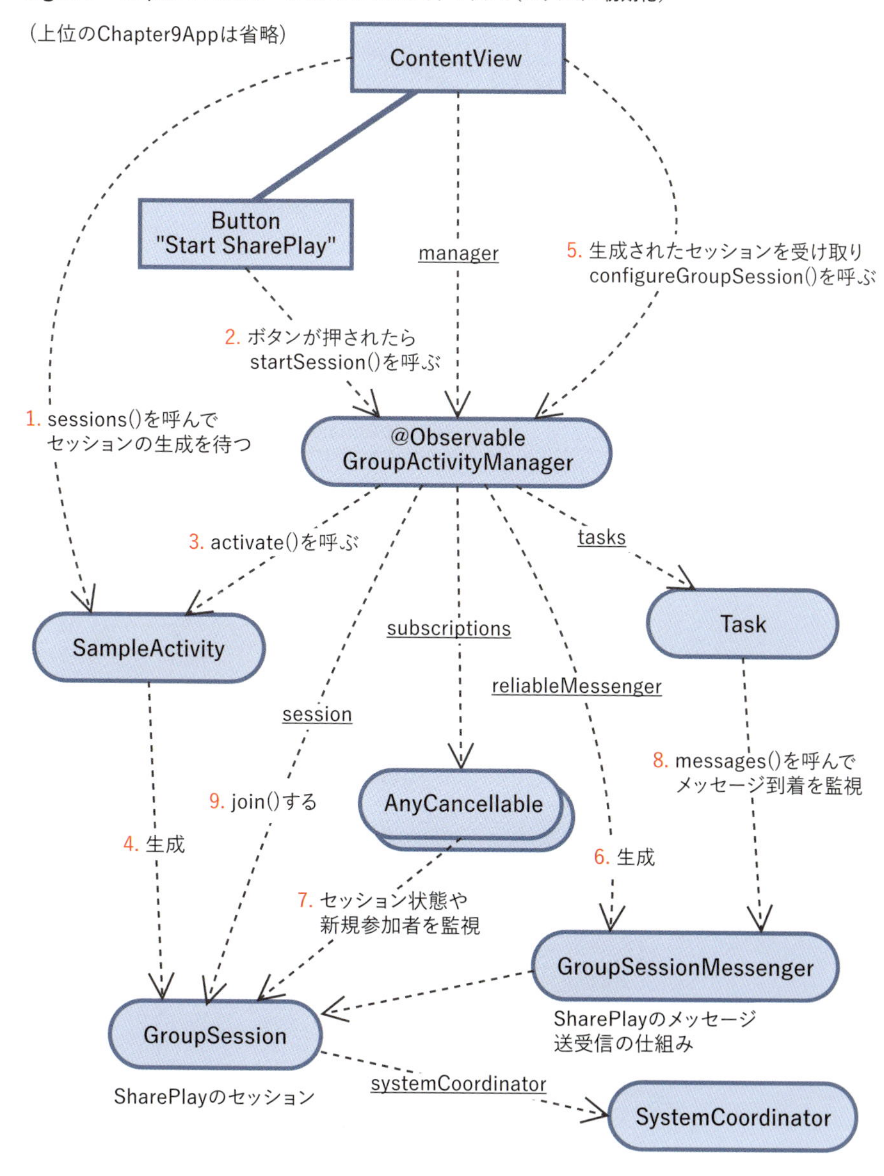

A.7.2 絵文字情報の送受信

次は絵文字情報の送受信です。a1で始まる番号は、接続先からのメッセージ受信時に起こる動作の順序を表します。メッセージ到着からビューへの反映までの流れを示しています。b1で始まる番号はメッセージ送信時の動作順序で、「嬉しい」等の感情ボタンが押されてから送信メッセージが基盤のGroupSessionMessengerに渡るまでの流れを示しています。

Fig. A-8　Chapter 9 コラボレーションアプリのガイドマップ2（絵文字情報送受信）

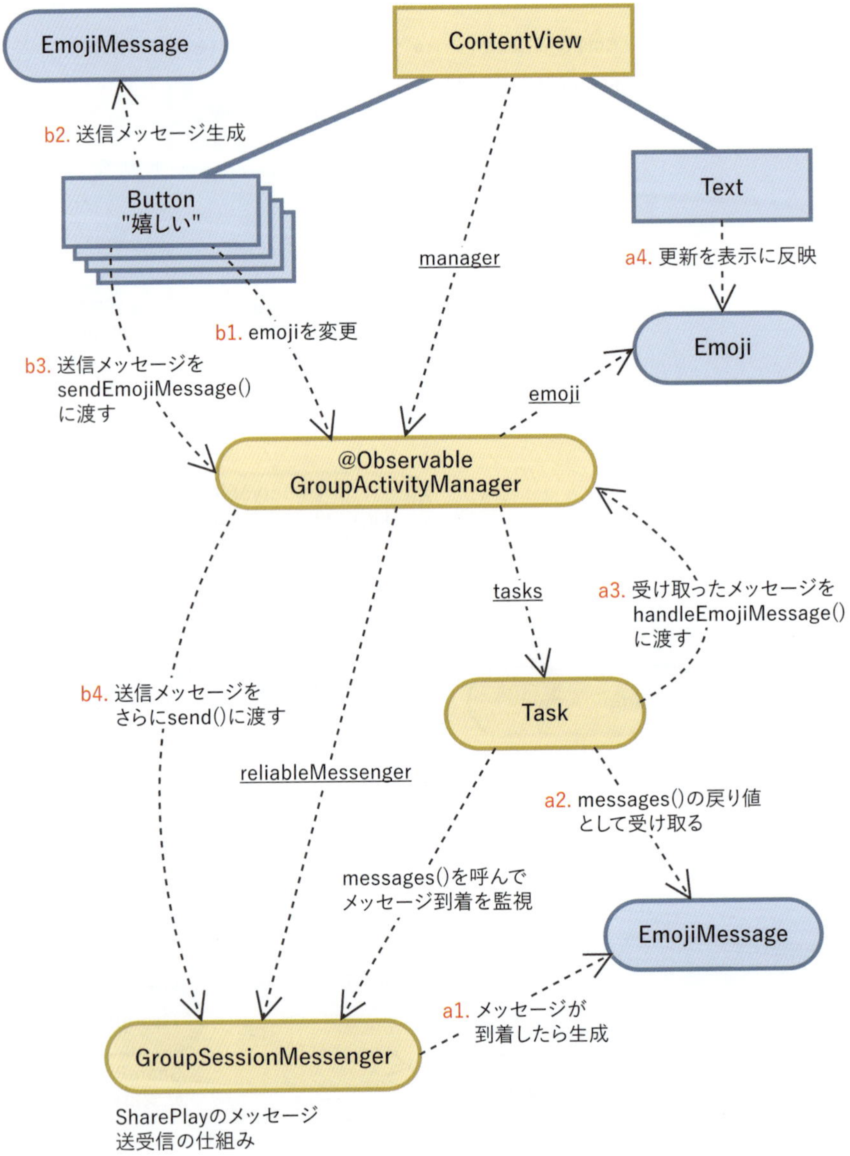

EmojiMessage
ContentView
b2. 送信メッセージ生成
Button
"嬉しい"
Text
manager
a4. 更新を表示に反映
b1. emojiを変更
Emoji
b3. 送信メッセージを
sendEmojiMessage()
に渡す
emoji
@Observable
GroupActivityManager
tasks
a3. 受け取ったメッセージを
handleEmojiMessage()
に渡す
b4. 送信メッセージを
さらにsend()に渡す
Task
reliableMessenger
a2. messages()の戻り値
として受け取る
messages()を呼んで
メッセージ到着を監視
EmojiMessage
a1. メッセージが
到着したら生成
GroupSessionMessenger
SharePlayのメッセージ
送受信の仕組み

A.7.3 エンティティ位置情報の送受信

同様にエンティティ位置情報の送受信に関わる構造を示します。先ほどと同様、a1で始まる番号はメッセージ受信時の動作順序を、b1で始まる番号はメッセージ送信時の動作順序を表しています。ビューがテキストからエンティティになっただけで、全体の仕組みは絵文字情報のときとほぼ同じであることがわかります。

Fig. A-9　Chapter 9 コラボレーションアプリのガイドマップ3（エンティティ位置情報送受信）

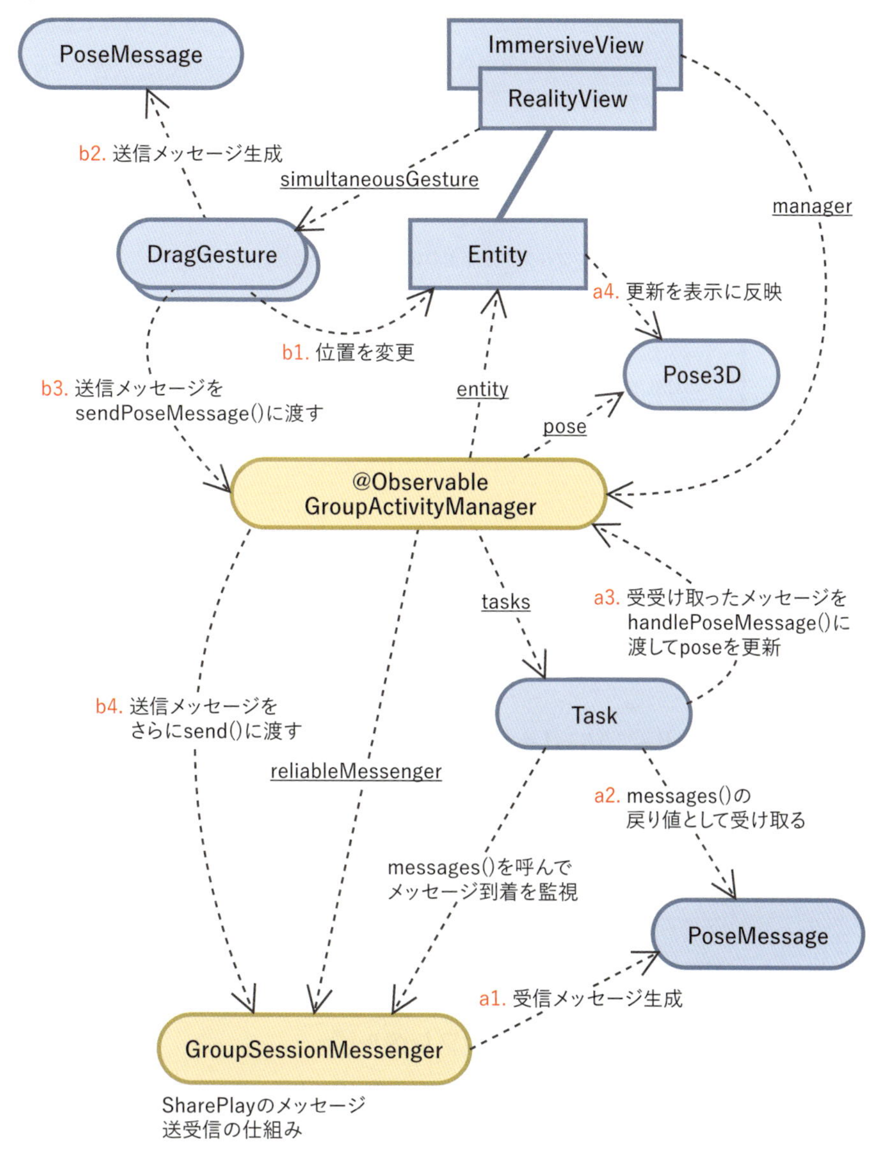

B　Apple公式サンプルアプリのガイドマップ

Appleのサイトにはvision OSの紹介として公式サンプルアプリが公開されています。しかし、これらはそれぞれがかなり本格的なアプリとなっており、学習者にとっては最初の一歩が踏み出しにくいかもしれません。ファイル数も多く、どのソースから読み始めたらよいのか、画面上のどの物体がコードのどこで描画されているのか、一見して把握するのは困難でしょう。そこで著者自身がこれらのサンプルアプリのコードリーディングを行い、アプリの肝となるクラスやデータ、それらの関連を読み解き、ガイドマップにしました。これらを片手に公式サンプルアプリに取り組んでもらい、コードの理解を深めていただければ幸いです。

NOTE

Appleの公式サンプルアプリは次の場所から入手できます。

https://developer.apple.com/documentation/visionos

上のURLを開いて、下の方へスクロールすると、「Dive into featured sample apps」という見出しの下に複数のサンプルアプリを見つけられます。目的のアプリを探して入手してください。

CAUTION

公式サンプルアプリは予告なく更新され、内容が変わったり、対応OSバージョンが変わったりすることがあるので注意してください。ここで紹介しているアプリも本書執筆中に一度更新があり、内容はほとんど同じながら対応OSがvisionOS 1.0から2.0に変更されました。しかし、もともと1.0向けに作られたアプリであれば、プロジェクト設定の「General」>「Minimum Deployments」のバージョンを下げることで1.x系で動作する可能性があります。2.0の正式リリースまでは使えるテクニックとして覚えておくとよいでしょう。

B.1　Hello Worldのガイドマップ

公式サンプルの中で最初に見る人が多いと思われるHello Worldですが、大量のファイルを目にしてくじけてしまった人もいるのではないでしょうか。そんな人たちの役に立てるよう、表示されるウインドウやエンティティの構造と、それらに対応するビュークラスの名前をマップに書きました。マップを上からたどって、どのビューをどのクラスが担当しているのか探しながらコードを読み進めてみてください。

B.1.1 アプリ全体〜トップレベルビュー

まずはアプリ全体から4つのトップレベルビューまでを見てみましょう。最初にメニューが表示されるメインウインドウ（Modulesクラス）と、メニューの選択に応じて表示されるコンテンツ3種（Globeクラス、Orbitクラス、SolarSystemクラス）があります。アプリの状態はViewModelクラスに保持され、あちこちのビュークラスから参照されます。

Fig. B-1　Hello Worldのガイドマップ1（アプリ全体～トップレベルビュー）

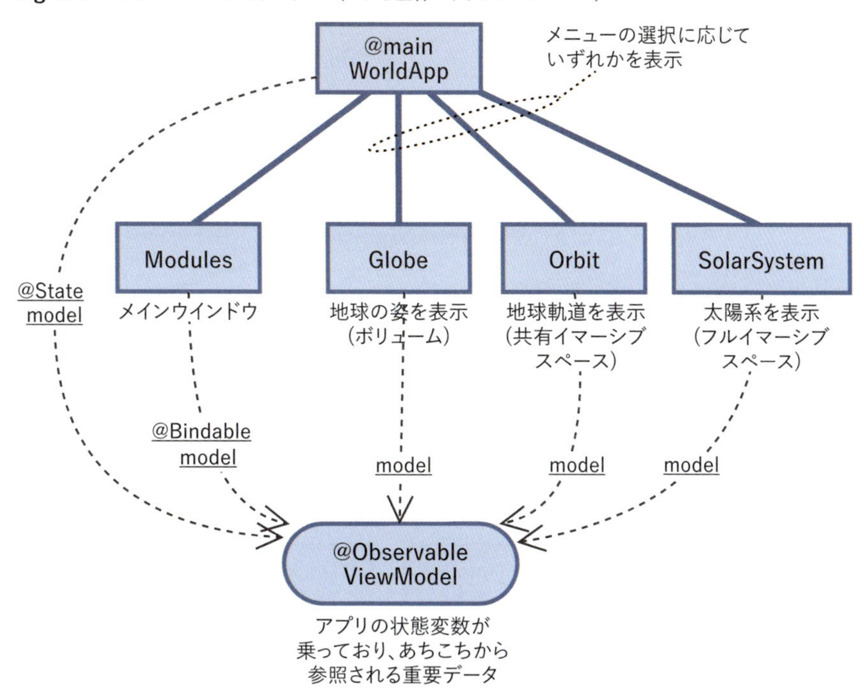

B.1.2 メインウインドウ（Modulesクラス）以下

次にメインウインドウ（Modulesクラス）以下の主な構成要素を示します。メインウインドウにはカード形式のメニューが表示され、3種類のコンテンツから見るものを選ぶことができます。また、太陽系の表示時にはイマーシブスペースから抜け出るための専用の操作パネルに変化します。この部分に関しては、OrbitModuleクラスで3Dモデルを表示する以外は普通のSwiftUIアプリと思ってよいでしょう。

NOTE
前のガイドマップで既出の要素はオレンジ色で表します。以下同様です。

Fig. B-2　Hello Worldのガイドマップ2（メインウインドウ以下）

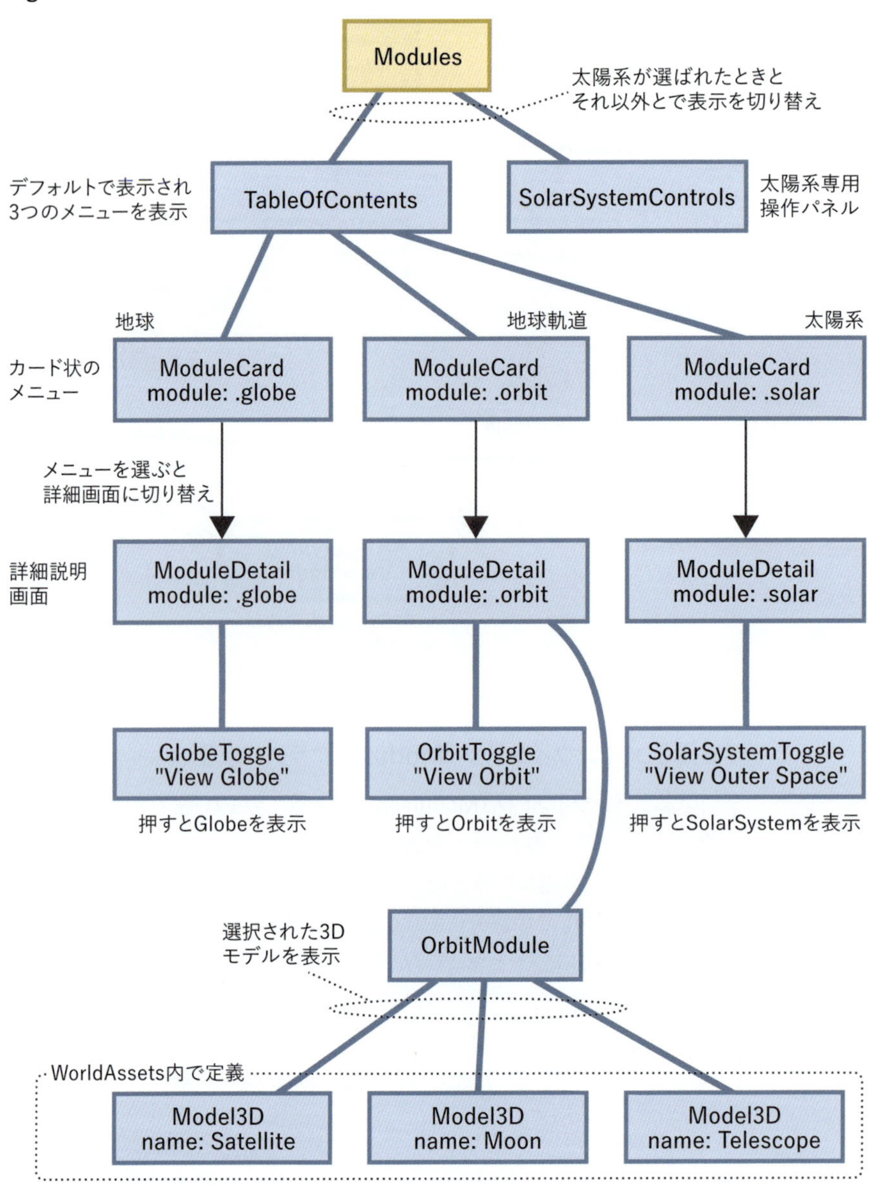

B.1.3 太陽系表示（SolarSystemクラス）以下

次のマップは太陽系を選んだ時に表示されるSolarSystemクラスの構造を示したものです。これはRealityKitのエンティティで階層的に作られたフルイマーシブコンテンツです。コードをぱっと見ただけではその階層構造を読み取るのは難しいので、このマップを参考にしていただければと思います。他のコンテンツ（GlobeクラスとOrbitクラス）もこの構造のバリエーションと言えます。

Fig. B-3　Hello Worldのガイドマップ3（太陽系表示以下）

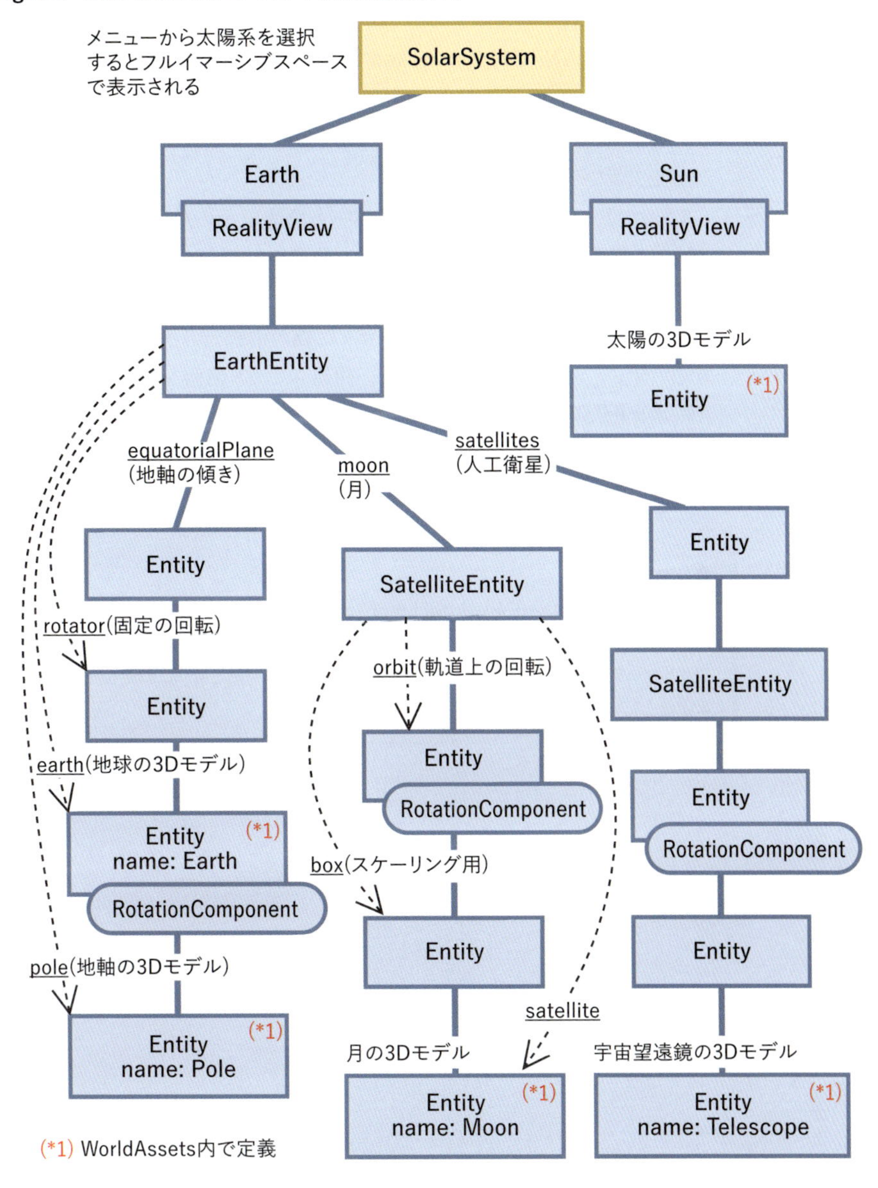

B.2 Dioramaのガイドマップ

Dioramaはイマーシブスペースにジオラマ風の観光地図を表示するアプリです。Yosemite（アメリカのヨセミテ国立公園）とCatalina（同サンタ・カタリナ島）の地形をモーフィングで切り替えたり、観光スポットを選んで詳細情報をジオラマ上で見ることができます。

B.2.1 アプリ全体〜観光スポット情報表示

まずはアプリ全体の構造です。主なビューはメイン操作パネル（ContentViewクラス）とジオラマ（DioramaViewクラス）の2つです。ジオラマのモデルはRealityKitのエンティティで構成されており、DioramaAssembledという名のエンティティをルートとして階層化されています。エンティティDioramaAssembledはアセットRealityKitContent内で既に構築済みであり、このエンティティをReality Composer Proで開くことにより、ジオラマ全体の構造をブラウズできます。

LearnMoreViewクラスは観光スポット情報表示のためのUIです。ジオラマ上に緑のタグとして表示され、タップされるとその場所の詳細情報を表示し、関連するトレッキングコースをジオラマ上でハイライトします。

LearnMoreViewクラスは、ジオラマ定義内の観光スポット情報を表すエンティティに対するアタッチメントとして作られます。観光スポット情報を表すエンティティはカスタムコンポーネントPointOfInterestComponentでマークされており、DioramaViewクラスの初期化処理の中でそれらが検索され、LearnMoreViewはじめ必要なビューやデータの関連付けが行われます。

> **NOTE**
> アタッチメントは、コード上はAttachmentオブジェクトをコンテナとして定義されますが、RealityViewコンテンツに追加される際には内部的にViewAttachmentEntityというエンティティに変換されます。ガイドマップでは、コードとの対応付けをわかりやすくするため、この変換を無視してAttachmentのまま記述しています。

Fig. B-4　Dioramaのガイドマップ1（アプリ全体〜観光スポット情報表示）

@main
DioramaApp
表示ON/OFFボタンとスライダーを
持つ操作パネル（ウインドウ）
ジオラマ表示
（イマーシブスペース）
ContentView
@State
viewModel
DioramaView
RealityView
@Bindable
viewModel
@Bindable
viewModel
アプリの状態と処理の
ほとんどが載っている
最重要データ
@Observable
ViewModel
ジオラマ全体を表すEntity
（Reality Composer Proで最初に
開くべきアセット）
rootEntity
Entity
name: DioramaAssembled
観光スポット情報
PointOfInterest-
Componentが
付与されたEntityを
探してUIをアタッチ
Entity
terrain
Entity
name: El_Capitan
PointOfInterestComponent
ベース、鳥、雲、
空間オーディオ等
Attachment
Entity
name: FlatTerrain
Entity
trail?
TrailComponent
LearnMoreView
地形（YosemiteとCatalinaの
両方を含む）
トレッキングコース
RealityKitContent内で定義
観光スポット情報表示UI

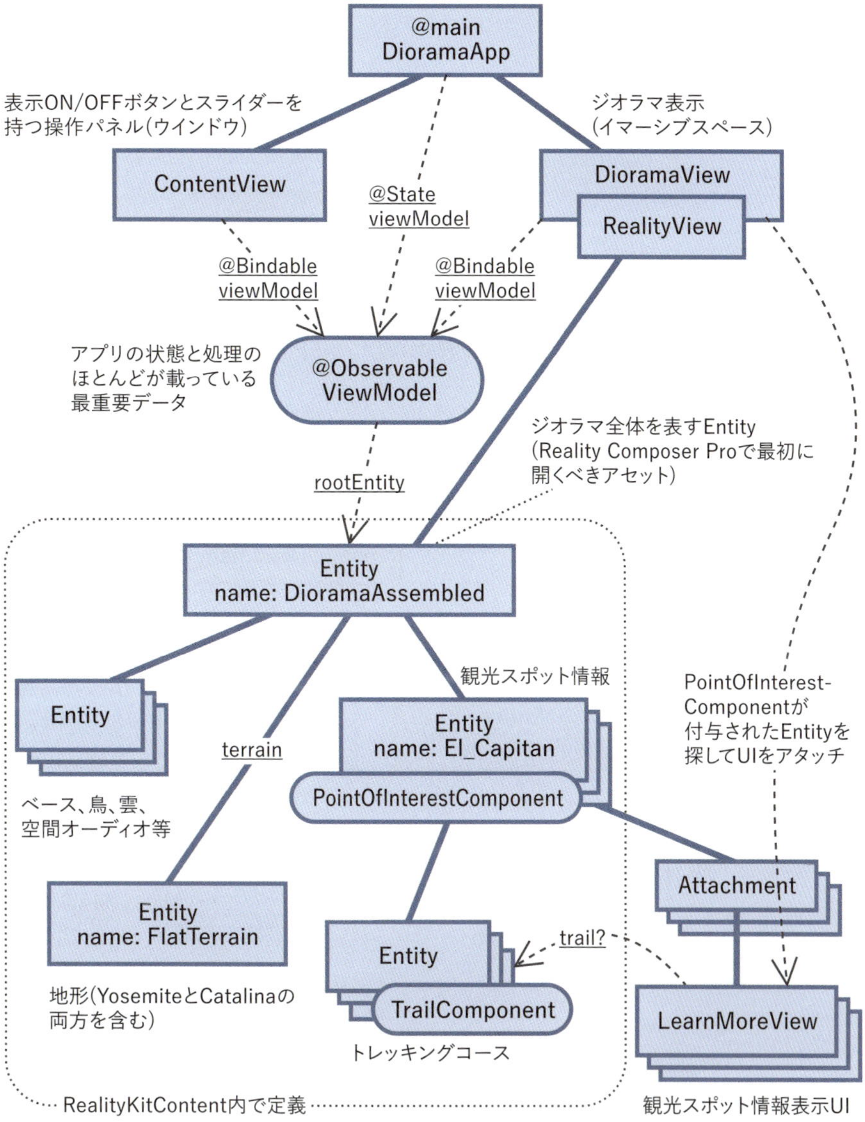

◉ B.2.2 地形モーフィングと鳥の動き

　このアプリでは2種類の地形データをスライダーにより連続的に切り替える、つまりモーフィングが可能です。地形データのモーフィングはアセット内に実装されており、アプリ側の処理はマテリアルに対して両地形の比率をパラメータで設定するだけの簡単なものです。詳細はViewModelクラスのupdateTerrainMaterialメソッドを参照してください。また、地形だけでなく観光スポット情報や環境音も連続的に切り替わりますが、これは同クラスのupdateRegionSpecificOpacityメソッドで透明度や音量を制御することで行っています。

　上空を旋回している鳥は、鳥を表すエンティティにカスタムコンポーネントFlocking

Componentを付与し、それをカスタムシステムFlockingSystemから制御することで実現されています。

Fig. B-5　Dioramaのガイドマップ2（地形モーフィングと鳥の動き）

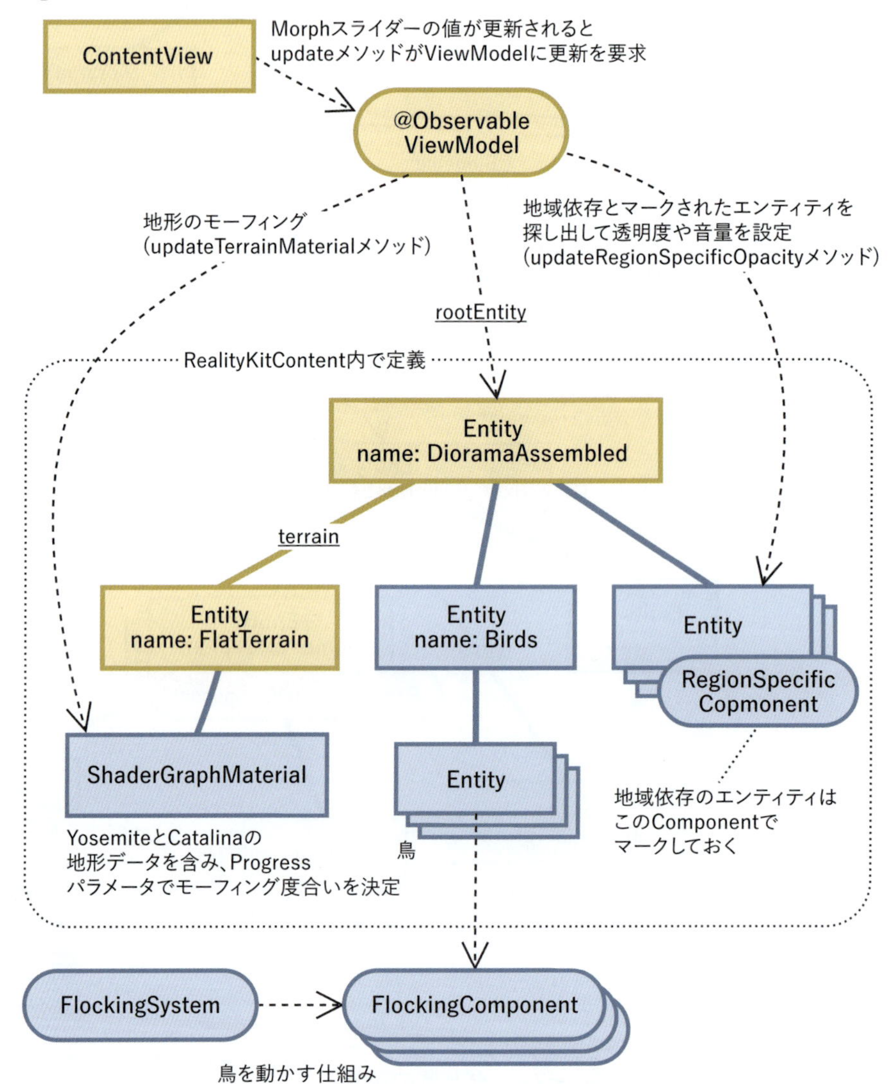

B.3　Swift Splashのガイドマップ

Swift Splashは、イマーシブスペースに部品（トラックピース）を配置して雨どいのようなコース（トラック）を作り、そこに水を流して魚を泳がせるエンターテイメントアプリです。これも大量かつ複雑なコードで面食らうかもしれませんが、今まで同様、落ち着いて肝となるビューとデータの構造をひも解いてみましょう。

B.3.1 アプリ全体〜 SwiftUI側

トップレベルビューにはメイン操作パネル（ContentViewクラス）とトラック表示スペース（TrackBuildingViewクラス）があります。前者はウインドウ、後者はイマーシブスペースという定番のパターンです。ContentViewクラスはトラックを構築したりライド（水を流して魚を放つ）を開始するための操作パネルとして主に働きます。TrackBuildingViewクラスにはRealityViewを介してトラックピースがエンティティとしてぶら下がり、またトラックピースには編集用パネルがアタッチメントとして付与されます。

Fig. B-6 Swift Splashのガイドマップ1（アプリ全体〜 SwiftUI側）

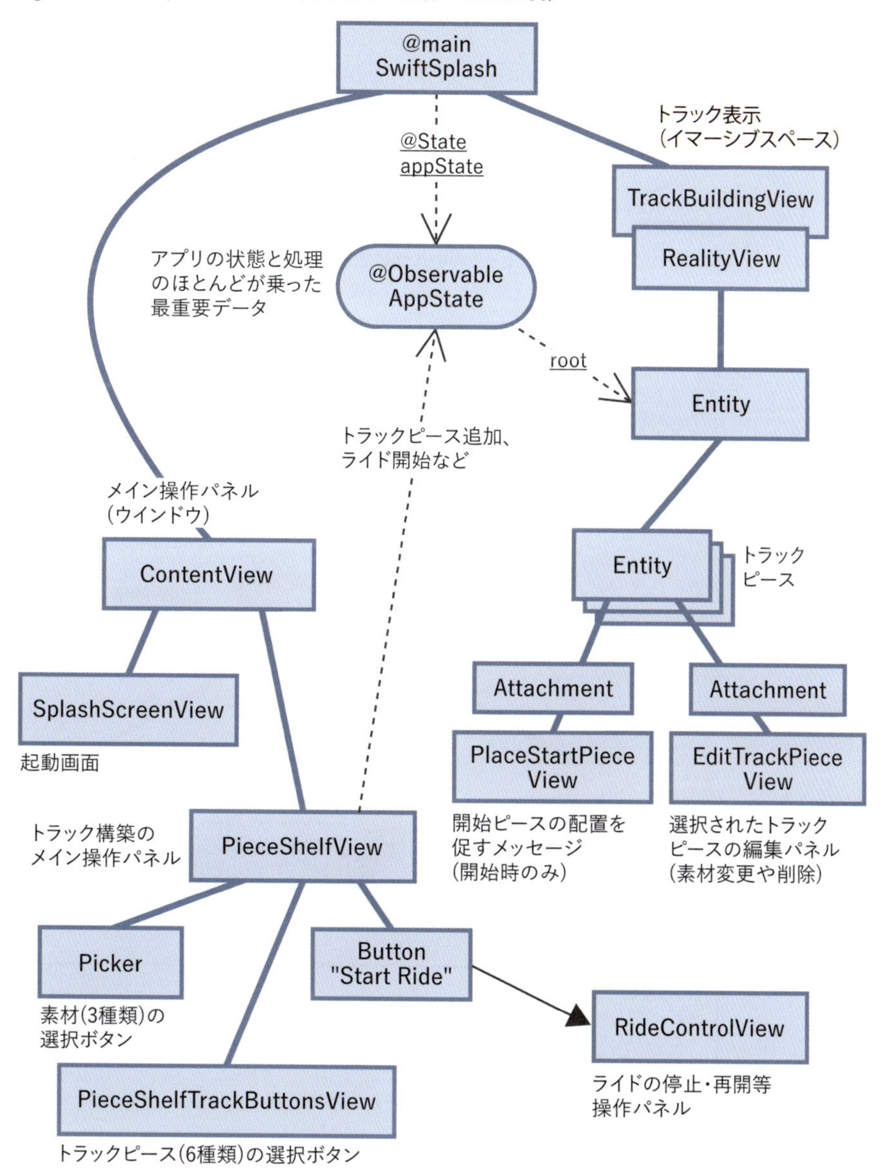

B.3.2. トラック管理の構造

本アプリのモデルクラスはAppStateです。動作に必要なロジックはほとんどここに集約されていますが、非常に複雑なので複数のソースに分割されています。例えばトラックピース管理は「AppState+PieceManagement.swift」に、ライド実行は「AppState+Ride Running.swift」といったファイルに分かれています。

詳細は省いて、トラックがどのような構造で表現されているかを大まかに見てみましょう。トラックピースはルートエンティティの下に子エンティティとして追加されます（＊1）。トラックピースにはカスタムコンポーネントConnectableStateComponentが付与されています（＊2）。ここにnextPieceやpreviousPieceといったプロパティが乗っており、トラックピースの連結関係がリンクリストとして表現されています（＊3）。ライドを開始すると開始ピースのplayRideAnimationメソッドが呼び出され、この中でリンクリストに沿って次々とアニメーションが再生され、全体として水と魚が先頭から最後まで流れるように見える、という仕組みになっています。

> **NOTE**
> 水の流れや魚の動きはアセットの中に既に定義されています。そのため、アプリ側のコードはそれをトリガーするだけという意外と簡単なものになっています。

Fig. B-7　Swift Splashのガイドマップ2（トラック管理の構造）

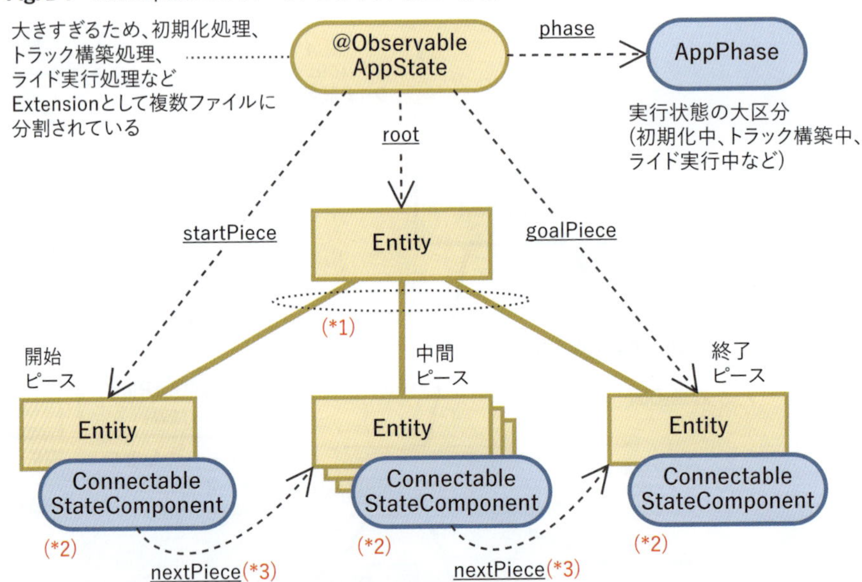

トラックピースの管理構造:
- ピースはルートエンティティ(root)の子エンティティとして保持される (*1)
- ピースの状態を保持するConnectableStateComponentが接続されている (*2)
- ピースの接続関係はConnectableStateComponentのnextPieceおよびpreviousPieceによりリンクリストとして表現されている(*3)
- 開始ピースのplayRideAnimationメソッドが呼ばれると、リンクリストに沿って次々と水の流れるアニメーションが再生される

B.4 Scene Reconstructionのガイドマップ

Appleのサンプル一覧の中で「Incorporating real-world surroundings in an immersive experience」というタイトルになっているものです。Chapter 8で行ったように、仮想オブジェクトに重力を働かせたり、現実の物体と衝突させたりするサンプルです。公式サンプルアプリの中では比較的小さくて読みやすいので、仮想と現実とのインタラクションに興味のある人はHello Worldよりも先にこちらを見るのがお勧めです。

ガイドマップに示す通り、本アプリでやっていることは本質的に次の3つです。

1. ハンドトラッキングにより左右の指先を認識し、不可視の球体を追随させる。
   これにより指でキューブに触ったり押したりできるようになる。
   詳細はEntityModelクラスのprocessHandUpdatesメソッドを参照。
2. シーン再構築により周囲の物体を表すメッシュを取得し、イマーシブスペースに再構築する（8.3.3参照）。
   これによりキューブが床やテーブルに衝突し、止まるようになる。
   詳細はEntityModelクラスのprocessReconstructionUpdatesメソッドを参照。
3. タップ検出時にキューブを生成し、イマーシブスペースのコンテンツに追加する。
   詳細はEntityModelクラスのaddCubeメソッドを参照。

Fig. B-8　Scene Reconstructionのガイドマップ

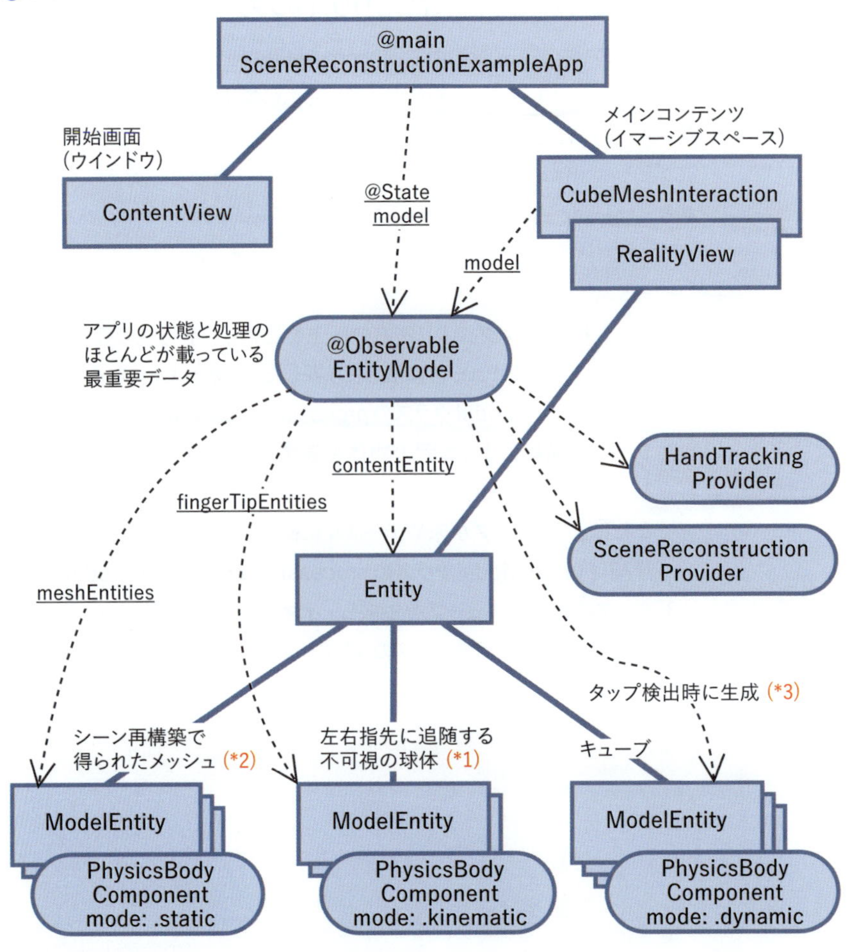

B.5　Happy Beamのガイドマップ

最後のガイドマップは手でハートを作るジェスチャでビームを発射して的に当てる空間ゲーム、Happy Beamです。本書Chapter 7のシューティングゲームの兄弟分と言えます。このアプリは機能が豊富なため大きく複雑なコードになっていますが、見るものを絞れば意外とわかりやすく構造を書き出せます。今回のガイドマップではビームの発射、雲の発生、消滅といったゲームの基本機能にのみ着目し、ゲームコントローラのサポート、床の砲台、SharePlay、アクセシビリティといった付加的な機能は敢えて無視しています。このように簡略化すれば怖くはありません。

なお、ガイドマップは本来関係や役割といった静的な構造を示すのに適した図ですが、今回は処理の流れも汲み取れるように配慮して書いてみました。またメソッドや関数の名前も多めに書き、コードと対応付けやすいようにしてあります。

B.5.1 アプリ全体

最初にゲームの基本動作、つまり雲の発生からビーム発射、当たり判定、雲の消滅までを説明するための最低限の構造を俯瞰します。まずはこれら主要登場人物を把握しましょう。トップレベルにメインウインドウとイマーシブスペースが並ぶ定石はもうおなじみですね。

Fig. B-9　Happy Beamのガイドマップ1（アプリ概観）

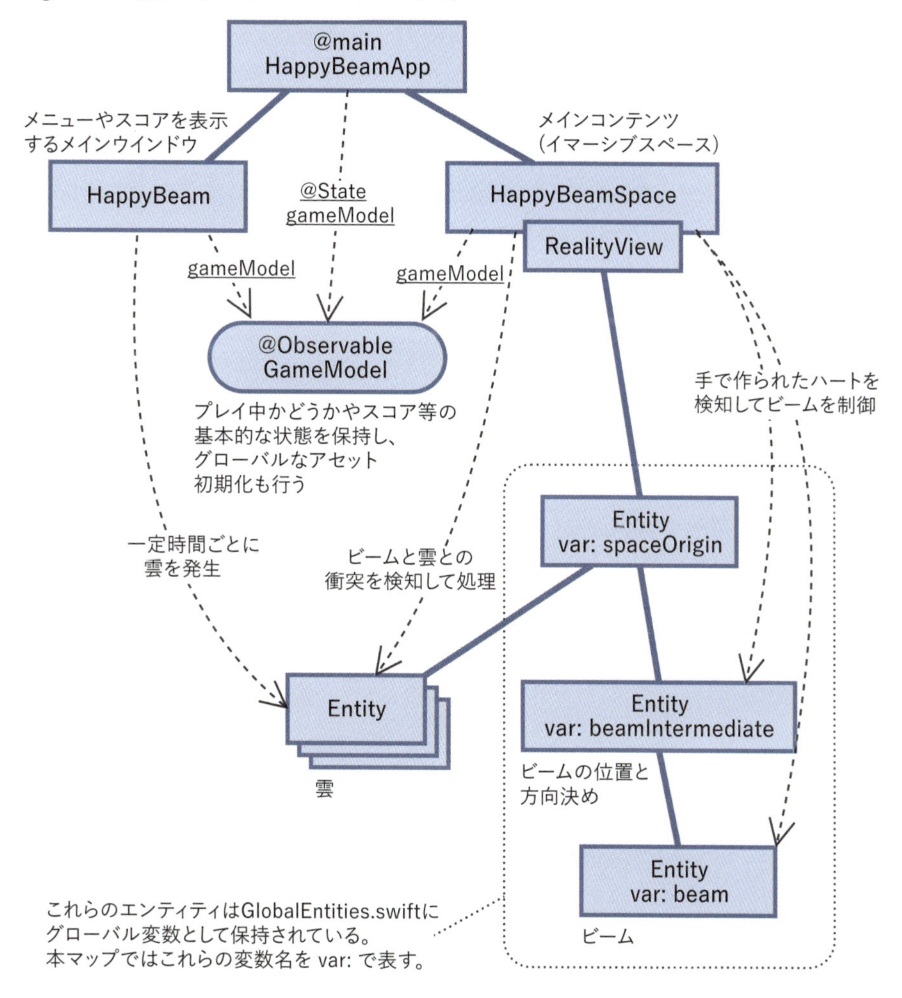

B.5.2 ハートジェスチャの検知とビーム発射

次にハートジェスチャの検知とビームの発射について少し詳細に見ていきましょう。

ハートジェスチャの検知はHappyBeamSpaceクラスにぶら下がっているHeartGestureModelクラスが担当します。HeartGestureModelクラスは手の位置情報を取得してHandUpdatesに詰め替えるpublishHandTrackingUpdatesメソッドを持っており、これが非同期タスク[†1]として実行されます（＊1）。またcomputeTransformOfUserPerformedHeartGestureというメソッドを持ち、これはHandUpdatesクラスに保持された手の位置を解析してハートのジェスチャをしているか判定し、ハートの位置と向いている方向を変換行列として返します。

ビームを発射するのはHappyBeamSpaceクラスのコンテンツ更新処理（RealityViewに渡されたupdateクロージャ）です。この処理はビュー更新のたびに呼び出され、HeartGestureModelクラスのcomputeTransformOfUserPerformedHeartGestureメソッドを呼んでハートの位置と向きを取得し、それに合わせてbeamIntermediateエンティティの位置と向きを更新します（＊2）。

ビームを描画するのはbeamIntermediateの子エンティティであるbeamエンティティです。ハートが検出されたタイミングでstartBlasterBeamメソッドによりビーム表示タスクが開始され、beamエンティティが表示状態になります（＊3）。もうひとつ、ビームの当たり判定のためにcollisiontEntityという不可視のエンティティがビームに合わせて配置されるのもポイントです。

---

†1　この非同期タスクをキックするのは親であるHappyBeamSpaceクラスです。

Fig. B-10　Happy Beamのガイドマップ2（ハートの検知とビーム発射）

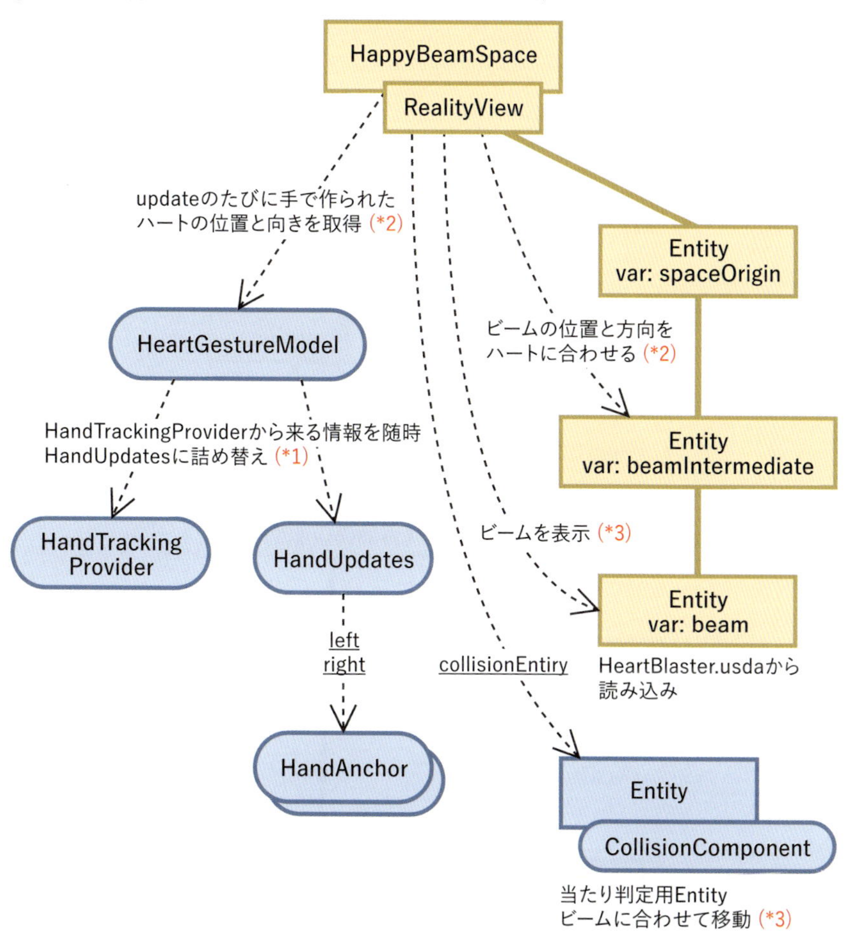

(*1) HappyGestureModelクラスのpublishHandTrackingUpdatesメソッド（非同期タスク）
(*2) HappyBeamSpaceクラスのRealityViewに渡されるコンテンツ更新処理
(*3) HappyBeamSpaceクラスのstartBlasterBeamメソッド（非同期タスク）

B.5.3 雲の発生と当たり判定

　このゲームに必要なもうひとつの要素、雲の発生とビームとの当たり判定について見てみましょう。

　雲の発生処理はHappyBeamクラス[†2]のタイマーイベントハンドラによって一定時間ごとに起動されます。「Clouds.swift」のspawnCloud関数が呼び出され、テンプレートを複製（clone）することにより雲のエンティティを生成しイマーシブスペースに追加します。このエンティティはgenerateCollisionShapesメソッドにより当たり判定が有効化され、また事前

†2　HappyBeamSpaceクラスではないので注意してください。タイマー関連のイベントはHappyBeamクラス担当のようです。

に定義されたパターンによるアニメーションで自動的に移動します。

当たり判定はHappyBeamSpaceクラスでRealityKitの衝突イベントをsubscribeすることにより行います。衝突が生じるとイベントハンドラが「BeamCollisions.swift」にあるhandleCollisionStart関数を呼び出します。この関数はイベントを解析して雲とビームの衝突かどうかを判定し、衝突した場合はスコアを追加し雲を消滅させる処理を行います。

Fig. B-11　Happy Beamのガイドマップ3（雲の発生と当たり判定）

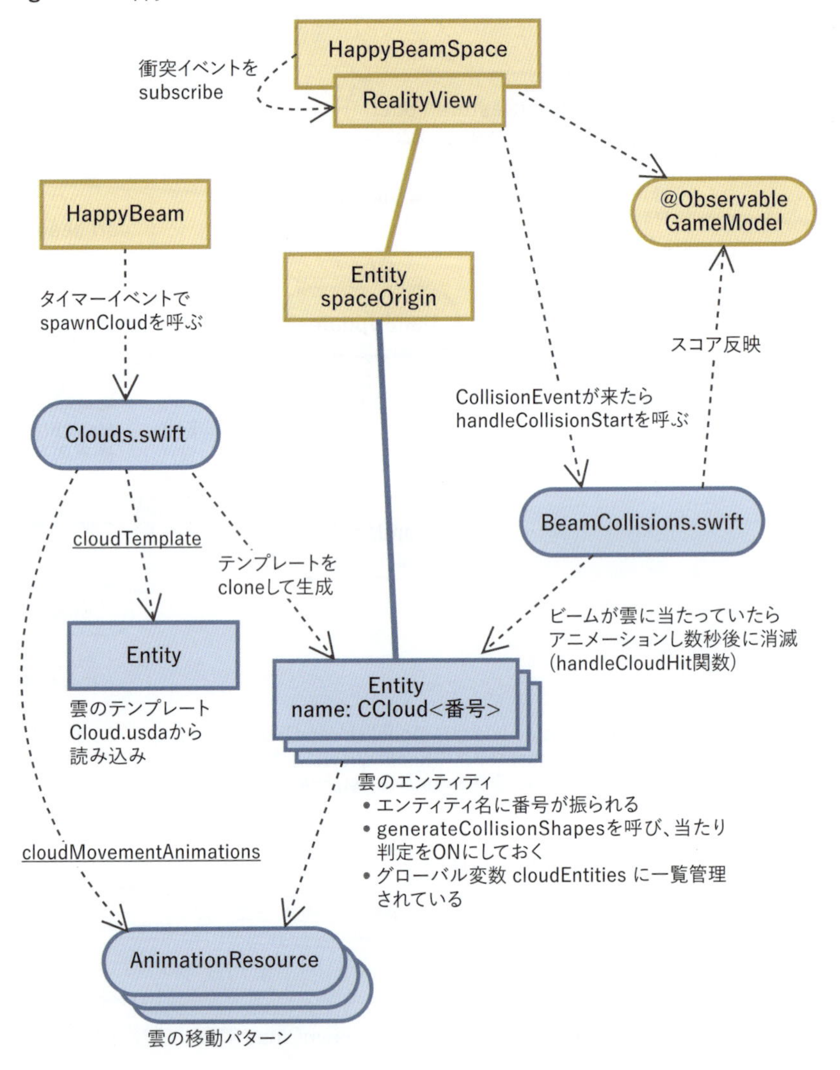

以上でHappy Beamの基本動作を大まかにですが一通り追うことができました。お疲れさまでした。今後は自分自身の探検を存分に楽しんでください！

索 引

記号

数字

A

B

C

D

E

F

ア行

カ行

サ行

タ行

ナ行

ハ行

マ行

ヤ行

ラ行

ワ行

中村 薫（なかむら かおる）

株式会社ホロラボの共同創業者・代表取締役 CEO。2000年前半よりソフトウェア開発者として従事。2012年にMicrosoft Kinectをきっかけに個人事業主として独立。2013年よりOculus RiftでVRアプリ開発を開始。2017年にMicrosoft HoloLensをきっかけにホロラボを起業。Apple Vision Pro は Microsoft HoloLens 以来のワクワクするプロダクトで、日々スタッフやお客様と可能性の議論を行っている。

加藤 広務（かとう ひろむ）

メーカーで開発および企画の経験を積んだ後、ゲーム会社にてスマートフォン向けのゲーム開発に携わる。HoloLensの発売を契機に、株式会社ホロラボに入社。Apple Vision Proのアプリ開発にいち早くとりかかり、米国発売日にアプリをリリースする。

上山 晃弘（うえやま あきひろ）

AR、VR、Spatial Computingデバイスを活用したアプリ開発を行うソフトウェアエンジニア。Oculus DK1発売時から趣味でアプリ開発を始め、HoloLens発売時から株式会社ホロラボに加わる。開発したアプリや開発情報をSNSやブログで発信する活動も行っている。

鷲尾 友人（わしお ともと）

Microsoft Kinect発売直後にARアプリkinect-ultra、kinect-kamehamehaを発表し、その可能性をいち早く世界に紹介したKinect Hacker。以来関連技術の研究、コミュニティー支援、若手技術者の育成に携わっている。

Cover Design

クオルデザイン　坂本 真一郎

Cover Illustration

サカモト アキコ

Technical Review

立原 慎也／藤 治仁

（敬称略）

Apple Vision Proアプリ開発入門

発行日　2024年　9月　1日　　第1版第1刷

著　者　中村　薫／加藤　広務／上山　晃弘／鷲尾　友人

発行者　斉藤　和邦

発行所　株式会社　秀和システム
〒135-0016
東京都江東区東陽2-4-2　新宮ビル2F
Tel 03-6264-3105（販売）Fax 03-6264-3094

印刷所　株式会社シナノ　　Printed in Japan

ISBN978-4-7980-7277-7 C3055